Meteorologie

Ein Lehrbuch für Piloten
nach europäischen Richtlinien

050 Meteorology

1. Auflage Juli 2008

Final auf Basis Version 4.290708_K7.14.08.15

Herstellung: Verschiedene Druckereien im Auftrag des Verlags
Dieses Buch wurde im Digitaldruckverfahren hergestellt.
Verlag: K.L.S. Publishing, Köln
Umschlaggestaltung, Satz und Layout: K.L.S. Publishing, Köln
Text: Neue deutsche Rechtschreibung
Mit 220 Fotos, Abbildungen und Tabellen

ISBN-13: 978-3-9811404-9-1 (Schwarz-Weiß-Druck)
ISBN-13: 978-3- 942095-02-0 (Farb-Druck)
ISBN-13: 978-3- 942095-50-1 (e-Book)

Bibliografische Information der Deutschen Nationalbibliothek:
Die Deutsche Nationalbibliothek verzeichnet diese Publikation in der Deutschen Nationalbibliographie; detaillierte bibliografische Daten sind im Internet unter http://dnb.d-nb.de abrufbar.

INHALTSVERZEICHNIS

Vorwort

Seit Gründung der Joint Aviation Authorities (JAA) zur Einführung und Regelung einheitlicher europäischer Luftfahrtstandards wird ein einheitlicher Themenkatalog als Basis für alle Prüfungen zur Erlangung europäischer Luftfahrtlizenzen verwendet, der Flight Crew Licensing (FCL) Syllabus.

Das vorliegende Buch ist ein Einzelband aus der K.L.S. Publishing Lehrbuchreihe zur Pilotenausbildung, mit dem Schwerpunkt auf Berufs- und Verkehrspilotenausbildung. Es ist wie alle Bände aus dieser Reihe (eine Übersicht über sämtliche Bände befindet sich im Anhang) nach den Lernzielvorgaben des europäischen Themenkatalogs strukturiert und behandelt kurz und genau sämtliche Sachgebiete zum Prüfungsfach. Es eignet sich zur Vorbereitung auf die theoretische Prüfung beim Lizenzerwerb von ATPL, CPL und PPL/IR und kann daneben als ergänzende Vertiefung zum Computertraining genutzt werden.

Das vorliegende Buch kann als Lehrbuch im Selbststudium und parallel dazu im Theorieunterricht verwendet werden. Es bietet sich an, die einzelnen Kapitel bzw. Themen des vorliegenden Faches jeweils einzeln zu studieren bzw. im Unterricht durchzunehmen und danach mit Selbstübungen oder mit Gruppenübungen im Unterricht zu vervollständigen. Zur Prüfung des Erlernten in Selbstprüfungen bzw. bei gemeinsamen Übungssessions in der Gruppe bietet sich zusätzlich die Verwendung marktgängiger Computerlernprogramme an.

Noch ein Wort zu Prüfungsaufgaben. Die K.L.S. Publishing Lehrbuchreihe beinhaltet keine Sammlung von Prüfungsaufgaben zum Lernfach. Die Autoren und der Verlag sind der Meinung, dass zum Üben von Prüfungsaufgaben und für Selbsttests die bekannten Computerlernprogramme wegen der interaktiven Arbeitsweise und der ent-

haltenen Möglichkeiten bei Statistik und Auswertung das bessere Medium darstellen. Andererseits ist das Buch das bessere Medium, wenn es um die Vermittlung komplexer Zusammenhänge geht, die man sich meistens nur in einer ruhigen Studienumgebung mit Hilfe eines Fachbuches selbst erarbeiten kann.
Daher werden in den Lehrbüchern dieser Reihe neben der Darstellung von Sachthemen und Theorie ausschließlich einzelne Beispielaufgaben mit nach zu vollziehenden Berechnungen behandelt und ihr jeweiliger Lösungsweg aufgezeigt. Beide Lern- bzw. Arbeitsmethoden - das Buch, um den Stoff zu erlernen, und der Computer, um das Gelernte zu üben - lassen sich so gut miteinander kombinieren.

Noch ein Wort zur Korrektheit der Darstellung. Das Buch wurde durch eine Reihe von Experten auf Fehler hin überprüft. Wer trotzdem Fehler oder Ungenauigkeiten erkennt, möge bitte den Verlag anschreiben. Aufgrund des Digitaldruckverfahrens besteht die Möglichkeit, Fehler relativ zügig so zu korrigieren, dass bereits nach kurzer Zeit weitere gelieferte Exemplare fehlerbereinigt sind. Die im Buch verzeichneten Hyperlinks können sich im Laufe der Zeit ändern, ohne dass wir hier stets eine Korrektur vornehmen werden.

Am Ende des Buches ist der englische Original-Syllabus für das Prüfungsfach ergänzt. Die dort als Fragen formulierten Lernziele können in einem Unterrichtskonzept ergänzend zur Ausbildung direkt als mündliche Übungsfragen verwendet werden.

Der Verlag dankt allen, die beim Verfassen des Buches unterstützt haben und die nach Durchlesen des Manuskripts wertvolle fachliche Hinweise gaben. Besonderer Dank gilt den Mitarbeitern des Meteorologischen Instituts der Universität Köln für ihre Unterstützung, allen voran H. Dr. Fink und H. Dipl.-Meteorologe Volker Ermert, ohne deren Hilfe das Buch so nicht hätte entstehen können.

K.L.S. Publishing Verlag,
Köln, im Juli 2008

METEOROLOGIE

050 Meteorology

Lernziele für das Fach Meteorologie (Übersetzung aus dem FCL Syllabus)

Der Betrieb von Flugzeugen wird durch die Wetterbedingungen in der Atmosphäre beeinflusst. Der Pilot hat nachzuweisen, dass er die folgenden Bedingungen erfüllt, um ein Flugzeug unter allen gegebenen meteorologischen Bedingungen sicher zu führen.

Lernziele:

Kenntnisse. Nach Beendigung seines/ihres Trainings muss der/die Pilot(in) in der Lage sein,

1. die physikalischen Prozesse in der Atmosphäre zu verstehen
2. die aktuellen und vorhergesagten Wetterbedingungen in der Atmosphäre zu interpretieren
3. die meteorologischen Gefahren und ihre Wirkung auf das Flugzeug zu verstehen

Fähigkeiten. Nach Beendigung seines/ihres Trainings muss der/die Pilot(in) in der Lage sein,

1. alle Wetterinformationen einzuholen, die für einen geplanten Flug relevant sind
2. die verfügbaren Wetterinformationen sowohl vor als auch während eines Fluges zu analysieren und zu bewerten
3. alle Probleme zu bewältigen, die durch Wettereinflüsse bedingt sind

Gültigkeitsbereich. Die Lernziele sind anzuwenden für (Flugzeug und Helikopter):

1. Verkehrspilotenlizenzen (ATPL) für Flüge auf allen Levels weltweit
2. gewerbliche Pilotenlizenzen (CPL) und Instrumentenfluglizenzen (IR, EIR, CB-IR) bei Flügen in Europa

THEORETISCHER UNTERRICHT UND PRÜFUNGEN

Der *theoretische Unterricht* umfasst das Training, den theoretischen Syllabus und die Lernziele.

Mit den abschließenden theoretischen Prüfungen wird ermittelt, ob der Pilot das erforderliche Wissen und die Fähigkeiten im Hinblick auf die Lernziele des Syllabus durch Unterricht und Training erzielt hat.

01 00 00
DIE ATMOSPHÄRE

01 01 00 Zusammensetzung, Ausdehnung, vertikale Schichtung

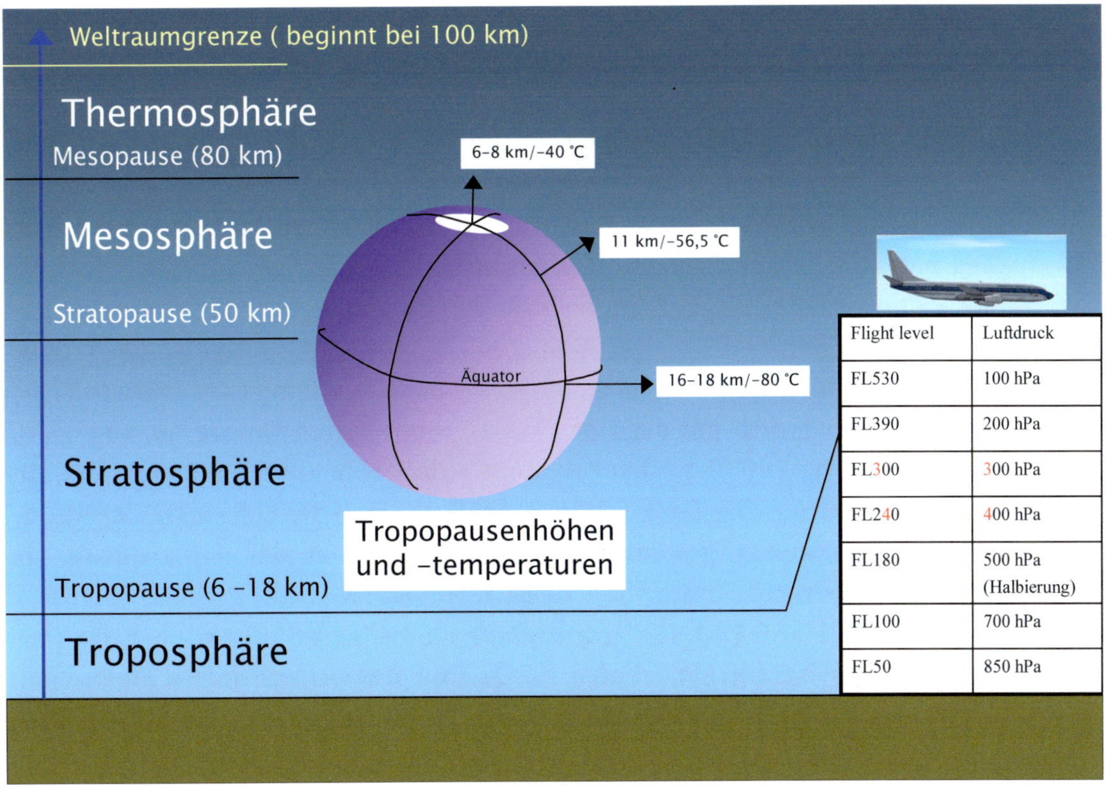

Flight level	Luftdruck
FL530	100 hPa
FL390	200 hPa
FL300	300 hPa
FL240	400 hPa
FL180	500 hPa (Halbierung)
FL100	700 hPa
FL50	850 hPa

Abbildung 1: Schichtung der Atmosphäre (Grafik: KLSP)

01 01 01 Struktur der Atmosphäre

Die Atmosphäre legt sich wie eine Hülle um die Erdkugel und hat eine vertikale Gesamtausdehnung von ungefähr 1.000 Kilometern. Die Grenze bei 1.000 km ist dabei relativ willkürlich gezogen. Es gibt bereits ab 100 km Höhe nur noch wenige

Luftmoleküle pro m^3 Raum. Bereits eine Höhe von 100 km wird daher als untere Grenze des Weltraums definiert.
Bezogen auf den Erdradius von ca. 6.400 km macht die Atmosphäre ca. 15 % aus, wenn zum Erdradius die Dicke der Atmosphäre hinzu gerechnet wird. Die Troposphäre als unterste Schicht der Atmosphäre enthält bereits 75 % der gesamten atmosphärischen Luft und nahezu das gesamte Wettergeschehen, wobei die Schichtdicke nur ca. 0,2 % des Erdradius beträgt. Der Mensch lebt folglich in der dünnen Grenzschicht der Erdhülle.
Die Atmosphäre teilt man in folgende Schichten ein (von erdnah bis erdfern):

1. **Troposphäre (0-11 km).** In der *Troposphäre* spielt sich alles bekannte Leben ab, da nur in dieser Schicht genügend Sauerstoff zum Atmen und Wasser zum Leben vorhanden ist. Außerdem ist man in der unteren Schicht am besten gegen die schädliche, hochenergetische Strahlung aus dem Weltall geschützt. Die Troposphäre hat eine Dicke von 6-18 km, wobei der kleinere Wert zu den Polen der größere zum Äquator gehört. An der Polen ist die Luft extrem kalt. Dies hat eine engere Schichtung der Luftmassen zur Folge, sodass dort die obere Grenze bereits in 6-8 km aufzufinden ist und sich auch die darüber liegenden Schichten niedriger positionieren. In mittleren Breiten ist die Troposphäre im Mittel etwa 11 km dick. In der Troposphäre nimmt die mittlere Temperatur kontinuierlich mit der Höhe bis zu ihrer oberen Grenze ab, von 15 °C am Erdboden bis -40 °C an den Polen, bis -56,5 °C in mittleren Breiten und bis -75 °C am Äquator. Die Troposphäre enthält ca. 75 % der Luftmasse der Atmosphäre. Nahezu das gesamte Wetter spielt sich in der Troposphäre ab. Die Grenzschicht zur Stratosphäre heißt *Tropopause*.
2. **Stratosphäre (11-50 km).** Die *Stratosphäre* ist die Schicht direkt über der Troposphäre. Sie ist am einfachsten durch ihre hervorstechendste Eigenschaft charakterisiert. Sie ist nahezu isotherm, d. h. die Temperatur der Stratosphäre ist nahezu konstant über die gesamte Schichtdicke. In mittleren Breitengraden ist ihre Temperatur von 11-20 km Höhe konstante -56,5 °C, darüber nimmt sie geringfügig zu bis zu -45 °C in ca. 32 km Höhe. Darüber nimmt die Temperatur wegen des größeren Einflusses der Sonnenenergie mit der Höhe weiter zu. Die Stratosphäre reicht bis zu einer Höhe von ca. 50 km. Die Grenzschicht zur Mesosphäre heißt *Stratopause*.
3. **Mesosphäre (50-80 km).** Die *Mesosphäre* ist die Schicht direkt über der Stratosphäre. In der Mesosphäre steigt die Temperatur nicht mehr wie in der Strato-

sphäre an sondern fällt erneut mit steigender Höhe im Mittel auf -80 °C in 80 km Höhe. In der Mesosphäre können extreme Temperaturen und Windgeschwindigkeiten[1] auftreten. Die Grenzschicht zur Thermosphäre heißt *Mesopause*.

4. **Thermosphäre (80-400 km).** Die *Thermosphäre*, von Physikern auch gerne Ionosphäre genannt, ist, wenn man so will, die vorletzte Schicht vor dem Weltraum. Der Name rührt von den dort gemessenen hohen Temperaturen her, die starken Schwankungen unterliegen. Da der Luftdruck in 100 km Höhe nur noch 1/1000 hPa beträgt ist die vorhandene Energie der „Luft" allerdings trotz hoher Temperatur der Luftmoleküle äußerst gering. Wo man übrigens die Grenze zum Weltraum zieht, ist relativ willkürlich. Bei einigen Definitionen z. B. bei der Vergabe des Preisgeldes für das erste privat finanzierte Weltraumflugzeug Space Ship One ging man von 100 km Höhe aus. Klar ist, dass man in diesen Höhen ein Flugzeug nicht mehr mit aerodynamischer Hilfe sondern ausschließlich über Rückstoßdüsen steuern kann.
5. **Exosphäre (400-1.000 km).** Die *Exosphäre* ist die oberste Schicht der Atmosphäre. Sie beginnt in einer Höhe von etwa 400 bis 1.000 km und geht in den Kosmos über. Da in der Exosphäre sehr wenige Luftteilchen vorhanden sind, können unter Umständen einzelne ungeladene Teilchen problemlos - ohne von der Erde angezogen zu werden - in den Kosmos fliegen. Dies gilt allerdings nicht für geladene Teilchen, die durch das Magnetfeld der Erde zurückgehalten werden.

01 01 02 Troposphäre

Die Troposphäre beinhaltet ca. 75 % der Luftmasse der Atmosphäre, wobei die Luft aus folgenden Gasen zusammengesetzt ist:

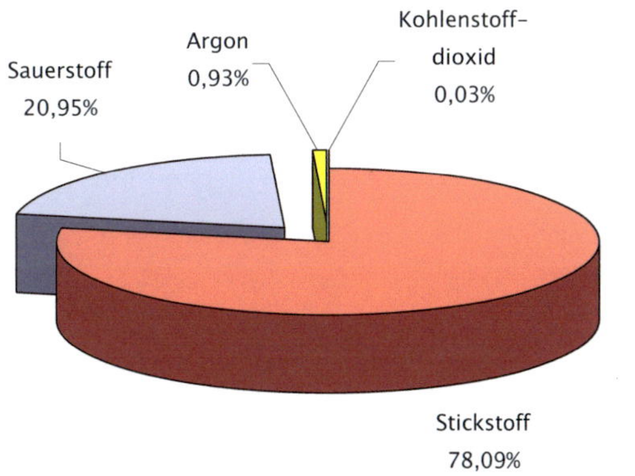

Abbildung 2: Zusammensetzung der Troposphäre (Grafik: KLSP)

[1] Bei einem Test aus Lappland heraus hat man nachts in 48-96 km Höhe Temperaturen bis -159,8 °C und Windgeschwindigkeiten bis 720 km/h gemessen. [aus Blüthgen, Allgemeine Klimageografie]

- Stickstoff (Nitrogen) 78,09 %
- Sauerstoff (Oxygen) 20,95 %
- Argon 0,93 %
- Kohlendioxid (Carbon Dioxide) 0,03 %
- Spurengase (< 0,01 %)

Spurengase sind dabei Neon, Krypton, Wasserstoff, Schwefeloxid, Kohlenmonoxid, Ammoniak, Helium, Xenon, Methan, Stickstoffdioxid, Schwefeldioxid, Jodid und Ozon.

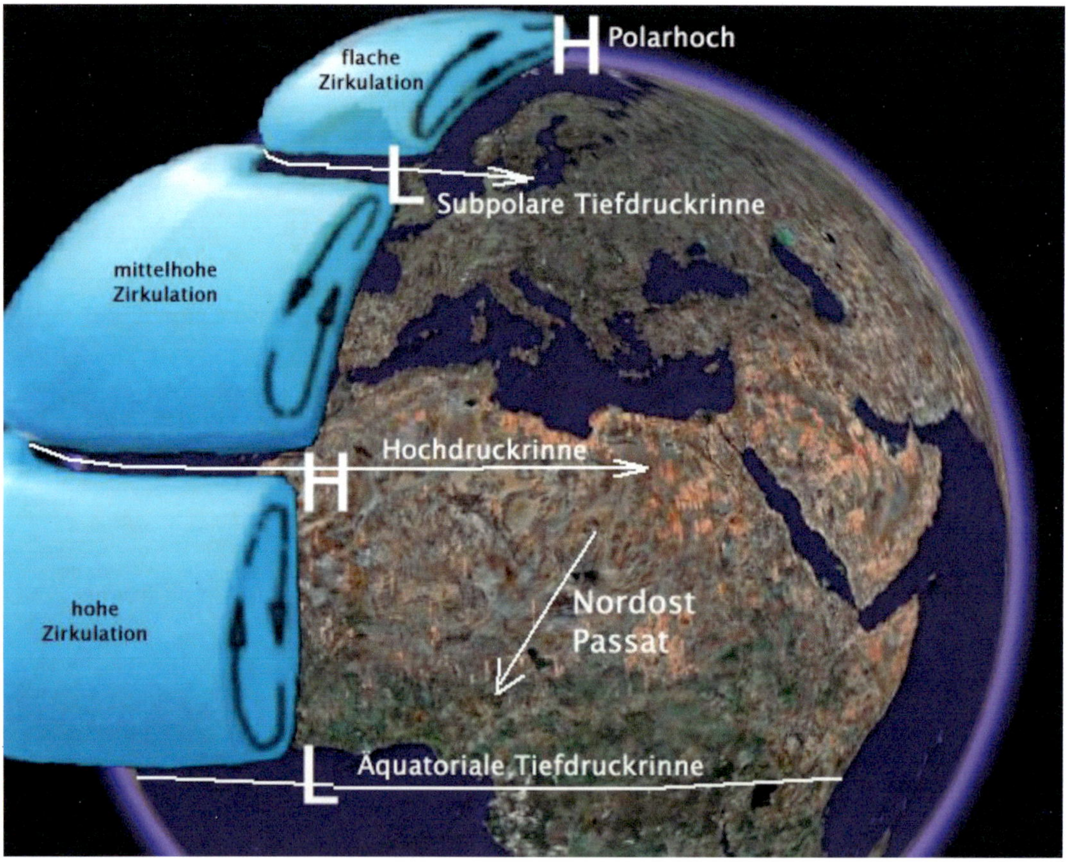

Abbildung 3: Luftmassenzirkulation auf der nördlichen Halbkugel (Grafik: KLSP)

Die Luftmassenzirkulation in der Troposphäre vollzieht sich in drei Zellen auf der Nordhalbkugel und drei vergleichbaren Zellen auf der Südhalbkugel. Die Zirkulationen dieser Zellen sind unterschiedlich hoch. Die nördliche Polarzelle zirkuliert wegen der kalten und dichten Luft relativ flach bis in mittlere Höhen von 6-8 km, die mittlere Ferrel-Zelle zirkuliert bis in mittlere Höhen von ca. 11 km und die südliche Hadley-Zelle, die bis zum Äquator reicht, zirkuliert bis in eine mittlere Höhe von 16-18 km.

Die Einteilung in drei Zirkulationszellen hat ihre Ursache in der unterschiedlich starken solaren Einstrahlung. Am Äquator ist sie am stärksten, was zu hochreichender Konvektion führt, an den Polen am schwächsten.
Aufgrund dieser Tatsache verläuft auch die Tropopause als Trennschicht zwischen Troposphäre und Stratosphäre in drei unterschiedlichen Höhenstufen. Die Höhenwerte und Temperaturen der drei Zonen sind im Mittel

- am Äquator 16 km (-75 °C),
- in mittleren Breiten 11 km (-56,5 °C),
- am Pol 8 km (-40 °C).

Die Werte der Tropopause unterliegen wie auch der Verlauf der Zirkulationen in den Zellen saisonalen Schwankungen.

01 01 03 Stratosphäre

Heutige Verkehrsflugzeuge und sogar leichte Jets fliegen im Cruiselevel häufig in der Stratosphäre. Ein Airbus A380 steigt maximal bis FL430 (13,1 km), die Concorde flog in FL500-FL600 (bis 18,3 km) und sogar die neuen Very Light Jets wie z. B. eine Cessna Mustang können bis in FL410 (12,5 km) aufsteigen.
Der untere Bereich der Stratosphäre von 11 - 20 km (in mittleren Breiten) ist eine isotherme Schicht von konstanter Temperatur[2], die in mittleren Breiten -56,5 °C beträgt.
Darüber ab ca. 20 km bis ca. 50 km Höhe liegt die *Ozonschicht* (O_3), in der unter Einwirkung der energiereichen ultravioletten Strahlung der Sonne Sauerstoff (O_2) in Ozon (O_3) umgewandelt wird. Die vergleichsweise hohe Konzentration von Ozon absorbiert gefährliche UV-Strahlung (insbesondere UV-B), indem das Ozon von dieser Strahlung wieder in Sauerstoff zerlegt wird, so dass sich ein chemisches Gleichgewicht, der so genannte Ozon-Sauerstoff-Zyklus ausbildet, bei dem die Ozonmenge annähernd konstant bleibt.
In der Ozonschicht nimmt die Temperatur mit der Höhe zu. Der Grund hierfür liegt in der Absorption der UV-Strahlung.
Der Luftdruck nimmt in der Stratosphäre von ca. 240 hPa in 11 km Höhe logarithmisch weiter ab und hat am oberen Rand bei 50 km Höhe einen Wert von ca. 1 hPa.

---

[2] als atmosphärischer Mittelwert zu verstehen, tatsächlich können Temperaturschwankungen vorkommen.

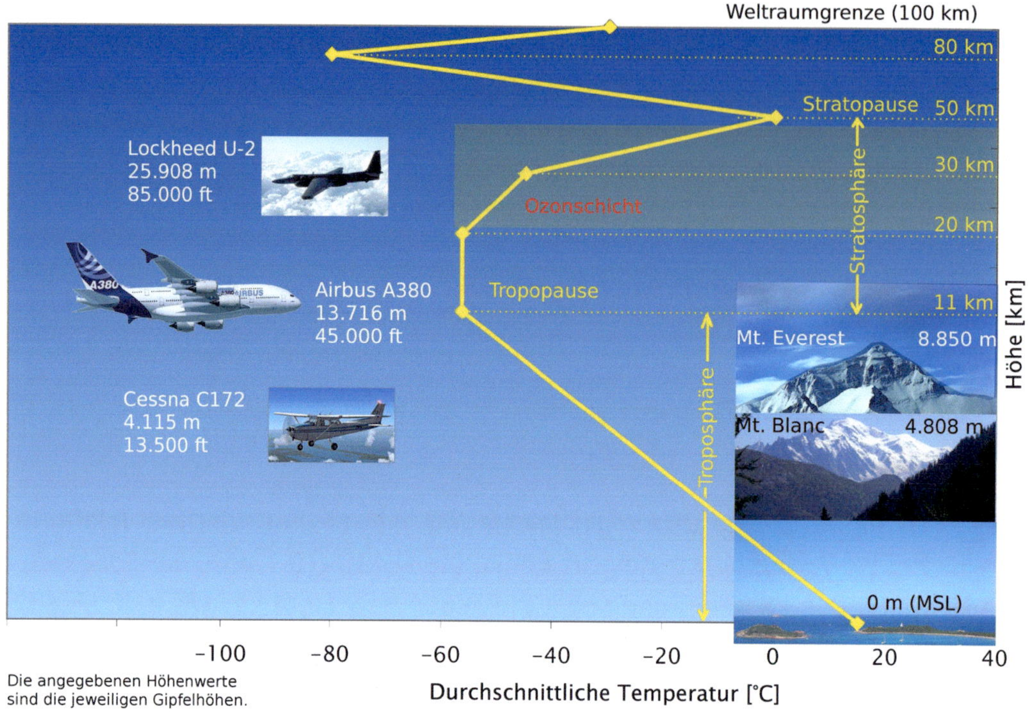

Abbildung 4: Temperaturverlauf (Mittelwerte) in der Atmosphäre (Grafik: KLSP)

01 02 00 Lufttemperatur

01 02 01 Definition und Einheiten

Die Temperatur T eines Objektes ist der Ausdruck für die mittlere kinetische Energie seiner Moleküle. Dieser Zusammenhang wurde von Stefan Boltzmann abgeleitet und lässt sich in folgender Gleichung zusammenfassen.

$$\overline{\frac{m}{2} * v^2} = \frac{3}{2} * k_B * T$$

m ist dabei die Masse eines Moleküls, v seine Geschwindigkeit, k_B ist die Boltzmann-Konstante $= 1{,}3806 * 10^{-23}$ J/°K, T in °K (s.u.), der Querstrich ist der Mittelwertoperator. Die Temperatur ist nicht abhängig von der Anzahl der Moleküle eines Objektes d. h. die Temperatur ist damit beispielsweise unabhängig von der Dichte.

Es gibt im Wesentlichen drei Temperaturgrößen und demgemäß drei Einheiten in denen die Temperatur gemessen wird. Unter Ausnutzung des Schmelz- und Siedepunk-

tes von Wasser hat man die *Celsius-Temperatur C*, gemessen in Grad Celsius [°C], definiert. Dabei wird 0 °C beim Schmelzpunkt und 100 °C beim Siedepunkt von Wasser unter Normaldruck festgelegt, der Verlauf dazwischen ist linear d. h. 1 °C ist der hundertste Teil auf einer Skala zwischen Schmelz- und Siedepunkt.
Die *Kelvintemperatur T* und ihre Einheit, das Grad Kelvin [°K], verwenden die gleiche Definition eines Temperaturgrades (also die gleiche Steigung), nur dass die Skala vom absoluten Nullpunkt aus zählt. Null Grad Kelvin entspricht dem absoluten Nullpunkt, bei dem die Bewegung der Moleküle theoretisch aufhört (setze in der Stefan-Boltzmann-Gleichung v = 0, s. o.). Es gilt folgender Zusammenhang

$$T[°K] = C[°C] + 273{,}15$$

die Kelvintemperatur T ist die Celsiustemperatur C plus 273,15 Grad.

Von einer anderen Eichung für ein Grad Temperaturänderung geht die im angelsächsischen Raum immer noch vorkommende *Fahrenheit-Temperatur F*, gemessen in Grad Fahrenheit [°F], aus. Die Basis ist Alkohol statt Wasser, 100 °F entspricht dem Siedepunkt von reinem Alkohol. 0 °C entspricht 32 °F, 100 °C entspricht etwa 212 °F. Die Größen C, F lassen sich über folgende Formel näherungsweise ineinander umrechnen:

$$C = \frac{5}{9} * (F - 32)$$

Temperaturen werden mit Thermometern gemessen. Am bekanntesten sind die *Flüssigkeitsthermometer* auf der Basis von Quecksilber oder Alkohol. Höhere Temperaturen (z. B. in einer Gasturbine) lassen sich besser mit Thermoelementen oder anderen Methoden messen.

In der Meteorologie werden im Allgemeinen alle offiziellen Temperaturangaben der Wettervorhersagen in °C gemacht.

01 02 02 Die Lufttemperatur in Abhängigkeit der Höhe

Bereits im letzten Abschnitt haben wir festgehalten, dass die Temperatur in der Troposphäre bis zur Tropopause kontinuierlich abnimmt. Wir wollen die Abnahme einmal genauer betrachten. In trockener d. h. ungesättigter Luft nimmt die Temperatur ziemlich genau und konstant mit 1 °C/100 m (3 °C/1.000 ft)[3] ab. Bei gesättigter Luft lässt sich eine einheitliche Temperaturabnahme mit der Höhe nicht feststellen, die Abnah-

---

[3] gültiger Wert für Prüfungsaufgaben nach dem Syllabus, genauer: 0,98 °C/100 m

me hängt von Feuchtegehalt und Temperatur ab. Im Mittel nimmt die Temperatur in der Troposphäre um 0,65 °C/100 m (oder 2 °C/1.000 ft) ab.

Die generelle Frage ist, warum die Luft mit zunehmender Höhe in der Troposphäre immer kälter wird. Dies liegt daran, dass die Luftdichte ρ – das ist die Masse der Luft, die in einem Kubikmeter Volumen enthalten ist, siehe 01 04 00 Luftdichte – mit zunehmender Höhe abnimmt.
Damit nimmt die Wahrscheinlichkeit ab, dass die Luftmoleküle gegeneinander prallen. Der Physiker drückt es so aus: die mittlere freie Weglänge der Moleküle nimmt zu. Als Folge reduziert sich die kinetische Energie der Luftmoleküle und das ist per definitionem (Stefan-Boltzmann-Gleichung) nichts anderes als die Temperatur.
Eine andere Art der Erklärung nutzt die allgemeine Gasgleichung $p*V = const*T$ (p Luftdruck, V Volumen, T Temperatur). Man betrachtet ein Einheitsvolumen V am Boden und in der Höhe. Da der Luftdruck mit der Höhe abnimmt, nimmt auch die Temperatur nach der allgemeinen Gasgleichung ab. Noch einfacher ausgedrückt: Die Temperatur nimmt ab, weil die Luft mit zunehmender Höhe expandiert.

01 02 03 Wärmehaushalt der Atmosphäre

Alle Wetterprozesse auf der Erde resultieren letztendlich aus der Strahlungsenergie der Sonne. Die Sonne gibt kontinuierlich bei senkrechtem Einfall der Sonnenstrahlen eine mittlere Strahlungsleistung von 1.367 W je Quadratmeter ab. Dies ist die so genannte *Solarkonstante* und ihr offiziell festgelegter Mittelwert (WMO 1982). Die Gesamtstrahlungsleistung der Sonne lässt sich mit ca. $4*10^{23}$ kW abschätzen und ist für menschliche Dimensionen nahezu unvorstellbar.
Bei Vorgängen mit einer geringen Wärmespeicherung (z. B. die innere Erwärmung eines Autos in der Sonne) ist von diesem Wert (1.367 W/m^2) auszugehen, denn nachts ohne Sonneneinstrahlung kühlt sich das Autoinnere schnell ab und nimmt etwa die Umgebungstemperatur an. Bei der großen Masse der Erde spielt die Wärmespeicherung eine erhebliche Rolle. Man sieht das u. A. daran, dass der Sommer als wärmste Zeit nicht mit der Zeit des Sonnenhöchststandes zusammen fällt (etwa 22. Juni), sondern es erst danach wärmer wird und deswegen der Sonnenhöchststand als Sommerbeginn genommen wird. Wegen dieser großen Speicherwirkung wird bei den Energiebilanzen in der Atmosphäre immer mit dem Mittelwert über die ganze Erdoberfläche gerechnet: Die Erde erhält Solarstrahlung auf der Fläche des Erdquerschnitts (πR^2) und hat eine Oberfläche von ($4 \pi R^2$). Diese beiden Flächen haben ein Verhältnis von 1:4. Als Mittelwert für die ganze Erdoberfläche ist deswegen die Solar-

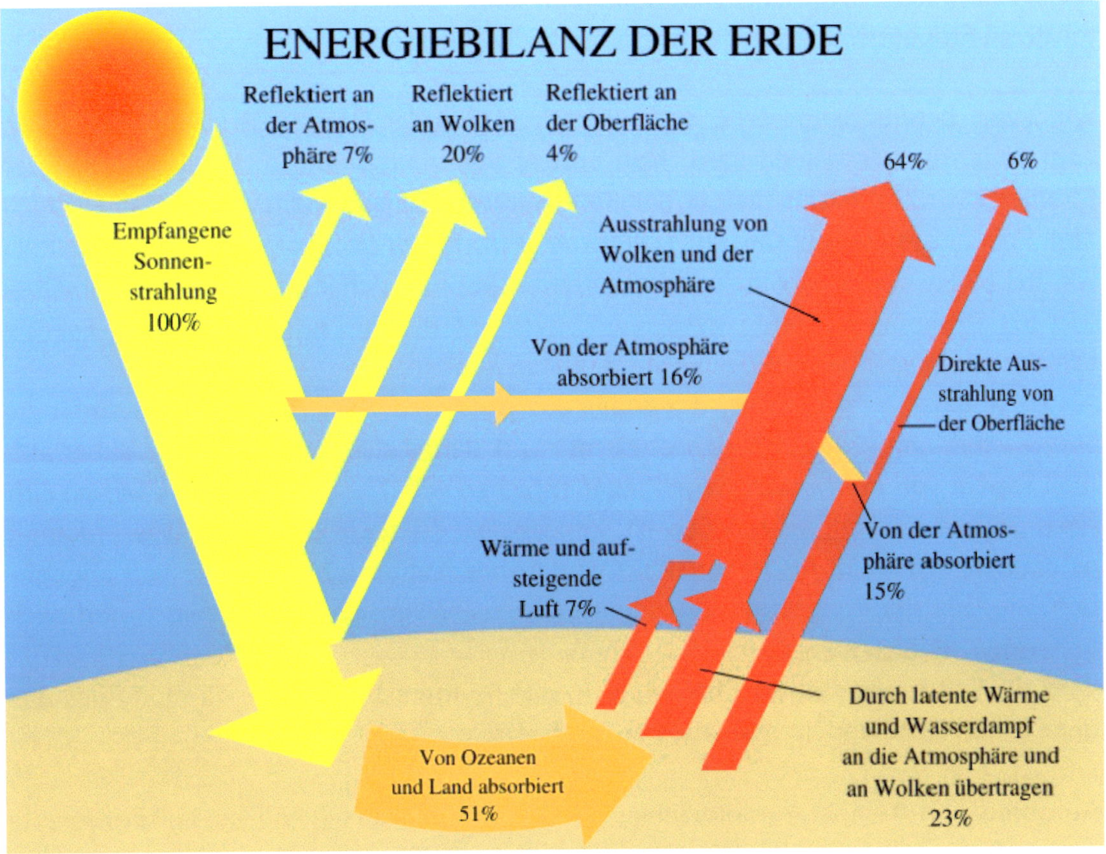

Abbildung 5: Energiebilanz der Erde (Quelle: NASA)

konstante durch 4 zu teilen, so dass *im Mittel eine Strahlung von 342 W/m²* auf die Erdoberfläche fällt.

Von der Sonnenenergie, welche die Erde erreicht, wird durch Wolken, Luft und Boden vor allem durch Eis und Schnee ein Anteil von etwa 30 % wieder in den Weltraum reflektiert, das sind etwa 103 W/m². Die restlichen 70 % werden absorbiert, das sind etwa 239 W/m². Wäre das die einzige Strahlung, die vom Erdboden absorbiert würde, so würde die Erdoberfläche im Mittel eine Temperatur von etwa -18 °C annehmen, denn ein schwarzer Körper, der eine Leistung von 239 W/m² abstrahlt, hat nach dem Planckschen Strahlungsgesetz eine Temperatur von -18 °C.
Es gibt jedoch eine weitere Bestrahlung durch die aufgeheizten Treibhausgase mit etwa 150 W/m², die so genannte *atmosphärische Gegenstrahlung*. Damit absorbiert

die Erdoberfläche insgesamt 389 W/m^2 und diese Leistung wird bei der tatsächlichen mittleren Erdoberflächentemperatur von +15 °C abgestrahlt.

Wir haben bereits festgestellt, dass der größte Teil der Strahlungsenergie der Sonne vom Boden aufgenommen wird. Man spricht von *Absorption*, d. h. die Energie der Strahlung wird in Wärmeenergie der Bodenmaterie umgewandelt. Hierbei spielt auch eine Rolle, dass Luft als Gas ein *schlechter Wärmeleiter* (Isolator) ist, da die Moleküle wie bei jedem Gas weit voneinander entfernt sind und daher erstens im Mittel selten von der Strahlung getroffen werden und zweitens die ggf. erhaltene höhere Energie schlecht an benachbarte Moleküle weitergeben können.
Als Folge davon wird die Luft vom Boden aus erwärmt und nicht etwa direkt durch die Sonnenstrahlung. Die am Boden erwärmte Luft dehnt sich aus und steigt dabei auf, man spricht von *Konvektion*, Segelflieger sprechen von *Thermik*. Steigt die warme Luft hoch auf in Regionen, wo es kälter ist, kondensiert der darin enthaltene Wasserdampf, es entstehen Wolken. Als Nebeneffekt wird Kondensationswärme an die Luft abgegeben. Im Falle der Konvektion entstehen Cumuluswolken, die aus diesem Grund auch konvektive Wolken heißen.
Wird die Luft horizontal verschoben, z. B. durch unterschiedliche Erwärmung des Bodens (Land/Meer) spricht man auch von *Advektion*.

Aufgrund von Temperaturunterschieden entstehen unterschiedliche Luftdruckwerte und zum Ausgleich des Druckgefälles wird die Luft überwiegend horizontal in Bewegung gesetzt, es entsteht Wind. Der Wind sorgt durch *Turbulenz* für eine Durchmischung des Gases Luft, wobei im Allgemeinen ein *Wärmeaustausch* stattfindet.

Treibhauseffekt und UV-Filterung

Beim (Glas-)Treibhaus ist das Glas durchgängig für den kurzwelligen Anteil der Sonnenstrahlung, der langwellige Anteil hingegen kann nicht mehr zurück und wird absorbiert. Die Folge ist eine starke Temperaturerhöhung im Treibhaus.
Die Rolle des Glases wird beim *Treibhauseffekt* der Erdatmosphäre von den so genannten Treibhausgasen übernommen. Treibhausgase wie Wasserdampf, Kohlenstoffdioxid, Methan und Ozon bewirken durch Absorption und Emission unterschiedlicher Wellenlängen seit Bestehen der Erde einen Treibhauseffekt, der entscheidenden Einfluss auf die Klimageschichte der Vergangenheit und das heutige Klima hat.

Der größte Teil des Treibhauseffekts wird mit einem Anteil von ca. 36–70 % (ohne Berücksichtigung der Effekte der Wolken) durch Wasserdampf in der Atmosphäre verursacht. Kohlendioxid trägt ca. 9–26 % zum Treibhauseffekt bei, Methan ca. 4–9 %, und Ozon ca. 3–7 %. Der Ozongehalt in der Stratosphäre spielt eine sehr wichtige Rolle für das Klima. Es wird vom Menschen nicht direkt sondern indirekt über fluorierte Treibhausgase beeinflusst. Im Kyotoprotokoll sind deshalb auch wasserstoffhaltige (HFC bzw. H–FKW), perfluorierte Fluorkohlenwasserstoffe (PFC bzw. FKW) und Schwefelhexafluorid (SF6) in die Liste der Treibhausgase aufgenommen worden.
Treibhausgase haben nicht nur den Effekt der Temperaturerhöhung sondern im Falle des Ozons eine lebensnotwendige Filterfunktion. Die Ozonschicht filtert nämlich den überwiegenden Teil der für den Menschen schädlichen, kurzwelligen UV–Strahlung heraus.

Der Effekt von Wolken auf die Temperatur

Einer der wichtigsten Faktoren bezüglich des Wärmehaushalts der Atmosphäre sind Wolken. Tagsüber kühlen tiefe Wolken, wohingegen hohe Wolken die Erde erwärmen.
Nachts sorgen Wolken generell dafür, dass weniger Wärme ins All zurück gestrahlt wird, was zu höheren Temperaturen führt. Das Fehlen von Wolken wiederum führt nachts zu starker Abkühlung. Bei der Betrachtung des Effektes von Wolken auf die Temperatur im Sinne einer Gesamtbilanz muss man von einem ganztägigen Strahlungshaushalt ausgehen. Hierbei stellt man fest, dass Wolken insgesamt, also tiefe und hohe Wolken zusammen, einen kühlenden Effekt haben (siehe 01 02 06 Ursachen von Temperaturänderungen am Boden). Die Effekte von Wolken sind entsprechend der jeweiligen Gegebenheiten unterschiedlich und lassen sich nur sehr schwer mit einfachen Formeln vorhersagen, was u. A. große Probleme für Klimamodellrechnungen darstellt.

01 02 04 Temperaturgradient der Troposphäre

In der Regel nimmt die Temperatur mit der Höhe ab ($dT/dz < 0$). In der Meteorologie wird der vertikale *Temperaturgradient* (engl. lapse rate) mit dem griechischen Buchstaben Γ (Gamma) bezeichnet und wie folgt definiert:

$$\Gamma := -\frac{dT}{dz}$$

Aufgrund dieser Definition ist Gamma in der Troposphäre im Mittel positiv. Besondere vertikale Temperaturgradienten sind:

(i) der *trockenadiabatische Temperaturgradient* (Γ_d) (engl. dry adiabatic lapse rate)

(ii) der feuchtadiabatische Temperaturgradient (Γ_f) (engl. saturated adiabatic lapse rate)

(iii) der ISA-Temperaturgradient (Γ_{ISA}) (engl. ICAO lapse rate).

Mit Hilfe des ersten Hauptsatzes der Thermodynamik, dem hydrostatischen Gleichgewicht und der idealen Gasgleichung lässt sich leicht zeigen, dass eine trockenadiabatisch geschichtete Atmosphäre ein konstante Temperaturabname mit der Höhe aufweist:

$$\Gamma_d = -\frac{dT}{dz} = +\frac{g}{c_p} = 0{,}98\,°C/100\,m$$

g: Erdbeschleunigung 9,80665 m/s^2 (Wert fuer 45 °N)

c_p: Wärmekapazität trockener Luft bei konstantem Druck 1004 J/(kg °K)

Hinweis: Für Prüfungsaufgaben nach dem Syllabus wird Γ_d mit 1 °C/100 m bzw. 3 °C/1.000 ft festgelegt.

Bei einer feuchtadiabatischen Schichtung, nimmt die Temperatur hingegen langsamer mit der Höhe ab. Feuchtadiabatisch aufsteigende Luftpakete werden durch die freiwerdende Kondensationswärme erwärmt, d. h. je höher die Feuchte der Luft, desto geringer ist der feuchtadiabatische Temperaturgradient Γ_f. In den Tropen kann so Γ_f beispielsweise nur 0,4 °C/100 m bzw. 1,2 °C/1.000 ft betragen, wohingegen an den Polen Γ_f sich nur wenig von Γ_d unterscheidet. In mittleren Breiten beträgt der Mittelwert des feuchtadiabatischen Gradienten 0,6 °C/100 m bzw. 1,8 °C/1.000 ft.

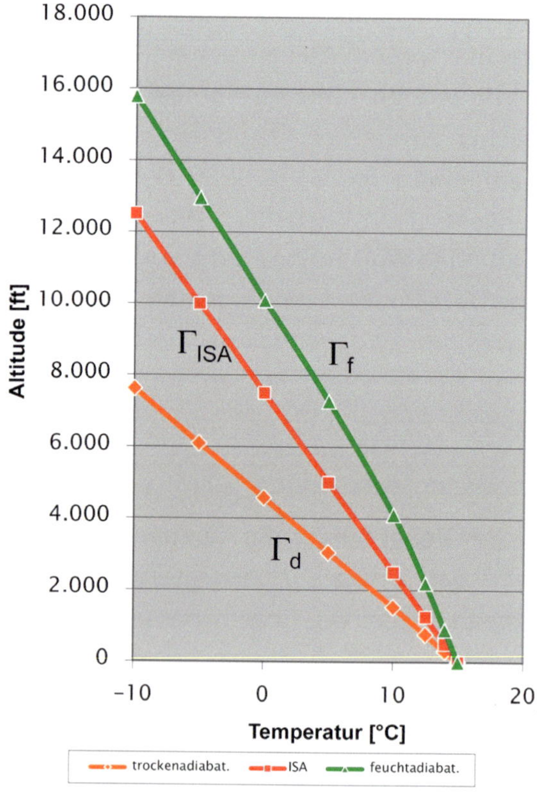

Abbildung 6: Temperaturgradienten (Grafik: KLSP)

Die durch ICAO genormte ISA Atmosphäre (siehe S. 38) definiert für die Altimetrie und verschiedene andere Zwecke der Luftfahrt einen konstant mit der Höhe abnehmenden ISA-Temperaturgradient von 0,65 °C/100 m oder 2 °C/1.000 ft.

Art des Temperaturgradient	Symbol	pro 100 m	pro 1.000ft
Trockenadiabatischer Temperaturgradient	Γ_d	1 °C	3 °C
ICAO ISA Temperaturgradient	Γ_{ISA}	0,65 °C	2 °C
Feuchtadiabatischer Temperaturgradient	Γ_f	abh. von Temp. und Feuchte	
Mittelwert von Γ_f in mittleren Breiten	Γ_{favg}	0,6 °C	1,8 °C
Temperaturgradient der Umgebung	γ	beliebige Funktion der Höhe	

Der tatsächliche Temperaturgradient γ einer realen Luftmasse (engl. environmental lapse rate = ELR) ist eine beliebige Funktion der Höhe ($\gamma=f(h)$), wobei die Funktionswerte beliebig positiv wie auch negativ sein können.

01 02 05 Entstehung von Inversionen und ihre Typen

Ist der Temperaturgradient negativ ($\Gamma < 0 \Leftrightarrow dT/dz > 0$), dann nimmt die Temperatur mit der Höhe zu. Man spricht von einer *Inversion oder Inversionsschicht.* Bleibt die Temperatur mit zunehmender Höhe konstant, spricht man von *Isothermie* oder einer *isothermen Schicht* ($\Gamma = 0$) .

Folgende Formen von Inversionen lassen sich unterscheiden:

1. **Boden- oder Strahlungsinversion.** Eine Bodeninversion entsteht bei wenig Luftbewegung durch die nächtliche Abkühlung der bodennahen Luftschicht. Erfolgt die Kühlung bis zum Taupunkt der Luft, sodass es zur Kondensation des Wasserdampfs in der Luft kommt, entsteht Bodennebel. Bevorzugt werden natürlich Täler, in denen die Luftbewegungen durch geografische Gegebenheiten beschränkt sind (Inversion im Tal). Ähnlich verhält es sich, wenn warme Luft über dem Land über kälteres Wasser verschoben wird (Advektion). Es entsteht ein so genannter Advektionsnebel.
2. **Absink- oder Subsidenzinversion.** Bei stationären Hochdruckwetterlagen entsteht eine Inversionsschicht oft durch Hinzuführung und Komprimierung warmer Luft aus den oberen in die unteren Luftschichten.
3. **Aufgleit- oder Frontinversion.** Bei einer Warmfront gleitet warme Luft auf kältere Luft auf. An der Grenze beider Luftschichten entsteht eine Inversionslage. Ähnlich verhält es sich bei Okklusionen.

4. **Inversion oberhalb der Reibungsschicht der Erde (planetare Grenzschicht).** Oberhalb der Reibungsschicht der Erde (2.000 -3.000 ft) entsteht oft eine Inversionslage, weil obere wärmere Luftschichten sich schlecht mit der Reibungsschicht mischen. Eine solche Inversion ist mit einer Absinkinversion vergleichbar.
5. **Inversion an der Tropopause.** Obwohl es eigentlich nicht ganz korrekt ist, spricht man von einer Inversion an der Tropopause. In der ISA-Schichtung handelt es sich genauer um eine Isothermie, die Inversion beginnt erst in der Stratosphäre bei ca. 20 km Höhe. In der Realität jedoch besteht Isothermie nur im Mittel, es werden in der Nähe der Tropopause meist sowohl Temperaturzunahmen als auch leichte Temperaturabnahmen mit der Höhe gemessen. Daher ist die Tropopausendefinition nach WMO auch schwächer formuliert: die Temperaturabnahme pro km muss weniger als 2 °C betragen.

01 02 06 Ursachen von Temperaturänderungen am Boden

Die Temperaturänderungen am Boden haben verschiedene Ursachen.

Tageseinflüsse. Zunächst gibt es Tagesschwankungen bedingt durch die zeitlich unterschiedliche Sonneneinstrahlung. Da die Erwärmung mittelbar über die Erwärmung des Bodens geschieht, gibt es eine tageszeitliche Verzögerung der Erwärmung bezogen auf die Sonneneinstrahlung. So ist die kälteste Temperatur des Tages erst eine halbe Stunde nach Sonnenaufgang erreicht und der heißeste Zeitpunkt des Tages ist nicht etwa, wenn die Sonne im Zenit steht, sondern am Nachmittag gegen 15 Uhr Ortszeit.

Saisonale Einflüsse. Hinzu kommt die saisonale Schwankung der Jahreszeiten, bedingt durch die Schrägstellung der Erdachse und die Entfernung Erde-Sonne (Ellipsenbahn). Aufgrund der Schrägstellung der Erdachse erhält einmal die nördliche Halbkugel, einmal die südliche Halbkugel mehr Strahlungsenergie der Sonne. Der „Wärmeäquator" wandert also zwischen südlichem und nördlichem Wendekreis hin und her, was sich natürlich auch auf die drei Strömungs-

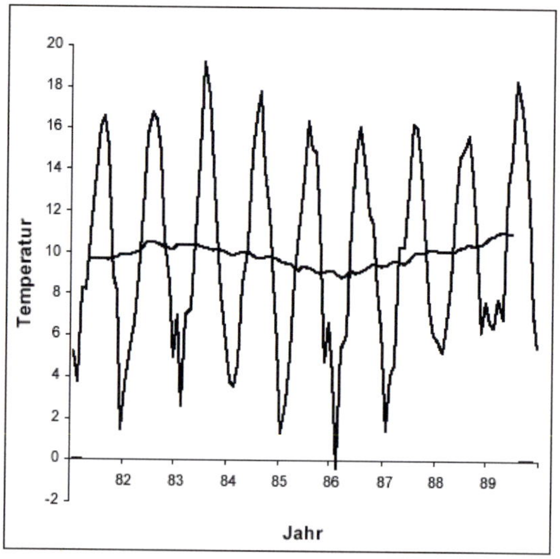

Abbildung 7: Temperaturen in England/Wales 1981-1989 (Quelle: A.Kimber aus „What a scorcher", 1991)

gürtel auf jeder der Erdhalbkugeln auswirkt. Sie richten sich nach dem Wärmeäquator und nicht nach dem geografischen Äquator aus. Ähnlich wie bei der Tageserwärmung des Bodens gibt es auch bei der saisonalen Erderwärmung eine zeitliche Verschiebung. Am wärmsten ist es nicht etwa wenn z. B. die Sonne den nördlichen Wendekreis am 22. Juni erreicht hat, sondern erst zwei Monate später im August.

Einfluss der Wolken.
Wolken reflektieren die Wärmestrahlung der Erde und spielen eine wichtige Rolle für die Erwärmung in Bodennähe. Langwellige Strahlen, die von der Erde emittiert werden, werden durch Wolken je nach Zusammensetzung gestreut, absorbiert und zurück gestrahlt, eine Erwärmung des erdnahen Bereichs ist die Folge. Kurzwellige Strahlen werden durch Wolken zerstreut, ein großer Teil zurück in den Weltraum reflektiert. Dies führt zu einer Abkühlung der Erdoberfläche. Prinzip und Wirkung ist in der folgenden Abbildung zu sehen.

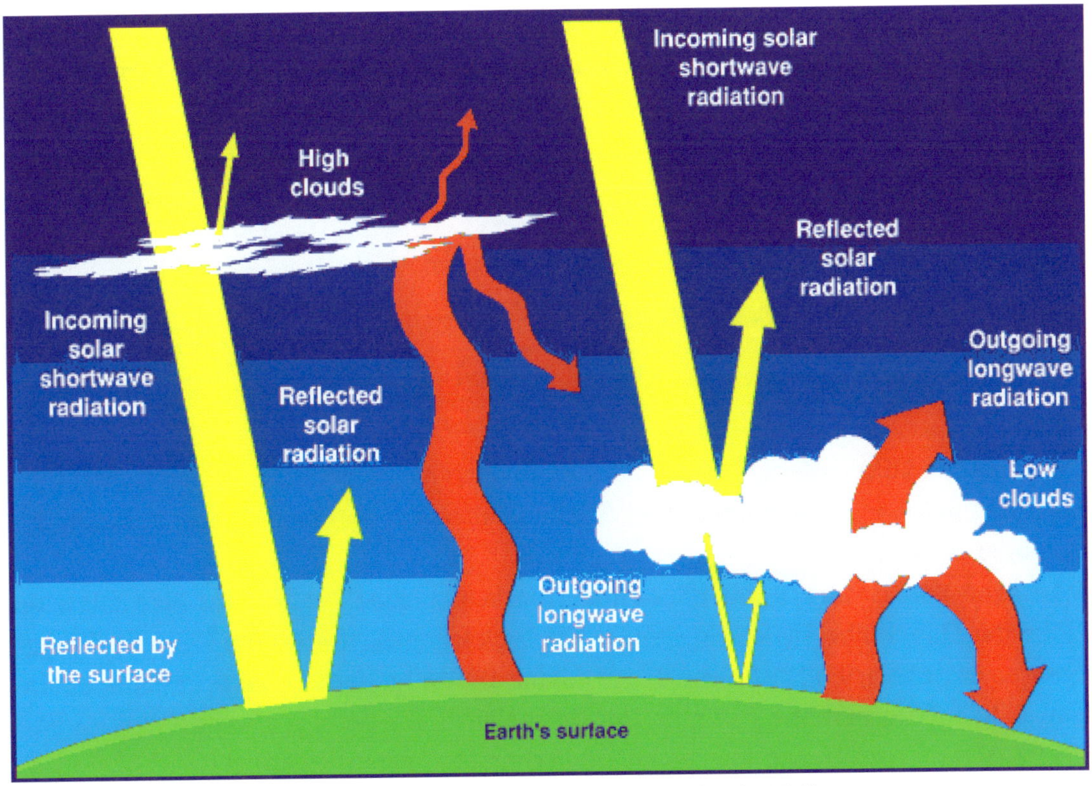

Abbildung 8: Strahlungsbilanz bei hohen und tiefen Wolken
(Quelle: Zentrale für Unterrichtsmedien e.V.)

Die Wolkenphysik ist sehr komplex und bislang nur zum Teil verstanden. Es lassen sich grob folgende Fakten zusammenfassen:

- Dünne, hochliegende Wolken wärmen (Treibhauseffekt).
- Dicke, tiefliegende Wolken kühlen (erhöhte Reflektion des Sonnenlichtes).
- Nachts führen Wolken zu höheren Temperaturen (reduzierte Abstrahlung).
- Nachts führt das Fehlen von Wolken zu starker Abkühlung (erhöhte terrestrische Abstrahlung ins Weltall).
- In der Gesamtbilanz (24 h) wirken Wolken meist kühlend, bei einer durchschnittlicher Wolkenbedeckung von ca. 40 % ergibt sich ein Kühlung von ca. 17- 35 W/m^2.

Einfluss des Windes. Als vierte Einflussgröße kommt der Wind ins Spiel. Er sorgt für den Druckausgleich und damit natürlich auch für Temperaturänderungen am Boden, in dem er etwa kalte Polarluft aus dem Norden transportiert oder warme subtropische Luftmassen aus der Sahara. Der Wind sorgt für Abkühlung und Erwärmung, aber auch, im Falle der turbulenten Durchmischung für den Ausgleich der Temperaturen. Luft als Gas strebt übrigens immer einen Zustand einheitlicher Temperatur an und das gilt auch bei Windstille.

01 03 00 Luftdruck

01 03 01 Barometrische Luftdruckmessung, Isobaren

Druck ist physikalisch definiert als Kraft pro Flächeneinheit.

$$p = \frac{F}{A} = \frac{Kraft}{Fläche}$$

Der statische Luftdruck der Atmosphäre ist folglich nichts anderes als das Gewicht der Luftsäule der Atmosphäre über einer Flächeneinheit am Messpunkt, also z. B. am Boden oder in der Luft.

Man kann den Luftdruck mit Hilfe einer Quecksilbersäule bestimmen. Man misst die Höhe der Quecksilbersäule, die sich im Kräftegleichgewicht mit dem Gewicht der Luft über einer definierten Fläche von 1 cm^2 bildet. Die Höhe beträgt bei Normalbedingungen d. h. auf Meereshöhe 760 mm. Der Normalluftdruck beträgt also 760 mm Hg oder 29,92 inch mercury, wenn man es im englischen Maßsystem ausdrückt.

Im physikalischen Maßsystem ist Newton die Einheit der Kraft, definiert als [kg m s^{-2}]. Die Einheit des Drucks ist demnach Newton/m^2 oder [kg m s^{-2} m^{-2}] = [kg s^{-2} m^{-1}]. Sie

wird als *Pascal* oder abgekürzt als Pa bezeichnet. Aus Gründen der Normierung auf das internationale SI-Maßsystem wurde die früher verwendete Einheit Bar durch die Einheit Pascal ersetzt. Aus praktischen Gründen verwendet man die größere Einheit hPa (hektoPascal = 10^2 Pa), die mit der früher üblichen Einheit (mbar) zahlenmäßig identisch ist.
In diesen Einheiten beträgt der Luftdruck der Normalatmosphäre auf Meereshöhe:

1013,25 hPa = 1013,25 mbar = 760 mm Hg = 29,92 inch Hg auf Meereshöhe

Geräte zur Messung des Luftdrucks nennt man *Barometer*. Wie bereits erwähnt, lässt sich der Luftdruck mittels Quecksilberbarometer messen. In der Luftfahrt nutzt man üblicherweise so genannte Dosenbarometer zur Messung des Luftdrucks und damit der Höhe (siehe Abschnitt Höhenmessung). Beim Dosenbarometer wird die Tatsache genutzt, dass sich eine geschlossene, nahezu luftleere Dose unter dem Einfluss des Luftdrucks verformt d. h. ausdehnt oder zusammenzieht, was sich über eine Zeigermechanik zur Anzeige bringen lässt.

Der Luftdruck wird an vielen Orten der Erde kontinuierlich automatisiert gemessen und in Bodenwetterkarten übernommen, wobei man die Orte gleichen Luftdrucks (QFF normiert auf Meereshöhe siehe Abschnitt Höhenmessung) miteinander zu einer Linie verbindet, den so genannten Isobaren. Es ist üblich die Isobaren für Werte im 5 hPa Abstand auf Bodenwetterkarten einzuzeichnen.

Durch den jeweiligen Verlauf der Isobaren, lassen sich typische Wetterlagen analysieren:

- Hoch (engl. anticyclone)
- Tief (engl. cyclone)
- Tiefdrucktrog oder kurz Trog (engl. trough)
- Tiefdruckrinne (engl. trough)
- Hochdruckrücken oder kurz Rücken (engl. ridge)
- Hochdruckkeil (engl. wedge)
- Sattel (engl. col)

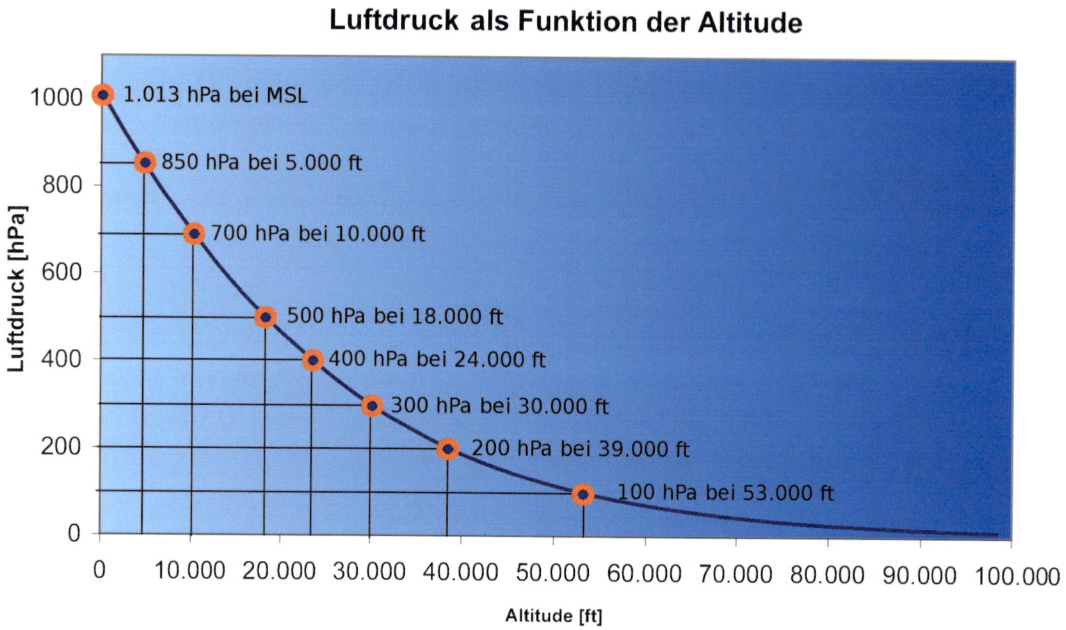

Abbildung 9: Luftdruckkurve mit einigen nützlichen Einzelwerten (Grafik: KLSP)

01 03 02 Luftdruckänderung mit der Höhe, Isohypsen

Der Luftdruck nimmt exponentiell mit der Höhe ab. Die Kurve in Abbildung 9 gibt den Standardverlauf und einige der merkenswerten Beziehungen zwischen Flugfläche und Luftdruck wieder. So liegt etwa der Halbwertsdruck in einer Höhe von etwa 18.000 ft (ca. 5.500 m), d. h. insgesamt die Hälfte des Gewichtes der atmosphärischen Luft ist in den unteren 5,5 km konzentriert.

Die Abnahme des Druckes d. h. die Steigung der Tangente an die abgebildete Kurve wird mit zunehmender Höhe immer flacher und damit geringer. Zwei Werte sind zu merken (die genannten Werte sind im Syllabus für Prüfungen so vorgegeben):

- Auf Meereshöhe beträgt die so genannte *barometrische Stufe 27 ft (8 m) pro 1 hPa* (Steigung 1/27)
- Auf der Halbwertshöhe bei ca. 18.000 ft (5.500 m) beträgt die barometrische Stufe nur noch 50 ft pro 1 hPa (Steigung 1/50)

Verbindet man für ein Gebiet die Höhenpunkte gleichen Luftdrucks (üblich sind z. B. 500 hPa Karten) miteinander, erhält man so genannte Höhenlinien, auch *Isohypsen* genannt. Abbildung 10 zeigt eine 500 hPa Isohypsenkarte mit der Kennzeichnung der

Höhen. Die jeweils wahren Höhen der Linien sind in Metern angegeben. In manchen Karten werden die Werte in Dekametern angegeben, z. B. 552 bedeutet dann 5.520 m (eigentlich 5.520 gpm, Erklärung siehe weiter unten).

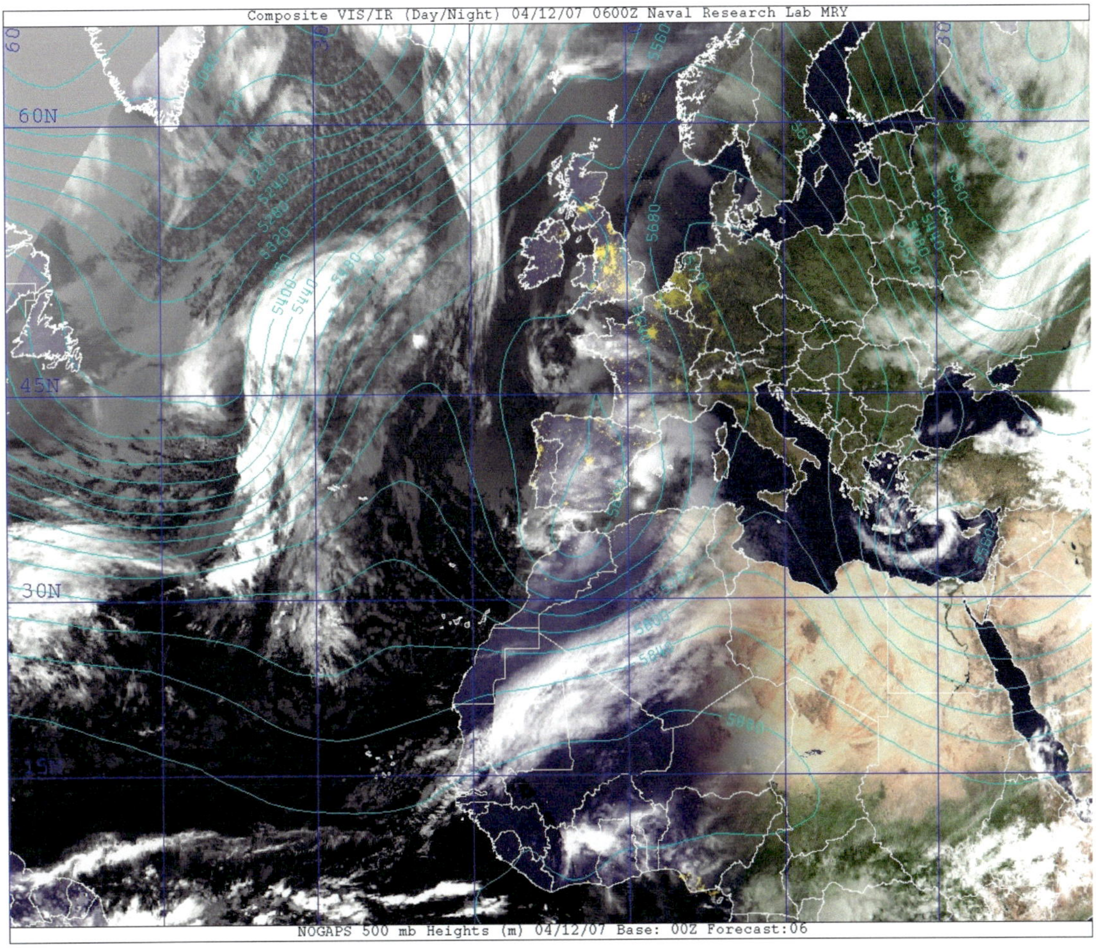

Abbildung 10: Isohypsenkarte von Europa 12.4.2007
(Quelle: Naval Research Lab MRY)

Die gegebene Erklärung für den Begriff Isohypse reicht zwar für ein allgemeines Verständnis aus, ist aber nicht vollkommen korrekt.
Der Begriff der Isohypse wird in der Meteorologie nämlich geringfügig anders definiert. Hierzu müssen wir zunächst ein paar neue Größen definieren: das Geopotenzial, die geopotenzielle Höhe und die Einheit geopotenzielles Meter.

Geopotenzial (Φ), geopotenzielle Höhe

Das *Geopotenzial* Φ ist die mit der Einheitsmasse normierte Arbeit, die nötig ist, um im Schwerefeld der Erde die Einheitsmasse von 1 kg vom Meeresniveau auf die Höhe z anzuheben. Mit der Schwerebeschleunigung g wird Φ über folgendes Integral definiert:

$$\Phi(z) = \int_0^z g(z)\, dz$$

Wird der Wert des Geopotenzials durch den globalen Mittelwert der Schwerebeschleunigung (d. h. der Schwerebeschleunigung g_0, die auf dem 45. Breitengrad herrscht) geteilt, dann ergibt sich die sog. *geopotenzielle Höhe*:

$$Z = \frac{\Phi(Z)}{g_0}$$

In der geopotenziellen Höhe (in gpm) ist die Veränderlichkeit der Gravitation mit der Höhe und der geographischen Breite berücksichtigt. Unter Vernachlässigung der Breiten- und Höhenabhängigkeit der Erdbeschleunigung entspricht die geopotenzielle Höhe der metrischen Höhe.

Die Einheit der geopotenziellen Höhe ist das sog. *geopotenzielle Meter* [gpm]. Das ist die durch g_0 skalierte Arbeit, die verrichtet werden muss, um eine Masse von 1 kg vom Meeresniveau auf 1 m Höhe zu heben. Auf dem 45. Breitenkreis ist das geopotenzielle Meter am Boden gleich dem metrischen Meter.

Hiermit lässt sich nun die genauere Definition einer Isohypse festlegen:

Isohypsen sind Linien, die Punkte gleicher geopotenzieller Höhe miteinander verbinden. Die geopotenzielle Höhe wird dabei in der Einheit geopotenzielles Meter [gpm] oder Dekameter [gpdm] angegeben.

Ist man mit einem Flugzeug per Autopilot mit konstanter Höhenanzeige beispielsweise in FL180 (ca. 500 hPa) unterwegs, so fliegt man tatsächlich nicht ständig in der selben wahren Höhe. Das Flugzeug folgt in Wirklichkeit auf seinem Kurs den Höhenwerten der Isohypsen, d. h. es folgt im Beispiel der 500-hPa-Druckfläche und fliegt dabei im Normalfall leicht bergauf und bergab. Das „500 hPa-Gebirge" lässt sich in der zweidimensionalen Darstellung nur unzureichend visualisieren, als dreidimensionale Darstellung könnte man das Gebirge besser erkennen.

01 03 03 QFF-Eichung

Bodenwetterkarten sind stets auf QFF-Luftdruck normiert, um die gemessenen Luftdruckwerte überhaupt vergleichbar zu machen. Der QFF-Luftdruckwert wird gebildet, in dem man den tatsächlich an einem Ort gemessenen Luftdruck auf den Luftdruck auf Meereshöhe umrechnet. Hierbei wird im Unterschied zur QNH-Eichung anstelle der ISA-Temperatur die tatsächliche Temperatur der Atmosphäre am jeweiligen Tag zugrunde gelegt (siehe Abschnitt 01 06 00 Höhenmessung (Altimetrie)).

01 03 04 Druckzentren am Boden und in der Höhe

Die Wetterlagen (Hoch, Tief usw.) am Boden spiegeln nicht in jedem Fall das vollständige Wettergeschehen in der Troposphäre wieder. Oft gibt es in den oberen Luftschichten eigene Druckzentren, die das Wetter dort intensiv beeinflussen. Solche Höhentiefs oder Höhenhochs sind aus den Bodenwetterkarten oft nicht zu erkennen (siehe auch im Abschnitt Frontensysteme).

01 04 00 Luftdichte

Physikalisch gesehen ist die Dichte ρ einer Materie der Quotient aus Masse m und Volumen V.

$$\rho = \frac{m}{V} = \frac{Masse}{Volumen}$$

Materie ist um so dichter, je mehr Masse im gleichen Volumen konzentriert ist. Die Dichte erhöht sich folglich mit der Anzahl der Moleküle pro Volumen aber auch mit der Masse jedes einzelnen Moleküls.
Die Dichte von Luft oder Luftdichte ist relativ gering, da Luft ein Gas ist. Sie beträgt in Meereshöhe

$$\rho_{Luft} = \frac{m_{Luft}}{V_{Luft}} = 1{,}225 \frac{kg}{m^3}$$

Die Luftdichte ist in der Aerodynamik ein überaus wichtiger Parameter, da sie bekanntlich mit dem Term $\rho/2 \cdot v^2$ in den Gleichungen für Auftrieb und Luftwiderstand eines Flugzeuges auftaucht. Die Luftdichte ρ ist dafür verantwortlich, dass Flugzeuge in großen Höhen schneller fliegen, da die Luftdichte mit zunehmender Höhe geringer wird.

01 04 01 Beziehung zwischen Luftdruck, Temperatur und Luftdichte

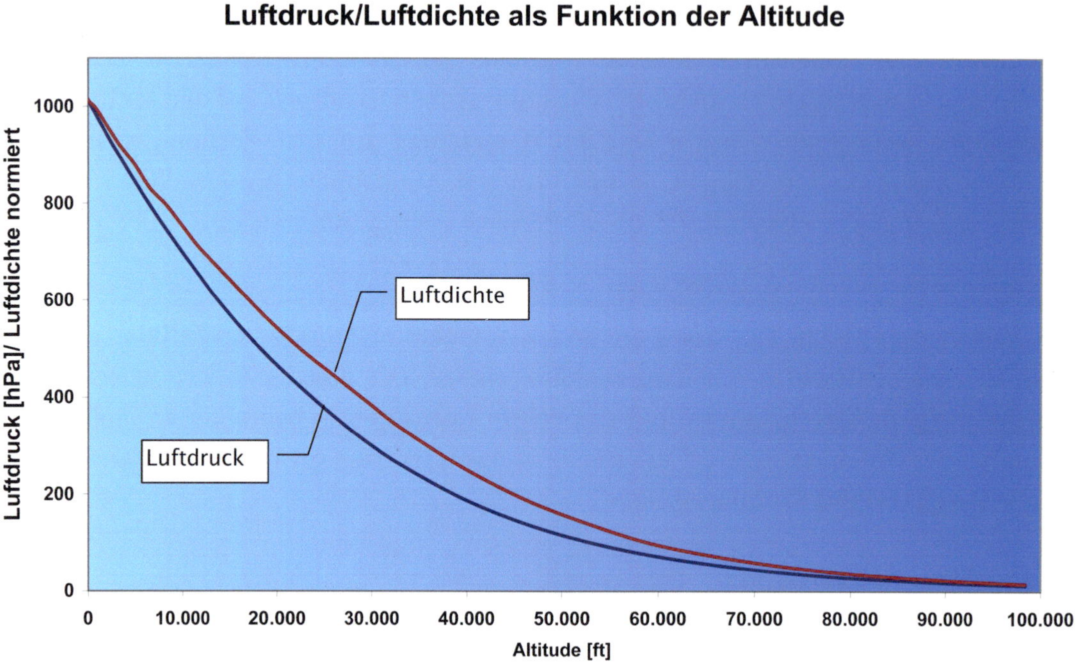

Abbildung 11: Luftdruck und Luftdichte in der Atmosphäre (ISA-Werte)
Luftdichte bei 15 °C auf 1013,25 normiert
(Grafik: KLSP)

Dass sowohl Luftdruck als auch Luftdichte mit zunehmender Höhe abnehmen, wurde bereits erwähnt. Eine spannende Frage ist, in welchem Verhältnis das zueinander geschieht. Die Antwort ist in obiger Abbildung (die Werte der Kurven sind ISA-Werte, siehe nächster Abschnitt) zu finden. Der Luftdruck nimmt in stärkerem Maße mit der Höhe ab als die Luftdichte.

Die Luftdichte ist darüber hinaus temperaturabhängig, kältere Luft ist dichter als warme Luft, weil mehr Moleküle ins gleiche Volumen hinein passen. Kältere Luftschichten sind daher dünner als wärmere Luftschichten, daher rührt unter Anderem die relativ niedrige Höhe der Tropopause über den Polen.
Diese Tatsache lässt sich quantifizieren und wird weiter unten im Zusammenhang der Berechnung wahrer Höhen und der Dicke von Luftschichten noch genauer behandelt.

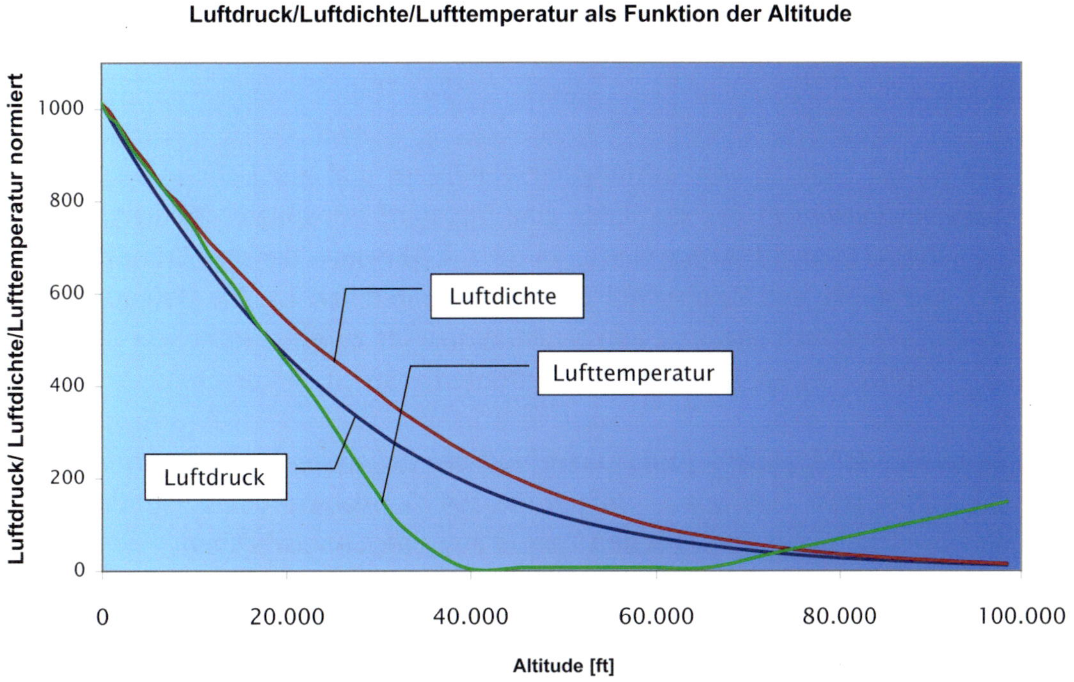

Abbildung 12: Luftdruck, Luftdichte und Lufttemperatur in der Atmosphäre (ISA-Werte)
Lufttemperaturbereich um +56,5 °C nach oben verschoben[4] und
Druck, Dichte und Temperatur bei Anfangsbedingungen auf 1013,25 normiert
(Grafik: KLSP)

Wie wir bereits kennengelernt haben, nimmt auch die Lufttemperatur mit zunehmender Höhe ab, nämlich im Mittel um etwa 2 °C/1.000 ft. Obige Abbildung zeigt den Verlauf aller drei Größen, wobei Luftdichte und Temperatur skalenseitig für den Vergleich angepasst sind. Die Temperatur nimmt bis zur Tropopause in etwa linear ab (die Kurven sind relativ und nicht wertemäßig zu verstehen), ab 20.000 ft erfolgt die Senkung stärker als bei Luftdruck und Luftdichte, danach kommt - wie bereits dargestellt - die Isothermie und Inversion der Stratosphäre zum Tragen.

Der tatsächliche, präzise Zusammenhang zwischen Luftdruck, Luftdichte und Temperatur lässt sich nur physikalisch auf der Molekularebene erklären und würde den Rahmen dieses Lehrbuchs sprengen.

---

[4] Die Normierung des Temperaturverlaufs bei -56,5 °C (Temperatur der Tropopause) auf Null ist letztendlich willkürlich, es sind auch andere Normierungen denkbar

01 05 00 ICAO Standard-Atmosphäre (ISA)

01 05 01 ICAO Standard-Atmosphäre

Zum Zwecke der Eichung von Luftfahrthöhenmessern und zur Eichung von Kolben- und Turbinentriebwerken hat die ICAO eine Standardatmosphäre definiert, genannt ISA (International Standard Atmosphere), in der die Abnahme der drei Grundparameter Luftdruck, Luftdichte und Temperatur mit der Höhe definiert ist. Die Definition wurde über die Jahre mehrfach erweitert und reicht aktuell bis zu einer Höhe von 262.500 ft (80 km), (ICAO Doc 7488). Die Tabelle weiter unten zeigt einen Ausschnitt.

Ausgehend von der Standard-Atmosphäre und der definierten Temperatur von 15 °C auf Meereshöhe lässt sich relativ einfach die *ISA Temperatur* eines Flightlevels und auch die Abweichung der tatsächlichen Temperatur von ISA ausrechnen.

Beispiel:
Die ISA Temperatur in FL240 ist 15 °C -24*2 °C/1.000 ft = 15 °C-48 °C = -33 °C
Herrscht in FL240 aktuell eine Temperatur von -38 °C, so handelt es sich um eine Luftschicht mit einer Temperatur von ISA -5 °C, oder anders ausgedrückt, es ist tatsächlich 5 °C kälter als unter ISA-Bedingungen.

Im Zusammenhang mit Lufttemperatur, Luftdruck und Luftdichte sollte man sich folgende Basisdaten merken:

ICAO Standard-Atmosphäre Basisdaten	
Luftdruck auf Meereshöhe:	1013,25 hPa
Luftdichte auf Meereshöhe:	1,225 kg/m^3
Standardtemperatur auf Meereshöhe:	15 °C
Temperaturgradient:	2 °C/1.000 ft (0,65 °C/100 m)
Höhe der Tropopause:	36.000 ft (ca. 11.000 m)
Temperatur der Tropopause:	-56,5 °C

ICAO Standard Atmosphäre (ISA)

Höhe m	Höhe ft	Luft-druck hPa	Luft-dichte kg m^{-3}	Abweichung Luftdichte prozentual	Temp. Luft °C	Verhältnis Druck/Dichte p/ρ (norm.)
-250	-820	1044	1,25	2,5%	17	1,0059
0	**0**	**1013**	**1,22**	**0,0%**	**15**	**1,0000**
250	820	984	1,20	-1,6%	13	0,9876
500	1.640	955	1,17	-4,1%	12	0,9831
750	2.461	926	1,14	-6,6%	10	0,9783
1.000	3.281	899	1,11	-9,0%	8	0,9754
1.500	4.921	846	1,06	-13,1%	5	0,9612
2.000	6.562	795	1,00	-18,0%	2	0,9575
2.500	8.202	747	0,96	-21,3%	-1	0,9372
3.000	9.843	701	0,91	-25,4%	-4	0,9278
3.500	11.483	658	0,86	-29,5%	-8	0,9215
4.000	13.123	616	0,82	-32,8%	-11	0,9048
4.500	14.764	577	0,78	-36,1%	-14	0,8909
5.000	16.404	540	0,74	-39,3%	-18	0,8789
6.000	19.685	472	0,66	-45,9%	-24	0,8613
7.000	22.966	411	0,59	-51,6%	-30	0,8390
8.000	26.247	356	0,53	-56,6%	-37	0,8090
9.000	29.528	307	0,47	-61,5%	-44	0,7867
10.000	32.808	264	0,41	-66,4%	-50	0,7755
12.000	39.370	193	0,31	-74,6%	-56	0,7498
14.000	45.932	141	0,23	-81,1%	-56	0,7383
16.000	52.493	103	0,17	-86,1%	-56	0,7297
18.000	59.055	75	0,12	-90,2%	-56	0,7527
20.000	65.617	55	0,09	-92,8%	-56	0,7527
22.000	72.178	40	0,06	-94,8%	-54	0,7527
24.000	78.740	29	0,05	-96,2%	-52	0,7593
26.000	85.302	22	0,03	-97,2%	-50	0,7793
28.000	91.864	16	0,03	-98,0%	-48	0,7708
30.000	98.425	12	0,02	-98,5%	-46	0,8029

Abbildung 13: Die Standardatmosphäre (Darstellung in Metern, Werte sind gerundet)

Interessant ist die prozentuale Abnahme der Luftdichte mit der Flughöhe (dritte Spalte von rechts). In etwa 10.000 m Höhe beträgt sie nur noch ca. 34 % des Wertes auf Meereshöhe. In der zweiten Spalten von rechts ist die Isothermieschicht oberhalb der Tropopause deutlich zu erkennen. In der rechten Spalte lässt sich ferner ablesen, dass der Luftdruck - relativ betrachtet - schneller abnimmt als die Luftdichte.

01 06 00 Höhenmessung (Altimetrie)

01 06 01 Terminologie und Definitionen

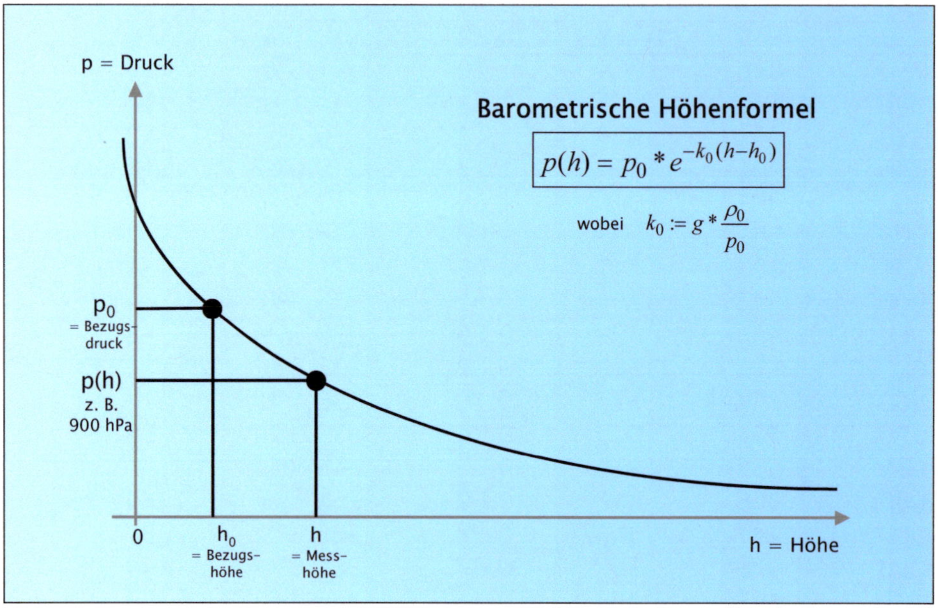

Abbildung 14: Abnahme des Luftdrucks mit der Höhe (Grafik: KLSP)

Physikalische Grundlage

Die physikalische Grundlage der Höhenmessung ist die so genannte *barometrische Höhenformel*, die besagt, dass der Luftdruck in der Atmosphäre exponentiell mit der Höhe abnimmt.

Die Druckdifferenz, gleichzeitig gemessen in zwei verschiedenen Höhen, lässt sich folglich nutzen,um eine Höhendifferenz zu berechnen. In einer Formel ausgedrückt, heißt das:

$$h - h_0 \equiv \frac{p_0}{g * \rho_0} \ln\left(\frac{p_0}{p}\right) \equiv \frac{1}{k_0} * \ln\left(\frac{p_0}{p}\right) \quad \text{wobei } k_0 = \frac{\rho_0 * g}{p_0}$$

Der Term direkt hinter dem Gleichheitszeichen enthält zusätzlich die Erdbeschleunigung g und die Luftdichte ρ_0 am Ort der Messung in h_0.

Wir stellen uns vor, wir sind auf einem Flugplatz, dessen wahre Höhe h_0 wir kennen, der Einfachheit wegen soll er auf Meereshöhe ($h_0 = 0$ m) liegen. Wir messen mit einem Thermometer die Temperatur T_0, sagen wir mit 15 °C und mit einem Barometer den Luftdruck p_0, sagen wir mit 1.013,25 hPa.

Wir steigen zusammen mit dem Barometer in ein Flugzeug, heben ab und steigen. Der Luftdruck wird natürlich mit der Höhe weiter abnehmen. Wir lesen zu einem bestimmten Zeitpunkt 900 hPa ab. Wie hoch sind wir? Nachrechnen der rechten Seite der Gleichung gibt genau 1.000 m, d. h. wir sind 1.000 m über dem Flugplatz und damit angeblich auch insgesamt bei 1.000 m MSL (siehe auch ‚berechnete Höhe' in folgender Tabelle). Wir haben soeben einen Luftfahrthöhenmesser gebaut. Wäre ein zweites Flugzeug mit der gleichen Messeinrichtung gestartet, würde es direkt neben uns jetzt die gleiche Luftdruck- respektive Höhenanzeige haben. Gilt dies aber auch, wenn das Flugzeug mit der gleichen Messeinrichtung von einem anderen, höher gelegenen Flugplatz gestartet wäre? Wie verlässlich ist der Absolutwert unserer Angabe? Ist dieser Wert die wahre Höhe des Flugzeuges?

Berechnung der Höhe aus der barometrischen Höhenformel

Startplatzhöhe h_0 [m]	0	500	750	0	1000	2000
Luftdichte ρ bei h_0 [kg/m^3]	1,2250	1,1673	1,1393	1,2250	1,1117	1,0066
Luftdruck p bei h_0 [hPa]	1013,25	954,61	926,36	1013,25	898,76	795,01
Erdbeschleunigung g	9,81	9,81	9,81	9,81	9,81	9,81
Luftdruck der Messhöhe [hPa] (Messbedingung)	900	900	900	497	497	497
Berechnete Höhe [m]	**1.000**	**991**	**989**	**6.000**	**5.876**	**5.776**
Berechnete Höhe [ft]	**3.282**	**3.252**	**3.246**	**19.685**	**19.279**	**18.951**
Delta ggü. Vergleichswert	0,00%	-0,92%	-1,10%	0,00%	-2,06%	-3,73%

Abbildung 15: Barometrische Höhenberechnungen bei verschiedenen Starthöhen

Berechnet man einige weitere Werte (siehe Tabelle), so kann man feststellen, dass in einem engeren Bereich um die Platzhöhe der barometrische Höhenmesser zwar einen relativ geringen Fehler macht, bei größeren Höhenunterschieden aber unbrauchbar wird. Im Beispiel würde ein in Meereshöhe gestartetes Flugzeug bei 6.000 m Messhöhe gegenüber einem in 2.000 m gestarteten Flugzeug bei gleichem Druck von 497 hPa tatsächlich 224 m (735 ft) Höhenunterschied anzeigen (siehe Tabellenwerte auf der rechten Seite).

Die Antwort auf die oben gestellte Frage lautet also: im Allgemeinen nicht. Der Grund liegt im Messverfahren. Es herrschen in der größeren Höhe wegen der kälteren Temperatur offensichtlich andere Bedingungen als am Punkt unserer Eichung in Flugplatzhöhe. Wir haben bei der Konstante k_0 einen Fehler zugelassen.

Die Erdbeschleunigung g ist hierin eine echte Konstante (jedenfalls wenn wir die relativ geringe Abhängigkeit von Höhe und Breitengrad hier vernachlässigen wollen), aber der Quotient aus Luftdichte und Luftdruck (ρ/p) ist nicht unabhängig von der Höhe. Darüber hinaus nimmt der Fehler durch diese „falsche Steigung" der Kurve mit dem Abstand vom Referenzpunkt noch zu, denn k_0 ist der – hier negative und nicht konstante – Wachstumskoeffizient der Exponentialfunktion.

Wir fragen einmal, unter welchen Bedingungen dieser Wert der „Konstante" in der Höhe gleich dem Wert k_0 am Flugplatz ist. Ohne die Rechnung hier auszuführen (z. B. möglich über die allgemeine Gasgleichung), folgt: nur falls $T_0 = T_1$. Das heißt, *nur bei Isothermie berechnet die barometrische Formel die wahre Höhe.*

Wie kann man einen besseren Höhenmesser entwerfen? Der barometrische Höhenmesser wäre dann exakt, wenn er sich in jeder Höhe dynamisch an das neue Verhältnis Luftdichte/Luftdruck anpassen könnte.

Also definieren wir „einfach" eine Idealkurve $p=p(h)$, welche die durchschnittlichen Verhältnisse in der Atmosphäre widerspiegelt und verlangen von einem Altimeter, dass er die Höhenwerte dieser Kurve bis auf einen geringen Messfehler exakt anzeigt. Diese Idealkurve ist nichts anderes als die bereits eingeführte Standardatmosphäre. Das bedeutet übrigens für die *nichtlineare Zeigermechanik*, dass sie die Druckdifferenz zum Referenzpunkt nicht nur logarithmisch übersetzen sondern zusätzlich mit einem höhenabhängigen Faktor vergrößern bzw. verkleinern muss.

Verhältnis von Luftdichte zu Luftdruck (ISA)

Höhe	Luftdruck	Luftdichte	Verhältnis	Abweichung
m	hPa	kg m^{-3}	ρ/p (normiert)	prozentual
-250	1044	1,25	0,9942	-0,6%
0	**1013**	**1,22**	**1,0000**	**0,0%**
250	984	1,20	1,0126	1,3%
500	955	1,17	1,0173	1,7%
750	926	1,14	1,0222	2,2%
1.000	899	1,11	1,0252	2,5%
1.500	846	1,06	1,0404	4,0%
2.000	795	1,00	1,0444	4,4%
2.500	747	0,96	1,0671	6,7%
3.000	701	0,91	1,0779	7,8%
3.500	658	0,86	1,0852	8,5%
4.000	616	0,82	1,1053	10,5%
4.500	577	0,78	1,1225	12,2%
5.000	540	0,74	1,1379	13,8%
6.000	472	0,66	1,1611	16,1%
7.000	411	0,59	1,1920	19,2%
8.000	356	0,53	1,2362	23,6%
9.000	307	0,47	1,2712	27,1%
10.000	264	0,41	1,2895	29,0%
12.000	193	0,31	1,3337	33,4%
14.000	141	0,23	1,3544	35,4%
16.000	103	0,17	1,3704	37,0%
18.000	75	0,12	1,3285	32,9%
20.000	55	0,09	1,3285	32,9%
22.000	40	0,06	1,3285	32,9%
24.000	29	0,05	1,3171	31,7%
26.000	22	0,03	1,2832	28,3%
28.000	16	0,03	1,2974	29,7%
30.000	12	0,02	1,2455	24,5%

Abbildung 16: Die Luftdichte nimmt mit wachsender Höhe weniger stark ab als der Luftdruck

Die ICAO Standardatmosphäre (ISA)

Wie bereits auf Seite 38 geschildert, wurde die ICAO Standardatmosphäre bereits in der Mitte des letzten Jahrhunderts festgelegt und mehrfach erweitert.

Die abgebildete Tabelle gibt einige

Basiswerte wie Höhe, Luftdruck, Luftdichte und Lufttemperatur bis 30.000 m wieder. Die zweite Spalte von rechts zeigt das soeben diskutierte Verhältnis von Luftdichte zum Luftdruck, welches tatsächlich mit der Höhe zunimmt (vergl. Definition k_0).

Die Luftdruckeichungen in der Luftfahrt

Wie bereits weiter oben geschildert, ist der Höhenmesser eines Flugzeuges nichts anderes als ein Barometer, das den jeweiligen Luftdruck am Ort des Flugzeuges gegenüber einem eingestellten Referenzdruck misst und ihn als Höhe anzeigt. Der Höhenmesser kann dabei keine Temperatur berücksichtigen[5], er misst ausschließlich den Druck. Er arbeitet nicht nach der barometrischen Formel sondern nach der ISA-Standardkurve. In der Luftfahrt gibt es nur zwei Eichverfahren, die auf Bodenmessungen beruhen, die *Eichung nach QFE und die Eichung nach QNH.*

Die Eichung selbst am Altimeter im Flugzeug wird durch Einstellung des jeweiligen Eichwertes (QFE oder QNH) im so genannten *Kollsman Window* vor und während des Fluges vorgenommen.

Für die weitere Erklärung der Eichungen verwenden wir den Text aus einem Original ICAO Technical Guide für die Hersteller von Flugplatzeichgeräten.

Definitionen

"Pressure is measured at the altitude of the barometer installation. The value measured by the barometer is used to calculate QNH and QFE.

QNH is the pressure reduced to mean sea level (MSL), using the ICAO standard profile of the atmosphere (*Manual of the ICAO Standard Atmosphere (extended to 80 kilometres (262 500 feet))*(Doc 7488) refers). QNH gives a normalized value of pressure, independent of the altitude of measurement. Altimeters using the same standard profile can deduce the aircraft altitude above a given point, knowing the QNH of this point. When set to a QNH altimeter setting, a pressure type altimeter will indicate altitude above sea level and the official aerodrome altitude when landed.

QFE is the pressure reduced to an official aerodrome altitude, using the most appropriate profile of the atmosphere, thus taking in account, if necessary, the air temperature at the aerodrome. When set to a QFE altimeter setting, a altimeter will indicate height above the QFE reference level, and 0 when landed. The reference level for the computation of QFE should be the (official) aerodrome elevation. For non-precision

---

[5] Wohl ist ein Temperaturfehler möglich, den wir hier aber außer acht lassen wollen

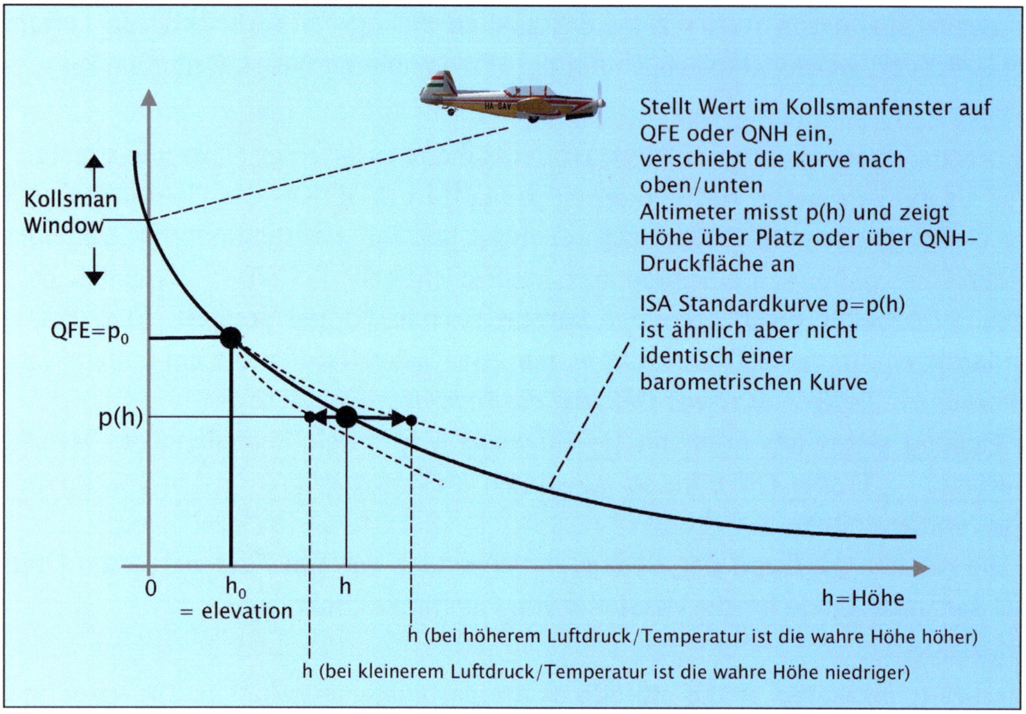

Abbildung 17: Luftdruckeichung (Grafik: KLSP)

approach runways with thresholds of 2 m (7 ft) or more below, or above, the aerodrome elevation, and for precision approach runways, additional QFEs should refer to the relevant threshold elevation."

QNH-Eichung zur Bestimmung der QNH-Höhe oder Altitude

„To determine QNH, QFE has to be first calculated no matter whether it is reported or not, ...This calculation can use the *Manual of the ICAO Standard Atmosphere(extended to 80 kilometres (262 500 feet))* (Doc 7488), using the effective air temperature at the time of calculation.

...... QNH is calculated from QFE of the aerodrome (at altitude Href), using the *Manual of the ICAO Standard Atmosphere (extended to 80 kilometres (262 500 feet))* (Doc 7488) as follows:

First, calculation of the equivalent altitude H in ICAO standard atmosphere:

$$H \equiv 44330{,}77 - 11880{,}32 * QFE^{0{,}190263}$$

and then

$$QNH \equiv 1013{,}25 * \left(1 - 0{,}0065 * \frac{(H - H_{ref})}{288{,}15}\right)^{5{,}25588}$$

Numerical values have been calculated and rounded from formulae and values of different parameters described in Doc *Manual of the ICAO Standard Atmosphere (extended to 80 kilometres (262 500 feet))* (ICAO Doc 7488).

Weiteres zur QFE/QNH-Eichung

Die Hauptfrage bei jeder Eichung ist die Frage nach der Lage des Eichpunktes. Prinzipiell lässt sich der Eichpunkt d. h. der Punkt, an dem man (h_0, p_0, T_0) misst, und sich darauf bezieht, beliebig hinlegen also z. B. bei oder nahe bei h = 0.

Folgende Auswahl wurde getroffen:

- Der Eichpunkt liegt sowohl beim QFE als auch beim QNH immer am Eichort also in der Regel auf dem Flugplatz in Flugplatzhöhe.
- Die Eichtemperatur des Luftdrucks ist nicht etwa die ISA-Temperatur sondern die tatsächliche Temperatur am Eichort auf dem Flugplatz.
- Damit ist bei der Landung garantiert, dass bei aktuellem QFE exakt null und bei aktuellem QNH exakt die Platzhöhe angezeigt wird.

Was die Eichung auf ISA-Standard angeht darf folgendes ausgesagt werden.

Der Höhenmesser ist bezogen auf seine Anzeige bereits vom Hersteller aus auf ISA-Standard geeicht. Das bedeutet, dass seine Anzeigeänderung pro Druckänderung (d. h. wie viel der Zeiger pro Druckabnahme steigt in Abhängigkeit der Höhe), also die negative Steigung der ISA-Kurve gehorcht, zumindest bis auf Messfehler.

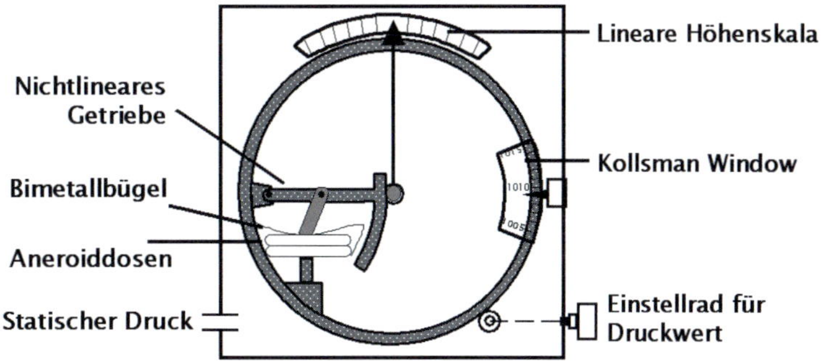

Abbildung 18: Höhenmesser (Grafik: KLSP)

Das Einzige, was man als Pilot macht, ist die Einstellung des Koordinatensystems so, dass der Höhenmesser entweder am Boden den Wert 0 anzeigt (QFE-Synchronisation) oder am Boden den Wert der Elevation anzeigt (QNH-Synchronisation). Es sei an dieser Stelle noch einmal wiederholt, weil es so wichtig ist: der Eichpunkt wird bei beiden Einstellungen nicht verschoben, es ist in beiden Fällen der Flugplatz und der eigentliche Eichwert ist immer das QFE!

Zusammenfassung Altimeter-Eichung:

1. (Eichung der Steigung „$k_0(p)$") Der Altimeter ist vom Hersteller auf die ISA-Standardatmosphäre geeicht, die eine ganz bestimmte Änderung des Luftdrucks mit der Höhe definiert. Das bedeutet, dass die Zeiger des Altimeters für jeden Druckwert im Anzeigebereich bei einer Druckänderung eine Höhenzu- oder -abnahme entsprechend der Änderung der ISA-Standardkurve anzeigen. Diese Eichung steckt im nichtlinearen Getriebe des Altimeters und lässt sich nicht ändern. Das Anzeigeverhalten des Altimeters ist vollkommen unabhängig von der aktuellen Temperatur, es kennt nur Druckänderungen.
2. (Eichung beim aktuellen Luftdruck) Bei beiden, der QFE- und der QNH-Einstellung dient immer der aktuelle Luftdruck bei der aktuellen Temperatur und Luftdichte am Flugplatz als Referenz. Dieser Eichwert ist zum Messzeitpunkt unveränderbar vorgegeben.
3. (Synchronisation am Boden) Die Einstellung ist wie beim Directional Gyro eine Synchronisation. Einmal kann man den Anzeigewert bei Flugplatzhöhe auf den Höhenwert Null stellen. Dies sagt dem nichtlinearen Getriebe nur, dass zum aktuellen Druckwert P_0 des Flugplatzes die Höhe 0 in der Anzeige gehört (P_0;0). Sinnvoll ist noch die Einstellung (P_0;Elevation), da man hiermit eine absolute Höhe als Anzeigewert hat.
4. (Synchronisation in der Luft) Das Kollsman Window ist nichts anderes als die Umkehrfunktion, anstatt einer Höhe kann man den Luftdruck zur Einstellung verwenden. Auch hierbei hat man die gleiche Freiheit der Kopplung. Man könnte z. B. (P_0;Elevation) miteinander koppeln, so dass in einem Fenster bei der Elevation der Luftdruck des Platzes erscheinen würde. Man hat sich aber für die Kopplung (P_0;0) entschieden, was zur Folge hat, dass man bei der Elevationeinstellung (X;elevation) einen höheren Luftdruck X als Einstellgröße eingeben muss, das so genannte QNH, welcher bis auf einen Temperaturfehler mit dem Luftdruck auf Meereshöhe korreliert. Man könnte deswegen zu der falschen Vermutung kommen, hier würde ein anderer Referenzpunkt für die Eichung genommen. Bei der QNH-Einstellung ist die Getriebekopplung im Höhenmesser gleich (Platzdruck; Elevation), die Kollsmankopplung aber (QNH, elevation)!, man hat die Kollsmananzeige damals auf den ISA-Luftdruck bei Meereshöhe normiert.
5. Der Altimeter zeigt die Höhe nur dann korrekt als wahre Höhe an, wenn die tatsächliche Atmosphäre bezüglich ihres Druckgradienten (Druckänderung pro Höhenänderung) gleich der ISA-Standardatmosphäre ist. Dies ist im allgemeinen nicht der Fall. Bei anderen Temperaturgradienten - die tatsächliche Atmosphäre

kann sich wetterbedingt in verschiedenen Schichten vollkommen anders verhalten (trockenadiabatische Schichten, feuchtadiabatische Schichten, Inversionen usw.) – stimmen die bei ISA normierten Steigungsgradienten nicht mehr.

		QFE-Synchronisation		QNH-Synchronisation		Andere-Synchronisation	
Wahre Höhe	Wahrer Luftdruck	Kollsman Window	angezeigte Höhe	Kollsman Window	angezeigte Höhe	Kollsman Window	angezeigte Höhe
0	p(0)		ca. (- elev.)		ca. 0		0
Elevation	p_0	p_0	0	QNH	Elevation	p_0	Elevation
h	p(h)		Höhe ü. Platz		ISA-Höhe		ISA-Höhe

Abbildung 19: Tabelle aller möglichen Synchronisationen beim Altimeter

Pressure Altitude oder Standarddruckhöhe (auch QNE-Höhe)

Bei größeren Höhen verwendet man die Eichung auf 1013,25 hPa und erhält die so genannte Standarddruckhöhe oder pressure altitude. Eichungsseitig kann man sich das so vorstellen, dass die Höhe über einem virtuellen Flugplatz mit (p=1013,25, h=0) angezeigt wird (Höhe über dem Drucklevel 1013).

Temperaturkorrektur der barometrischen Höhenformel

Machen wir zunächst wieder einen Ausflug zur barometrischen Höhenformel.

Für selbige gilt folgende Formel für die Temperaturkorrektur nach dem Guy-Lussac'schen Gesetz:

$$h - h_0 \equiv \frac{p_0}{g * \rho_0} * (1 + \alpha(T - T_0)) * \ln(\frac{p_0}{p}) \equiv \frac{1}{k_0} * (1 + \alpha(T - T_0)) * \ln(\frac{p_0}{p})$$

α ist dabei der Ausdehnungskoeffizient der Luft, nämlich 0,00367/grad. Etwas einfacher ausgedrückt heißt es, dass man pro Grad Abweichung von einer Eichtemperatur 0,367 % korrigieren muss. Das Ganze ist eine Gleichung mit zwei Messwerten (p,T) und vier Eichgrößen (h_0, p_0, ρ_0, T_0). Wir können die Luftdichte ρ_0 durch die Temperatur T_0 über die allgemeine Zustandsgleichung der Gase ersetzen.

$$\rho_0 = \frac{p_0}{R * T_0}$$

Damit kommen wir zur barometrischen Höhenformel mit Temperaturkorrektur als Gleichung mit nur zwei Messwerten (p,T) und drei Eichgrößen (h_0, p_0, T_0), aus der wir das gesuchte h exakt berechnen können.

$$h - h_0 \equiv \frac{R}{g} * T_0 * (1 + \alpha(T - T_0)) * \ln(\frac{p_0}{p})$$

Aus beiden Formeln können wir erkennen, dass die Temperaturkorrektur eine Korrektur ist, die nur vom Eichpunkt aus in beide Richtungen d. h. nach oben oder nach unten wirkt. Das ist klar, denn der Term vor dem Logarithmus ist ja die Wachstumsrate der Kurve. T_0 ist ja die tatsächlich gemessene Temperatur am Eichpunkt (Flugplatz) und T selbige am Messpunkt (Flugzeug). Auf dem Flugplatz ist $T=T_0$ und damit entfällt hier die Temperaturkorrektur.

True Altitude oder wahre Höhe

Wir haben bereits festgestellt, dass ein Altimeter nach der ISA-Standardatmosphäre geeicht ist. Bei ISA nimmt die Temperatur mit 2 °C pro 1000 ft (0,65 °C pro 100 m) ab und der Höhenmesser verwendet dies bei den Druckabfallwerten für seine Anzeige. Falls die Temperaturbedingungen nicht mit ISA übereinstimmen macht der Höhenmesser einen Temperaturfehler, der proportional zur Temperaturdifferenz zwischen der tatsächlichen Temperatur und der Eichtemperatur T_{ISA} ist. Wir brauchen also eine Temperaturkorrektur um die wahre Höhe aus dem Druckunterschied bzw. aus der angezeigten QNH-Höhe zu berechnen.

Zunächst gilt es festzuhalten, dass wie bei der Temperaturkorrektur der barometrischen Höhenformel, dass am Eichort h_0 keine Korrektur erfolgen darf, wir haben ja hier bereits die korrekte Höhe, nämlich die Elevation.

Für die Korrektur selbst gilt wie oben ein Korrekturterm mit dem Ausdehnungskoeffizienten der Luft. Es gilt

$$h \equiv Alt_{QNH} \equiv h_0 + \frac{1}{k_0}\ln(\frac{p_0}{p})$$

und mit Ergänzung des Korrekturterms

$$Alt_{true} \equiv h_0 + (1+\alpha(T-T_{ISA}))\frac{1}{k_0}\ln(\frac{p_0}{p}) \equiv h_0 + \frac{1}{k_0}\ln(\frac{p_0}{p}) + \alpha(T-T_{ISA})\frac{1}{k_0}\ln(\frac{p_0}{p})$$

Der ersten beiden Glieder sind wiederum Alt_{QNH} und wenn wir im letzten Glied durch $(h-h_0)$ ersetzen folgt:

$$\begin{aligned} Alt_{true} &\equiv Alt_{QNH} + \alpha(T-T_{ISA})\frac{1}{k_0}\ln(\frac{p_0}{p}) \\ &\equiv Alt_{QNH} + \alpha(T-T_{ISA})(h-h_0) \end{aligned}$$

Also gilt als Umrechnungsformel QNH in wahre Höhe mit aufgerundet $\alpha=0{,}4$ %

$$\boxed{Alt_{true} \equiv Alt_{QNH} + 0{,}004(T-T_{ISA}) * (Alt_{QNH} - elevation)}$$

Man sieht, dass sich der Korrekturterm durch den letzten Term auch dann in Platzhöhe zusammenfaltet, wenn die Temperatur an Platz ungleich T_{isa} ist, so wie es sein muss.

Wenn Alt_{QNH} sehr viel größer ist als die Elevation und letztere nahe bei 0 ist, also z. B. beim Flight Level, kann man folgende Näherung verwenden (elevation =0):

$$Alt_{true} \cong Alt_{QNH}(1 + 0{,}004(T - T_{ISA}))$$

falls $Alt_{QNH} >> $ Elevation, nahe bei MSL

Ein Hinweis zur Genauigkeit: Die so errechnete wahre Höhe ist im allgemeinen ungleich der tatsächlichen wahren Höhe, da die Korrektur wie ISA einen idealisierten Verlauf des Temperaturgradienten voraussetzt und insofern ist die berechnete wahre Höhe nichts weiter als ein akademisches Vexierspiel für angehende Piloten. Die tatsächliche wahre Höhe lässt sich nicht berechnen, sondern nur physikalisch messen.

Höhe über MSL oder Elevation

Die Höhe eines Flugplatzes oder etwa eines geografischen Objekts wie eines Berggipfels, einer Bergkuppe, eines Turmes oder Ähnlichem ist die Höhe über dem Meeresspiegel oder die so genannte Elevation.

Density Altitude oder Dichtehöhe

Die Density Altitude ist keine Flughöhe sondern ein Äquivalenzwert. Sie entspricht der äquivalenten Höhe, in der die Standardatmosphäre den zur gemessenen Temperatur entsprechenden Luftdichtewert hat. Startet man also auf einem Platz mit einer Elevation von 2.000 ft bei einer Dichtehöhe von sagen wir einmal 5.000 ft, so entspricht das einem Start von einem Platz mit einer Elevation 5.000 ft unter Standardbedingungen.

GPS- und Radio-Altitude

In diesem Artikel sind bewusst nur die barometrischen Altitudes behandelt, es gibt natürlich noch die GPS-Höhe und die Höhe des Radioaltimeters, doch das ist ein anderes Thema.

QFF-Eichung

Die QFF-Eichung wird ausschließlich von Meteorologen z. B. für Bodenwetterkarten verwendet. Sie verwendet einen Eichpunkt auf Meereshöhe (0 MSL) und die aktuelle Temperatur auf MSL. QNH lässt sich näherungsweise nach QFF umrechnen (siehe Formeln). QFF und QNH unterscheiden sich nur gering. Darüber hinaus ist das Wissen um QFF für Piloten vollkommen überflüssig.

Barometrische Höhenstufe

Die Änderung der Kurvenwerte der ISA-Kurve (reziproke Steigung bzw. Reziprokwert der Ableitung) bei h=0 heißt barometrische Höhenstufe und beträgt ca. 27 ft/hPa oder 8 m/hPa, bei h=5,5 km (Halbwertspunkt) ist der Wert ca. doppelt so hoch (50 ft/hPa).

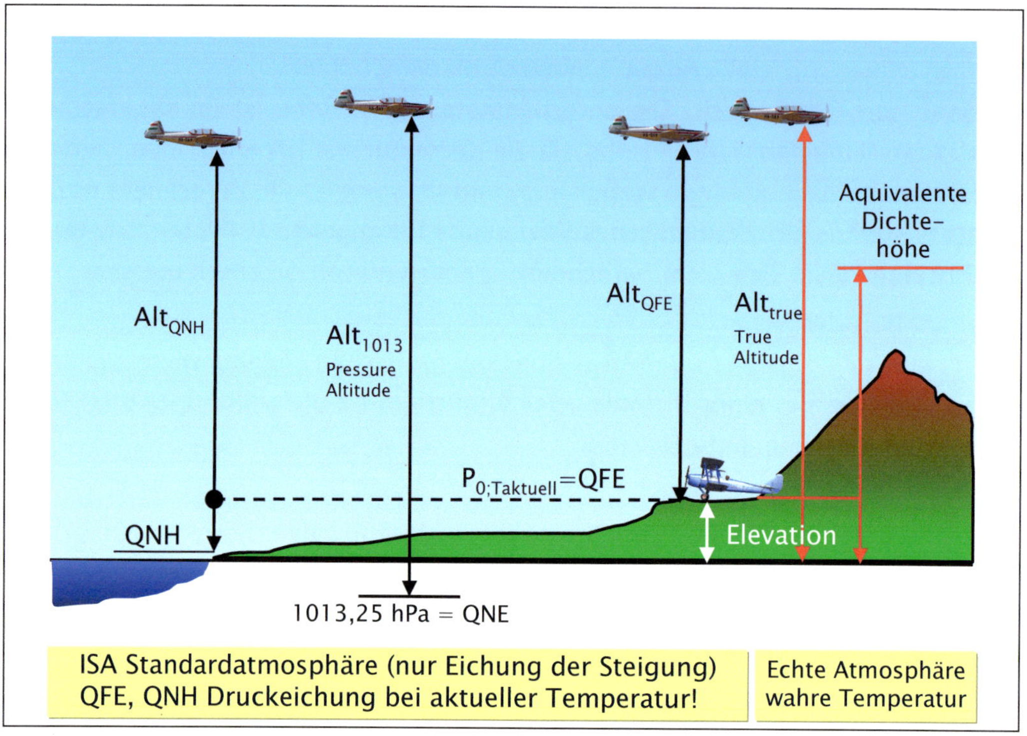

Abbildung 20: Höhendefinitionen (Grafik: KLSP)

01 06 02 Höhenmessereinstellungen (Altimeter settings)

Transition Altitude, Transition Level und Transition Layer

Da gemäß Luftrechtsvorgaben in großen Höhen nach Pressure Altitude und im darunter liegenden Höhenband nach Altitude geflogen wird, ist eine einheitliche Definition für den Übergang zwingend erforderlich. Sie ist wie folgt:

Im Steigflug: Bei der so genannten *Transition Altitude* erfolgt das Umschalten von QNH-Höhe (Altitude) auf Pressure Altitude und danach erfolgen alle Höhenangaben in Flight Level (FLXXX). Die Transition Altitude ist vom Flugplatz abhängig, sie ist auf der jeweiligen Departure-Karte (SID) zu finden. In Deutschland liegt die Transition Altitude einheitlich bei 5.000 ft.

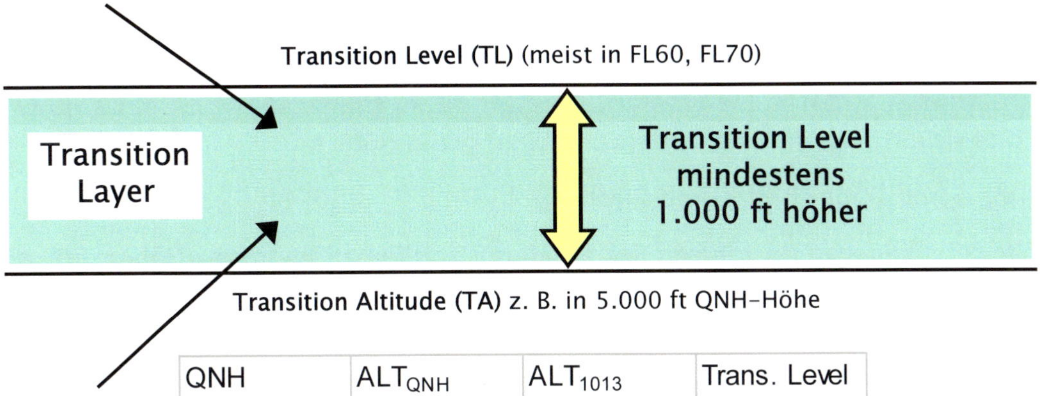

QNH	ALT_{QNH}	ALT_{1013}	Trans. Level
975	5000	6026	80
976	5000	5999	70
1013	5000	5000	60
1051	5000	3974	50

Abbildung 21: Transition Layer, Transition Altitude und Transition Level (Grafik: KLSP)

Im Sinkflug: Beim so genannten *Transition Level* (TL) erfolgt das Umschalten von Pressure Altitude zurück auf QNH-Höhe (Altitude) und danach erfolgen alle Höhenangaben als Altitude. Der Transition Level ist so definiert, dass er mindestens 1.000 ft höher als die Pressure-Altitude-Anzeige der Transition Altitude sein muss. Hieraus folgt, dass man im ziemlich unwahrscheinlichen Fall von QNH < 975 hPa ein TL von 80 bekommt, ein QNH zwischen 976 und 1.012 ergibt TL 70, QNH ≥ 1.013 bis 1.050 ergibt TL 60. TL 50 ist wegen QNH > 1.050 wiederum nahezu unmöglich, siehe auch die Tabelle in Abbildung 21.

In beiden Fällen d. h. im Steig- und Sinkflug zwischen Transition Altitude und Transition Level befindet man sich im so genannten *Transition Layer*.

01 06 03 Höhenberechnungen

Da wir die Formeln bereits besprochen haben, bleibt übrig, sie in einer Formelsammlung zusammenzustellen (siehe nächste Seite).

01 06 04 Effekt der durch Topografie beschleunigten Luft

Es gilt folgende Fehlerquelle bei der Höhenmessung noch zu ergänzen, den so genannten Venturi-Effekt.

Durch die Beschleunigung der Luft z. B. zwischen Bergkämmen oder in Schluchten wird nach dem Bernoullischen Gesetz ein Teil des statischen Luftdrucks in kinetischen Druck (Staudruck) verwandelt, d. h. der tatsächlich zur Höhenmessung im Höhenmesser verwendete, statische Luftdruck ist geringer als es eigentlich der Höhe entspricht. Als Folge davon zeigt der Höhenmesser eine zu große Höhe an.

Formelsammlung für Altitudeberechnungen

Für alle Berechnungen im Rahmen des Syllabus wird die barometrische Höhenstufe auf MSL mit ***27 ft pro hPa*** festgelegt.

QNH aus QFE und Elevation

$$QNH = QFE + \frac{Elevation}{27}$$

Density Altitude berechnet aus Pressure Altitude

$$Density\ Altitude = Alt_{1013} + 120 * (T - T_{ISA})$$

Pressure Altitude ←→ QNH-Altitude

$$Alt_{QNH} \equiv Alt_{1013} + (QNH - 1013) * 27$$

$$Alt_{1013} \equiv Alt_{QNH} - (QNH - 1013) * 27$$

True Altitude berechnet aus QNH-Altitude

$$Alt_{true} \equiv Alt_{QNH} + 0{,}004 * (T - T_{ISA}) * (Alt_{QNH} - elevation)$$

$Alt_{true} \cong Alt_{QNH} * (1 + 0{,}004 * (T - T_{ISA}))$ falls $Alt_{QNH} >> Elevation$ (Näherung)

QFF Eichwert berechnet aus QNH Eichwert

$QFF \cong QNH - 0{,}1 * (T - T_{ISA})$ falls elevation >= MSL in hPa (Näherung)

$QFF \cong QNH + 0{,}1 * (T - T_{ISA})$ falls elevation < MSL in hPa (Näherung)

Im Folgenden sind einige Aufgaben zusammen mit ihren Lösungen angegeben. Die meisten der gestellten Aufgaben lassen sich außer durch Anwendung von Formeln auch mit einem manuellen Navigationsrechner („Drehmeier") lösen. Die Nutzung der Formeln ist allerdings genauer und hat Vorteile für Studenten, die sich besser Formeln merken können.

Beispielaufgaben:

A. Berechnung von QFE/QNH/Elevation

Aufgabe A1 (QFE): In Genf beträgt das lokale QNH 994 hPa. Die Elevation ist 1.411 ft. Wir hoch ist der Luftdruck(QFE) in Genf?

Lösung: Das QNH ist der aus dem QFE des Flugplatzes nach ISA berechnete Luftdruckwert auf MSL. Da Genf 1.411 ft höher liegt, muss man dieselbe Korrektur wieder abziehen.

QFE = 994 - 1411/27 = 994 - 52.26 = 942 hPa (abgerundet)

Aufgabe A2 (QNH): Nach der Landung auf einem Flugplatz mit einer Elevation von 1.715 ft zeigt der Höhenmesser 1.310 ft an. Er ist auf 1.013 eingestellt. Wie hoch ist das QNH für den Flugplatz?

Lösung: Gedanklich: Man dreht den Höhenmesser nach rechts auf die korrekte Elevation und liest das QNH ab. Die zu addierende Differenz ist (1715 - 1310) = 405 ft, resp. 405 ft/27 = 15 hPa. Folglich ist das QNH = 1.013 + 15 = 1.028 hPa

Aufgabe A3 (Elevation): Nach der Landung auf einem Flugplatz (QNH 993 hPa) steht das Altimeter Setting immer noch auf 1013,2 hPa mit einer Höhenanzeige von 1.200 ft. Wie hoch ist die Elevation des Flugplatzes?

Lösung: Bei korrekter Einstellung des QNH würde der Altimeter die Elevation anzeigen.

Wir müssen also (1.013,2 - 993)*27 = 20 *27 = 540 ft abziehen (gedanklich: Altimeter nach links drehen). Damit ist die Elevation = 1.200 ft - 540 ft = 660 ft

B. ISA Temperaturberechnung

Aufgabe B1 (ISA-Temp. aus Altitude): Wie hoch ist die ISA Temperatur in 15.000 ft Altitude?

Lösung: T_{ISA} = 15 °C - (2° C/1.000 ft)*15 = 15 °C - 30 °C = -15 °C

Aufgabe B2 (Altitude aus ISA-Temp.): In welcher Altitude liegt die ISA-Nullgradgrenze?

Lösung: T_{ISA} = 15 °C - (2° C/1.000 ft)*x = 0 °C ⇒ x = 7,5 ⇒ Alt = 7.500 ft

Aufgabe B3 (Differenz zur ISA-Temp.): In 16.000 ft zeigt Ihr Außenthermometer -10 °C? Wie hoch ist die Differenz zur ISA-Temperatur?

Lösung: T_{ISA} = 15 °C - (2° C/1.000 ft)*16 = 15 °C - 32 °C = -17 °C

$T-T_{ISA}$ = -10 °C -(-17 °C) = 7 °C (wärmer als ISA Temperatur)

C. Berechnung der wahren Höhe (True Altitude)

Aufgabe C1: Das QNH eines Flugplatzes auf Meereshöhe is 983 hPa und die Temperaturabweichung unterhalb FL100 ist ISA -15 °C. Was ist die wahre Höhe von FL100?

Lösung:

1. QNH-Höhe aus pressure Altitude FL 100 berechnen

Alt_{QNH} = 10.000 ft + (983 -1013)*27 = 9.190 ft

2. Wahre Höhe aus QNH-Höhe mit Näherungsformel berechnen:

Alt_{true} = Alt_{QNH} (1 + 0,004*(-15)) = Alt_{QNH}*(0,94) = 9.190*0,94 = <u>8.638 ft</u>

Aufgabe C2: Sie fliegen in FL200. Die Außentemperatur beträgt -40 °C und der Luftdruck auf Meereshöhe beträgt 1033 hPa. Was ist Ihre wahre Höhe?

Lösung:

1. QNH-Höhe aus pressure Altitude FL 200 berechnen

Alt_{QNH} = 20.000 ft + (1033 -1013)*27 = 20.540 ft

2. Temperaturdifferenz zu ISA berechnen

T_{ISA} = -25 °C; T=-40 °C; T-T_{ISA}= -15 °C

3. Wahre Höhe aus QNH-Höhe mit Näherungsformel berechnen:

Alt_{true} = Alt_{QNH} (1 + 0,004*(-15)) = Alt_{QNH}*(0,94) = 20.540*0,94 = <u>19.308 ft</u>

Aufgabe C3: Sie planen über eine Gebirgskette zu fliegen. Die Karte empfiehlt eine minimale Flughöhe von 12.000 ft AMSL. Die Luftmasse, durch die geflogen wird, ist 10 °C wärmer als ISA. Der Höhenmesser ist mit QNH=1023 hPa auf den Wert eines nahegelegenen Platzes eingestellt, der ungefähr auf Meereshöhe liegt. Welche Höhe zeigt der Höhenmesser bei Erreichen der minimalen Flughöhe?

Lösung:

Da keine Pressure Altitude sondern direkt die QNH-Höhe angegeben ist, entfällt die Umrechnung der Pressure Altitude in die QNH-Höhe.

Die Bedingung ist daher direkt einzusetzen:

Alt_{true} = 12.000 ft = Alt_{QNH}*(1 + 0,004*(T-T_{ISA})) = Alt_{QNH}*1,04

Alt_{QNH}=12.000 ft/1,04 =<u>11.538 ft</u>

> Hinweis: Ein gern gemachter Fehler ist es, den 0,4 %-Delta Wert einfach abzuziehen. Leider ist diese Methode falsch (Prozentrechnung nicht korrekt durchgeführt).

Aufgabe C4:

Ein Flugzeug startet auf einem hochgelegenen Platz mit einer Elevation von 3.500 ft, der an einem Berghang liegt. Das QNH ist 1.020 hPa und die Temperatur ist -12 °C (ISA-20 °C). Der Start erfolgt direkt über den Rand eines Abhangs. Nach kurzer Flugzeit befindet sich das Flugzeug bei gleicher Temperatur querab zum Platz mit einer angezeigten QNH-Höhe von 3.804 ft. Berechne die wahre Höhe des Flugzeuges.

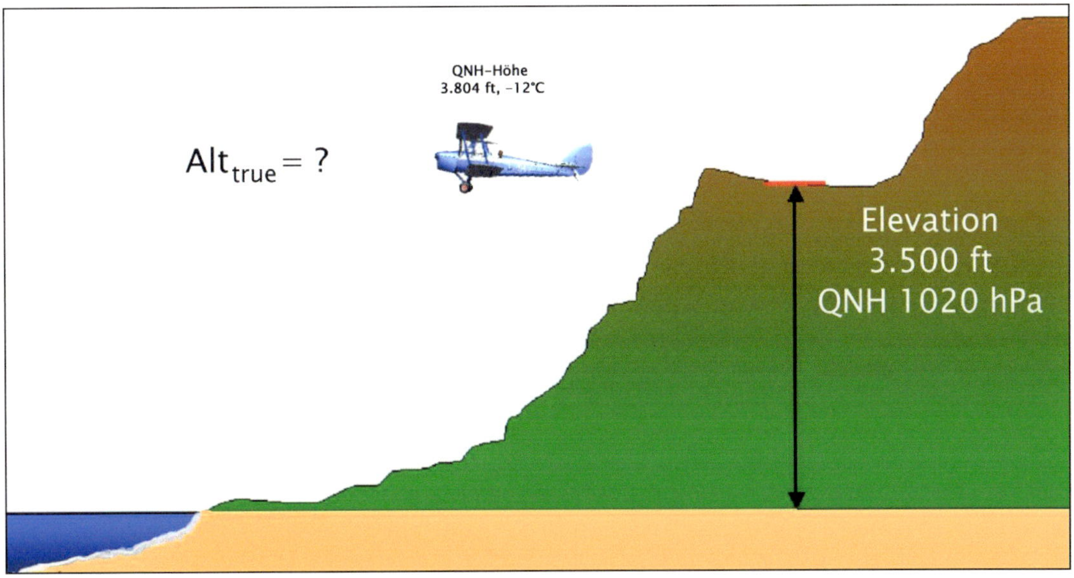

Abbildung 22: Bild zu Aufgabe 7 (Grafik: KLSP)

Lösung: Weil die QNH-Höhe direkt nahe bei der Elevation liegt, muss man die korrekte Formel zur Berechnung der wahren Höhe verwenden.

Alt_{true} = 3.804 + 0,004*(-20)*(3.804 - 3.500) = 3.804 - 24 = <u>3.780 ft</u>

Würde man in diesem Fall die Näherungsformel verwenden, erhielte man ein absolut widersprüchliches Resultat:

Alt_{true} =3.804*(1 + 0,004*(-20)) = 3.804 *(0,92) = 3.500 ft (falsch!)

d. h. die wahre Höhe bei 3.804 ft am Höhenmesser wäre identisch mit der Elevation von 3.500 ft und damit der Einstellung beim Start. Anders ausgedrückt: Sowohl 3.804 ft und 3.500 ft am Höhenmesser entsprächen beide gleichzeitig dem Wert 3.500 ft wahrer Höhe, was natürlich nicht sein kann.

D. Berechnung von QFF

Aufgabe D1 (QNH aus QFF): Das QFF eines Flugplatzes in Kalifornien, der 69 m unter MSL liegt, ist 1.030 hPa. Die Lufttemperatur ist 10 °C unterhalb ISA. Ist das QNH > 1.030?

Lösung: Formel QFF ≈ QNH + 0,1*(T−T_{ISA}) nutzen und Werte einsetzen.

⇨ 1.030 = QNH + 0,1*(−10) ⇨ QNH = 1.031 ⇨ QNH > 1.030 (Antwort ja)

Aufgabe D2 (QFF aus QNH): Das QNH eines Flugplatzes in 200 m über MSL ist 1.009 hPa. Die Lufttemperatur ist 10 °C unterhalb ISA. Ist das QFF > 1.009?

Lösung: Formel QFF ≈ QNH - 0,1*(T−T_{ISA}) nutzen und Werte einsetzen.

⇨ QFF = 1.009 - 0,1(−10) = 1.010 ⇨ QFF > 1.009 (Antwort ja)

02 00 00
WIND

02 01 00 Definition und Messung des Windes

02 01 01 Definition und Messung des Windes

Wind ist horizontale Bewegung von Luft.

Wind hat eine Geschwindigkeit, die physikalisch messbar ist. Prinzipiell lassen sich Windgeschwindigkeiten in einer der üblichen physikalischen Einheiten für Geschwindigkeit (m/s, km/h, mi/h, NM/h = Knoten = kt) angeben.
In meteorologischen Angaben für die Luftfahrt wird Wind meistens in Knoten angegeben.

Die Messung der Windgeschwindigkeit erfolgte früher mittels Schalenkreuzanemometer, wobei die Drehgeschwindigkeit eines Schalenkreuzes als Maß für die Windgeschwindigkeit diente (siehe 10 01 01 Wetterbeobachtung am Boden).
Moderne Messgeräte nutzen Ultraschallsensoren zur Messung von Windgeschwindigkeit und Windrichtung.

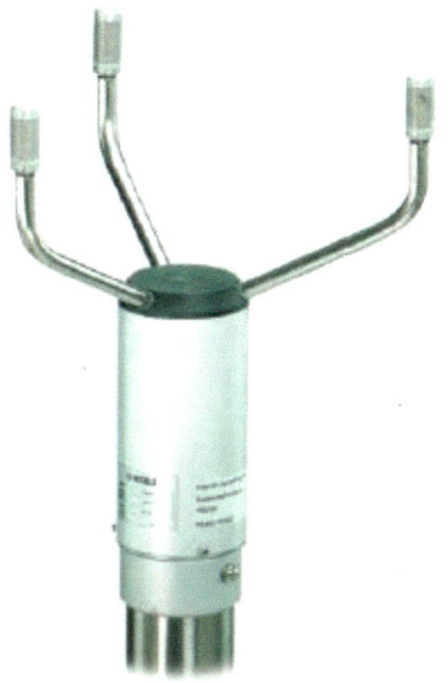

Abbildung 23: Modernes Ultraschall-Windmeßgerät (Foto: Vaisala GmbH)

02 02 00 Primärursache von Wind

02 02 01 Primärursache von Wind, Druckgradient, Corioliskraft, Gradientwind

Die Erde hat annähernd eine Kugelgestalt. Deswegen fällt nördlich und südlich der Tropen weniger Sonnenstrahlung auf einen Quadratmeter als in niederen Breiten. Die

Einstrahlung pro Fläche wäre nur dann überall gleich, wenn die Erde eine flache Scheibe wäre. Außerdem steht die Erdachse nicht senkrecht im Raum, weswegen die Jahreszeiten entstehen und Regionen der Erde teilweise keine solare Strahlung erhalten.
In den Tropen, wo die Strahlung nahezu senkrecht einfällt, erhält das System Erde-Atmosphäre im Mittel einen Energiezugewinn (Netto-Strahlungsgewinn). In den mittleren Breiten und an den Polen strahlt die Atmosphäre hingegen mehr Energie ab als sie durch die solare Strahlung erhält (Netto-Strahlungsverlust). Generell ergibt sich deswegen in der unteren und mittleren Troposphäre ein Temperaturunterschied zwischen den südlichen und nördlichen Regionen. Auf der Nordhalbkugel ist dabei der Süden warm und der Norden kalt temperiert, auf der Südhalbkugel ist es umgekehrt.

Aufgrund des Temperaturunterschiedes entstehen unterschiedliche Druckniveaus in den kalten und warmen Luftschichten, denn die Höhe eines Druckniveaus ist proportional zur mittleren virtuellen[6] Temperatur der betrachteten Luftschicht. Die Druckflächen liegen in der kalten Luft tiefer als in der warmen. Das kommt daher, weil in der kalten Luft mehr atmosphärische Masse vereinigt ist als in der warmen Luft. Damit ist oberhalb dieser Höhe über der kalten Region weniger Masse vorhanden als in der warmen Luftmasse und damit herrscht in der betrachteten Höhe in der kalten Luftmasse ein geringerer Druck als in der warmen Luftmasse.

Entstehung von Wind

Die aufgrund des Temperaturunterschieds entstandenen unterschiedlichen Druckniveaus erzeugen eine Kraft in Richtung des tieferen Luftdrucks, die so genannte Druckgradientkraft. Ihre Stärke ist proportional zum Druckgefälle. Aufgrund der Kraft bewegen sich die Luftteilchen vom hohen zum niedrigen Druck, es entsteht Wind.

Bewegung der Luft

Die Frage ist nun, wie sich die Luftteilchen vom hohen zum niedrigen Luftdruck bewegen. Das Wetter und auch der Wind ist - physikalisch gesehen - ein chaotisches System, welches nur durch eine ganze Reihe von partiellen Differenzialgleichungen beschrieben werden kann. Versucht man, die gestellte Frage auf der Basis all dieser exakten Gleichungsbedingungen zu lösen, steht man vor einer nahezu unlösbaren Aufgabe. Selbst wenn man eine Lösung bezüglich definierter Randwerte ermitteln kann, sagt dies noch nichts über das Verhalten bei nur geringst veränderten Randbedingungen aus.

[6] siehe 01 03 02 Geopotenzial (Φ), geopotenzielle Höhe

Wir wollen uns trotzdem dem Thema annähern, in dem wir zwei Größen einführen, die Druckgradientkraft und die Corioliskraft.

Der *Druckgradient* (engl. pressure gradient) an einem beliebigen Punkt (x,y,z) eines Druckfeldes ist dabei nichts anderes als die Änderung des Druckes in eine bestimmte Richtung, die so genannte Richtungsableitung des Druckes.

$$grad\ p = \vec{\nabla} p = \begin{pmatrix} \frac{\partial p}{\partial x} \\ \frac{\partial p}{\partial y} \\ \frac{\partial p}{\partial z} \end{pmatrix}$$

Der Druckgradient zeigt dabei in Richtung des höchsten Luftdrucks, in die umgekehrte Richtung (-grad p) fließt die Luft. Die Multiplikation des Druckgradienten mit dem Skalar $1/\rho$ ergibt die so genannte *Druckgradientkraft* F_P (engl. pressure gradient force = PGF) in der richtigen Einheit. Die Druckgradientkraft zeigt in die gleiche Richtung wie der negative Druckgradient. Die Formel hierfür lautet (genauer beschreibt die folgende Gleichung die Druckkraft pro Einheitsmasse, siehe auch die folgende Seite) :

$$PGF \equiv \vec{F}_P = -\frac{1}{\rho} * \vec{\nabla} p$$

In den meisten Büchern zur Flugmeteorologie wird versucht, die Corioliskraft anschaulich zu erklären. Leider gibt es einen solchen Weg nicht und die Erklärung wird zwangsläufig falsch. Die *Corioliskraft* ist physikalisch gesehen eine Größe, die bei der Umrechnung von Kräften bzw. Beschleunigungen zwischen zwei verschiedenen Bezugssystemen entsteht. Betrachtet werden zwei Bezugssysteme, etwa ein stationäres Bezugssystem B und ein gegenüber diesem stationären System gleichmäßig rotierendes Bezugssystem B', so lautet die Frage wie eine Beschleunigung a im rotierenden Bezugsystem erscheint. Die Antwort ist wie folgt (siehe z. B. Alonso-Fynn, Fundamental University Physics, Band I, wobei a' Beschleunigung, v' Bahngeschwindigkeit, r'=r Radius die Größen im rotierenden System B' sind):

$$a = a' + 2\omega \times v' + \omega \times (\omega \times r)$$

Bei der Umrechnung von Beschleunigungen und damit auch Kräften (denn nach Newton ist Kraft = Masse * Beschleunigung ; F=m*a) bezüglich eines gleichförmig rotierenden Systems (Erde!) kommen also zwei weitere Terme hinzu. Die Gleichung ist vektoriell zu lesen, $\times$ steht für das Vektorkreuzprodukt. Der Term $2\omega \times v'$ ist die so genannte *Coriolisbeschleunigung* und der Term $\omega \times (\omega \times r)$ ist die *Zentrifugalbeschleunigung*. ω bedeutet dabei die Winkelgeschwindigkeit der Drehbewegung (bei der Erddrehung verwendet man das große Ω -Symbol statt ω). Wir wollen das Thema an dieser Stelle nicht weiter vertiefen. Der interessierte Leser kann weitere Details in einschlägigen Lehrbüchern der Physik nachlesen. Wichtig an dieser Stelle ist zu verstehen, dass bei einem rotierenden System die beiden oben genannten zusätzlichen Beschleunigungen wirken. Die *Coriolisbeschleunigung* ist dabei stets *senkrecht zur Bewegungsrichtung* der Bewegung des betrachteten Teilchens.

Kommen wir nun zurück zur Frage der Bewegung der Luftteilchen vom hohen zum niedrigen Druck. Eine der Gleichungen für die Berechnung dieser Bewegung ist die so genannte *Navier-Stokes Gleichung* (zuerst aufgestellt 1842), ein partielles Differenzialgleichungsystem von beachtlicher Komplexität. In der Meteorologie wird vielfach eine vereinfachte Variante zur Erklärung der Winde verwendet:

$$\frac{d\vec{v}}{dt} = -\frac{1}{\rho}\vec{\nabla}p + \vec{g} - 2\vec{\Omega} \times \vec{v} + \vec{F}_{Fr} \qquad \text{(Bewegungsgleichung)}$$

Es handelt sich genau gesagt um eine Beschleunigungsgleichung (Kraft/Masse) für die Luftteilchen. Die einzelnen Größen sind Beschleunigungen. Die Beschleunigung der Luftteilchen unterliegen (Terme von links nach rechts interpretiert) demnach der Druckgradientbeschleunigung, der Gravitationsbeschleunigung g, der Coriolisbeschleunigung und der Reibungsbeschleunigung F_{fr}. Oft werden die Terme, obwohl nicht ganz korrekt, direkt als Kräfte bezeichnet. Wir werden im Folgenden daher auch von Kräften (pro Einheitsmasse) und nicht von Beschleunigungen reden.

Wie stets in solchen Fällen versucht man auch in der Meteorologie die Aufgabe zu vereinfachen. Man bildet daher vereinfachte Gleichungssysteme und sucht deren Lösungen. Man geht ferner davon aus, dass die Lösungen der vereinfachten Gleichungssysteme zumindest näherungsweise die Wirklichkeit beschreiben. Auf diese Weise entstanden die so genannten *Gleichgewichtswinde*, der *geostrophische Wind* und der *Gradientwind*.

Hinweis: Es gibt in der Natur weder einen geostrophischen Wind noch einen Gradientwind. Beides sind Windfelder (Felder von Windvektoren), die aus vereinfachten mathematischen Gleichungen errechnet werden und brauchbare Näherungen der Wirklichkeit darstellen. Kein Pilot wird jemals einem geostrophischen Wind oder einem Gradientwind begegnen.

Der geostrophische Wind (v_g)

Beim geostrophischen Windmodell geht man von einer vereinfachten Bewegungsgleichung aus:

- Es werden nur die horizontalen Bewegungsgleichungen in (x,y)-Richtung betrachtet. Der Gravitationsterm g ist dort Null (g = (0,0,|g|)).
- Bei einem Druckausgleich oberhalb der Reibungsschicht darf man in der Bewegungsgleichung den Reibungssterm F_{Fr} vernachlässigen ($F_{Fr} = 0$).

Übrig bleiben lediglich die Druckgradientkraft und die Corioliskraft.

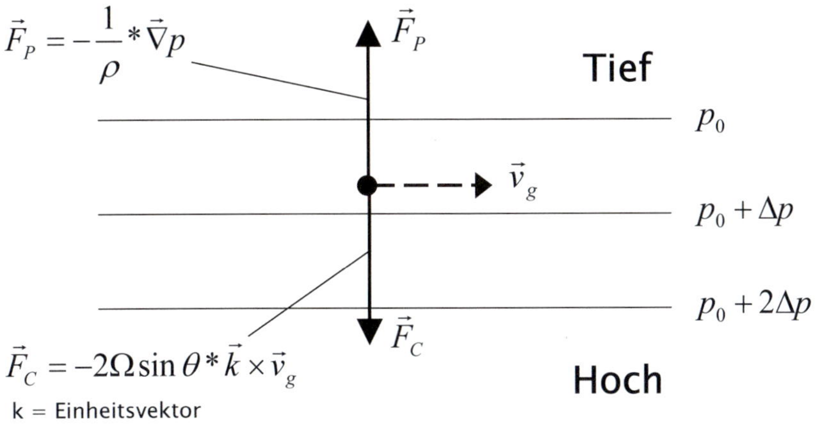

Abbildung 24: Druckgradientkraft und Corioliskraft im Gleichgewicht (Grafik: KLSP)

In diesem vereinfachten Windmodell bildet sich nun an jeder Stelle des betrachteten Höhenniveaus ein Gleichgewicht zwischen der Druckgradientkraft F_p und der Corioliskraft F_c.

$$\vec{F}_P + \vec{F}_C = 0$$

Letztere ist ein scheinbare Kraft, die durch die Erddrehung entsteht und stets senkrecht zur Bewegungsrichtung wirkt. Der sich aus dem Gleichgewicht von Druck- und Corioliskraft bildende Wind heißt *geostrophischer Wind*. Er steht immer senkrecht zum Druckgradienten und weht daher immer parallel (genauer tangential) zu den Isobaren. Die Richtung des geostrophischen Windes ist dabei auf der Nordhalbkugel so, dass auf der linken Seite der niedere Druck herrscht (d. h. die kalten Luftmassen befinden sich links).

Die Stärke des geostrophischen Windes lässt sich aus der Gleichgewichtsbedingung durch Auflösen der Gleichgewichtsbedingung nach v_g ermitteln (Ω = Rotationsgeschwindigkeit der Erde = $7{,}292 \cdot 10^{-5}$/sec, θ = Breitengrad):

$$v_g = \frac{F_P}{\rho * 2 * \Omega * \sin\theta}$$ (geostrophischer Wind; Betragsgleichung)

1. Die Stärke des geostrophischen Windes v_g ist proportional zur Druckgradientkraft F_p.
2. v_g ist umgekehrt proportional zur Luftdichte ρ (der geostrophische Wind nimmt mit der Höhe zu).
3. v_g ist umgekehrt proportional zum Sinus des Breitengrades (der geostrophische Wind nimmt zu den Polen hin ab).
4. Der geostrophische Wind „weht" immer parallel zu den Isobaren.

Offensichtlich stößt die Näherung in der Nähe des Äquators an seine Grenzen. Wegen sin (0) = 0 wäre der geostrophische Wind am Äquator unendlich, was keinen Sinn mehr macht.

Beispielaufgabe:

Berechnen Sie den geostrophischen Wind in 6.500 ft für einen Druckunterschied von 10 hPa über eine Distanz von 500 km in 45° nördlicher Breite.

Lösung: Die Werte für ρ und sin θ sind einem Tafelwerk zu entnehmen. F_P (PGF) wird am Besten mit der Einheit hPa/100 km verwendet, 10 hPa/500 km = 2 hPa/100 km. Danach in obige Gleichung einsetzen und ausrechnen (in der Tabelle ist die Berechnung durchgeführt):

Geostrophischer Wind

Druckunterschied [hPa]	10
Abstand [km]	500
Ω [1/sec] =	7,29E-05
ρ in 6.500 ft [kg/m³] =	1
sin θ (45 Grad) =	0,70710678
PGF [hPa/100km] =	2,00
Nenner multipliziert =	1,03E-04
geostroph. Wind [m/s]	19
geostroph. Wind [km/h]	70

Der geostrophische Wind beträgt 70 km/h (ca. 38 kt).

Der Gradientwind (v_G)

Um der Wirklichkeit, die durch gekrümmte Windtrajektorien bestimmt ist, näher zu kommen, bezieht man beim Gradientwindmodell zusätzlich die Zentrifugalkraft mit in die Modellrechnung ein. Der Gradientwind stellt sich also als Gleichgewichtswind unter der folgenden veränderten Bedingung ein:

$$\vec{F}_P + \vec{F}_C + \vec{F}_Z = 0$$

Je nachdem ob sich die Bahn eines Luftteilchens wie beim Tiefdruckfall (i) nach links oder im Hochdruckfall (ii) nach rechts krümmt (Nordhalbkugel) wirkt die Zentrifugalkraft F_Z entweder *vermindernd* gegen die Druckgradientkraft oder *verstärkend* mit der Druckgradientkraft. Die Windgeschwindigkeit des Gradientwind ergibt sich aus dem Gleichgewicht von F_P+F_Z mit F_C. Da beispielsweise im zyklonalen Fall F_P+F_Z betraglich kleiner ist als F_P, ist auch Fc im Gleichgewicht kleiner, und das führt in diesem Fall zu einer geringeren Windgeschwindigkeit, die wie immer proportional zur Corioliskraft ist (siehe Abbildung).

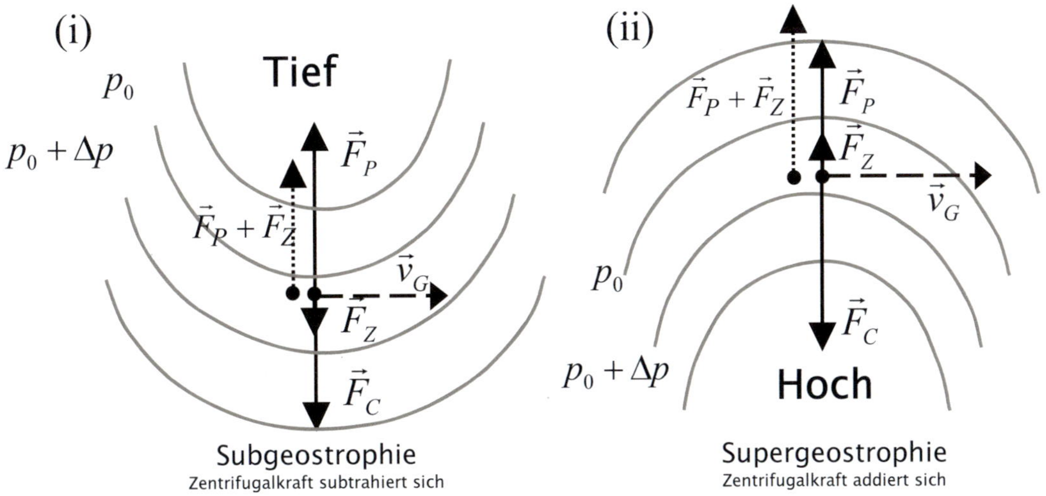

Abbildung 25: Sub- und Supergeostrophie (Grafik: KLSP)

Die Geschwindigkeit des Gradientwindes ist folglich bei einer zyklonal gekrümmten Bahn (Tief) geringer und im antizyklonalen Fall (Hoch) größer als die des geostrophischen Windes. Man spricht von *Subgeostrophie* bzw. *Supergeostrophie*. Neben dem geostrophischen Wind weht auch der Gradientwind parallel zu den Isobaren, auf der Nordhalbkugel mit den niedrigen Werten zur Linken.

Ist die Bewegung eines Luftteilchens nur schwach gekrümmt, dann ist die Zentrifugalkraft kleiner als die Corioliskraft. Das heißt, dass in diesem Fall der Unterschied zwischen dem Gradientwind und dem geostrophischen Wind nicht sehr groß ist. In der Praxis wird meist der geostrophische Wind dem Gradientwind bevorzugt, da die Bestimmung der Zentrifugalkraft über die Analyse der Trajektorienkrümmungen bzw. der Krümmungen der Stromlinien nur schwer möglich ist.

Zyklostrophischer Wind

Falls die Zentrifugalkraft sehr viel größer als die Corioliskraft ist, ergibt sich unter der Vernachlässigung der Corioliskraft der sog. *zyklostrophische Wind*. Die Gleichgewichtsbedingung lautet in diesem Fall:

$$\vec{F}_P + \vec{F}_Z = 0$$

Der zyklostrophische Wind tritt bei kleinen Krümmungsradien auf, bei denen eine hohe Windgeschwindigkeit erreicht wird (die Corioliskraft ist proportional zu v, wohingegen die Zentrifugalkraft proportional zu v^2 ist). Beispiele für den zyklostrophischen Wind sind Tornados, Staubteufel und Winde im Zentrum eines starken Hurrikans.

Von Höhenkoordinaten zu Druckkoordinaten

Wir haben bislang den Wind immer in Höhenkoordinaten betrachtet, d. h. Wind entsteht beispielsweise durch eine Druckdifferenz auf einem Höhenniveau. In der Meteorologie ist es dagegen üblich, dasselbe Szenario vorzugsweise in so genannten *Druckkoordinaten* zu betrachten, wobei die Höhenkoordinate z in eine Druckkoordinate p(z) umgewandelt wird. Zur Umwandlung wird die hydrostatische Gleichung (eine Druckänderung mit der Höhe entspricht dem Gewicht seiner Luftsäule) verwendet. Man wechselt also von einem p(x,y,z)-System in eine (x,y,p(z))-System. Dabei gilt folgende Beziehung (ohne Ableitung):

$$-\frac{1}{\rho}\frac{\partial p}{\partial x} = -g\frac{\partial z}{\partial x} \quad \text{wobei } z=\text{const}$$

Beim Übergang von Höhenkoordinaten auf Druckkoordinaten muss man den horizontalen Druckgradient pro Masseneinheit durch die Neigung der Druckfläche, multipliziert mit g, ersetzen. Dies hat insbesondere den Vorteil, das so die grafische Darstellung des Druckfeldes einfacher wird. In der grafischen Darstellung erscheint nun ein höherer Druck als stärkere Neigung einer Druckfläche. In der folgenden Erklärung zum thermischen Wind sind die Druckflächen auf diese Weise dargestellt.

Thermischer Wind (v_T)

Wir haben gesehen, dass der geostrophische Wind Resultat eines Druckunterschiedes ist. Da Druck und Temperatur über die allgemeine Gasgleichung (p*V = const.*T) direkt zusammenhängen, kann es nicht weiter wundern, wenn auch ein horizontaler Temperaturunterschied zwischen zwei unterschiedlichen Druck- oder Höhenniveaus zu einem veränderten geostrophischen Wind führt. Tatsächlich ist dieser Umstand bereits in der Gleichung zum geostrophischen Windes enthalten, denn eine andere Temperatur führt zu einer anderen Luftdichte ρ und damit zu einer Veränderung in v_g.
Der so genannte *thermische Wind* wird definiert als die Änderung des geostrophischen Windes zwischen zwei Druck- oder Höhenniveaus, bedingt durch den horizontalen Temperaturunterschied dieser Druck oder Höhenniveaus. Der *thermische Wind* ist sozusagen die temperaturbedingte Komponente des geostrophischen Windes.

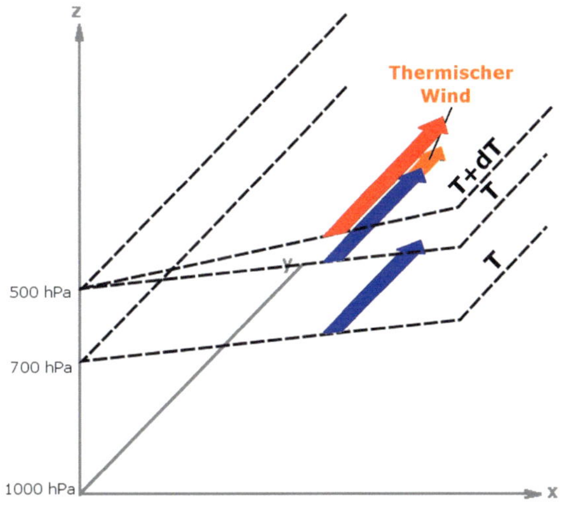

Abbildung 26 :Thermischer Wind
(Grafik: KLSP)

Betrachten wir die dargestellte Abbildung. Auf der unteren 700-hPa-Druckfläche hat sich aufgrund eines konstanten Druckgradienten ein bestimmter geostrophischer Wind eingestellt. Er hat auf der 500-hPa-Druckfläche (weniger geneigte Ebene) genau dann denselben Wert, wenn die Temperatur dort gleich ist. Sobald die Temperatur höher (oder tiefer) liegt, ändert sich in der Folge die Stärke des geostrophischen Windes d. h. die Neigung der 500-hPa-Druckfläche wird bei einem höheren Temperaturunterschied größer (obere, stärker geneigte Ebene).
Es wird allgemein folgende Vektorgleichung für den thermischen Wind definiert (auch für den allgemeinen Fall, dass die Druckflächen nicht parallel zueinander verlaufen):

$$\vec{v}_{g;T+\Delta T} = \vec{v}_{g;T} + \vec{v}_{\Delta T}$$

Barotrope und barokline Schichtung

In diesem Zusammenhang lassen sich zwei weitere Attribute der Atmosphäre einführen, die barotrope und barokline Schichtung.
Ist eine Atmospäre *barotrop geschichtet*, so ist ihre Luftdichte ρ nur vom Luftdruck abhängig (ρ=f(p)) oder, einfacher ausgedrückt, auf jeder Druckfläche herrscht dieselbe Temperatur.
Ist eine Atmospäre *baroklin geschichtet*, dann ist ihre Luftdichte ρ vom Luftdruck und der Temperatur abhängig (ρ=f (p,T)) oder, einfacher ausgedrückt, die Druckflächen können zusätzlich Temperaturunterschiede aufweisen.
Es gilt:

- Ist die Atmosphäre barotrop geschichtet, dann ist der geostrophische Wind höhenkonstant.
- Ist die Atmosphäre baroklin geschichtet, dann ändert sich der geostrophische Wind mit der Höhe.

Der thermische Wind ist die Ursache für Starkwinde (Jetstreams) an der Grenzschicht unterschiedlich temperierter Luftmassen wie beispielsweise an der Polarfront (siehe 02 07 00 Jetstreams).

02 02 02 Änderung des Windes in der Reibungsschicht - Reibungswind (v_R)

Der geostrophische Wind als auch der Gradientwind sind unter der Annahme definiert, dass keine Reibung auftritt. Dies kann lediglich in der freien Atmosphäre vorausgesetzt werden, da dort die Reibung mit der Erdoberfläche vernachlässigt werden kann. Die freie Atmosphäre beginnt am Rande der planetaren Grenzschicht, deren Höhe variabel ist. In der planetaren Grenzschicht muss die zunehmende Reibung mit dem Erdboden berücksichtigt werden.
Der Reibungswind ist der geostrophische Wind unter Berücksichtigung der Reibungskraft. Als Gleichgewichtbedingung kommt folglich

$$\vec{F}_P + \vec{F}_C + \vec{F}_R = 0$$

zum Einsatz. F_R lässt sich dabei nicht allgemeingültig analytisch beschreiben, sondern hängt von vielen Faktoren ab (über Land, über Wasser, Stabilität der Luftmasse, Tageszeit...).
Die sog. Ekman-Spirale beschreibt die zunehmende Ablenkung des Windes (α) von der Obergrenze der Grenzschicht bis zum Erdboden (s. Abbildung 27). Der Wind wird dabei aufgrund des Druckgradienten in Richtung des tiefen Drucks abgelenkt. Die Reibung ist im Allgemeinen über dem Land größer als über dem Meer, da die Oberfläche

des Landes inhomogen ist. Deswegen ist die Ablenkung über dem Land stärker ($\alpha \approx 20-30^\circ$) als über dem Meer ($\alpha \approx 10-20^\circ$). D. h. wiederum, dass Tiefdruckgebiete sich über den Kontinenten schneller auflösen als über den Ozeanen.

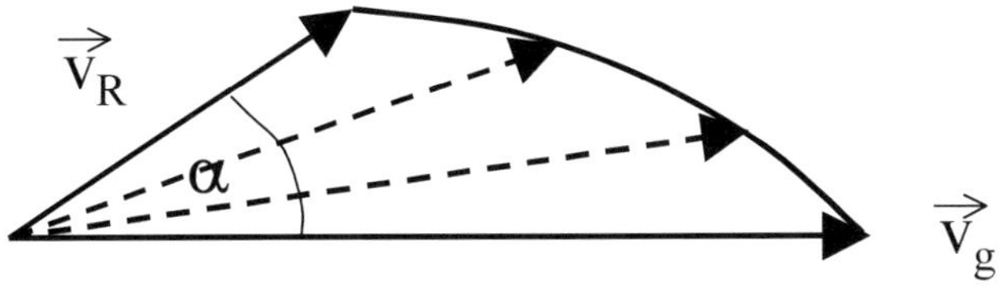

Abbildung 27: Ablenkung des geostrophischen Windes von der Obergrenze der Reibungsschicht bis zum Boden (Ekman- Spirale) (Grafik: KLSP)

Die Reibungskraft sorgt dafür, dass der *Reibungswind*, auch *geotriptischer Wind* genannt, im Unterschied zum geostrophischen Wind nicht mehr parallel zu den Isohypsen weht, sondern diese in einem Winkel schneidet. Der Reibungswind wird stets zum tiefen Druck hin abgelenkt.

Die vertikale Ausdehnung der Reibungsschicht hängt von der Stabilität der Luftmasse und weiterer Faktoren wie beispielsweise der „Bodenreibung" ab. Über Wasser ist die Bodenreibung wesentlich kleiner, sodass dort die geostrophische Windgeschwindigkeit nur um 30 % geringer und der Wind nur um 10° gedreht wird, wohingegen über Land durch Berge, Bewuchs, Häuser usw. die Bodenreibung stärker ist, sodass dort die geostrophische Windgeschwindigkeit halbiert und der Wind um etwa 30° gedreht wird.

Landschaftstyp	Windgeschwindigkeit in % des geostrophischen Windes	Der Wind in der Reibungsschicht bläst quer über die Isobaren in Richtung des tiefen Drucks. Winkeländerung zu den Isobaren beträgt:
Über Wasser	ca. 70 %	ca. 10°
Über Land	ca. 50 %	ca. 30°

Quelle: FCL-Syllabus, offizielle Werte für Prüfungsaufgaben

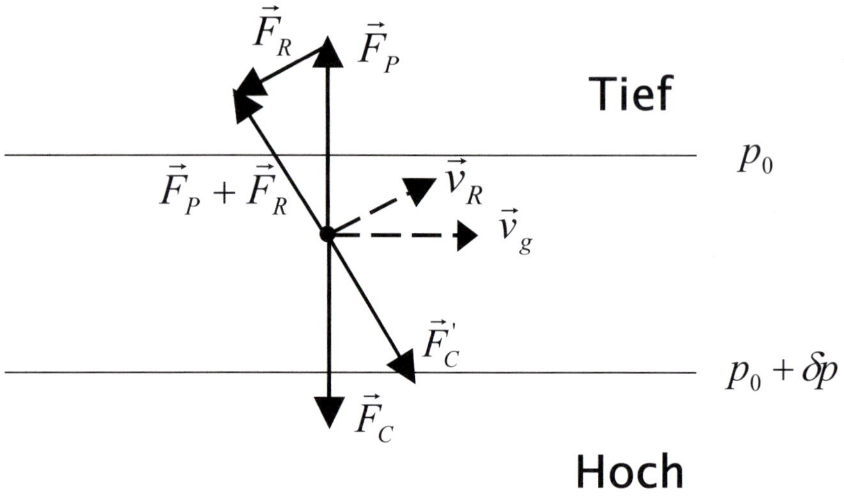

Abbildung 28: Kräftediagramme mit und ohne Reibungswind (Grafik: KLSP)

Die Abbildung zeigt die Kräftediagramme mit und ohne Reibungswind. Im Fall des Reibungswindes steht die Corioliskraft im Gleichgewicht mit der Vektorsumme aus F_P und F_R, die betraglich kleiner ist als F_P allein. Damit wird sowohl die Corioliskraft als auch der resultierende Wind v_R schwächer.

02 02 03 Effekte von Konvergenz und Divergenz

Windströmungen erzeugen Orte oder Bereiche, in denen die Luft zusammenströmt oder *konvergiert* und andere Orte oder Bereiche, wo sie auseinanderströmt oder *divergiert*.

Zum Beispiel konvergieren Luftmassen im Bereich eines Tiefs. Bei einem Tiefdrucksystem konvergiert die Luft in der unteren und divergiert in der oberen Troposphäre. Konvergiert die Luft in Bodennähe und steigt sie auf, so bilden sich aufgrund von Abkühlung und Kondensation Wolkenmassen, die Niederschlag bringen können.

Bei einem Hochdruckgebiet konvergieren Luftmassen hingegen in der oberen Troposphäre. Durch das Vorhandensein der Tropopause wird die Luft zum Absinken gezwungen. Durch die Drucksteigerung erwärmt sich die absteigende Luftmasse. Als Folge bildet sich in Bodennähe unter einem Hoch häufig eine Absinkinversion im Divergenzbereich der unteren Troposphäre aus. Die abgesunkenen Luftmassen sind häufig sehr trocken, da diese aus höheren atmosphärischen Schichten stammen, in denen aufgrund der kalten Temperaturen nur wenig Feuchte vorhanden ist.

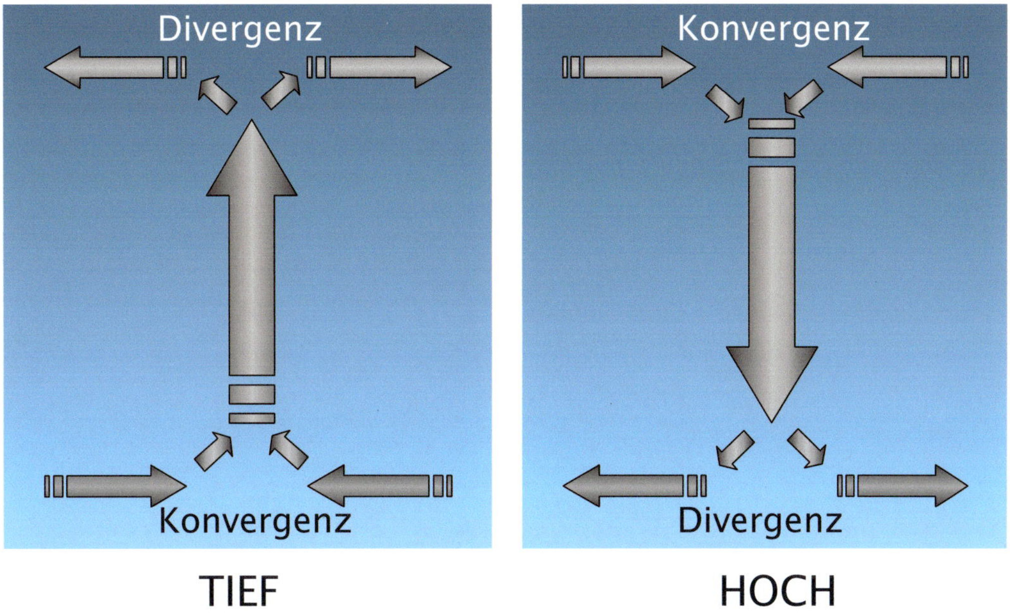

Abbildung 29: Konvergenz und Divergenz (Grafik: KLSP)

Aus diesem Grund sind meist die Verhältnisse oberhalb der Absinkinversion durch Trockenheit und eine sehr gute Fernsicht gekennzeichnet. Unterhalb der Inversion bilden sich hingegen häufig Stratuswolken, die besonders im Winter sehr langlebig sind und aufgrund der geringen solaren Einstrahlung nicht vom Boden her „weggeheizt“ werden können.

02 03 00 Globale Windzirkulation

02 03 01 Globale Windzirkulation

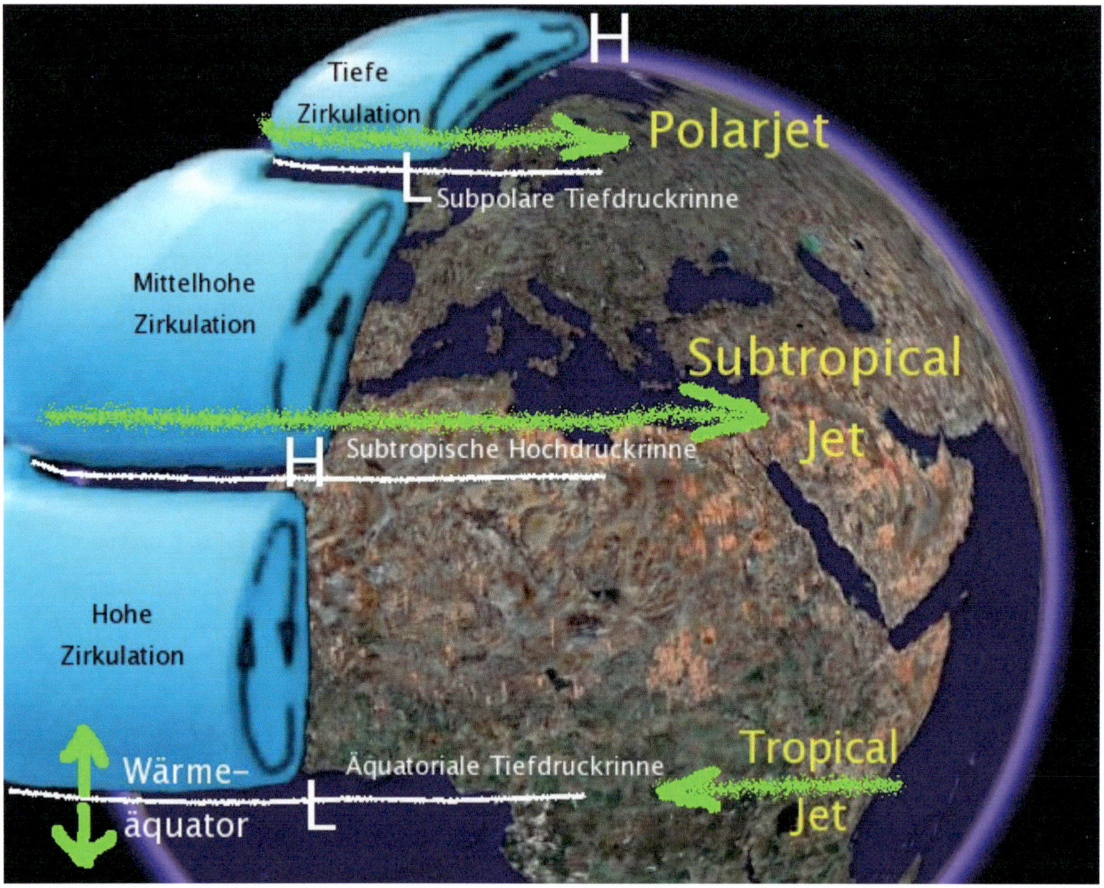

Abbildung 30: Luftmassenzirkulation und Jetstreams (Grafik: KLSP)

Die generelle globale Windzirkulation der Erde besteht aus drei Zirkulationszellen auf jeder Seite der Erdhalbkugel.

1. Die äquatornahe Zelle, die so genannte *Hadley-Zelle*, beschreibt die Zirkulation der Passatwinde, die am Äquator im so genannten Calmengürtel nach oben steigen, polwärts fließen und über der subtropischen Tiefdruckrinne nach unten strömen um sich als Nordostpassatwind (Nordhalbkugel) oder Südostpassatwind (Südhalbkugel) zu schließen.
2. In mittleren Breitengraden beschreibt die so genannte *Ferrel-Zelle* die Luftzirkulation und damit die Winde. Die Luft steigt dabei an der Polarfront auf,

strömt nach Süden und sinkt über der subtropischen Tiefdruckrinne ab, um sich über eine Nordströmung zurück zur subpolaren Tiefdruckrinne zu schließen.

3. Die dritte Zirkulation auf der Erde findet in der *Polarzelle* statt. Sie wird auch Polarzirkulation genannt. Die Luft steigt dabei an der subpolaren Tiefdruckrinne (Polarfront) auf und strömt von dort zurück zum Pol, um über dem Nord- oder Südpol als Dauerhochdruckgebiet abzusinken. Der Kreislauf schließt sich in den niedrigen Luftschichten, in dem kalte Polarluft zurück zur Polarfront strömt.

Die Erdhalbkugeln werden dabei nicht durch den geografischen Äquator bestimmt sondern durch den „Wärmeäquator", der sich mit den Jahreszeiten verschiebt. Die beschriebenen Zirkulationsgürtel behalten also eigentlich ihre Positionen - relativ zur Sonne - gesehen stets bei, wobei sich die Erde wegen der Neigung der Erdachse darunter jahreszeitlich bewegt. Als Folge davon wandert natürlich auch das Polarhoch jahreszeitlich auf der Erdoberfläche zwischen einer Sommer- und Winterposition hin und her.

Weitere wichtige Größen der globalen Windzirkulation sind die so genannten *Jetstreams*, die sich als starke Höhenwinde an den Grenzschichten zwischen unterschiedlichen Luftmassen bilden:

1. Der Polarjet (engl. Polar Front Jet), ein starker Westwind bildet sich an der Grenze zwischen polaren Luftmassen und den Luftmassen gemäßigter Breiten (Polarfront, subpolare Tiefdruckrinne). Er kann Geschwindigkeiten bis 200 kt erreichen.
2. Der subtropische Jetstream (engl. Subtropical Jet) bildet sich an der Grenze zwischen tropischen und subtropischen Luftmassen (subtropische Hochdruckrinne). Er ist ebenfalls ein starker Westwind und strömt in unseren Breiten meist am Nordrand von Afrika entlang. Er wurde mehrfach für Rekordballonfahrten genutzt.
3. Der tropische Jetstream (engl. Tropical Easterly Jet) entsteht in der tropischen Tiefdruckzone direkt über dem Wärmeäquator. Er ist im Unterschied zu den bereits genannten Jetstreams ein Ostwind. Seine Ursache (Monsune) ist komplizierter und kann daher hier nicht weiter vertieft werden.

Die Jetstreams sind nicht etwa konstant strömende Winde gleicher Richtung sondern werden unter Anderem stark durch das Wettergeschehen an der jeweiligen Front beeinflusst (siehe im Abschnitt 02 07 00 Jetstreams).

02 04 00 Lokale Winde

02 04 01 Anabatische and katabatische Winde, Berg- und Talwinde, Venturi-Effekt, Land und Seewind

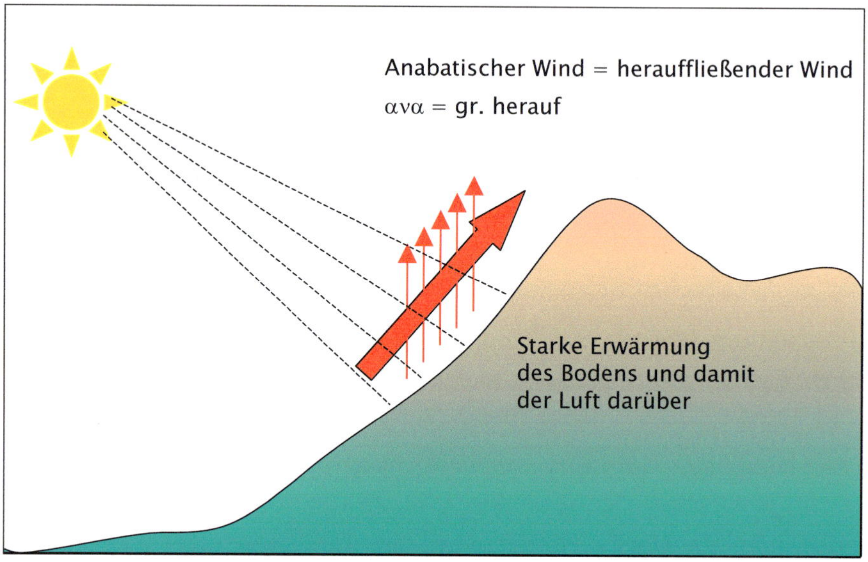

Abbildung 31: Anabatischer Wind (Grafik: KLSP)

Anabatischer und katabatischer Wind sind generische Begriffe für lokale Winde. Ein *anabatischer Wind* ist ein bergauf fließender Wind (ana = gr. Silbe für herauf), ein *katabatischer Wind* ist ein bergab fließender Wind (kata = gr. Silbe herab, herunter).

Das wohl bekannteste Beispiel für einen anabatischen Wind ist der Wind an einem Hang. Der Boden des Hangs wird durch Sonneneinstrahlung stark erwärmt und gibt die Wärme an die darüberliegende Luft ab. Die warme Luft steigt nach oben (Hangthermik) und erzeugt damit den nachfließenden Hangwind, der je nach orografischen Gegebenheiten auch sehr steil nach oben fließen kann und eine Art Kamineffekt erzeugt. Werden dabei große Höhenunterschiede überwunden, so kühlt die Luft in den oberen Luftschichten auf den Taupunkt ab und es bilden sich Wolken am Hang.

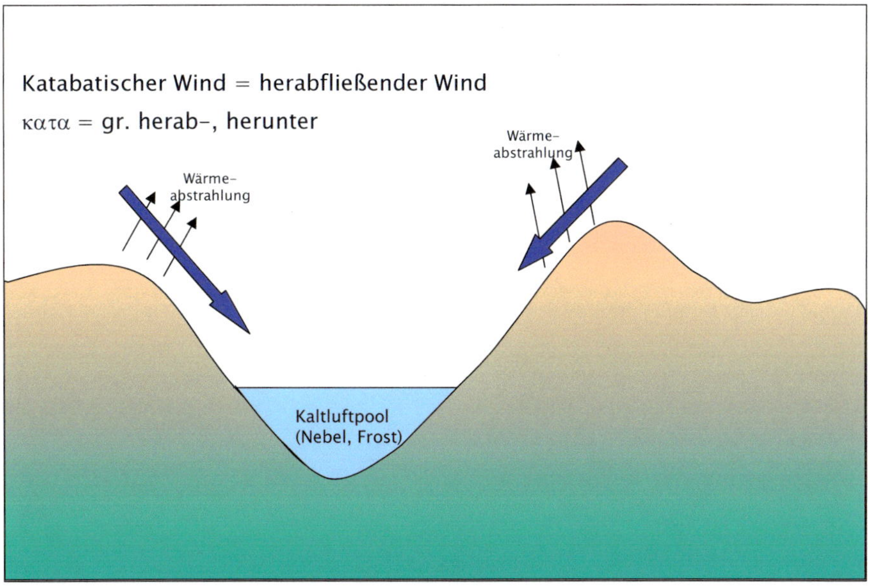

Abbildung 32: Katabatischer Wind (Grafik: KLSP)

Katabatische Winde entstehen im Gebirge über Nacht. Die Landmasse kühlt bei klarem Himmel durch terrestrische Abstrahlung relativ schnell ab. Die Luft wird daher von unten her stark abgekühlt und fließt als dichtere Luft - mehr Masse im gleichen Volumen - talwärts.

Oft wird das weitere Abfließen der Luft aus dem Tal verhindert, wodurch ein Kaltluftpool im Tal entsteht, der bei tieferen Temperaturen schnell zu Nebelbildung führt (Beispiel: Funtensee bei Berchtesgaden, -45,9 °C gemessen im Dez. 2001).

Wird der katabatische Prozess durch orografische Gegebenheiten begünstigt z. B. in dem der Wind oft über enge Schluchten - der Venturi-Effekt beschleunigt den talwärts strömenden Wind - ungehindert zu immer tieferen Luftschichten abfließen kann, führt es teilweise zu höheren Windgeschwindigkeiten, die für die Luftfahrt gefährlich werden kann. Ein Beispiel ist der katabatische Wind in der Adria, der so genannte *Bora*. Er entsteht nachts über dem Balkangebirge und fließt zur adriatischen Küste ab, wobei er in Bodennähe Geschwindigkeiten von bis zu 70 kt erreichen kann.

Im Zusammenhang mit Gebirgen werden die anabatischen und katabatischen Winde oft auch einfach als *Berg- und Talwinde* bezeichnet. Tagsüber erwärmt die Sonne das Tal und der Wind fließt als Talwind an den Hängen den Berg hinauf, nachts fließt er als Bergwind von den Bergen zum Tal hinab. Durch die Konvergenz im Tal können Venturi-Effekte entstehen, der Wind wird an engen Stellen stark beschleunigt. Meist sind allerdings in Gebirgen wie z. B. den Alpen, die Erklärungen mit Hilfe dieser einfachen Windmodelle nicht ausreichend, um die realen Windströmungen im Detail zu erklären.

Ein weiteres einfaches Zirkulationsmuster entsteht beim Zusammentreffen großer Land- und Wassermassen z. B. an Meeresküsten oder großen Seen.

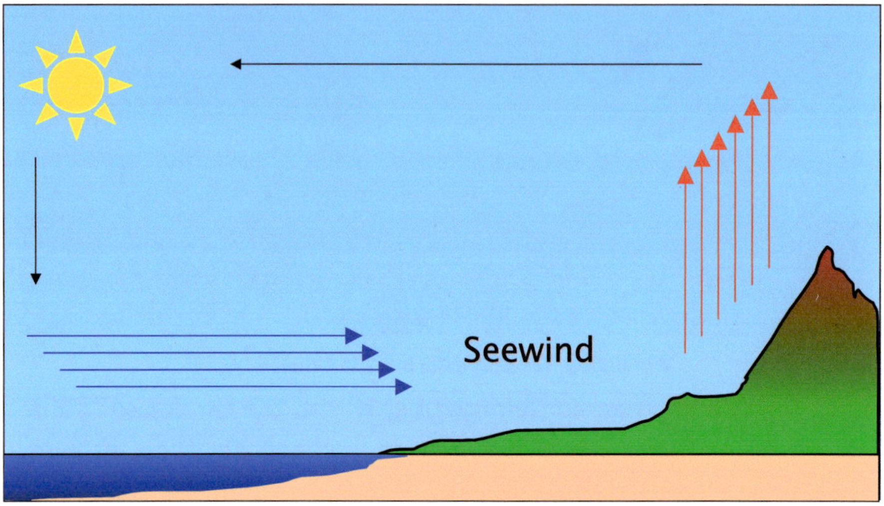

Abbildung 33: Entstehung von Seewind (Grafik: KLSP)

Im Falle einer stabilen Hochdruckwetterlage und wenig Bodenwind, wird die Landmasse durch die Sonneneinstrahlung wesentlich schneller erwärmt als die angrenzende Wassermasse. Als Folge steigt tagsüber die heiße Luft über dem Land auf und zieht damit die kühlere Luft der Schicht über der Wassermasse nach sich, es entsteht der so genannte *Seewind* oder die *Seebrise*. Die Zirkulation wird in der Höhe durch die entsprechenden Gegenströmungen geschlossen. Sie ist äußert flach und erreicht meist nur Höhen von etlichen hundert Metern, typisch sind z. B. 500 m Zirkulationshöhe.

Nachts läuft der Zyklus umgekehrt. Weil die Landmasse aufgrund der terrestrischen Abstrahlung schneller abkühlt als die Wassermasse, ist die Luft über dem Wasser wärmer als über dem Land. Die kältere Luft über dem Land fließt zum Wasser hin, es entsteht der Landwind oder die Landbrise. Der Landwind ist stets schwächer als der Seewind, da nachts die Sonne als Energiequelle wegfällt.

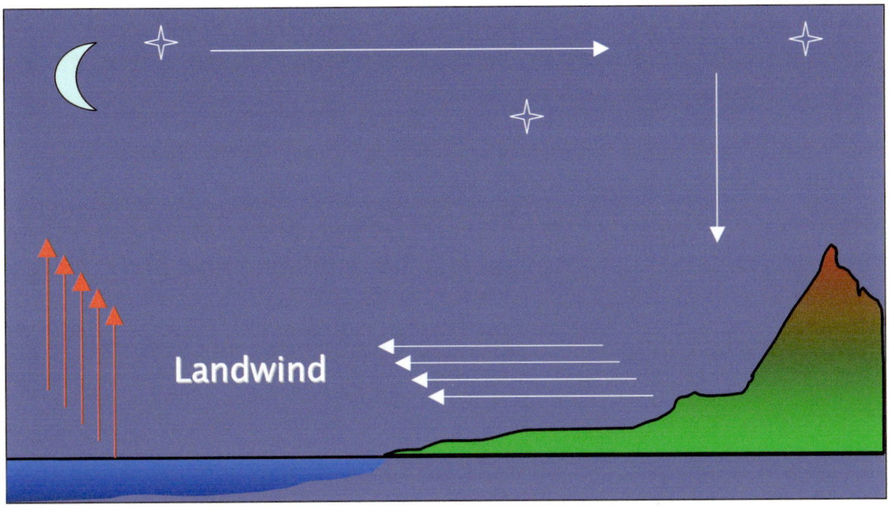

Abbildung 34: Entstehung von Landwind (Grafik: KLSP)

02 05 00 Leewellen (stehende Wellen)

02 05 01 Ursprung und Charakteristik

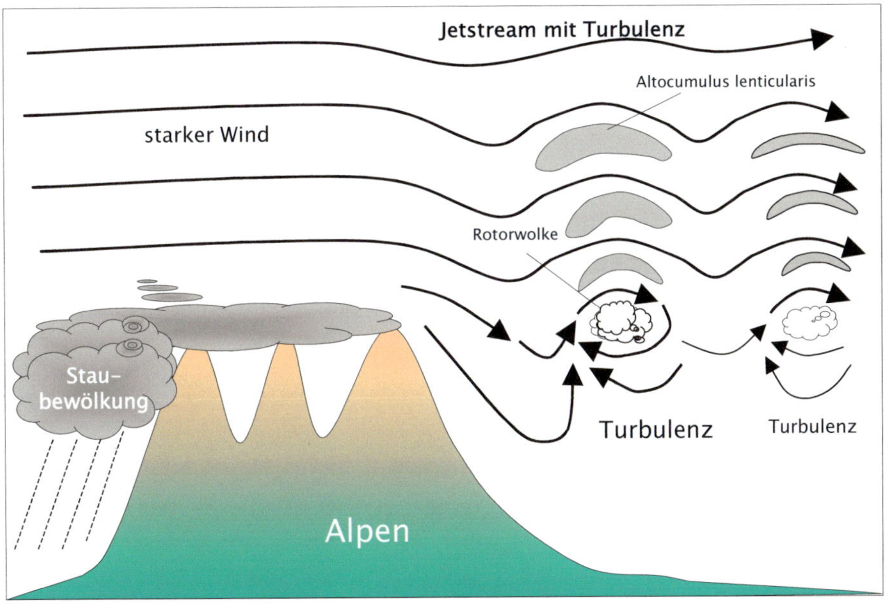

Abbildung 35: Entstehung von Leewellen an einer Bergkette (Grafik: KLSP)

Leewellen sind stehende Wellen, die sich auf der Leeseite (windabgewandte Seite) einer Gebirgsformation bilden können. Folgende Bedingungen begünstigen die Bildung von Leewellen (engl. mountain waves):

1. Starker Wind, der nahezu senkrecht zur Gebirgskette bläst (bis 30° Abweichung von der Senkrechten sind möglich).
2. Die Windstärke sollte direkt über dem Gebirgsrücken stärker als 15 kt sein und mit der Höhe zunehmen. Tatsächlich sind oft Jetstreams in der Höhe auslösender Faktor für Gebirgswellen.
3. Stabile Luftschichten höher über der Gebirgskette mit nahezu isothermischen Bedingungen oder gar Inversionslagen mit weniger stabiler Schichtung direkt oberhalb des Gebirges.

Leewellen können für etliche Meilen leeseitig des Gebirges vorhanden sein, in den Anden wurden Entfernungen von bis zu 500 NM gemessen. Üblich sind allerdings eher Entfernungen von 50-100 NM. Leewellen können vertikal bis in die Stratosphäre reichen.

Die durchschnittliche Wellenlänge von Leewellen beträgt ca. 5 NM. Eine einfache Abschätzung ist etwa ein Siebtel der mittleren Windgeschwindigkeit der Troposphäre, d. h. bei einer Windgeschwindigkeit von 35 Knoten wäre die Wellenlänge 5 NM. Die Wellenlänge ist keine Konstante sondern in der Regel abhängig von der Höhe, wobei größere Wellenlängen in größeren Höhen gemessen werden.

Sehr schwierig ist die Ermittlung der Amplitude von Leewellen. Generell ist die Amplitude umso höher, je höher das Gebirge ist und je stärker der Wind bläst. Die Amplitude ist im Mittel etwa 750 ft (1.500 ft von Berg zu Tal). Vertikal sind Steiggeschwindigkeiten von 1.000 ft/min typisch aber auch Werte von 5.000 ft/min sind in Extremfällen gemessen worden.

Erkennbar sind Leewellen anhand spezieller Wolkenformationen, die bereits optisch eine wellenförmige Luftbewegung andeuten:

1. **Lentikularwolken** (altocumulus lenticularis) bilden sich im Bereich der jeweiligen Amplitudenmaxima der Leewellen. Die Lentikularwolken haben linsenförmige Gestalt (lense = (opt.) Linse) und sind oftmals nach oben geschichtet mit klaren Luftschichten dazwischen.

Abbildung 36: Lentikularwolken
(Quelle: siehe u. Bildnachweis)

2. Im unteren Bereich bilden sich sehr instabile Cumulus- oder Stratocumulus-wolken, wobei jene, die sich nahe der Gebirgsformation befinden, oft zu einem *Rotor* ausarten, einer Wolke mit starker Rotation um eine horizontale Achse. Der Rotor ist ein Hinweis auf extreme Turbulenzen in diesem Bereich.
3. Über dem Gebirgsrücken bilden sich häufig ebenfalls Wolken, die durch den starken Wind auf die Leeseite der Gebirgsformation gedrückt werden und dort den so genannten *Föhnwall* bilden.

Abbildung 37: Rotor
(Quelle: siehe u. Bildnachweis)

Föhn kann als warmer Fallwind unabhängig von Leewellen auftreten. Allerdings sind beide Phänomene bei stärkerem Wind miteinander gepaart.
Kommt der Wind in den Alpen vorherrschend aus Süden, so wird dabei warme Luft aus dem Mittelmeerraum über die Berge nach Norden geschafft, die sich dort als trockener Fallwind ausprägt (siehe auch unter Föhn (thermodynamisch) auf Seite 105).

Abschließend noch ein Wort zu durch Leewellen verursachten Abwinden. Fliegt man bei Gegenwind auf eine Gebirgskette zu, so hat man neben den eventuell durch Leewellen entstandenen Turbulenzen zusätzlich mit starken bis sehr starken Abwinden zu rechnen, die bei schwächer-motorisierten Flugzeugen selbst durch maximale Steigleistung des Flugzeugs nicht zu kompensieren sind. Es empfiehlt sich, einen Kurs von etwa 45° zur Kammrichtung zu fliegen, um im Fall starken Sinkens gefahrloser abdrehen zu können.

02 06 00 Turbulenz

02 06 01 Turbulenztypen und deren Beschreibung

Die Turbulenzen in der Luft sind Wetterphänomene, mit dem sich jeder Pilot tagtäglich auseinandersetzen muss. Im Allgemeinen bezeichnet man in der Luftfahrt im Flugzeug spürbare Auf-und Abwinde als Turbulenzen. Turbulenzen sind demnach starke vertikale Luftbewegungen im Unterschied zur Böigkeit, bei der die impulsartige Luftbewegung horizontal stattfindet. Natürlich finden turbulente Luftströmungen nicht nur vertikal oder horizontal statt, sondern können in jeder Richtung oder Form auftreten z. B. bei Wirbelschleppen (engl. wake turbulence) als Rotationsturbulenz.

Abbildung 38: Wirbelschleppen (Grafik: KLSP)

In der Meteorologie beschäftigt man sich ausschließlich mit den wetterbedingten oder natürlich vorkommenden Turbulenzen. Solche sind:

- Konvektive Turbulenz
- Orografische Turbulenz
- Turbulenz an Wetterfronten
- Clear Air Turbulence (CAT)

02 06 02 Bildung von Turbulenzen und ihre Lokationen

Wir wollen die Bildung der genannten Turbulenzen im Folgenden etwas genauer betrachten.

Konvektive Turbulenz. Konvektive Turbulenzen (im Sinne singulärer Turbulenzen, die nicht einer Front oder einem Gewitter zuzuordnen sind) bilden sich durch stark aufsteigende Luft, wobei sich in Höhe der Wasserdampfsättigung bei der dort herrschenden Temperatur Wolken bilden. Bei starker Sonneneinstrahlung im Sommer und hoher Luftfeuchtigkeit ist jedem die Entstehung der Cumuluswolken geläufig. Darunter befinden sich stets konvektive Turbulenzen, die dem Segelflieger auch als Thermik bekannt sind und die ihn in die Höhe bringen. Konvektive Turbulenzen oder Aufwinde mit einer Stärke von 5-6 m/s sind auch im Sommer der mittleren Breiten keine Seltenheit. Wo es strömungsmäßig nach oben geht, gibt es zum Ausgleich an anderer Stelle das genaue Gegenteil: den konvektiven Abwind, der sich bei einem Cumulus meist um die Wolke herum bzw. zwischen den Wolken bildet. Man sagt auch, dass es unter den Wolken bockig ist. Es ist also ratsam, besser oberhalb der Wolken zu fliegen, dort ist die Luft meist vollkommen ruhig.

Orografische Turbulenz. Orografische Turbulenzen sind solche, die durch die Höhenstrukturen (Berge, Berghänge, Täler..) verursacht werden. Das Wort kommt aus dem Griechischen (oros, gr. der Berg). Am bekanntesten unter den orografischen Turbulenzen sind die so genannten Leerotoren auf der Leeseite einer Bergkette. Sie entstehen, wenn ein starker Wind nahezu im rechten Winkel über die Bergkette bläst. Die Rotorauf- und abwinde erreichen hierbei oft Größen von 10-15 m/s (36 - 54 km/h vertikal!). An ausgeprägter Orografie entstehen meist lokale Winde (Mistral, Bora, Föhn) mit zugehörigen Turbulenzen.

Mechanische Turbulenz. Aber nicht nur die Natur selbst bildet die Basis für die Entstehung von Turbulenzen. Genauso gut ist dies im Umfeld von menschlicher Bebauung möglich (Thermik über Kraftwerken, Hochhäusern, über dem aufgeheizten Asphalt der Städte usw.). Für die so entstehenden Turbulenzen hat sich der Begriff mechanische Turbulenz durchgesetzt (engl. mechanical turbulence).

Frontenturbulenz. Eine der für die Luftfahrt gefährlichen und häufig vorkommenden Turbulenzen sind jene, die mit einem Frontensystem daherkommen. Insbesondere die

Kaltfront beherbergt Cumulonimbuswolken (Cb) mit starker konvektiver Turbulenz. Im größeren Maßstab entstehen im Warmsektor vor der Kaltfront häufig sich selbsterhaltende Wolkencluster, die eine Böenlinie (squall line) mit Böengeschwindigkeiten von bis zu 80 Knoten (!) auf der ganzen Breite der Front vor sich herschieben. Die Luft ist dann im gesamten Bereich vor der Kaltfront extrem turbulent und kann etliche Gewitterzellen mit Gewitterturbulenz beherbergen.

Gewitterturbulenz. Konvektive Turbulenzen, die von einem Gewitter herrühren, sind nicht notwendigerweise an eine Front gebunden, sie können auch lokal auftreten. Dies geschieht im Sommer meist in Form lokaler Wärmegewitter oder orografischer Gewitter, bei dem ein Gewitter-Cb durch orografische Hebung entsteht. Im Reifestadium des Gewitters entsteht unter der Wolke eine starker Fallwind (micro burst), der gefährliche Windscherungen verursachen kann (siehe auch 09 04 00 Gewitter).

02 06 03 Clear Air Turbulence (CAT): Beschreibung, Ursache, Vorkommen

Nicht alle Turbulenzen lassen sich durch sichtbare Wetterphänomene direkt erkennen. Die so genannte Clear Air Turbulence (CAT) macht hierbei die Ausnahme. Sie entsteht, wie der Name schon sagt, in klarer Luft an den Grenzen globaler Luftmassen wie z. B. an der Polarfront und wird durch die so genannten ‚Jetstreams' verursacht. Eine genauere Beschreibung findet sich im nächsten Abschnitt.

02 07 00 Jetstreams

02 07 01 Beschreibung

Bei *Jetstreams* (dt. Strahlstrom) handelt es sich um atmosphärische Windbänder mit einer nahezu horizontalen Strömungsachse (Jetachse) und hohen Windgeschwindigkeiten, wobei die Windgeschwindigkeit - sowohl vertikal als auch horizontal - mit zunehmender Entfernung zum Strömungszentrum rasch abfällt.
Die minimale Geschwindigkeit eines Jetstreams liegt bei 60 Knoten, der typische Bereich bei 60 - 150 Knoten. Die maximalen Geschwindigkeiten über dem Nordatlantik wurden mit 200 Knoten registriert, wobei in Asien sogar Windspitzen bis über 300 Knoten gemessen wurden.
Die horizontale Ausprägung von Jetstreams liegt meist bei einer Breite zwischen 200 und 400 NM wobei die Länge mehrere tausend Meilen umfassen kann. Die vertikale Ausprägung beträgt ca. 2 NM, respektive 12 Flugflächen. Auf der südlichen Halbkugel fehlen störende Landmassen, sodass beispielsweise der Südpolarjet oft nur mit geringen Unterbrechungen die gesamte Erdkugel umspannt (siehe Abbildung 39).

02 07 02 Bildung und Eigenschaften von Jetstreams (Nordhalbkugel)

Im Folgenden betrachten wir nur die nördliche Halbkugel, südlich sind die Verhältnisse nahezu symmetrisch. Insgesamt sind vier Jetstreams bekannt: Der arktische Jetstream, der Polarjet, der subtropische Jetstream und der tropische Jetstream. Die ersten drei Jetstreams sind starke Westwinde, der letztere ist ein Ostwind.

Der *arktische Jetstream* (engl. Arctic Jet, Abk. AJ) wurde als letzter entdeckt. Er entsteht als thermischer Wind zwischen sehr kalten arktischen Luftmassen und kalten polaren Luftmassen. Er ist in der Regel zwischen 60° - 80° N an der arktischen Front zwischen den arktischen und polaren Luftmassen lokalisiert und zwar in 500-400 hPa Höhe, also relativ niedrig zwischen FL180 und FL240. Der arktische Jetstream ist nicht immer vorhanden, oft strömt er nur im Winter, wenn der Polarjet relativ stark ist. Aber selbst dann gibt es Tage, in denen er abwesend ist. Ähnliches lässt sich über seine geografische Lage sagen. Sie ist unstetig, mal kann er in der kanadischen Arktis erscheinen, mal über Skandinavien. Es scheint möglich zu sein, dass der AJ eine Verzweigung des Polarjets ist, wobei die Bedingungen seines Entstehens im Hinblick auf Vorhersagen noch nicht vollkommen verstanden sind. Seine typische Windgeschwindigkeit liegt zwischen 60 und 90 Knoten.

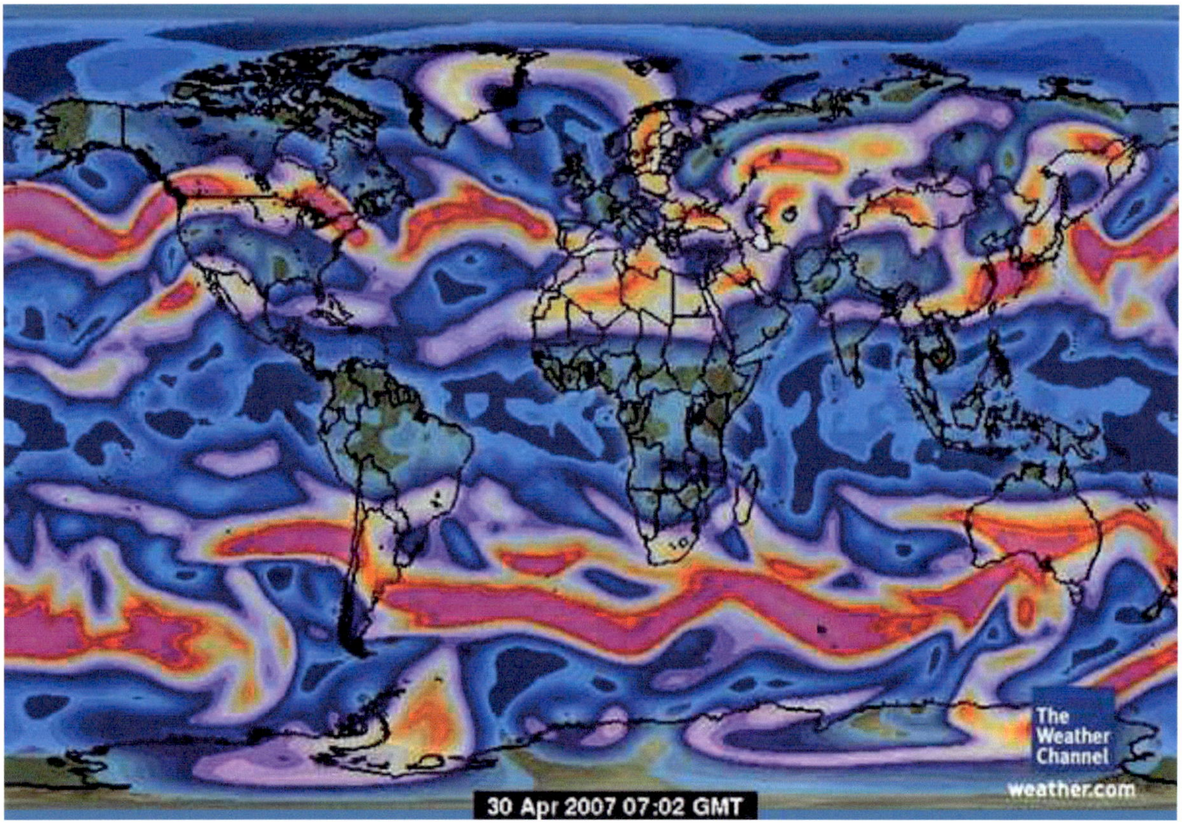

Abbildung 39: Weltkarte der Jetstreams am 30.04.07 in 250 hPa Höhe (Quelle: Weather.com)

Der *Polarjet* (engl. Polar Front Jetstream, Abk. PFJ) ist der bekannteste von allen, da er starken Einfluss auf unser Wetter in den mittleren Breitengraden hat. Außerdem ist er der Jet, der bei der Überquerung des Nordatlantiks die maßgebliche Rolle spielt. Der PFJ ist ein thermischer Wind und entsteht zwischen den kalten Polarluftmassen und den wärmeren Luftmassen der gemäßigten Breiten. Er strömt an der Polarfront in der subpolaren Tiefdruckrinne entlang. Sein Verlauf liegt nicht an einer bestimmten Position fest, sondern er bewegt sich mäanderförmig um den Globus. Die sinusähnlichen Wellen werden auch als *Rossby-Wellen* bezeichnet.

Der PFJ ist meistens zwischen 35°-60° N zu finden, wobei er mit der Wanderung des Wärmeäquators mit nach Norden wandert und schwächer wird. Der Grund für die Abschwächung im Sommer ist die geringere Temperaturdifferenz zwischen der kalten Polarluft und der warmen subtropischen Luftmasse. Der PFJ ist als thermischer Wind temperaturgetrieben. Er erreicht an zwei Stellen des Globus seine maximale Geschwindigkeit, erstens an der asiatischen Ostküste in der Nähe von Japan und zweitens an der nordamerikanischen Ostküste in der Nähe von Neufundland. Dies rührt daher, dass an diesen Stellen westlich sehr kalte Landmassen (Asien, Nordamerika) dem wärmeren Ozean im Osten gegenüberstehen. Die größten Windgeschwindigkeiten bilden sich in 300-200 hPa Höhe, also zwischen FL300 und FL390. Sie liegen in der Regel zwischen 80 bis 180 Knoten, in seltenen Fällen sogar noch darüber.

Der *subtropische Jetstream* (engl. subtropical Jet, Abk. STJ) entwickelt sich in der subtropischen Hochdruckrinne zwischen den Luftmassen der Tropen und jenen aus mittleren Breitengraden. Er liegt in der Regel zwischen 20°-30° N. Der STJ ist ein wichtiger Faktor bei der Entstehung starker Gewitterfronten im Süden der USA und er produziert Starkwinde über dem Himalaja in den kälteren Monaten des Jahres. Da der STJ sich im absenkenden Bereich der Hadley-Zelle bildet, ist er in der Regel um 200 hPa oder FL390 herum zentriert. Seine Windgeschwindigkeiten sind ähnlich jener des Polarjets, können aber gelegentlich auch 220 Knoten (400 km/h) erreichen.

Stärke und Position der drei westlichen Jetstreams ändern sich von Tag zu Tag. Schaut man sich die Entwicklung der Jetstreams über eine Reihe von Folgetagen an, so lässt sich oft feststellen, dass an manchen Tagen nur ein Jetstream erkennbar ist, wohingegen an anderen Tagen alle drei Jets vorhanden sind. Offensichtlich handelt es sich um ein chaotisches System im Sinne der Chaostheorie mit unendlich vielen Verzweigungen.

Der *tropische Jetstream* (engl. Tropical Easterly Jet, Abk. TEJ) stellt unter den Jetstreams eine Ausnahme dar, da er im Unterschied zu allen anderen aus Ostrichtung bläst. Er bildet sich, wenn auf der Nordhalbkugel Sommer herrscht, im Bereich zwischen 10° und 20° N also am Wärmeäquator. Der TEJ strömt vom sudchinesischen Meer südlich an Indien vorbei über Äthiopien und südlich der Sahara über Afrika. Seine typische Höhe ist 150 hPa oder FL 450.

02 07 03 Vorkommen von Jetstreams und damit verbundene CAT Bereiche

Abbildung 40 verdeutlicht die Verbindung zwischen Jetstreams und Fronten. Dort wo starke Temperaturunterschiede in den angrenzenden Luftmassen - über das Höhenprofil hinweg gesehen - existieren, gibt es jeweils als zugehöriger thermischer Wind einen Jetstream. Zur arktischen Front gehört der arktische Jet, zur Polarfront der Polar Jet, zur subtropischen Hochdruckrinne gehört der subtropische Jet und der tropische Jet kann der äquatorialen Tiefdruckrinne zugeordnet werden, obwohl sein Ursprung nicht wie bei den westlichen Jets zu erklären ist. Er entsteht über der tibetanischen Hochebene und Indien im Zusammenspiel mit dem Indischen Monsun.

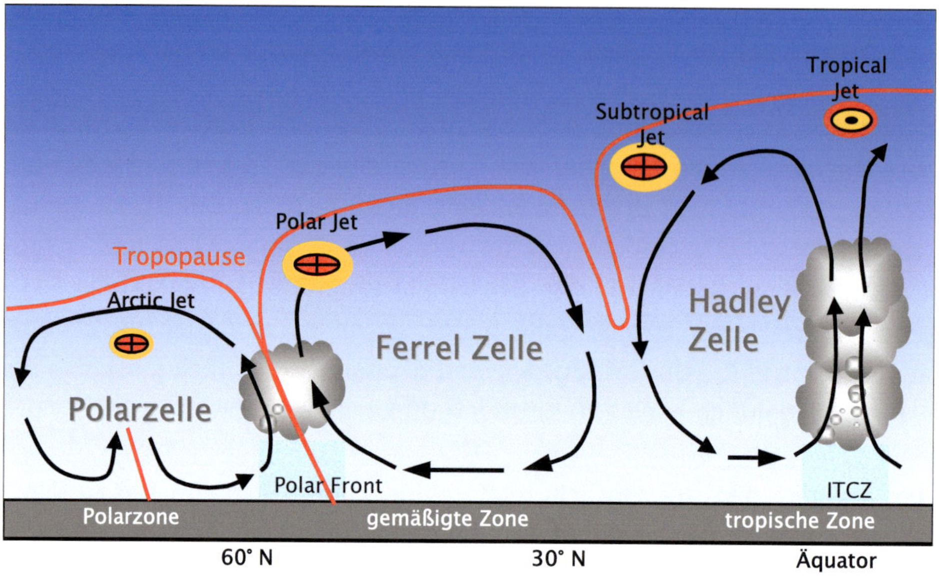

Abbildung 40: Verbindung zwischen globalen Fronten und Jetstreams (Grafik: KLSP)

Wegen ihrer Wichtigkeit und Bedeutung wollen wir im folgenden die Entstehung des Polarjets an der Polarfront genauer untersuchen. Die Polarfront trennt die polare Luftmasse von der gemäßigten Luft und durchschneidet als etwa 1 km mächtige, isotherme Schicht die gesamte Troposphäre (s. Abbildung 41). Die Polarluft schiebt sich dabei keilförmig unter die wärmere gemäßigte Luft und die Front weist eine Neigung von etwa 1:100 auf. In der Front selbst bestehen starke Temperaturgegensätze, die auf 100 km Werte von bis zu 7 °C erreicht. Der geostrophische Wind verändert sich mit der Höhe genau dann, wenn auf einer Druckfläche thermische Gegensätze vorhanden sind (siehe thermischer Wind). Dies ist entlang der Polarfront, die eine Diskontinuität darstellt, der Fall und führt dazu, dass insbesondere in der Frontalzone der frontalzonenparallele Wind an Stärke zunimmt. Der thermische Wind verstärkt sich in der Vertikalen so lange, bis sich der Temperaturgradient auf den Druckflächen umkehrt.

Oberhalb der Tropopause herrscht Isothermie bzw. die Temperatur nimmt wieder zu. Da die polare Tropopause schon in einer geringeren Höhe auftritt als die subtropische Tropopause, ändert der Temperaturgradient oberhalb der polaren Tropopause sein Vorzeichen und der geostrophische Wind nimmt folglich an Intensität ab. In der Höhe, in welcher der Vorzeichenwechsel stattfindet (~10 km), liegt das Maximum des geostrophischen Windes. Dies liegt meist 1 km unterhalb der subtropischen Tropopause in etwa bei einer Höhe von 300 hPa oder FL300. Der Jetstreamkern ist also oberhalb der Polarfront „auf der subtropischen Seite" lokalisiert (s. Abbildung 41) mit einer Maximalgeschwindigkeit von im Mittel 80 m/s (155 Knoten).

Aufgrund der großen horizontalen und vertikalen Windscherungen direkt an der Grenze der oberen Polarfront entstehen starke Turbulenzen. Da man die Turbulenzen nicht direkt sehen oder durch sichtbare Anzeichen erahnen kann, hat man sie Clear Air Turbulence (Abk. CAT) getauft. Sie sind am stärksten direkt neben und unterhalb der horizontalen Jetachse in der Polarfront in Richtung der kälteren Luftmasse.

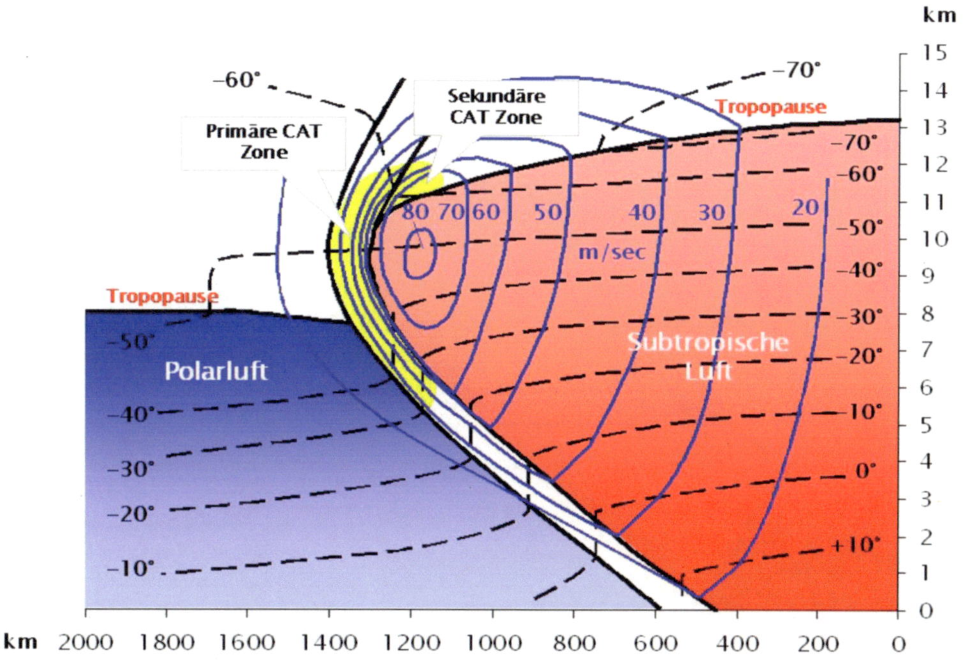

Abbildung 41: Der CAT Bereich des Polarfront-Jetstreams
(Grafik: KLSP; Darstellung in Anlehnung an Kurz, 1990)

Abgebildet ist das Modell einer winterlichen Polarfront. Dargestellt sind die Isothermen (in °C, gestrichelte Linien), Isotachen (in m/s, durchgezogene dünne Linien), der Bereich der Polarfront (dicke geneigte Linien) sowie die Tropopause (dicke nahezu horizonale Linie). Der Jetstream fließt senkrecht zur Grafik in das Papier hinein. Der 80 m/s-Wert entspricht ca. 286 km/h oder ca. 155 Knoten!

02 07 04 Jetstream Erkennung

Vom Boden lassen sich Jetstreams manchmal durch sich äußerst schnell bewegende Cirren ausmachen, die sich mit dem Jetstream in etwa rechtwinklig zum Bodenwind bewegen.

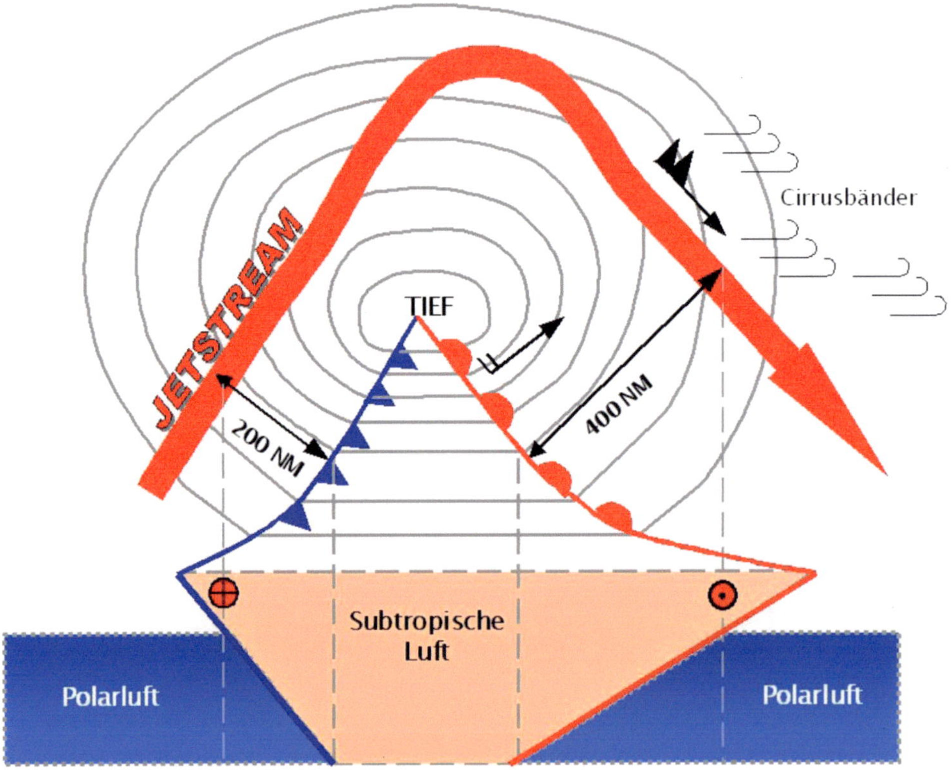

Abbildung 42: Jetstreams verlaufen parallel zu den Frontlinien (Grafik: KLSP)

Ansonsten lassen sich Jetstreams während des Fluges nur mittelbar durch ihre Begleiterscheinungen erkennen: wesentlich erhöhte oder reduzierte Groundspeed, CAT, Temperaturwechsel an der Front und ggf. beachtliche Abdrift.

Jetstream Vorhersagen

Jetstreams lassen sich relativ leicht auf den üblichen Upper Wind Charts erkennen. Einfacher geht es natürlich mit der grafischen Darstellung in einer Significant Weather Chart (siehe 10 02 01 Significant Weather Charts (SWC)), wo nicht nur die maßgeblichen Jets mit ihren Geschwindigkeiten vorhergesagt werden, sondern auch deren CAT-Bereiche.

Es gibt im Internet eine ganze Reihe von Websites auf denen dezidierte Jetstreamvorhersagen für bestimmte Regionen, beispielsweise für eine Nordatlantikpassage, zur Verfügung stehen, siehe etwa folgendes Beispiel.

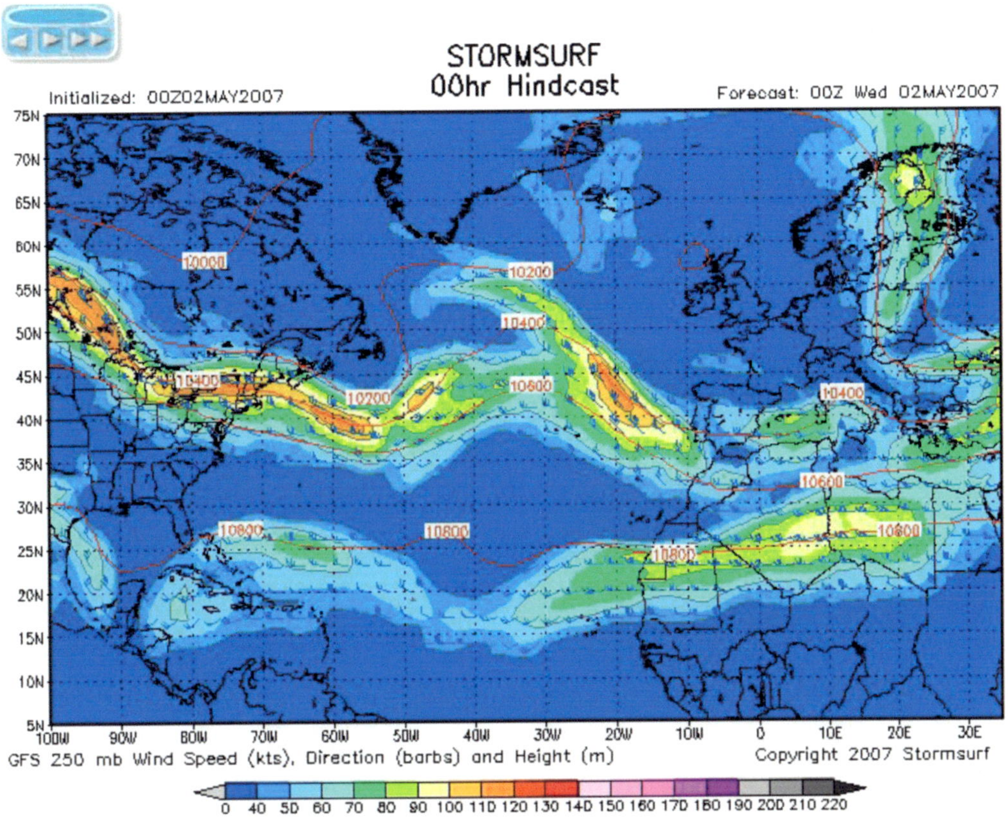

Abbildung 43: Jetstream Prognose von Stormsurf
(Quelle: www.stormsurf.com)

03 00 00
THERMODYNAMIK

03 01 00 Luftfeuchtigkeit

03 01 01 Wasserdampf in der Atmosphäre

In der atmosphärischen Luft ist Wasserdampf vorhanden. Wasserdampf ist die wichtigste Größe in der Meteorologie, da sie entscheidend zur Wetterbildung beiträgt. Der Wasserdampf der Luft ist ein Teil des geschlossenen Wasserkreislaufs der Erde und entsteht zum großen Teil durch Verdunstung über den Weltmeeren. Der in der Luft enthaltene Wasserdampf bildet nicht nur Niederschlag, sondern ermöglicht durch die in ihm enthaltene Energie (sog. latente Energie) erst die Entstehung von hochreichenden Wolken.
Je nachdem, wie viel Wasserdampf in der Luft ist, erscheint den Menschen die Luft mehr oder weniger feucht und gibt Anlass zu Wohlbefindensempfindungen wie zu trocken, gerade richtig, schwül, sehr schwül und heiß und dergleichen. Natürlich lässt sich der Gehalt an Wasserdampf in der Luft und weitere in der Meteorologie verwendete Messgrößen auch quantitativ bestimmen. Hierzu machen wir im Folgenden einen kleinen Ausflug in die Thermodynamik.

03 01 02 Mischungsverhältnis, Sättigung

Betrachten wir ein einfaches, abgeschlossenes Gefäß, das zur Hälfte mit Wasser und zur Hälfte mit trockener Luft gefüllt ist (siehe Abb. 44), wobei wir Wasser und Luft beispielsweise durch einen Schieber zunächst voneinander getrennt halten. Entfernen wir den Schieber, setzt ohne diese Barriere Verdunstung ein, d. h. die Zahl der Wasserdampfmoleküle in der trockenen Luft nimmt

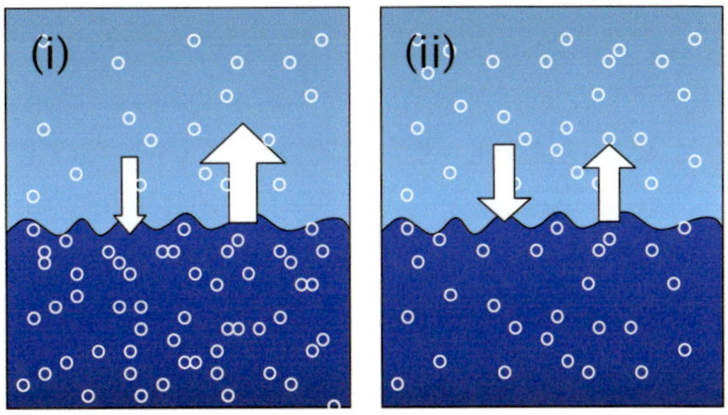

Abbildung 44: (i) ungesättigte Luft, (ii) gesättigte Luft (Grafik : KLSP)

ständig zu (i). Da die Luft weiterhin Dampfmoleküle aufnehmen kann, spricht man von *ungesättigter Luft*. Dieser Prozess setzt sich solange fort, bis sich ein dynamisches Gleichgewicht eingestellt hat, d. h. bis die Anzahl der Moleküle, die von flüssig zu gasförmig wechseln, gleich groß ist mit der Anzahl der Moleküle, die von gasförmig zu flüssig wechseln. Mehr Dampfmoleküle kann offenbar der Gasraum nicht aufnehmen und man spricht daher in diesem Fall (ii) von *gesättigter Luft*. In beiden Fällen lässt sich im Gasraum der Dampfdruck, d. i. der Partialdruck des Gases Wasserdampf in Luft, in [hPa] messen, nämlich als der momentan herrschende Dampfdruck in Fall (i) und als der so genannte *Sättigungsdampfdruck* in Fall (ii).
Betrachten wir das Experiment bei einer höheren Temperatur. Aufgrund der höheren mittleren kinetischen Energie der Wassermoleküle steigt für sie die Wahrscheinlichkeit, in die Dampfphase zu wechseln. In der Folge verlagert sich das Gleichgewicht dynamisch und es stellt sich bei höherer Temperatur ein höherer Sättigungsdampfdruck ein. Der Sättigungsdampfdruck ist also eine Funktion der Temperatur, genauer steigt der Sättigungsdampfdruck exponentiell mit der Temperatur (ohne Ableitung). Er lässt sich nach folgender empirischer Näherungsformel berechnen (Magnus-Formel, T in °C):

$$E_S(T) = 6{,}112 * \exp\left(\frac{17{,}67 * T}{T + 243{,}5}\right)$$

Aufgrund dieser Temperaturabhängigkeit lässt sich der Grad der Sättigung besser als dynamische Relativgröße angeben, was zu folgender Definition führt.
Die *relative Feuchte* bei der herrschenden Temperatur T ist der *Grad der Sättigung* der Luft mit Wasserdampf: Sie ist definiert als das Verhältnis des Dampfdrucks (e) zum maximal möglichen Wasserdampfdruck (E_S, der sog. Sättigungsdampfdruck) bei der Temperatur T, beide Größen gemessen in [hPa].

$$RelativeFeuchte(T) = \frac{e}{E_S(T)} * 100 \quad [\%]$$

Die relative Feuchte ist im Unterschied zur relativen Luftfeuchtigkeit (siehe weiter unten) aus dem Verhältnis der Dampfdruckwerte gebildet.
Im weiter oben beschrieben experimentellen Szenario lässt sich anstelle des jeweiligen Drucks auch die jeweiligen Masse, also etwa die Masse Wasserdampf pro Masse Luft, betrachten.

Bezieht man so die Masse des Wasserdampfes auf die Masse der feuchten Luft, so heißt die gebildete Größe *spezifische Feuchte*, angegeben in Gramm Wasserdampf pro kg feuchter Luft [g/kg].
Eine weitere Relativgröße, die u. A. wichtig für die Bestimmung der Wolkenuntergrenze ist, ist das *Mischungsverhältnis m* (engl. mixing ratio). Sie gibt an, wie viel g Wasserdampf (m_W) in einem kg *trockener Luft* (m_L) bei der Temperatur T enthalten ist. Das Mischungsverhältnis ist also wie die spezifische Feuchte eine *massenbezogene Größe* und wird in der *Einheit [g/kg]* angegeben.

$$m(T) = \frac{m_W(T)}{m_L}$$

Wir führen noch den Begriff des Sättigungsmischungsverhältnisses (M) ein.

Das *Sättigungsmischungsverhältnis* bei der Temperatur T ist das Mischungsverhältnis bei Sättigung der Luft mit Wasserdampf.

$$m_S(T) = \frac{m_{W,S}(T)}{m_L}$$

Bei konstantem Druck ist m_S nur von der Temperatur abhängig. Allgemein gilt jedoch, dass das Sättigungsmischungsverhältnis nicht nur von der Temperatur sondern auch vom Luftdruck p abhängt. Es gilt nämlich folgender Zusammenhang (ohne Ableitung, wobei $\varepsilon \sim 0{,}622$):

$$m_S(p,T) = \frac{\varepsilon * E_S(T)}{p - E_S(T)}$$

Abb. 45 gibt den Verlauf für mehrere Werte zwischen 1.000 hPa und 200 hPa an.

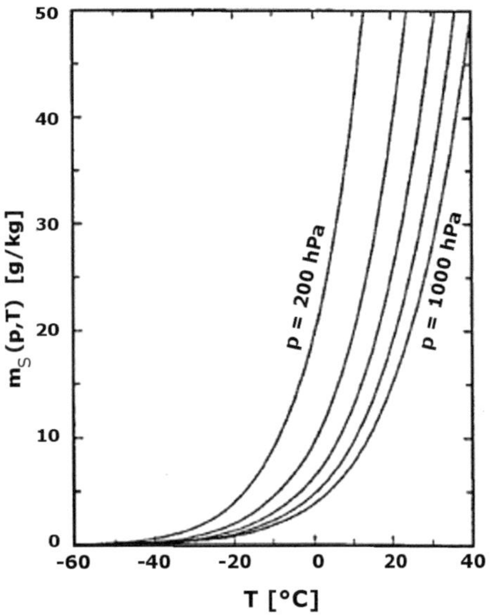

Abbildung 45: Sättigungsmischungsverhältnis (Quelle: Roger K. Smith, Vorlesung Einführung in die Meteorologie WS 01/02)

Bei Sättigung der Luft ist der Taupunkt der Luft (siehe 03 01 03) gleich der Lufttemperatur. Da bei einem Aufstieg eines Luftpaketes sich der Taupunkt genau entlang der Linie des konstanten Sättigungsmischungsverhältnisses verändert, kann mit Hilfe der Linie des konstanten Sättigungsmischungsverhältnisses, die am Bodentaupunkt beginnt, die Wolkenobergrenze bei erzwungener und freier Hebung bestimmt werden (siehe 03 03 02 Thermodynamische Diagramme).

Virtuelle Temperatur[7]

Der in der Luft vorhandene Wasserdampf hat eine geringere Dichte als trockene Luft. Das liegt daran, dass Wasserdampf (H_20) ein Molgewicht von 18 g/mol hat und das Molgewicht von Luft hauptsächlich durch Stickstoff (N_2) und Sauerstoff (0_2) bestimmt wird und mit etwa 28,8 g/mol deutlich höher liegt. Da der Wasserdampf trockene Luft bei gleichem Druck ersetzt, besitzt feuchte Luft eine geringere Dichte als trockene Luft. In vielen physikalischen Gleichungen (z. B. der Gasgleichung) werden Konstanten verwendet, die sich auf trockene Luft beziehen. Damit die Konstanten trockener Luft verwendet werden können, muss die Temperatur der trockenen Luft virtuell erhöht werden, um einen Dichteausgleich herzustellen.
Die Temperatur, welche die trockene Luft annehmen müsste, um bei gleichem Druck die Dichte der feuchten Luft anzunehmen wird als *virtuelle Temperatur* bezeichnet.

03 01 03 Taupunkt, Relative Luftfeuchtigkeit

Die Temperatur, bei der der Wasserdampf der jeweils betrachteten Luftmasse anfängt zu kondensieren, heißt *Taupunkttemperatur* oder einfach *Taupunkt*. Der Taupunkt ist also die Temperatur, bei der die Luft mit Wasserdampf gesättigt ist.
Das Höhenprofil der Taupunkttemperatur gehört zu den Basismessungen, die tagtäglich mit Radiosondenaufstiegen durchgeführt werden. Aus seinem Verlauf lassen sich weitere meteorologische Aussagen ableiten (s. thermodynamische Diagramme).
Aus der Differenz von Temperatur T und Taupunkt T_d am Boden lässt sich bereits *näherungsweise* die Wolkenuntergrenze ausrechnen. Diese Differenz $T - T_d$ wird im Englischen als *Spread* bezeichnet.
Die *Ferrel-Hennigsche Faustformel* zur Berechnung der Wolkenuntergrenze aus dem Spread lautet wie folgt, wobei in der Luftfahrt im Allgemeinen die Formel in Fuß genutzt wird.

$$\boxed{Wolkenuntergrenze\ in\ ft = (T - T_d) * 400}$$

$$\boxed{Wolkenuntergrenze\ in\ m = (T - T_d) * 122}$$

[7] gehört nicht zu den Lernzielen des Syllabus 2007

Aus dem Spread (er ist Bestandteil von METAR, siehe in Abschnitt 10) lässt sich darüber hinaus qualitativ zumindest grob abschätzen, ob am betrachteten Ort eher fliegbares Wetter vorherrscht (großer Spread) oder ob es feucht ist mit niedriger Wolkendecke (geringer Spread), oder sogar Nebel herrscht (Spread = 0).

Relative Luftfeuchtigkeit

Neben den bereits eingeführten, massen- oder dampfdruckbezogenen Größen sind des Weiteren Größen gebräuchlich, die sich stattdessen auf das Volumen beziehen.

Hierzu eine weitere Definition:
Die *absolute Luftfeuchtigkeit (absolute Feuchte)* ist die in 1 m³ Luft enthaltende Masse Wasserdampf. Die Einheit ist [g/m³].

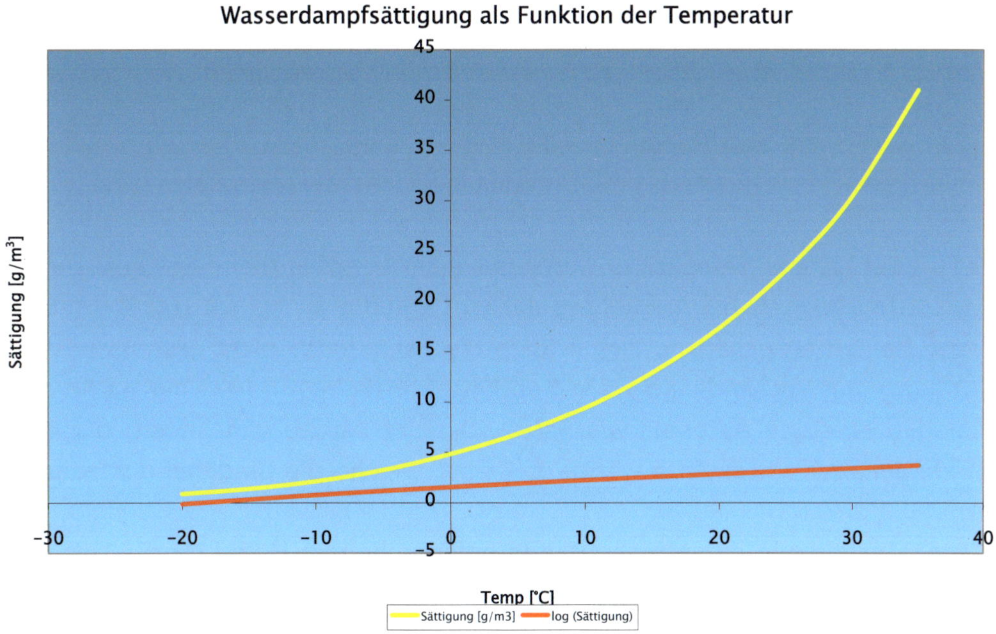

Abbildung 46: Wasserdampfsättigungskurve bei konstantem Druck (Grafik: KLSP)

Wie man der Grafik in Abbildung 46 entnehmen kann, steigt die Wasserdampfsättigung, diesmal ist die Wasserdampfmasse pro Volumen dargestellt, exponentiell mit der Temperatur. Die zweite Kurve ist der Logarithmus der ersten Kurve. Als Gerade lässt sie auch wiederum erkennen, dass die Wasserdampfsättigung exponentiell mit der Temperatur zunimmt.

Um es etwas zu konkretisieren, im Folgenden einige Werte. Bei 30 °C kann die Luft etwa 30 g/m³ aufnehmen. Bei der jeweils herrschenden Temperatur kann die tatsäch-

liche Luftfeuchtigkeit zwischen Null und ihrem jeweiligen Sättigungswert liegen. Bei 30 °C Lufttemperatur beispielsweise hat die absolute Luftfeuchtigkeit irgendeinen Wert zwischen 0 und 30 g/m³.
Auch hierbei lässt sich der Sättigungsgrad relativ definieren. Angenommen, wir messen als absolute Luftfeuchtigkeit einen Wert von 12 g/m³. Dieser Wert lässt sich wiederum prozentual bezogen auf dem Maximalwert angeben: 12/30 = 40 %. Die so gebildete Größe heißt *relative Luftfeuchtigkeit.*

$$Relative\ Luftfeuchtigkeit = \frac{absolute\ Feuchtigkeit}{Sättigungsmenge(T)} * 100 \quad [\%]$$

Hinweis: Die relative Luftfeuchtigkeit ist nicht identisch mit der relativen Feuchte, obwohl die beiden Größen vom Wert her nahezu identisch sind.

Die relative Luftfeuchtigkeit wird mit einem so genannten Hygrometer (hygros (griech.) = feucht) gemessen, von denen es verschiedene Bauformen (Haarhygrometer, Taupunkthygrometer, Psychrometer) mit unterschiedlichen Messprinzipien gibt.

Da die Luft bei kälterer Temperatur weniger Wasserdampf aufnehmen kann, nimmt die relative Luftfeuchtigkeit bei Abkühlung der Luft ständig zu bis sie 100 % erreicht hat, man sagt die Luft ist gesättigt. Weiter kann die Temperatur nicht gesenkt werden, da bei Sättigung und Vorhandensein von Kondensationskeimen (dies sind natürliche und anthropogen erzeugte Aerosole wie Salze oder der Abrieb von Reifen) der Wasserdampf kondensiert und latente Wärme frei wird, welche die Umgebung wiederum erwärmt.
Das Gleiche passiert in der Atmosphäre in entsprechender Höhe. Da die Luft mit zunehmender Höhe immer kälter wird, nimmt auch die relative Luftfeuchtigkeit mit der Höhe immer weiter zu, bis die Luft gesättigt ist. Oberhalb dieser Höhe kondensiert das Wasser, es bilden sich Wolken.

Die relative Luftfeuchtigkeit (RLF) ändert sich über den Tagesverlauf. Da die Temperatur ab ca. 30 Minuten nach Sonnenaufgang zu steigen beginnt, nimmt die RLF ab diesem Zeitpunkt kontinuierlich ab und erreicht am frühen Nachmittag (ca. 15 Uhr) ihr Minimum, um danach wieder anzusteigen bis zum Punkt der kältesten Temperatur kurz nach Sonnenaufgang, wo sie erneut ihr Maximum erreicht.

03 02 00 Physikalischer Aggregatswechsel

03 02 01 Kondensation, Verdunstung, Sublimation, Frieren und Schmelzen, Latente Wärme

In der Physik kennt man vier Aggregatszustände für Materie:

- fest
- flüssig
- gasförmig
- Plasmazustand

Den Wechsel von einem Aggregatszustand zum anderen bezeichnet man als Aggregatswechsel. Er ist immer mit einer Zuführung oder Freisetzung von Energie verbunden.

Betrachten wir den Fall der *Verdunstung und Kondensation* von Wasser. Regenwasser verdunstet in der Sonne, da die durch die Strahlung zugeführte Wärmeenergie das Wasser vom flüssigen Zustand in den gasförmigen Zustand (Wasserdampf) überführt. Führt man etwa beim Kochen von Wasser auf einer Herdplatte relativ viel Energie zu, wird ebenfalls das Wasser verdampfen. Prinzipiell ist übrigens Verdunstung und Verdampfung dasselbe.

Dass bei der Verdunstung von Wasser der Umgebung Energie entzogen wird, kennt jeder vom Schwimmbad her. Das Wasser verdunstet auf der Haut und kühlt diese dabei ab, man erlebt die so genannte Verdunstungskälte. Man sagt auch, es wird bei der Verdunstung Energie absorbiert (engl. absorption of energy).

Auf der anderen Seite wird beim umgekehrten Vorgang, der Kondensation, Energie freigesetzt. Die Moleküle haben im gasförmigen Zustand relativ große freie Weglängen zwischen sich, bewegen sich mit hoher Geschwindigkeit und stoßen relativ selten zusammen. Beim Übergang zum flüssigen Zustand gehen die Moleküle auf einem niederenergetischen, geordneteren Zustand mit sehr viel kleineren Abständen untereinander zurück, es wird dabei Energie freigesetzt (engl. release of energy). Der Wasserdampf ändert dabei seine Form, er wird flüssig. Jeder kennt etwa das Kondenswasser an den Scheiben im Innern eines Autos oder an einer eisgekühlten Flasche aus dem Kühlschrank.

Es ist übrigens eine Tatsache, dass Wasser für den Kondensationsprozess so genannte Kondensationskeime in Form von fester Materie (z. B. Staubteilchen für die Wolkenbildung) benötigt. Ohne sie findet keine Kondensation statt. Man hätte in einem solchen Fall unterkühlten Wasserdampf, der nicht auskondensiert.

Der Prozess der Verdunstung und Kondensation ist jedem Menschen von früher Kindheit an vertraut. Das Regenwasser verdunstet auf der Straße und weiter oben kondensiert es wieder als Wolken. Hat sich genügend Wasser in einer Wolke gesammelt, fällt es in flüssigem Zustand als Regen wieder aus der Wolke heraus.
Im Winter fahren wir durch die kondensierten Wassertröpfchen und nennen ihn Nebel.

Kommen wir zu einem weiteren Aggregatswechsel, dem *Gefrieren und Schmelzen*. Auch diese Vorgänge sind uns wohlbekannt. Die meisten Gegenstände, die uns umgeben, sind in festem Zustand, also gefroren. Metalle ändern diesen Zustand meist erst bei extrem hohen Temperaturen, Eisen z. B. schmilzt d. h. ändert seinen Aggregatzustand in die flüssige Form erst bei weit über 1.000 °C. Erst dann lässt es sich in eine Form gießen.

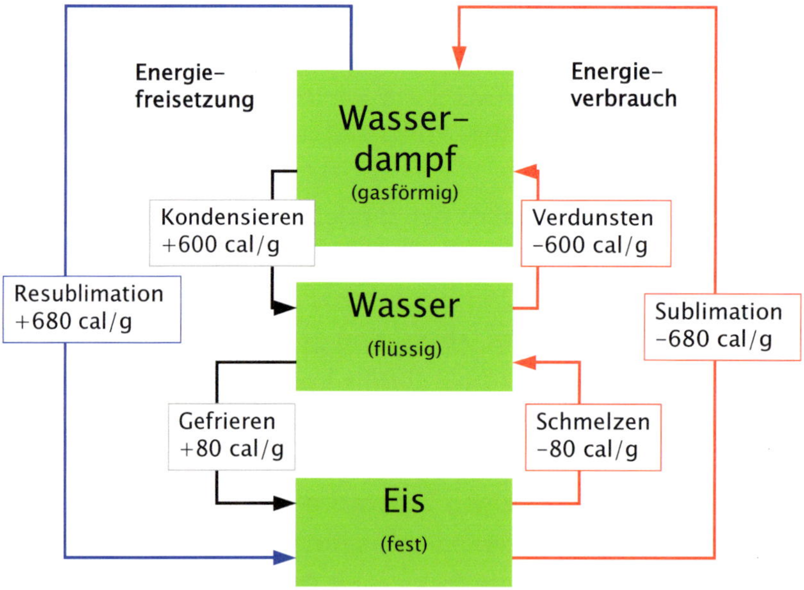

Abbildung 47: Energiebilanz beim Aggregatswechsel (Grafik: KLSP)

Andere Stoffe wie z. B. Wasserstoff sind bei der meist vorherrschenden Erdtemperatur standardmäßig gasförmig. Erst bei -253 °C wird es flüssig und erst bei -259 °C nimmt es als Wasserstoffeis eine feste Form an.
Wasser und andere Stoffe sind bei der meist vorherrschenden Erdtemperatur standardmäßig in flüssigem Aggregatzustand. Etwa 70 % der Erdoberfläche sind bekanntlich von Wasser in flüssiger Form bedeckt. Die Zustandswechsel von Wasser sind uns

allen bestens bekannt. Im Winter gefriert Wasser auf Seen zu klarem Eis und man kann darauf Schlittschuhlaufen. Auf der anderen Seite fällt es bei niedrigen Temperaturen in fester Form als Schnee aus einer Wolke.

Beim Vergleich mit anderen Stoffen stellt man schnell fest, dass Wasser einen Sonderstatus einnimmt. Der Zustandswechsel von flüssig zu fest, also das Gefrieren, kommt beim Wasser in vielen Varianten vor. Entweder es bildet sich klares Eis oder eine ganze Reihe von eiskristallinen Formen, welche die verschiedenen Varianten von Eis ausmachen. In den meisten Sprachen haben sich fein differenzierende Begriffe für Eis herausgebildet (z. B. Glatteis, Schnee, Pulverschnee, Raureif, Schneematsch, usw.). Man spricht auch aus anderen Gründen wie z. B. der ungewöhnlichen Dichte-Temperatur-Funktion von der Anomalie des Wassers. Zur Anomalie zählt unter anderem auch das Phänomen, dass Wasser unterhalb seines Gefrierpunktes weiterhin in flüssiger Form existieren kann (supercooled water). Erst bei geeigneten Randbedingungen oder durch eine Störung, wie z. B. bei Auftreffen auf Festkörpern, wird es zu Eis.

Der dem Gefrieren entgegen gesetzte Zustandswechsel vom festen Zustand (Eis) zum flüssigen Zustand (Wasser) kommt dagegen recht unspektakulär daher. Wenn die Temperatur steigt, schmilzt das Eis und wird zu Wasser. Auch der Schmelzpunkt ist jedem gut bekannt, er liegt bei 0 °C.

Allgemein wenig beachtet sind die Aggregatswechsel, die unmittelbar einen Zustand überspringen, etwa vom festen zum gasförmigen Zustand oder umgekehrt. Man nennt einen solchen Wechsel *Sublimation*. Bei intensiver Sonneneinstrahlung und einer trockenen Luftmasse kann Eis z. B. unmittelbar verdunsten. Der umgekehrte Vorgang, wenn also z. B. Wasserdampf sofort zu Eis wird, heißt *Resublimation*. Ein bekanntes Beispiel für die Resublimation ist die Bildung von Raureif. Bei einer hohen Luftfeuchtigkeit und Temperaturen deutlich im Frostbereich kann sich Raureif bilden. Besonders eindrücklich dabei ist die Raureifbildung an Bäumen, an denen entgegen der Windrichtung häufig nadelförmige Eiskristalle in Form sechsstrahliger Dendriten entstehen.

Nur der Vollständigkeit halber erwähnen wir noch den Plasmazustand: Als *Plasmazustand* bezeichnet man in der Physik den Zustand als ionisiertes Gas, das zu einem nennenswerten Anteil freie Ladungsträger wie Ionen, Elektronen oder andere Elementarteilchen enthält. Mehr als 99 % der sichtbaren Materie im Universum befindet sich im Plasmazustand. Der Plasmazustand ist oft mit sehr hohen Temperaturen verbunden, beispielsweise befinden sich Sonne und andere Sterne im Plasmazustand.

03 03 00 Adiabatische Prozesse

03 03 01 Adiabatische Prozesse, Stabilität der Atmosphäre

Ein thermodynamischer Prozess wird in der Physik als adiabatisch bezeichnet, wenn hierbei weder äußere Energie zugeführt noch innere Energie entnommen wird. Man könnte auch einfach sagen, man betrachtet das System als idealisiertes System, deren Energiezustände sich nur im System selbst ändern können, unabhängig von äußeren Einflüssen.
Betrachten wir als Beispiel ein Luftpaket aus ungesättigter Luft (engl. unsaturated air), welches in seiner Umgebungsluft aufsteigt. Da der Luftdruck mit der Höhe abnimmt, sinkt nach der allgemeinen Gasgleichung (p*V=const*T; p Luftdruck, V Volumen, T Temperatur) die Temperatur im Luftpaket. Umgekehrt nimmt die Temperatur im Luftpaket zu, wenn es nach unten sinkt, weil dort der Luftdruck ansteigt.
Man wird natürlich die Frage stellen, wie stark sich die Luft mit größerer Höhe abkühlt. Das ist die Frage nach dem Temperaturgradienten (engl. lapse rate), den wir in Kapitel 1 bereits eingeführt haben (siehe 01 02 04). Er lässt sich im beschriebenen Szenario, also bei ungesättigter Luft, d. h. ohne Wolkenbildung, berechnen und hat einen konstanten Wert von etwa 1 °C pro 100 m oder 3 °C pro 1.000 ft (genauer 0,98 °C/100m). Es ist im betrachteten Fall der *trockenadiabatischer Temperaturgradient* (engl. dry adiabatic lapse rate = DALR). Wie wir bereits gelernt haben, werden die Temperaturgradienten definitionsgemäss ohne Vorzeichen genannt, man spricht von 3 °C Temperaturabnahme pro 1.000 ft.
Betrachten wir das Szenario des aufsteigenden Luftpakets weiter. Wir haben bereits im vorigen Abschnitt gelernt, dass der Wasserdampf der Luft ab einer bestimmten Höhe seine Sättigung erreicht und darüber beginnt, als Wolke zu kondensieren. Aufgrund der Kondensationswärme von 600 cal/g wird unser Musterluftpaket also in diesem Bereich mit wachsender Höhe weniger stark abkühlen. Der Zustandswechsel wird in diesem Fall als *feuchtadiabatisch* bezeichnet.
Wir nehmen im Folgenden an, dass beim Aufstieg des Luftpaketes der Wasserdampf nach und nach kondensiert und die entstandenen Wassertröpfchen das Luftpaket verlassen. Aufgrund der zugeführten latenten Wärme fällt der Temperaturrückgang weniger stark aus als im trockenadiabatischen Fall. Allerdings je kälter es wird, desto weniger Wasserdampf ist noch im Luftpaket vorhanden. Bei niedrigen Temperaturen kann also immer weniger Wasserdampf kondensieren. Damit nähert sich der feuchtadiabatische Temperaturgradient bei kalten Temperaturen dem trockenadiabatischen Tempe-

raturgradienten wieder an. Im üblichen Bereich der Wolkenbildung ab 3.000 bis 4.000 ft Höhe (mittlere Breiten) liegt der so genannte *feuchtadiabatische Temperaturgradient* (saturated air lapse rate = SALR) abhängig vom Feuchtegehalt der Luft im Mittel bei ca. 0,5 - 0,6 °C/100 m oder 1,5 - 1,8 °C/1.000 ft.

Es gibt noch einen dritten Temperaturgradienten, den *ICAO-Temperaturgradienten.* Der ICAO-Temperaturgradient ist wie die ICAO-Atmosphäre auch ein theoretisches Konstrukt, d. h. ein willkürlich festgelegter Wert, mit der theoretisch die ICAO-Atmosphäre mit zunehmender Höhe im Bereich von 0 - 11 km kälter wird (die ICAO-Atmosphäre selbst ist bis 80 km Höhe definiert). Der Wert beträgt etwa 0,65 °C/100 m oder, einfacher zu merken, etwa 2 °C/1.000 ft und entspricht in etwa einem Mittelwert aller real vorkommenden Temperaturgradienten für durchschnittliche atmosphärische Verhältnisse in mittleren Breiten. Man muss allerdings im Kopf behalten, dass die I-CAO-Atmosphäre ohne Wasserdampf definiert ist, sodass der ICAO-Gradient über die volle Höhenschicht einheitlich verwendet werden kann.

In der folgenden Tabelle sind die genannten Temperaturgradienten zusammengefasst:

Ungesättigte Luft (< 100 % Luftfeuchte)	Trockenadiabatischer Temperaturgradient (Abk. Γ)	dry adiabatic lapse rate = DALR	1 °C pro 100 m 3 °C pro 1.000 ft
Gesättigte Luft (100 % Luftfeuchte)	Feuchtadiabatischer Temperaturgradient (Abk. Γ_f)	saturated air lapse rate = SALR	1 °C/1.000ft < X < DALR Durchschnitt (typisch) ~ 1,8 °C/1.000 ft
ICAO Atmosphäre (ohne Wasserdampf)	ICAO Temperaturgradient	ICAO lapse rate	0,65 °C pro 100 m 2 °C pro 1.000 ft
Umgebungsluft	Temperaturgradient der Umgebungsluft (Abk. γ)	Environmental lapse rate = ELR	Beliebige Werte abhängig von der aktuellen Wetter-situation

Kommen wir zurück zu unserem Beispiel des aufsteigenden Luftpakets und betrachten die folgende Abbildung 48. Auf der linken Seite ist dabei die Abnahme der Temperatur mit der Höhe in einem einfachen Diagramm T= f(Altitude) dargestellt. Die Abnahme der Temperatur erfolgt zunächst vom Boden aus mit dem trockenadiabatischen Temperaturgradient von 3 °C pro 1.000 ft. Dies entspricht im Diagramm einer Gerade, die vom Boden aus bis in 4.500 ft mit der gleichen Steigung dargestellt ist.

In 4.500 ft ist in unserem Beispiel die Luft gesättigt (willkürliche Annahme) und es bilden sich ab dieser Höhe Wolken. Ab 4.500 ft nimmt die Lufttemperatur also nur noch mit dem kleineren feuchtadiabatischen Temperaturgradienten ab. Er lässt sich aus der Grafik ermitteln. Die Temperatur sinkt nämlich von 4.500 ft bis 12.000 ft um weitere 10 °C. Daraus errechnet sich in dieser Luftschicht ein mittlerer feuchtadiabatischer Temperaturgradient von 10 °C/7.500ft = 1,33 °C/1.000 ft.

Man darf sich übrigens durch die Darstellung nicht verwirren lassen: Die „steilere" Steigung der Kurve in der Grafik entspricht in Wirklichkeit dem geringeren Steigungswert und rührt von der Koordinatenwahl her (übliche Darstellung).

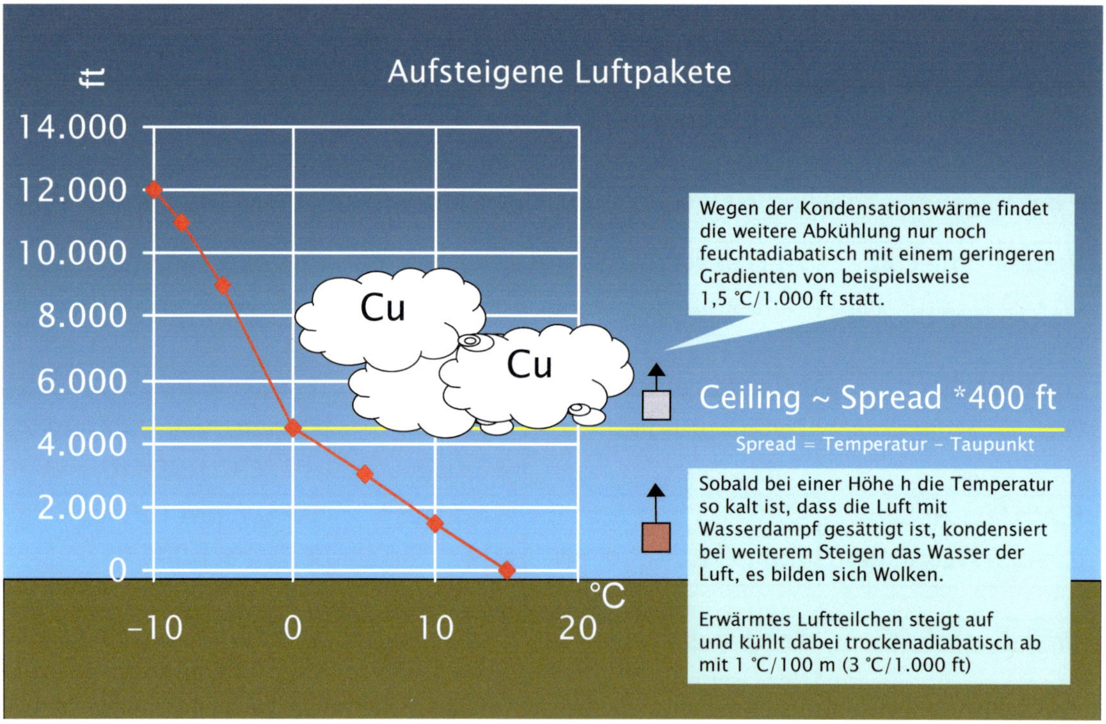

Abbildung 48: Modellszenario "Aufsteigende Luftpakete" (Grafik: KLSP)

Der rein feuchtadiabatische Temperaturgradient Γ_f ist im Unterschied zum trockenadiabatischen Temperaturgradient nicht konstant, sondern ändert sich mit dem Feuchtegehalt bei herrschender Temperatur und herrschendem Luftdruck.

Je kälter die Temperatur wird, also in größerer Höhe, desto weniger Wasserdampf kann sie aufnehmen. Daraus folgt, dass in großer Höhe[8] oder genauer bei niedriger Temperatur kaum noch Wolken entstehen können. Daraus folgt auch, dass der feucht-adiabatische Temperaturgradient sich dort wieder dem trockenadiabatischen annähern muss (gleiche Steigung). Umgekehrt, je höher die Temperatur ist, desto größer ist der Unterschied zwischen Γ und Γ_f. Eine typische Temperaturkurve mit einem feuchtadiabatischen Gradienten Γ_f zeigt die folgende Abbildung. Sie ist gekrümmt. Ihr Steigungswert nähert sich bei niedrigen Temperaturen wieder der trockenadiabatischen Steigung.

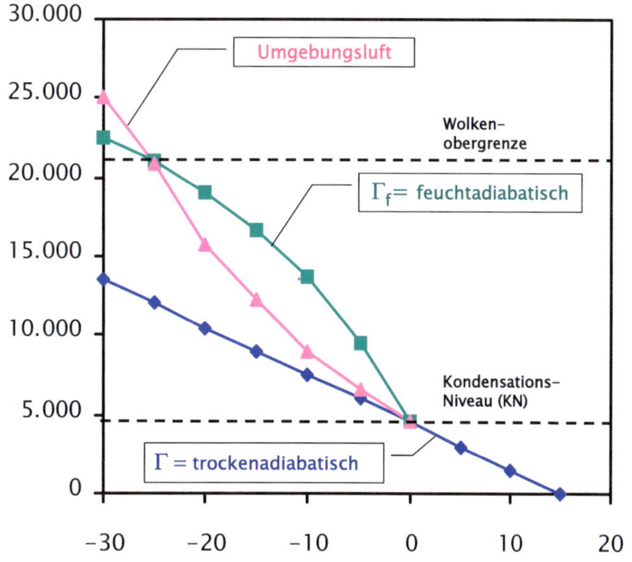

Abbildung 49: Γ_f verläuft nicht linear mit der Temperatur (Grafik: KLSP)

Der tatsächliche Temperaturverlauf der real vorhandenen Luftschichtung (in der folgenden Abbildung als Kurve mit Dreiecken dargestellt) hat in der Regel irgendeinen Verlauf im Segmentbereich zwischen der Γ-Kurve und der Γ_f -Kurve.

Wir wollen einen kurzen Exkurs zum Thema *Stabilität* machen. Stabilität wird im technischen Umfeld getestet, in dem man dem betrachteten System eine impulsartige Veränderung auferlegt und beobachtet, wie das System reagiert. Ein System wird dabei als *stabil* bezeichnet, wenn es ggf. oszillierend in die Ausgangslage zurückkehrt. Wenn es sich dagegen immer weiter von der Ausgangslage entfernt, entweder stetig oder oszillierend, heißt ein System *instabil*. Behält es die neue Lage bei, ohne Tendenz sich weiter zu entfernen oder in die Ausgangslage zurückzukehren, wird es als *neutral* bezeichnet z. B. ist die Stabilität eines Flugzeuges um die Längsachse neutral, wenn eine Schräglage nicht automatisch zur horizontalen Lage zurückführt. Ein noch einfacheres

[8] nicht als absolute Höhe zu verstehen, die Wolkenobergrenze ist abhängig von den Startbedingungen am Boden, am Äquator können bis in 17 km Höhe noch Wolken entstehen.

und sofort einleuchtendes Beispiel ist die Ortsstabilität eines Balles (siehe Abbildung 50).

Bei unserem Modellszenario eines aufsteigenden Luftpaketes handelt es sich um eine Stabilitätsprüfung, die allerdings nur theoretisch durchgeführt wird. Geprüft wird die Stabilität einer Luftschicht bezüglich einer vertikalen Bewegung. Unser Luftpaket spielt dabei die Rolle des Änderungsimpulses. Wir stoßen also das System an einer Stelle an, indem wir dort ein Luftpaket der Schicht erwärmen und beobachten danach das Verhalten des Systems.

Steigt das Luftpaket weiter auf, ist die Luftschicht instabil. Sinkt es wieder zurück, ist sie stabil. Bleibt das Paket an der neuen Position, ist die Schicht neutral oder indifferent.

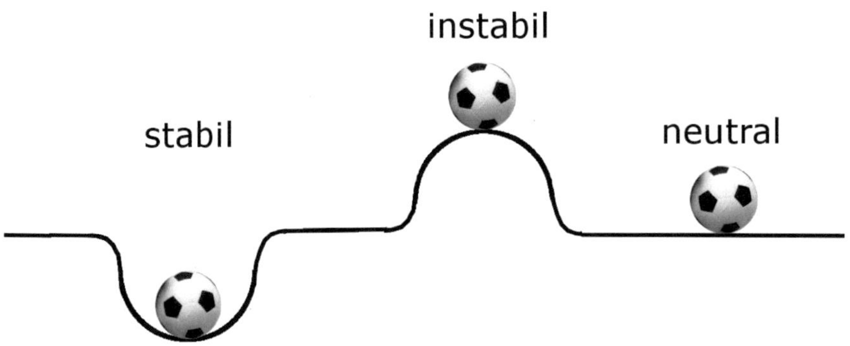

Abbildung 50: Unterschiedliche Typen von Gleichgewichten
(Grafik: KLSP)

Kommen wir zurück zu unserem Modellszenario. Man darf fragen, warum oder besser unter welchen Bedingungen das betrachtete Luftpaket überhaupt aufsteigt. Der Grund heißt Erwärmung. Die Erwärmung der Luft durch die solare Strahlung findet dabei zum überwiegenden Teil mittelbar über die Wärmeübertragung am Boden statt. Erwärmung bedeutet eine Energiesteigerung der Luftmoleküle, die nur in Richtung nach oben einen geringeren Druckwiderstand erleben. Als Ergebnis expandiert die warme Luft nach oben. Ein Luftpaket wird solange nach oben beschleunigt (erhält Auftrieb), bis seine Temperatur wieder der Umgebungstemperatur entspricht. Umgekehrt sinkt ein Luftpaket, das kälter als die Umgebungstemperatur ist, solange nach unten, bis auch hier wieder ein Gleichgewicht herrscht.
Es mag für den ein oder anderen etwas künstlich erscheinen, dass man die Erwärmung nur dem Luftpaket zuspricht, der Umgebung hingegen nicht. Allerdings ist es in der

Natur häufig so, dass eine Erwärmung örtlich begrenzt zum Beispiel über einer Asphaltstraße stattfindet, wobei die Situation dort einen irgendwie geformten Thermikschlauch entstehen lässt, mit höherer Temperatur im Thermikschlauch und niedriger Temperatur der Umgebung.

Die Umgebungsluft, die wir im Folgenden auf Stabilität untersuchen wollen, hat an jedem Ort und in jeder Höhe einen ganz bestimmten Temperaturgradienten, den wir im Folgenden *Schichtungsgradient* (als Funktion der Höhe zu verstehen) nennen und mit γ bezeichnen wollen. Ebenso hat die aufsteigende Luft (z. B. der Thermikschlauch) an jedem Ort und in jeder Höhe seinen eigenen Temperaturgradienten, den wir im Folgenden *Hebungsgradient* nennen und mit γ' abkürzen wollen.

Ist an einem bestimmten Ort (Höhe oder Höhenband) der betrachteten Luftschicht der Schichtungsgradient γ stets größer als der Hebungsgradient γ', steigen die Luftpakete des betrachteten Thermikschlauches dort immer weiter auf. Anders ausgedrückt: Ist die Abkühlung der Umgebung mit der Höhe stets größer als die Abkühlung in der aufsteigenden Luft, so bleibt das Ungleichgewicht auf jeder Höhe weiter bestehen und ein Luftteilchen muss konvektiv immer weiter aufsteigen. Man sagt auch die Schichtung des betrachteten Höhenbandes oder der Luftschicht sei *labil* oder *instabil*.

Umgekehrt, ist an einem bestimmten Ort und über ein bestimmtes Höhenband der Schichtungsgradient γ stets kleiner als der Hebungsgradient γ', steigen die erwärmten Luftpakete nicht weiter auf sondern sinken wieder zurück. Anders ausgedrückt: Ist die Abkühlung der Umgebung mit der Höhe stets kleiner als die Abkühlung in der aufsteigenden Luft, so bleibt das Gleichgewicht auf jeder Höhe weiter bestehen und ein Luftteilchen wird nicht weiter aufsteigen sondern wieder zurücksinken. Man sagt auch die Schichtung des betrachteten Höhenbandes sei *stabil*. Zum Beispiel ist eine Inversion *absolut stabil*, da dort die Temperatur mit der Höhe zunimmt. Ein erwärmtes Luftpaket wird also nach kurzem Weg sein neues Gleichgewicht finden und nicht weiter aufsteigen.

Sind Schichtungs- und Hebungsgradient gleich, so wird ein erwärmtes Luftpaket nach kurzem Aufsteigen auf der Stelle verharren, da die Temperatur in Schichtung und Hebung stets gleich ist. Der Zustand dieser Luftschicht ist *indifferent* oder *neutral*.
Betrachten wir im Folgenden einen einzelnen Fall noch etwas genauer. So genannte *feuchtlabile* Schichtungen (engl. conditionally unstable) sind in der Atmosphäre sehr

häufig anzutreffen. Der aktuelle Temperaturgradient γ liegt dabei zwischen dem trocken- und dem feuchtadiabatischen. Die Situation ist in Abbildung 51 dargestellt. Wir nehmen Folgendes an: Ein Luftpaket wird von seiner Gleichgewichtslage (Punkt O) ausgelenkt und es folgt zunächst der Trockenadiabaten, bis Kondensation eintritt (Punkt A, Kondensationsniveau). Beim weiteren Aufstieg folgt es einem rein feuchtadiabatischen Aufstieg. Bei Punkt B wird der Temperaturgradient unseres Luftpaketes nun höher als die der Umgebung ($\gamma > \gamma'$). Weil damit die Dichte des Luftpaketes niedriger wird als die der Umgebungsluft, steigt es weiter auf. Es hat damit bei Punkt B das Niveau der freien Konvektion (engl. level of free convection = LFC) erreicht.

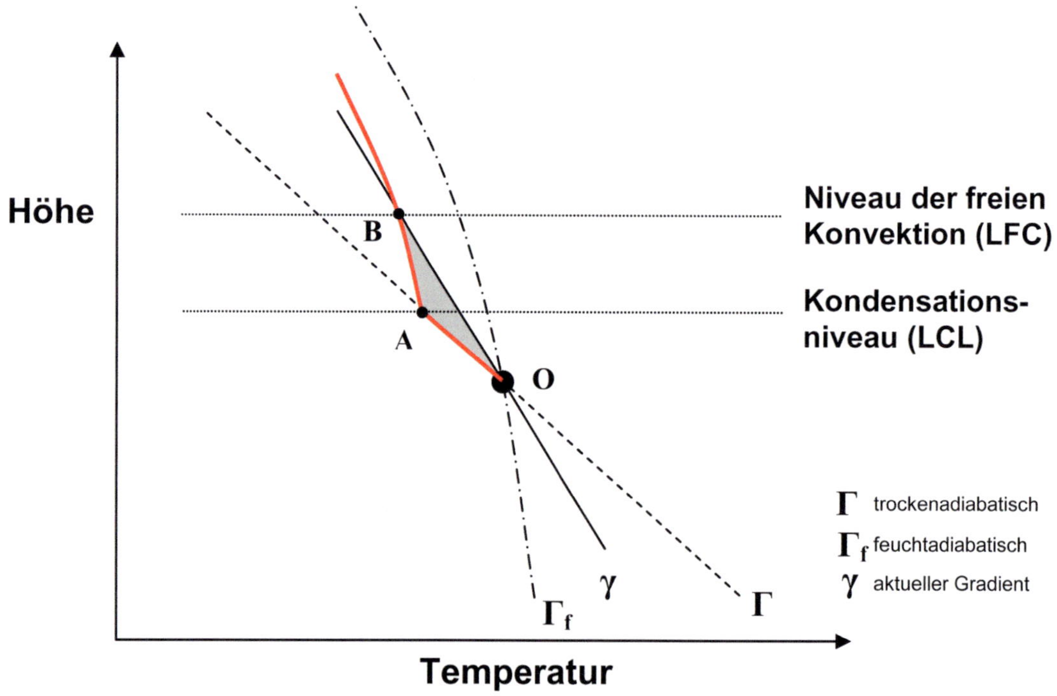

Abbildung 51: Feuchtlabile Schichtung
(Quelle: Brunner, Einführung in die Chemie und Physik der Atmosphäre)

Man sieht, dass zum Erreichen des Punktes B eine erhebliche Störung nötig ist, weil das Luftpaket bis zu diesem Punkt kälter und damit schwerer als die Umgebungsluft ist, und deshalb wieder absinken würde. Im dargestellten thermodynamischen Diagramm, ist die grau schattierte Fläche zwischen dem Temperaturpfad unseres Paketes und dem Temperaturprofil der Umgebungsluft ein Maß für die Energie, die dazu aufgewendet werden muss, um zu Punkt B zu gelangen.

Der Begriff „feuchtlabil" erklärt sich nun daraus, dass das Luftpaket gegenüber rein trockenen Prozessen in einer stabilen Lage ist, aber bei einem genügend großen Stoß infolge der Freisetzung von latenter Wärme instabil werden könnte und oberhalb von Punkt B aus feuchtkonvektiv aufsteigen würde.

Ist der Umgebungsgradient γ größer noch als der trockenadiabatische Gradient Γ, hat ein Luftpaket freie Fahrt nach oben, denn jede Abkühlung aufgrund eines Höhengewinns liegt immer noch über der Umgebungstemperatur und das Luftpaket muss weiter aufsteigen. Diese Situation heißt *absolut instabil*.

Anderseits heißt eine Situation *absolut stabil*, wenn der Umgebungsgradient γ kleiner als der feuchtadiabatische Gradient Γ_f ist. In diesem Fall würde ein aufsteigendes Luftpaket sofort wieder absinken, denn die Temperatur in der Umgebung bleibt wegen des geringen Gradienten auch in der Höhe stets größer als die des Luftteilchens.

Wir fassen die *Stabilitätskriterien* tabellarisch zusammen:

$\gamma > \Gamma$	*absolut instabil*	Luftpakete steigen schnell weiter auf	starke Konvektion
$\gamma > \gamma'$	*labil, instabil*	Luftpakete steigen weiter auf	Konvektion
$\gamma > \gamma'$	*feuchtlabil*	Luftpakete steigen nach Stoß weiter auf	Konvektion möglich
$\gamma = \gamma'$	*Indifferent, neutral*	Luftpakete verharren in neuer Position	Verharren
$\gamma < \gamma'$	*stabil*	Luftpakete sinken wieder zurück	Absinken
$\gamma < \Gamma_f$	*absolut stabil*	Luftpakete sinken schnell wieder zurück	starkes Absinken

Entstehung von Föhn (thermodynamisch)

Ein interessantes Beispiel zur Bedeutung der Freisetzung von latenter Wärme ist Föhn, wie in Abbildung 52 gezeigt. Föhn entsteht, wenn Luft gegen ein Gebirge strömt und dort auf der Luvseite zum Aufsteigen gezwungen wird (erzwungene Hebung). Dabei kühlt sich die Luft zunächst trockenadiabatisch, d. h. um etwa 1 °C je 100 m ab. Beim Aufsteigen und bei der damit verbundenen Abkühlung der Luft sinkt der Sättigungsdampfdruck $e_s(T)$ schneller als der aktuelle Dampfdruck e, sodass die relative Feuchte ständig zunimmt und auf einer bestimmten Höhe Kondensation eintritt. Diese Höhe wird als *Hebungskondensationsniveau (HKN)* (engl. Lifted Condensation Level (LCL)) bezeichnet. Beim weiteren Aufstieg des Luftpaketes kühlt es sich nur noch feuchtadiabatisch (im Beispiel mit 0,5 °C je 100 m) ab. Auf der Luvseite setzt Niederschlag ein, der als Hebungsniederschlag bezeichnet wird. Auf der Leeseite steigen die Luftmassen zunächst wieder feuchtadiabatisch ab. Da sie jetzt aber viel weniger Feuchte enthalten, wird das Kondensationsniveau schon auf einer größeren Höhe erreicht. Die Wolken lösen sich auf und der nachfolgende Abstieg erfolgt wieder trockenadiabatisch mit 1 °C pro 100 m. Auf der Leeseite entsteht so eine sehr trockene und warme Luftmasse und der dazugehörende warme Fallwind wird als Föhn bezeichnet. Wellen (geschweifte Linien), die sich durch das Überströmen des Gebirges im Lee bilden, führen dort zur Entstehung linsenförmiger Altocumulus Lenticularis Wolken, auch Föhnfische genannt.

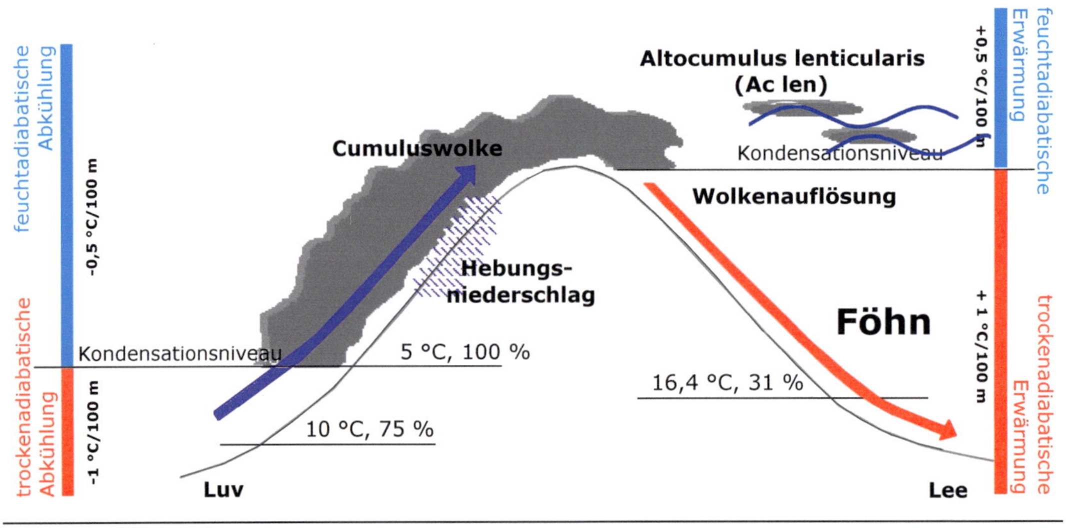

Abbildung 52: Entstehung von Föhn (thermodynamisch)
(Darstellung nach Brunner, Einführung in die Chemie und Physik der Atmosphäre)

03 03 02 Thermodynamische Diagramme, Stüve-Diagramm[9]

Zur Bestimmung von Auslösung, Entstehung, Typ und Intensität von Konvektion im Wettergeschehen erfolgen tagtäglich weltweit so genannte Radiosondenaufstiege (siehe 10 01 02 Wetterbeobachtung mittels Radiosonden), mit denen unter anderem der Verlauf von Lufttemperatur und Taupunkt über das Höhenprofil aufgezeichnet werden. Ein solcher Verlauf wird standardmäßig in thermodynamischen Diagrammpapieren eingetragen. Beispiele dafür sind das so genannten Stüve-Diagramm oder das schräge[10] T-log(p)-Diagramm (engl. skew T-log(p) diagram), aus denen sich eine Reihe von Parametern ableiten lassen, die Aufschluß über Konvektion, Wolkenunter- und -obergrenze und weitere Stabilitätsparameter geben. Die folgende Abbildung zeigt ein Radiosondendiagramm von Essen (EDZE) am 12. Juni 2008 im Stüve-Diagramm.

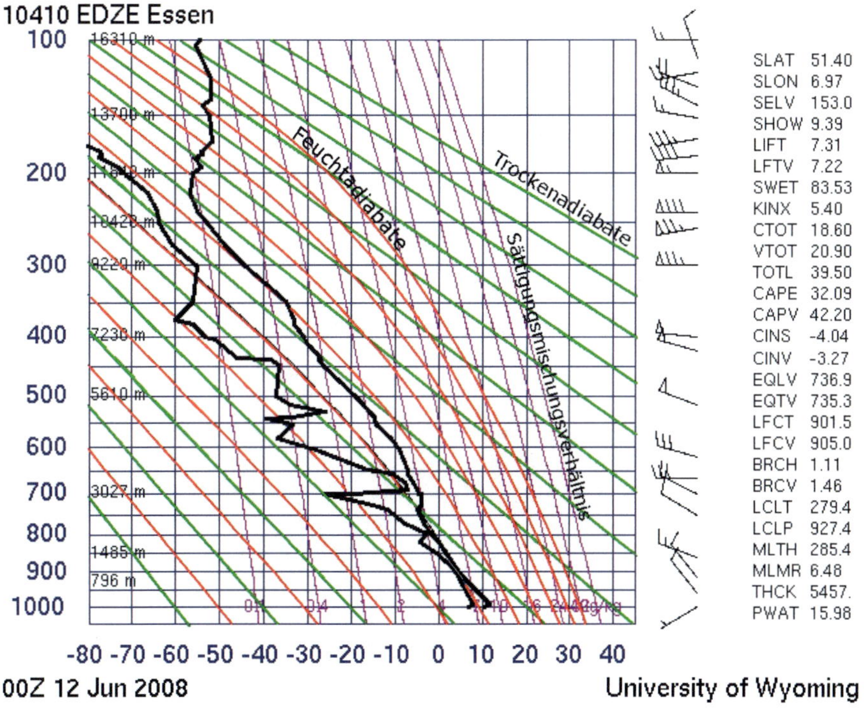

Abbildung 53: Stüve-Diagramm EDZE Essen v. 12.06.2008 (Quelle: http://weather.uwyo.edu/)

Das Diagramm stellt die Temperatur auf der x-Achse und den Luftdruck (nichtlineare Skala in der Darstellung $-p^{\kappa}$) auf der y-Achse dar. Die schwarze Kurve auf der rechten

[9] Thermodynamische Diagramme sind im Syllabus unter 10 01 02 behandelt. Aus didaktischen Gründen ist das Thema an dieser Stelle eingefügt (03 03 02 ist nicht Bestandteil des Syllabus).

[10] die Isotherme verlaufen dort im Gegensatz zum Stüve-Diagramm schräg, daher der Name

Seite ist der Temperaturverlauf im Sondenaufstieg, die schwarze Kurve links liefert den Taupunktverlauf im Sondenaufstieg.

Die Taupunkt-Temperatur-Differenz ist aus dem Diagramm unmittelbar ersichtlich. Sie ist übrigens nur dann genau Null, wenn die Sonde direkt durch eine Wolke hindurch aufsteigt. Sonst gilt angeblich folgende Faustregel (Quelle: www.wetteran.de):

- 0–2 Grad: bedeckt (OVC, 8/8)
- 2–4 Grad: wolkig (BKN, 5–7/8)
- 4–6 Grad: aufgelockert (SCT, 3–4/8)
- > 6 Grad: gering bewölkt oder wolkenlos (FEW oder SKC; 1–2/8, 0/8)

Des Weiteren sind in der Grafik eine Reihe weiterer Unterstützungslinien (konstantes Sättigungsmischungsverhältnis, Feucht- und Trockenadiabate) eingezeichnet, die eine grafische Auswertung zusätzlicher, abgeleiteter Größen erlauben.

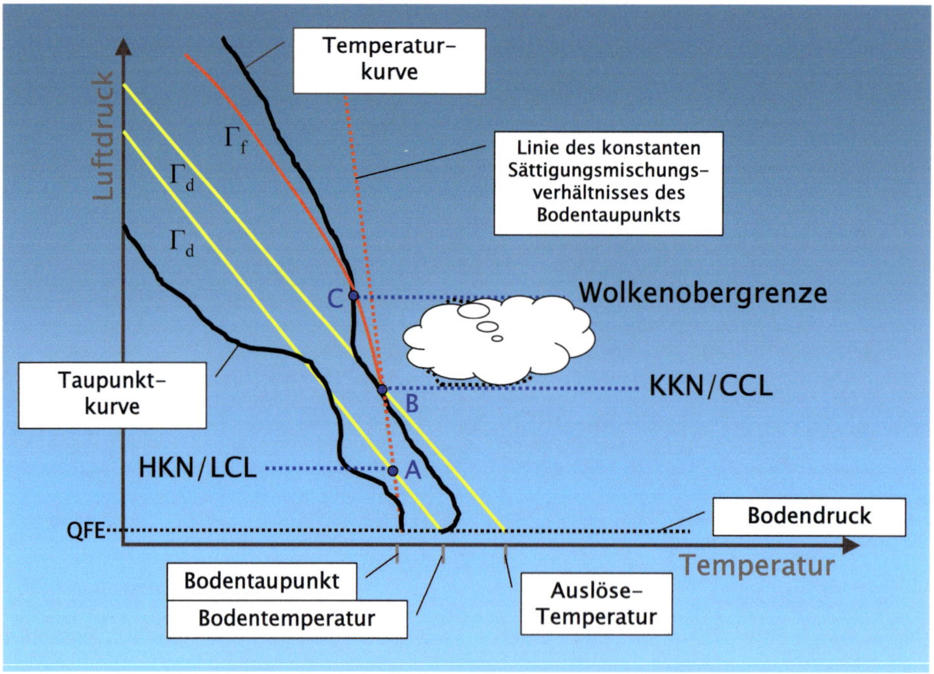

Abbildung 54: Auswertungen im Stüve-Diagramm
(Grafik: KLSP nach Vorlage von V.Ermert)

Wir wollen im Folgenden die Ermittlung einiger Basisgrößen exemplarisch beschreiben.
Das *Hebungskondensationsniveau (HKN)* (engl. Lifted Condensation Level (LCL) ist diejenige Höhe, ab der durch dynamische Hebungsprozesse im Falle der erwungenen Hebung. Das Überströmen von Orographie, Fronten und Konvergenzlinien als auch die Zirkulation in organisierten Wolkenclustern (sog. mesoskaligen konvektiven Systemen) stellen Ursachen für eine erwungene Hebung dar.
Mit Hilfe von thermodynamischen Diagrammpapieren kann man das HKN bzw. LCL grafisch bestimmen, indem man von der Bodentemperatur ausgehend die Trockenadiabate nach oben folgt, bis sich diese Kurve mit der Linie gleichen Sättigungsmischungsverhältnis vom Taupunkt ausgehend schneidet (Punkt A in Abbildung 54). Die Höhe dieses Schnittpunktes ist genau die Höhe des HKN.
In der Tabelle neben der Grafik in Abbildung 53 sind Höhe des LCL (LCLP[11], im Beispiel 927.4 hPa) als Funktion des Luftdrucks sowie Temperatur in Höhe des LCL (LCLT im Beispiel 279.4 °K) in Grad Kelvin angegeben.

Das *Kumuluskondensationsniveau (KKN)* (engl. Convective Condensation Level (CCL)) ist die Höhe, bei der Sättigung eintritt, wenn ein Luftpaket bei freier Hebung rein thermisch durch Sonneneinstrahlung gehoben wird. Es bildet das Gegenstück zum Hebungskondensationsniveau (erzwungene Hebung). Ein Luftpaket, welches das CCL erreicht, kann ungehindert aufsteigen, solange es wärmer als die Temperatur der Umgebungsluft ist. Die Höhe in der diese Bedingung nicht mehr erfüllt ist, stellt in etwa die Wolkenobergrenze dar.
Aus der Grafik wird das CCL durch den Schnitt der Temperaturkurve mit der Linie gleichen Sättigungsmischungsverhältnisses (Isohume) vom Taupunkt ausgehend bestimmt (Punkt B in Abbildung 54). Verfolgt man die geschnittene Trockenadiabate bis zum Boden zurück kann man unmittelbar die so genannte *Auslösetemperatur* bestimmen. Wenn sich die atmosphärischen Verhältnisse nur in Bodennähe durch die Einstrahlung verändern, dann tritt freie Hebung und in der Folge Kumulusbewölkung auf, wenn am Boden die Auslösetemperatur erreicht wird. Steigt die Temperatur weiter, dann kann es passieren, dass sich die Wolken durch die Konvektion wieder auflösen, in diesem Fall werden sie quasi vom Boden her wieder weggeheizt.

[11] Hier wird das LCL allerdings für ein mittleres Luftpaket mit den Eigenschaften der ersten 500 m berechnet.

Die *Höhe der freien Konvektion* (engl. Level of Free Convection (LFC)) ist diejenige Höhe, ab der ein Luftpaket wärmer als die Umgebungsluft wird und damit weiter aufsteigen kann. In der Tabelle neben der Grafik ist die Höhe des LFC (LFCT, im Beispiel 901.5 hPa und LFCV, im Beispiel 905.0, ermittelt durch zwei unterschiedliche Meßmethoden T, V) angegeben.

An der so genannten *Wolkenobergrenze (WO)* (engl. Cloud Top Level) können die Luftpakete nicht weiter aufsteigen. Sie haben dort keinen weiteren Auftrieb mehr, da sie bereits die Umgebungstemperatur erreicht haben. Die Wolkenobergrenze lässt sich ungefähr im Stüve-Diagramm als oberer Schnittpunkt der Feuchtadiabate durch Punkt B mit der Temperaturkurve ermitteln (Punkt C in Abbildung 54). In der Wirklichkeit spielen natürlich weitere atmosphärische Prozesse eine Rolle. Zum einen gewinnt das Luftpaket eine gewisse kinetische Energie durch den Auftrieb. Andererseits wird das Luftpaket durch Reibung und durch das Eigengewicht der Wassertröpfchen, welche in der Realität teilweise im Luftpaket verbleiben und nicht alle wie angenommen aus ihm ausfallen, abgebremst. Bei hochreichender Konvektion gewinnen die aufsteigenden Luftpakete teilweise eine so hohe kinetische Energie, dass diese über die angenommene Wolkenobergrenze hinaus schießen. Häufig wird so auch die Tropopause durchstoßen und es entstehen auf Cumulonimben so genannte *Hebungskappen*.

Weitere abgeleitete Größen wie beispielsweise CAPE (= Convective Available Potential Energy) und ihre Erklärungen lassen sich im Internet z. B. unter
http://weather.uwyo.edu/upperair/indices.html oder
http://www.wetteran.de/soundings/explanations/basics.html nachlesen.

04 00 00
WOLKEN UND NEBEL

04 01 00 Wolkenformationen und ihre Beschreibung

04 01 01 Wolkenbildung

Wolken können sich durch eine Reihe von Ursachen bilden.

1. Durch adiabatische Abkühlung (engl. adiabatic cooling) entstehen oberhalb des Kondensationsniveaus Wolken (z. B. Bildung von Cumuli durch Konvektion).
2. Durch Advektion (horizontale Verschiebung) entstehen Wolken, wenn die Advektion zu einer Abkühlung führt (z. B. Hebung mit Abkühlung beim Aufgleitstratus einer Warmfront).
3. Durch Abstrahlung von Wärme (engl. radiation) und Wärmeleitung (engl. conduction) kommt es zur Wolkenbildung (z. B. bei der Abkühlung der Luft in der Nacht, wenn die Temperatur bis zum Taupunkt fällt, entstehen im Winter Bodeninversionen).

Die adiabatische Abkühlung erfolgt bei der Wolkenbildung meist durch Hebungsprozesse.

Der jeweilige Hebungsprozess entsteht entweder durch freie Konvektion bei großflächiger Aufwärmung der Luftschichten im Sommer oder zwangsweise bei der Hebung der Luftschichten durch ein Frontensystem oder durch Bergketten. Darüber hinaus gibt es weitere unorganisierte und auch turbulente Formen von Hebungsprozessen z. B. an Konvergenzlinien.

Wie sich konvektives Kondensationsniveau, Unter- und Obergrenze von Wolken durch Diagramme ermitteln lassen, wurde bereits im letzten Abschnitt besprochen.

Im Großen und Ganzen lässt sich sagen, dass kumuliforme Wolken zu instabilen Wetterbedingungen gehören, wohingegen stratiforme Wolken und Cirren zu den stabilen Wetterbedingungen passen.

So wie Wolken entstehen, können sie sich natürlich auch wieder auflösen. Hierzu ist notwendig, dass sich die Temperatur erhöht oder die relative Luftfeuchte geringer wird.

04 01 02 Wolkentypen und ihre Klassifizierung

Bei den Wolkentypen unterscheidet man zunächst nach ihrem Aussehen vier verschiedene *Wolkenfamilien*:

1. **Cumuluswolken**, auch Haufenwolken genannt, lassen sich durch ihr lokales Vorkommen (im Gegensatz zu flächigem Vorkommen) und ihre Haufenform („Blumenkohlwolken") erkennen. Sie entstehen bei instabiler Schichtung durch Konvektion, orografische Hebung oder bei Hebung durch eine Kaltfront. In ausgereifter Form entwickeln sich Cumuluswolken oft zum Cumulonimbus (Gewitterwolke). Cumuluswolken gehören zu den Wolken, in denen Wasser in flüssiger Form, unterkühlter Form und auch als Eis vorkommen kann (mixed form).
2. **Stratuswolken**, auch Flächenwolken genannt, sind Wolken von horizontaler Ausprägung, die meist den gesamten Himmel bedecken und mit Ausnahme des Stratocumulus für Sonnenlicht kaum durchscheinend sind. Sie entstehen bei stabiler Luftschichtung in niedrigen Höhen meist als Nimbostratus („Regenwolken") oder in mittleren Höhen als Altostratus oder Cumulostratus manchmal auch in großen Höhen als Cirrostratus. Man spricht auch von stratiformer Bewölkung. Stratuswolken sind meist in niedrigen Schichten zu finden und oft reine Wasserwolken.
3. **Cirruswolken** sind Wolken, die meist zerfasert und federleicht aussehen, ferner transparent erscheinen und von geringer Schichtdicke sind. Cirruswolken entstehen wie Stratuswolken auch bei stabiler Luftschichtung. Sie bilden sich in großen Höhen und bestehen im Wesentlichen nur aus Eis („Eiswolken").
4. **Nimbuswolken** sind vertikale Wolken (nimbo=vertikal), deren jeweilige Ausdehnung über mehrere „Stockwerke" reichen kann. Zu dieser Familie gehört der Nimbostratus und der Cumulonimbus.

Man unterscheidet des Weiteren gewissermaßen als Verfeinerung der soeben beschriebenen Einteilung zwischen den folgenden *zehn Wolkengattungen* (Abkürzungen in Fettdruck):

- Stratuswolken
    - **St** = Stratus
    - **Ns** = Nimbostratus

- As = Altostratus
- Sc = Stratocumulus

- Cumuluswolken
  - Cu = Cumulus
  - Cb = Cumulonimbus (Gewitterwolke)
  - Ac = Altocumulus
- Cirruswolken
  - Ci = Cirrus
  - Cc = Cirrocumulus
  - Cs = Cirrostratus

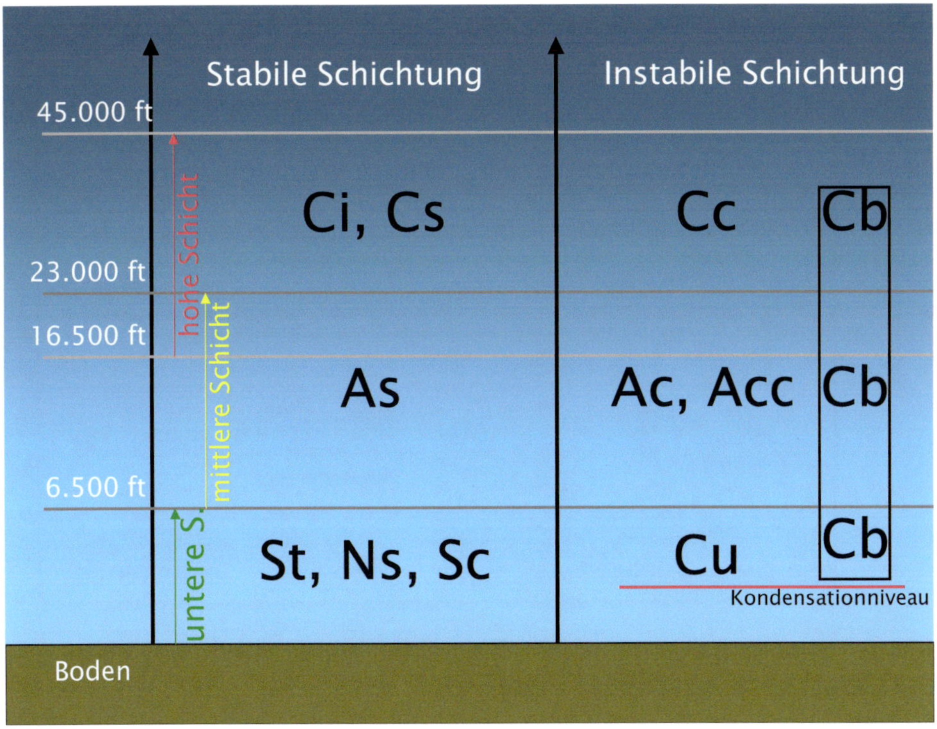

Abbildung 55: Höhenklassifizierung der Wolken nach WMO (mittlere Breitengrade) (Grafik: KLSP)

Die verschiedenen Wolkentypen werden nach WMO verschiedenen Höhenstufen zugeordnet, in denen sie typischerweise zu finden sind.
Hinzu kommen weitere Unterklassifizierungen in

- *14 Arttypen* (z. B. humilis, castellanus, fractus),
- *9 Unterarttypen* (z. B. opacus, translucidus) und

- 9 *Sonderformen/Begleitwolken* (z. B. virga).

Einige der bekannteren Wolkenarttypen gehören zur Cumulusgattung. Bei den Cumuluswolken kennt man entsprechend des Reifestadiums, in dem sich die Wolken aktuell befinden, folgende vier Arttypen:

- Cumulus humulis (kleine Cu am Beginn der Konvektionsphase)
- Cumulus mediocris (mittelgroße Cu nach einer gewissen Reifung)
- Cumulus congestus (große Cu mit zum Teil dunkler Färbung)
- Cumulus fractus (bezeichnet unregelmäßige, zerrissen aussehende Cumulus)

Beim Cumulonimbus gibt es zwei Arttypen:

- Cb calvus (großer Cu, der sich zum Gewitter-Cb entwickelt hat)
- Cb capillatus (voll ausgereifter Gewitter Cb)

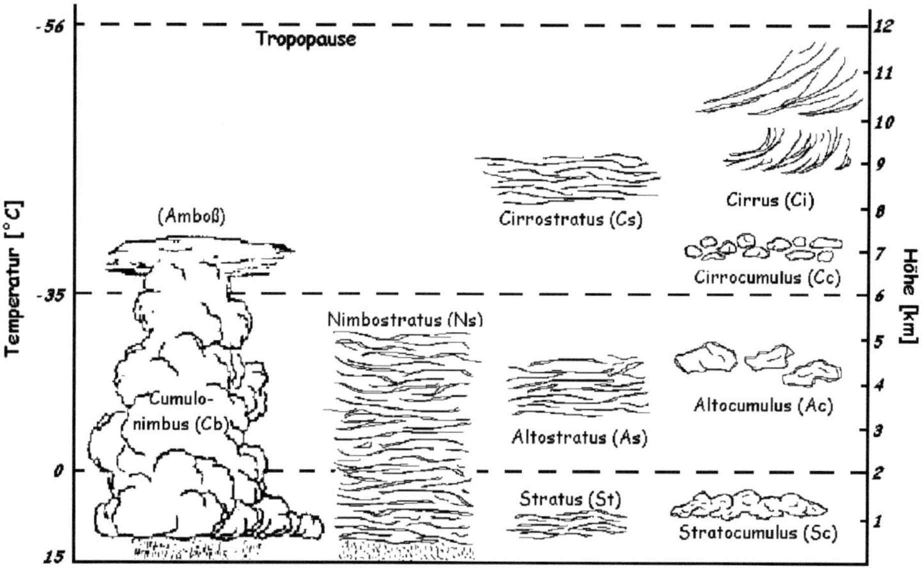

Abbildung 56: Wolkentypenübersicht nach Fleer 2006

Die Altocumulusgattung kennt vier Arttypen:

- Altocumulus stratiformis (schichtförmig ausgedehnt)
- Altocumulus lenticularis (linsenförmig, bei Leewellen, siehe Föhn)
- Altocumulus castellanus (Türmchen mit Zinnen, zeigt Instabilität in der Höhe an)
- Altocumulus floccus (bauschartig ausgeflockt)

Im Folgenden ist das typische Aussehen der häufigsten Wolkenfamilien,-gattungen und -arttypen auf Fotos dargestellt (Quellen: siehe unter Bildnachweis).

Cumulus humilis

Cumulus humilis

Cumulus humilis

Cumulus humilis

Cumulus mediocris

Cumulus mediocris

Cumulus mediocris

Cumulus mediocris

Abbildung 57: Cumulus humilis (Anfangsstadium), Cumulus mediocris (mittleres Stadium)

Cumulus congestus

Cumulus congestus

Cb calvus und capillatus

Cb calvus

Cb capillatus

Cb incus

Abbildung 58: vom Cu congestus (ausgewachsener Cumulus)
zum Cumulonimbus in seinen verschiedenen Stadien

Stratocumulus

Stratocumulus cumulogenitus

Stratocumulus undulatus

Stratocumulus stratiformis

Stratus opacus

Nimbostratus (Ns)

Stratus nebulosus

Abbildung 59: Varianten des Stratocumulus (oben) und des Stratus (unten)

Altocumulus castellanus

Altocumulus floccus

Altocumulus stratiformis

Altostratus opacus

Altostratus opacus

Altostratus translucidus

Altostratus translucidus

Abbildung 60: Altoculumus und Altostratus Varianten

Cirrocumulus floccus

Cirrocumulus virga

Cirrus spissatus

Cirrus uncinus

Cs nebulosus

Cirrus fibratus

Cirrus fibratus

Abbildung 61: Varianten von Ci, Cs, Cc

Föhn mit ac lenticularis

Föhn mit ac lenticularis

Föhn

Rotorwolke

Abbildung 62: Föhn und begleitende Wolken

Die Wolkenunterarttypen beschreiben allesamt zusätzliche Eigenschaften wie durchscheinend (translucidus), nebelhaft (nebulosus), opaque leuchtend (opacus) und Ähnliches.

Die Sonderformen bezeichnen z. B. Niederschlag, der einer Wolkenart zuzuordnen ist oder eine Art Begleitwolken. Virga (Fallstreifen) bezeichnet beispielsweise Niederschlag, der den Boden nicht erreicht. Das Gegenteil hiervon ist Praecipitatio: Niederschlag, der den Boden erreicht.
Eine Begleitwolke ist z. B. Mammatus, kurz Mamma genannt. Es sind hängende, beutelartige Quellformen an der Unterseite einer Wolke.

An dieser Stelle können nur einige Eindrücke vermittelt werden. Ebenso würde eine vollständige Übersicht der recht umfangreichen Kombinationsmöglichkeiten den Rahmen dieses Buches sprengen. Der Leser findet weitergehende Darstellungen von Wolkentypen in einigen Computer-Lernprogrammen und im Internet z. B. bei www.wolkenatlas.de.

04 01 03 Einfluss von Inversionen auf die Wolkenbildung

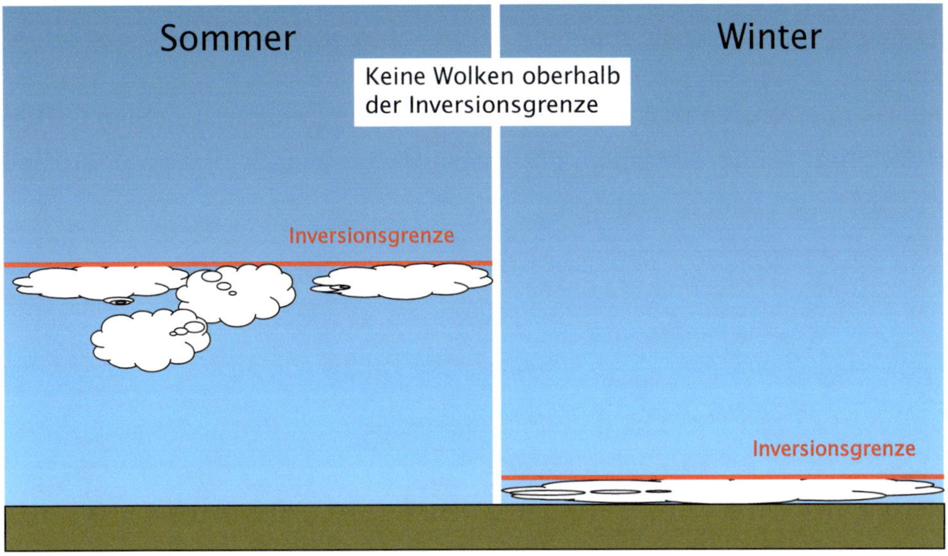

Abbildung 63: Inversionswetterlagen (Grafik: KLSP)

In ausgedehnten Hochdruckzonen entstehen sowohl Sommer wie Winter Inversionswetterlagen d. h. es bildet sich ab einer bestimmten Höhe, der Inversionsgrenze - eine Inversionsschicht, bei der die Temperatur mit der Höhe zu statt abnimmt. Begünstigt wird dies, weil in der Hochdruckzone die Luft von oben nach unten absinkt, zusammen gepresst und dabei erwärmt wird. Wenn zusätzlich kaum Wind und damit wenig Durchmischung der Schichten stattfindet, führt das zu einer Inversionswetterlage.
Die Luft, die von unten aufsteigen will, kann ab der Inversionsgrenze nicht mehr weiter steigen, da sie aufgrund des positiven Temperaturgradienten wieder nach unten absinken muss. Aus diesem Grund sind oberhalb der Inversionsgrenze keine Wolken mehr zu finden.

Die Existenz einer Inversion begünstigt die Entstehung von Stratuswolken. Da sich die Wolken nicht mehr nach oben weiter ausdehnen können, findet die Wolkenbildung vermehrt in der Fläche statt, es entsteht Stratusbewölkung.

Im Winter führt eine Hochdruckwetterlage oft zu Bodennebel mit einer darüber liegenden Inversionsschicht. Aufgrund der geringen Temperaturen und bei ausreichender Feuchtigkeit der Luft bilden sich oft in der Nacht bereits am Boden Wolken, dann Nebel genannt. Wegen der Hochdrucklage drückt die wärmere Luft von oben auf den Nebel und es bildet sich bereits in geringer Höhe von einigen hundert Fuß eine Inversionsschicht. Man nennt dies eine Bodeninversion. Am Tag kann sich der Nebel bei der dann herrschenden Sonneneinstrahlung oft auflösen oder er wird zur dünnen Stratusbewölkung.

Bei einer Inversion ändert sich das Vorzeichen des Temperaturgradienten (-dT/dz) von plus nach minus. Bei der gängigen, grafischen Darstellung des Temperaturgradienten,

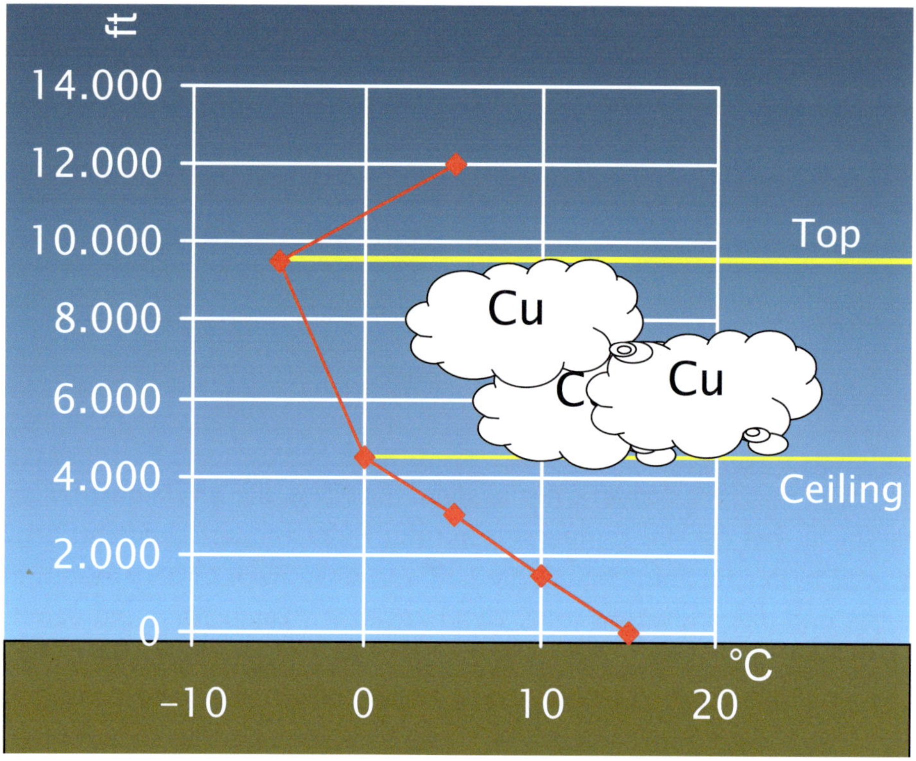

Abbildung 64: Wolkenobergrenze durch Inversion (Grafik: KLSP)

lässt sich so auch die Wolkenobergrenze ermitteln. Es ist der Höhenwert, bei dem der Wert des Temperaturgradienten negativ und damit die Steigung (dT/dz) positiv wird. In der gezeigten Abbildung liegt er bei etwa 9.500 ft.

Eine überaus wichtige, ständig vorhandene Inversionsgrenze bildet die Tropopause, was insbesondere bedeutet, dass oberhalb der Tropopause keinerlei Wolken zu finden sind, allerdings kann eine starke und hochreichende Konvektion über die Inversionsgrenze hinaus schießen.

04 01 04 Flugbedingungen in den verschiedenen Wolkentypen

Vereisungsrisiko in Wolken

Die Flugbedingungen und die damit verbundenen Wetterrisiken lassen sich anhand der verschiedenen Wolkentypen klassifizieren. Zunächst zum Vereisungsrisiko. Es ist im Wesentlichen mit der Temperatur korreliert. Das größte Risiko der Vereisung besteht im Temperaturbereich zwischen 0 °C und -15 °C (-20 °C) sowohl in Kumuluswolken als auch in stratiformen Wolken. Je kälter die Luft wird, desto geringer wird auch das Vereisungsrisiko. Oberhalb von 23.000 ft enthalten die verschiedenen Wolkentypen (Ci, Cs, Cc, Cb) meist nur noch Eiskristalle, die kaum eine Gefahr für die Luftfahrt darstellen.

Vereisungsrisiko

Cumulus Wolken		Stratiforme Wolken		Regen und Niesel
0° bis -20°C	hoch	0° bis -15°C	hoch	0°C und darunter
-20° bis -40°C	mittel	-15° bis -30°C	mittel	
< als -40°C	gering	< als -30°C	gering	

Abbildung 65: Vereisungsrisiken in den verschiedenen Wolkentypen (Quelle: AOPA)

Das gilt auch für den Amboss einer Gewitterwolke, der sich im Einzelfall von der Gewitterwolke ablösen und zum Cirrus werden kann.
Grundsätzlich gilt also: Wer mit seinem Flugzeug hoch genug fliegen kann, ist dort meist auf der sicheren Seite. Insbesondere besteht natürlich keine Vereisungsgefahr mehr, sobald man mit einem Flugzeug nach oben aus den Wolken heraussteigen kann.

Ganz besonders ist auf die Vereisungsgefahr bei Regen und Niesel zu achten, denn hierbei besteht insbesondere die Gefahr von gefrierendem Regen (oder Niesel): Fällt der Regen aus einer wärmeren Schicht durch eine tiefere Luftschicht mit Temperaturen unter 0 °C kann er - falls das Flugzeug an dieser Stelle die kältere Luftschicht passiert - auf Tragflächen, Leitwerk, Rumpf, Propeller usw. instantan zum Klareis gefrieren. Gefrierender Regen ist eine der größten Wetterrisiken in der Luftfahrt insbesondere für kleine und langsame Flugzeuge, da diese sich meist nicht schnell genug aus der Situation befreien können.

Abbildung 66: Klareisbildung am Propeller eines Kleinflugzeuges (Quelle: AOPA)

Turbulenz bei Wolken

Turbulenz bei konvektiver Bewölkung

Bei starker konvektiver Bewölkung treten im Flugzeug mäßige bis mittlere Turbulenzen auf, wenn man relativ nahe unterhalb der Wolkenuntergrenze fliegt („ vor der Wolke geht es hinunter, direkt darunter geht es herauf"). Besonders im Sommer treten solche Turbulenzen bei Quellbewölkung auf, womit die Ausprägung am Nachmittag am stärksten ist. Man fliegt daher in einem solchen Fall besser über den Wolken.

Turbulenzen bei Gewitterwolken

Jeder Cumulonimbus und jedes Gewitter weist Turbulenzen auf, die sich in ihrer Stärke von mäßig bis sehr schwer erstrecken und somit ein Luftfahrzeug unterschiedlich gefährden. Turbulenz ist für das Luftfahrzeug deshalb so gefährlich, weil die Zelle durch sie außerordentlich starken Beschleunigungsbelastungen (g-Kräften) unterworfen ist. Sie können in schweren Fällen die Integrität kleiner Flugzeuge zerstören und auch großen Flugzeugen erheblichen Schaden zufügen. Hinzu kommen erhebliche Verletzungsrisiken für die Insassen.

In einem Cumulonimbus sind stets Gebiete starker Turbulenz zu finden. Sie liegen zwischen den zum Teil nur wenige hundert Meter auseinanderliegenden Zonen der Aufwinde und der Abwinde. Aber nicht nur hier tritt Turbulenz auf, sondern um die gesamte Wolke herum:

- Unterhalb der Wolkenbasis im Niederschlag aufgrund der mit dem Niederschlag aus der Wolke ausfallenden Kaltluft
- im bodennaher Bereich in Zugrichtung des Gewitters gesehen, dem Cumulonimbus etliche Kilometer vorauseilend (vor der Gewitterfront)
- unterhalb der so genannten Böenwalze, einer walzenförmigen, im Uhrzeigersinn rotierenden Wolke; gerade hier kommt es noch vor dem Einsetzen des Niederschlages zu sehr schnellen und starken Richtungsänderungen bei hoher Geschwindigkeit des Windes (Böenlinie, squall line)
- an den Seiten des Cumulonimbus durch das Einsaugen der trockenen, warmen Luft aus der Wolkenumgebung. Diese Turbulenz ist auch gut sichtbar am Wolkenrand in dem Bereich, der noch ganz aus Wassertröpfchen besteht (unterhalb der Höhe der Nullgradgrenze). Der gegen die Umgebung scharf abgegrenzte, quellende Wolkenrand hat eine Blumenkohlstruktur. Die Wolkenelemente in diesen Teilen lassen eine Drehbewegung erkennen.
- oberhalb der Wolke bis einige tausend Fuß über der Wolkenobergrenze (Tops), erkenntlich daran, dass der Amboss nach oben ausfranst.

In einer Wolke mit derartigen Auf- und Abwinden und Turbulenzen ist es nicht möglich, ständig die gleiche Höhe zu halten. Die schon erwähnte Belastung der Flugzeugzelle ist im Cumulonimbus bei einem Durchflug am geringsten, wenn das Flugzeug auf eine Geschwindigkeit unterhalb v_a ausgetrimmt ist und damit „wellengeritten" wird, d. h. das Flugzeug folgt ohne Steuerkorrekturen des Piloten den Auf- und Abwinden. Ein „Drücken" in Aufwinden und „Ziehen" in Abwinden könnte Überbeanspruchung oder Strömungsabriss zur Folge haben.

Flugsicht in den Wolken

Zu ergänzen ist noch, wie die Flugsicht in den Wolken anhand der verschiedenen Wolkentypen klassifiziert werden kann. Die folgende Tabelle gibt eine Übersicht:

	Höhenband [ft]	Bestandteile	Turbulenz	Vereisung	Flugsicht
Cirruswolken					
Cirrus (Ci)	16.500 - 45.000	Eiskristalle	keine	keine	gut ; > 1km
Cirrocumulus (Cc)	16.500 - 45.000	Eiskristalle	keine	keine	gut ; > 1km
Cirrostratus (Cs)	16.500 - 45.000	Eiskristalle	keine	keine	gut ; > 1km
Stratuswolken					
Altostratus (As)	6.500 - 23.000	Wassertröpfchen und Eiskristalle	leicht bis mittel	leicht bis mittel	variabel 20 m - 1km
Nimbostratus (Ns)	GND - 6.500 (oder höher), geht darüber in As über	hauptsächlich Wassertröpfchen	mittel bis stark	mittel bis stark	schlecht 10 - 20 m
Stratocumulus (Sc)	GND - 6.500	Wassertröpfchen	leicht bis mittel	leicht bis mittel	schlecht 10 - 30 m
Stratus (St)	GND - 6.500	Wassertröpfchen	keine	leicht bis mittel (selten)	schlecht 10 - 30 m
Cumuluswolken					
Altocumulus (Ac)	6.500 - 23.000	Wassertröpfchen und Eiskristalle	leicht bis mittel	leicht bis mittel	variabel 20 m - 1km
Cumulus (Cu)	GND - 25.000	Wassertröpfchen und Eiskristalle	mittel bis stark	mittel bis stark	schlecht 5 - 20 m
Cumulonimbus (Cb)	GND - 45.000	Wassertröpfchen und Eiskristalle	mittel bis sehr stark	mittel bis stark	schlecht 5 - 20 m

Abbildung 67: Eigenschaften der verschiedenen Wolkentypen

04 02 00 Nebel, feuchter und trockener Dunst

04 02 01 Generelle Aspekte

Nach dem WMO Manual of Codes unterscheidet man im Fall der horizontalen Sichtbehinderungen unter anderem zwischen Nebel (engl. fog), feuchtem Dunst (engl. mist) und trockenem Dunst (engl. haze).

Nebel (fog) ist nichts Anderes als Wolken, die auf dem Boden aufliegen. Man spricht von Nebel, wenn die horizontale Sicht weniger als 1 km beträgt.

Man spricht von *feuchtem Dunst* (mist) wenn die horizontale Sicht zwischen 1 und 5 km beträgt.

Nebel bildet sich wie jede andere Wolke auch durch Kondensation der Feuchtigkeit in der Luft. Je nach der Art und Weise, wie sich der Nebel im Einzelfall bildet, wird er weiter klassifiziert. Geschieht die Nebelbildung z. B. durch Hebung einer Luftmasse an einem Berg spricht man vom Bergnebel (engl. hill fog). Es gibt eine Reihe weiterer Bedingungen, welche die Entstehung von Nebel hervorrufen (siehe Details weiter unten).

Trockener Dunst (haze) wird im Unterschied zum Nebel durch Verkehr, Industrie und Waldbrände u. Ä. verursacht. Trockener Dunst ist durch den Menschen gemacht und erscheint uns beim Hinsehen gelblich, wohingegen Nebel oder feuchter Dunst eher bläulich strahlt.

04 02 02 Strahlungsnebel

Strahlungsnebel (engl. radiation fog) entsteht durch Abkühlung von Luftmassen am Boden oder in Bodennähe. Die Bedingungen hierfür sind meist im Winter vorhanden, wenn in einem winterlichen Hochdruckgebiet der Himmel klar ist und kaum Wind herrscht. Die bodennahe Luft wird durch die Wärmeenergieabstrahlung der Erdoberfläche über Nacht stark herunterkühlt. Durch die Abkühlung der Luft bis zum Taupunkt kondensiert die in der Luft enthaltene Feuchtigkeit und es bildet sich Nebel.
Strahlungsnebel hat eine vertikale Ausdehnung von maximal einigen hundert Fuß. Er wird meist durch die Sonneneinstrahlung bereits am Vormittag aufgelöst oder aus dem Bodennebel entwickelt sich tagsüber ein flacher Stratus.

04 02 03 Advektionsnebel

Advektionsnebel (engl. advection fog) entsteht, wenn warme und feuchte Luft horizontal über eine kältere Oberfläche verschoben (Advektion = Verschiebung) wird. Die Luftmasse kühlt über der kälteren Oberfläche (über Land, über dem Meer oder der Küste) herunter und es bildet sich Nebel. Ein sehr bekanntes Beispiel ist das des Advektionsnebels an der kalifornischen Pazifikküste (siehe folgende Abbildung), wo die warme Luft des kalifornischen Festlands bei östlichen Windrichtungen über dem kalten Pazifik abkühlt und Advektionsnebel erzeugt.
Advektionssnebel hat eine vertikale Ausdehnung von maximal einigen hundert Fuß. Er verschwindet genau dann, wenn die Bedingungen geändert werden, d. h. wenn die Advektion nicht mehr stattfindet (Änderung der Windrichtung) oder wenn die kältere Oberfläche z. B. saisonal bedingt wärmer wird.

Abbildung 68: Advektionsnebel an der Golden Gate Bridge, San Francisco
(Foto: Public Domain)

04 02 04 Verdunstungsnebel oder Arktischer Nebel

Verdunstungsnebel oder *arktischer Nebel* (engl. steam fog) entsteht, wenn kalte Luft über wärmeres Wasser geführt wird. Die direkt über der Wasseroberfläche befindliche wärmere Luftschicht wird dabei beim Aufsteigen durch die kalte Luft abgekühlt und es kondensiert Nebel aus. Das Prinzip ist allgemein von der Badewanne oder auch vom Thermalbad her bekannt. In der Arktis findet man ebenfalls häufig Bedingungen mit Wassertemperaturen knapp über 0 °C und darüber befindlicher sehr kalter Luft vor, was zu arktischem Nebel führt.

04 02 05 Frontnebel, Mischungsnebel

Direkt an einer Warmfront bildet sich häufig Nebel. Der Grund: Die warme Luftmasse der Warmfront wird an der Grenze zur vor ihr liegenden Kaltluft meist polar maritimen Ursprungs abgekühlt, was zur Kondensation eines Teils der in ihr befindlichen Feuchtigkeit führt. Dieser Prozess geschieht im frontnahen Bereich bis zum Boden hinunter, so genannter *Frontnebel* entsteht. Frontnebel wird auch in die Kategorie des *Mischungsnebels* eingeordnet, beim dem sich generell zwei verschieden temperierte

Luftmassen mit unterschiedlichem Feuchtigkeitsgehalt durchmischen und durch die Abkühlung Nebel entsteht.

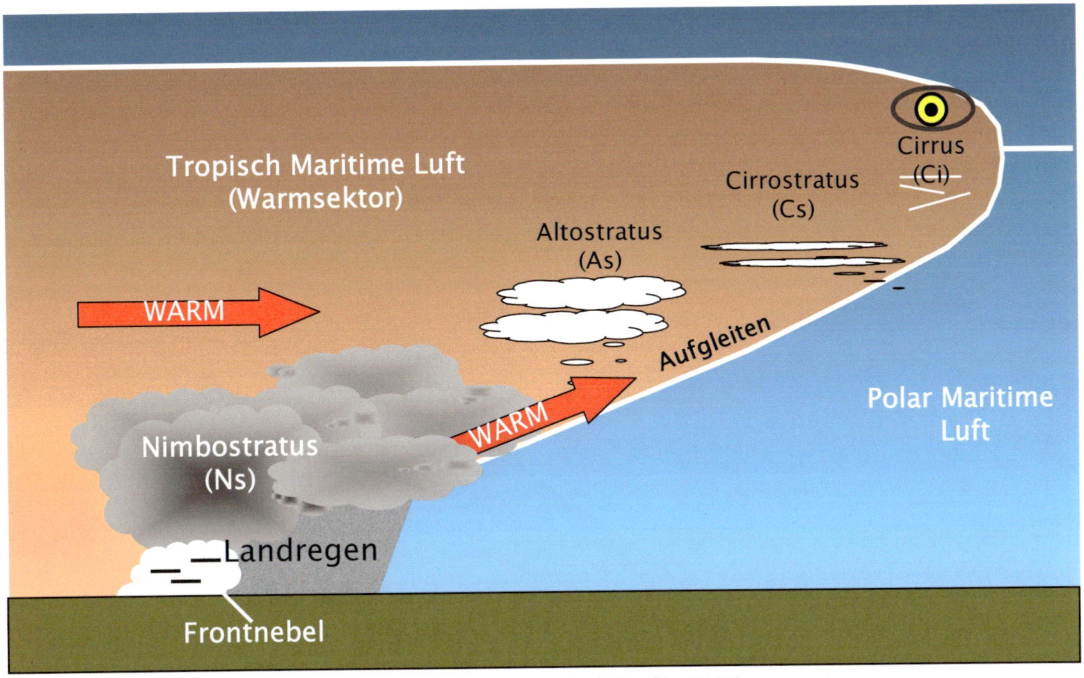

Abbildung 69: Frontnebel (Grafik: KLSP)

Nebel entsteht immer dann, wenn der Spread gleich Null ist, d. h. die Temperatur der Luftmasse ihrem Taupunkt entspricht. Daraus lässt sich auch die Bedingung für die Auflösung des Frontnebels ableiten. Durch Erwärmung der Luftmasse z. B. am Tag nimmt der Spread zu, sodass sich der Nebel in eine stratiforme Wolke nach oben „verzieht".

Die Möglichkeit des Frontnebels an einer Warmfront zusammen mit dem begleitenden Regen macht es meistens nahezu unmöglich, eine Warmfront im Sichtflug d. h. durch Darunterherfliegen zu passieren.

04 02 06 Orografischer Nebel (Bergnebel)

Geschieht die Bildung von Nebel durch orografische Hebung und damit durch adiabatische Abkühlung einer Luftmasse spricht man vom *orografischen Nebel*. Mit orografisch ist dabei die Änderung der Höhenstruktur der Erdoberfläche gemeint. Bedingung ist wie bei fast jedem anderen Nebel nur geringfügig bewegte Luftmasse und ansteigendes Gelände. Die Luftmasse wird durch die Orografie zum Aufsteigen gezwungen

und kondensiert ab dem Hebungskondensationsniveau zum Nebel aus. An einem Berg beispielsweise spricht man einfach vom Bergnebel (engl. hill fog).
Orografischer Nebel kann sich durch steigende Temperaturen und durch Zunahme der Windstärke auflösen.

Abbildung 70: Orografischer Nebel (Grafik: KLSP)

05 00 00
NIEDERSCHLAG

05 01 00 Entwicklung von Niederschlag

05 01 01 Prozess der Entwicklung von Niederschlag

Man kennt in der Meteorologie zwei mögliche Erklärungen für die Entwicklung von Niederschlag, nämlich erstens den Koaleszenz-Prozess (Zusammenschluß von Wassertropfen) und zweitens den Eiskristallprozess (nach Bergeron-Findeisen). Beide Erklärungen sind wissenschaftlich gesehen ein wenig unbefriedigend, da sie die Niederschlagsbildung nur teilweise erklären können. Es handelt sich also bei beiden Erklärungsversuchen nicht um gesicherte Erkenntnisse sondern eher um wissenschaftliche Hypothesen.

Koaleszenz-Prozess (Zusammenfluss)

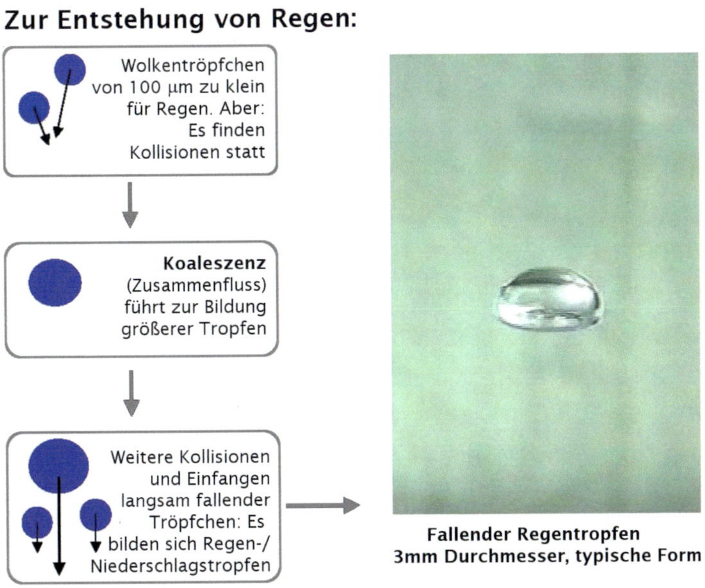

Abbildung 71: Koaleszenz (Grafik KLSP: Darstellung nach Borrmann, Vorlesung Wolkenphysik)

Wolkentröpfchen sind im Ausgangsstadium der Wolkenbildung sehr klein (ca. 10 µm) und treten in großen Populationen (bis 1.000 pro cm^3) auf. Diese Populationen sind anfänglich sehr stabil und zeigen wenig Wechselwirkungen.

Niederschlag entsteht, wenn die Populationen der Wolkentröpfchen aufgrund ihrer Größe und anderen Bedingungen instabil werden. Die Niederschlagspartikel werden dabei irgendwann so groß, dass Sie beim Fallen nicht komplett verdunsten.

Dabei führt entweder die direkte Kollision und Koaleszenz von Tropfen zu *warmem Regen* („warmer" Regen, da man die Koaleszenzhypothese zur Erklärung bei höheren Temperaturen nutzt).

Während kleinere Tröpfchen noch von den Aufwinden in der Wolke getragen werden können, fallen größere bereits nach unten. Da sie eine deutlich höhere Fallgeschwindigkeit als kleine Tröpfchen haben, kollidieren sie auf ihrem Weg mit anderen Tropfen und verschmelzen miteinander. So wachsen Tröpfchen infolge von *Koaleszenz*.

Bergeron-Findeisen-Prozess

Bei der zweiten Hypothese zur Entstehung von Regen tritt bei tieferen Temperaturen eine Wechselwirkung von Wassertropfen und Eiskristallen auf. Die Eiskristalle wachsen dabei auf Kosten der Wassertropfen und es entsteht *kalter Regen* („kalter" Regen, da man die Bergeron-Findeisen-Hypothese zur Erklärung bei kalten Temperaturen nutzt).

Der Sättigungsdampfdruck über flüssigem Wasser ist höher als über Eis. Dies trifft bei allen Temperaturen zu, bei denen flüssiges Wasser und Eis koexistieren können. Wenn Eispartikel und unterkühlte Flüssigwassertröpfchen zusammen vorkommen in einer gemischtphasigen Wolke, oder - wie bei diesen Bildern - auf der Innenseite des äußeren Kabinenfensters eines Flugzeugs, dann werden die Tröpfchen verdampfen und die Eiskristalle gleichzeitig unter Aufnahme des freiwerdenden Wasserdampfes wachsen. In der Abbildung rechts erkennt man das daran, dass um die Eisteilchen ein "sauberer Hof" entstanden ist. Erst weiter weg von den Eiskristallen trüben wieder kleine unterkühlte Tröpfchen, die das Fenster beschlagen, die Sicht. Die Eiskristalle haben hier also die Tröpfchen in ihrer unmittelbaren Umgebung zum Verdampfen gezwungen. In den trüben Bereichen des

Abbildung 72: Bergeron-Findeisen Phänomen (Foto: Quelle unbekannt)

Fensters kann man in der Natur bei genauem Hinsehen auch Tröpfchen erkennen. Dieses Phänomen, dass sich bei Flugreisen häufig beobachten lässt, ist für die Physik der Wolken ein fundamental wichtiger Vorgang.

Entstehung von Nieselregen, Regen, Schnee und Hagel

Aus dünnen Stratuswolken fällt meist Nieselregen, da die Strecke für die Koaleszenz nicht ausreichend groß ist, um größere Regentropfen zu bilden. Aus den Nimbostratuswolken einer Warmfront fällt hingegen großflächig Regen, der im Deutschen auch oft als „Landregen“ bezeichnet wird.

Liegen die Temperaturen bereits unter null, fällt in den beschriebenen Fällen Schnee anstelle von Regen, da in der Wolke die Koaleszenz von kleinen Eiskristallen anstatt von Wassertröpfchen stattfindet.

Besonders gefährlich für die Luftfahrt ist die Entstehung von Hagel, der im Zusammenhang mit Cumulonimbuswolken bei Gewittern auftreten kann.

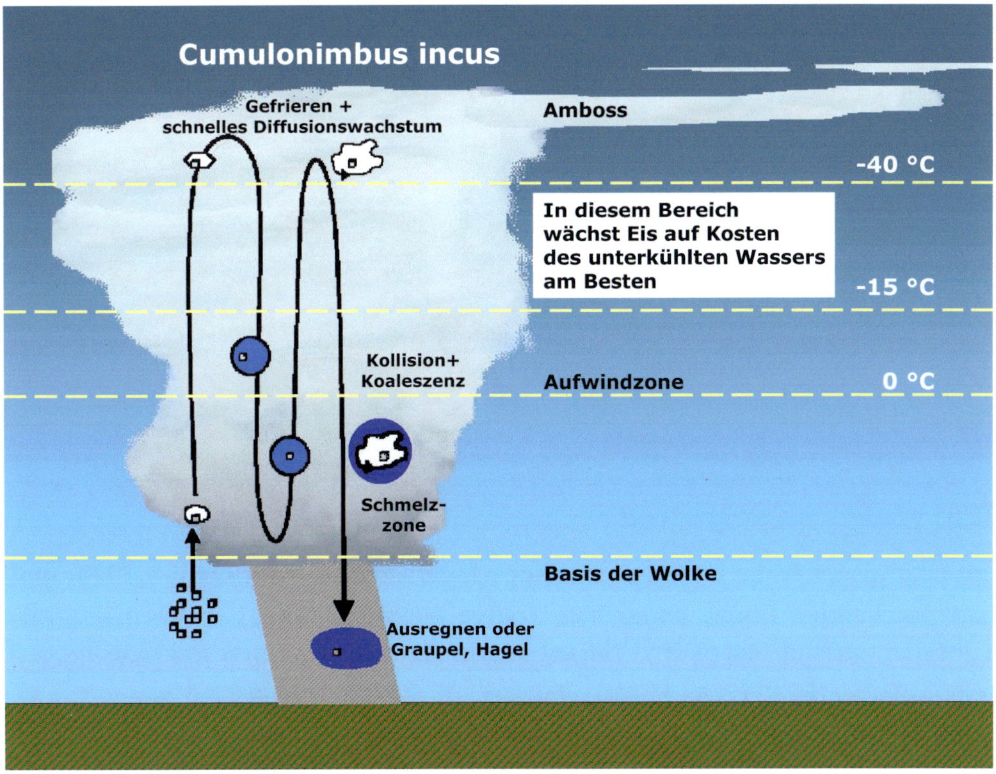

Abbildung 73: Bildung von Gewitterregen, Graupel, Hagel
(Grafik: KLSP, Darstellung nach Borrmann, Vorlesung Wolkenphysik)

Zur Entstehung von Hagel tragen wesentlich sehr starke Aufwinde (bis 50 m/s) in den Gewitterwolken bei. Die Wasser-/Eispartikel zirkulieren dabei mehrmals über die Dicke der Kumulonimben, wobei in den niedrigen, warmen Wolkenregionen Wasser gesammelt wird, das im oberen, kalten Teil jeweils wieder gefriert, d. h. nasses und trockenes Wachstum wechseln sich ab. Jeder Zyklus fügt dabei eine weitere Eisschicht hinzu.
Hagelkörner haben einen Durchmesser von mindestens 5 mm. Hagel kann auch große Hagelkörner von bis zu 5 cm und mehr bilden (hier passt das englische Wort *hailstone* eindeutig besser). Diese haben einen deutlich erkennbaren Kern, um den dann das Wachstum zwiebelartig stattfindet, d. h. glasklare wechseln sich mit undurchsichtigen Schichten ab.

Abbildung 74: Hagelstein fotografiert bei einem Unwetter in Deutschland im Jahr 2003
(Foto links: Martin Wagner, Foto rechts: Quelle unbekannt)

05 02 00 Niederschlagstypen

05 02 01 Niederschlagstypen und ihre Beziehung zu Wolkentypen

Es gibt eine ganze Reihe unterschiedlicher Niederschlagstypen, die in METAR und TAF mit entsprechenden Codes abgekürzt werden (siehe 10 03 01 Wettermeldungen für die Luftfahrt: METAR, SPECI ff.). Teilweise fällt die Beschreibung der jeweiligen Typisierung in deutscher Sprache etwas schwerer, da sich die tatsächlich genutzten Klassifizierungen bevorzugt im Englischen ausgebildet haben.

Man unterscheidet im Wesentlichen die folgenden Niederschlagstypen.

Niederschlagstyp	Type of precipitation	Code	Beschreibung
Nieselregen	drizzle	DZ	kleine Regentropfen
Regen	rain	RA	mittlere bis große Regentropfen
Schnee	snow	SN	mittlere bis große Schneeflocken
Schneegriesel	snow grains	SG	kleine Körner (< 1mm) aus Schneekristallen
Eiskörner	ice pellets	PE	kleine Körner aus Eiskristallen
Hagel	hail	GR	mittlere bis große Hagelkörner
Graupeln oder Reifgraupeln	small hail/snow pellets	GS	kleine Hagelkörner von schneeähnlicher Substanz
Eisprismen	ice crystals	IC	Eiskristalle in Form von Nadeln, Säulen oder Plättchen (ca. 1,5 mm)
Gefrierender Nieselregen	freezing drizzle	FZDZ	bildet beim Auftreffen dünnes Klareis
Gefrierender Regen	freezing rain	FZRA	bildet beim Auftreffen dickes Klareis

Wolkentröpfchen, also solche winzigen Tröpfchen als Bestandteil einer Wolke, die noch nicht zum Regen führen, haben einen Durchmesser von 10 - 50 μm, Nieseltropfen haben einen Durchmesser von 50 - 500 μm, darüber also bei > 500 μm spricht man von Regentropfen.

Formen d. Niederschlags	Durchmesser	Masse
Wolkentröpfchen	10 - 50 μm	1 - 5 mg
Nieseltropfen	50 - 500 μm	5 - 50 mg
Regentropfen	> 500 μm	> 0,05 Gramm
Graupeln	1 mm - 5 mm	0,1 - 0,5 Gramm
Hagelkörner	5 mm - 5 cm	0,5 - 500 Gramm

Gefrierender Niederschlag entsteht, wenn Niederschlag (Regen oder Nieselregen) aus einer höheren Wolkenschicht fällt und die Tropfen danach in eine darunter liegende Frostschicht fallen. Die Tropfen unterkühlen dabei, bleiben aber zunächst in flüssiger Form (supercooled droplets). Der Aggregatzustandswechsel zu Eis findet erst beim Auftreffen auf der Tragfläche eines durch diese Schicht fliegenden Flugzeuges statt oder ggf. erst beim Auftreffen auf den eiskalten Frostboden. Im Volksmund wird gefrierender Regen auch gern als „Eisregen“ oder „Blitzeis“ bezeichnet. Oft entsteht der Regen dabei als getauter Schnee aus einer höheren kalten Luftschicht (siehe Abbildung 75).

Wenn die kalte Schicht über dem Boden ausreichend dick ist, gefrieren die Regentropfen noch in der Luft und werden zu Eiskörnern (ice pellets). Eiskörner sind nicht mit Graupeln oder Hagel zu verwechseln, da sie eine vollkommen andere Entstehungsursache haben.

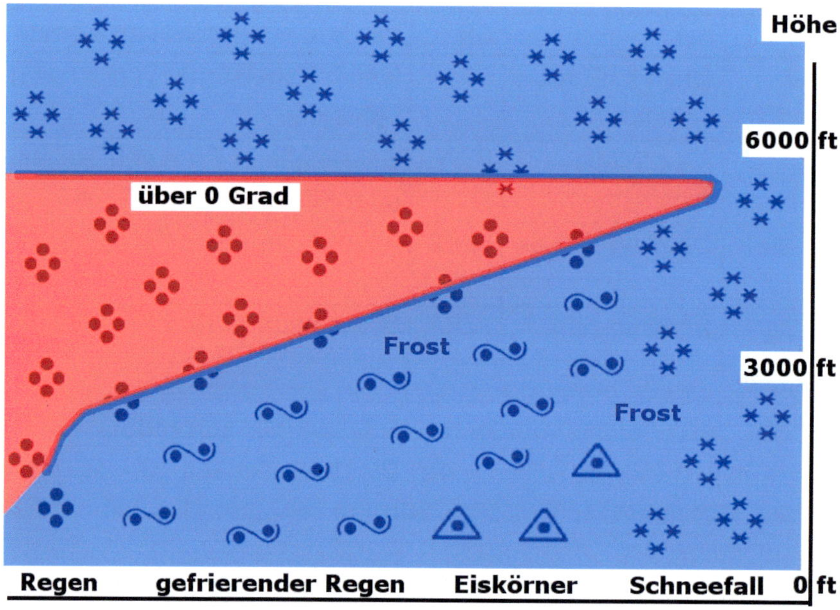

Abbildung 75: Gefrierender Regen aus getautem Schnee
(Grafik: KLSP, für die Erklärung der Symbole siehe im Anhang)

Wetterlagen, die gefrierenden Regen begünstigen, kommen häufig im Winter vor und bilden sich dann aus, wenn in der Höhe Warmluft aufgleitet und sich dabei ein Nimbostratus ausbildet, aus dem Niederschlag fällt (Warmfront), in Bodennähe aber noch von einer vorangegangenen Hochdruckwetterlage sehr kalte Luft lagert. Solche Wetterlagen führen blitzartig zu Glatteisbildung am Erdboden und zum Eisansatz an dort befindlichen Gegenständen (schwere Unfälle im Straßenverkehr, geknickte Antennen und Masten, zerrissene Hochspannungsleitungen, entwurzelte Bäume). Besonders gefährlich ist gefrierender Niederschlag für den Flugverkehr beim Steig- und Sinkflug, sowohl wegen der zusätzlichen Masse des Eisansatzes als auch wegen der aerodynamischen Wirkung (Auftriebsverlust).

06 00 00
Luftmassen und Fronten

06 01 00 Luftmassen

06 01 01 Beschreibung, Klassifikation und Ursprung der Luftmassen

In der Meteorologie fasst man große Luftmengen, die in wesentlichen Parametern wie Luftdruck, Temperatur, Feuchtigkeit und regionalem Ursprung übereinstimmen oder zumindest ähnlich sind zu einem definierten Objekt „Luftmasse“ zusammen.
Zum Beispiel sind die Luftmengen über den beiden Polkappen der Erde hinsichtlich Luftdruck (hoch), Temperatur (extrem niedrig) und Feuchtigkeit (sehr trocken) solche Luftmassen. Weitere Beispiele sind etwa tropische oder subtropische Luftmassen.

In diesem Sinn werden Luftmassen relativ grob über folgende Objekteigenschaften klassifiziert.
Klassifizierung anhand ihres Ursprungs über See oder Land:

- maritim (m)
- kontinental (c)

Klassifizierung anhand der geografischen Breite:

- äquatorial (E)
- tropisch (T)
- polar (P)
- arktisch (A)

Klassifizierung anhand ihrer Temperatur (Nennung ist optional):

- warm (w)
- kalt (c)

In einer einfachen Nomenklatur werden die Luftmassen mit Hilfe einer Folge von drei zusammenhängenden Buchstaben in der bereits oben benutzten Reihenfolge eingeteilt.

Luftmassen-Klassifikation := (u) (GB) [t]

(u) := Ursprung := m oder c
(GB) := Geografische Breite := E oder T oder P oder A
(t) := Temperatur := w oder c

Beispiele (ohne Temperaturkürzel):

- Arktische Luftmasse (A); (A wird nicht weiter klassifiziert)
- Polar-maritime Luftmasse (mP)
- Polar-kontinentale Luftmasse (cP)
- Tropisch-maritime Luftmasse (mT)
- Tropisch-kontinentale Luftmasse (cT)

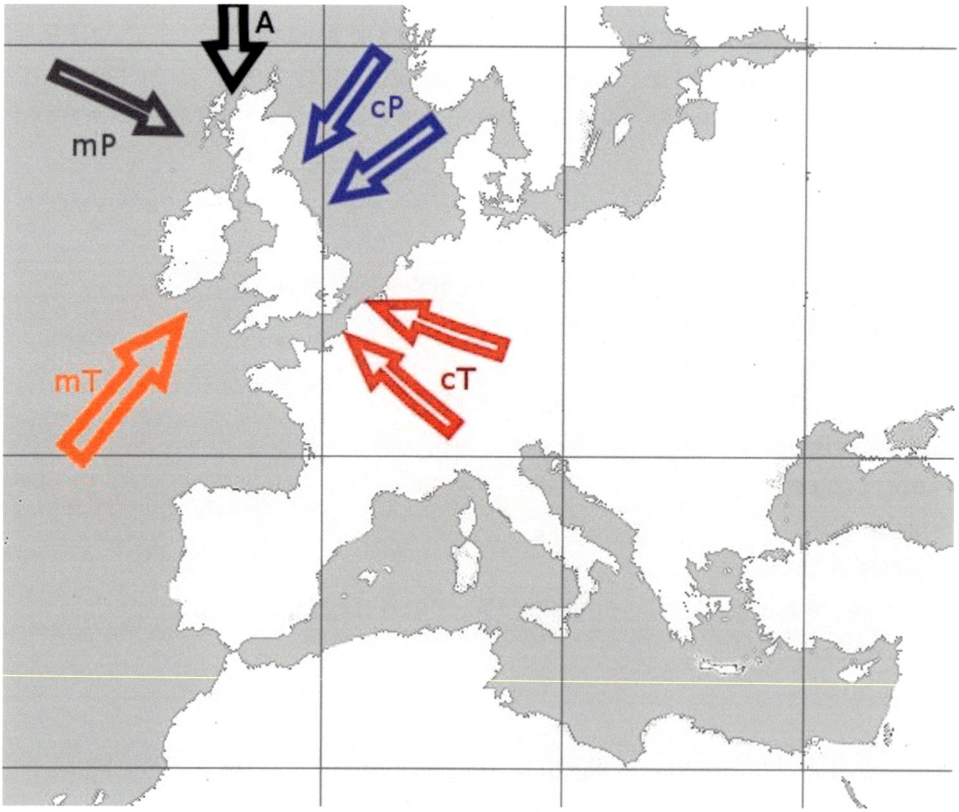

Abbildung 76: Luftmassen, welche die britischen Inseln beeinflussen
(Grafik: KLSP)

Eigenschaften der Luftmassen, die Europa beeinflussen

Die *polar-maritime Luftmasse (mP)* hat ihren Ursprung über dem Nordatlantik. Sie besteht aus stabiler Kaltluft hoher relativer Luftfeuchtigkeit, die wegen der niedrigen Temperatur relativ wenig absolute Feuchte enthält.

Sie bringt meist kaltes und feuchtes Wetter aus nordwestlicher Richtung mit sich. Über dem Festland kann sich daraus instabiles Wetter mit Cu, Cb und Schauern entwickeln.

Die *polar-kontinentale Luftmasse (cP)* hat ihren Ursprung in Sibirien (nur im Winter). Die Luftmasse besteht aus sehr kalter, trockener und stabiler Luft.

Bei östlicher Windrichtung über Kontinentaleuropa entsteht sehr kaltes, trockenes und wolkenloses Winterwetter ohne Niederschlag. Im Sommer gibt es keine polar-kontinentale Luftmasse.
Die *tropisch-kontinentale Luftmasse (cT)* hat ihren Ursprung in Nordafrika und im Südosten Europas. Sie bringt hauptsächlich im Sommer warme, trockene und stabile Luft heran.

Wetterseitig herrschen meist Winde aus Süd bis Südost, der Himmel ist wolkenlos oder zumindest frei von Niederschlägen. Meist gute Sicht, außer wenn gelegentlich Dunst entsteht.

Die *tropisch-maritime Luftmasse (mT)* hat ihren Ursprung bei den Azoren. Sie bringt warme und stabile, feuchte Luft mit sich mit mittlerer relativen Feuchtigkeit.

Das Wetter kommt aus Südwesten und bringt warme und feuchte Luft mit sich. Bei geringerer Temperatur z. B. Im Norden besteht eine Tendenz zur Bildung niedriger Stratus (St) und Stratocumulus (Sc).

Die *arktische Luftmasse (A)* hat ihren Ursprung in der nördlichen Polkappe. Sie ist daher sehr kalt und enthält kaum Feuchtigkeit.

Die arktische Luftmasse taucht nur im Winter als eine wetterbestimmende Quelle auf. Der Wind kommt dabei aus nördlicher Richtung. Die Luft nimmt über der Nordsee zusätzliche Feuchtigkeit auf. Es besteht in der Folge die Tendenz zu starken Schneefällen bis hin zu Schneestürmen (Blizzards).

Die *äquatoriale Luftmasse (E)* hat ihren Ursprung in Äquatornähe. Im Unterschied zu anderen Luftmassen zieht sie nicht unmittelbar in andere Regionen. Sie beeinflusst daher das Wetter in Europa nicht.

Das Wetter der äquatorialen Luftmasse wird bestimmt durch die Passatwinde und die innertropische Konvergenz. Es können sich Monsune und tropische Wirbelstürme bilden (siehe im Abschnitt über Klimatologie).

Mit Hilfe der simplen Methodik der Luftmassen lässt sich bereits das globale Wetter anhand der Luftmassenverteilung grob beschreiben. Die folgende Abbildung zeigt die Verteilung der Luftmassen im Januar und im Juli.

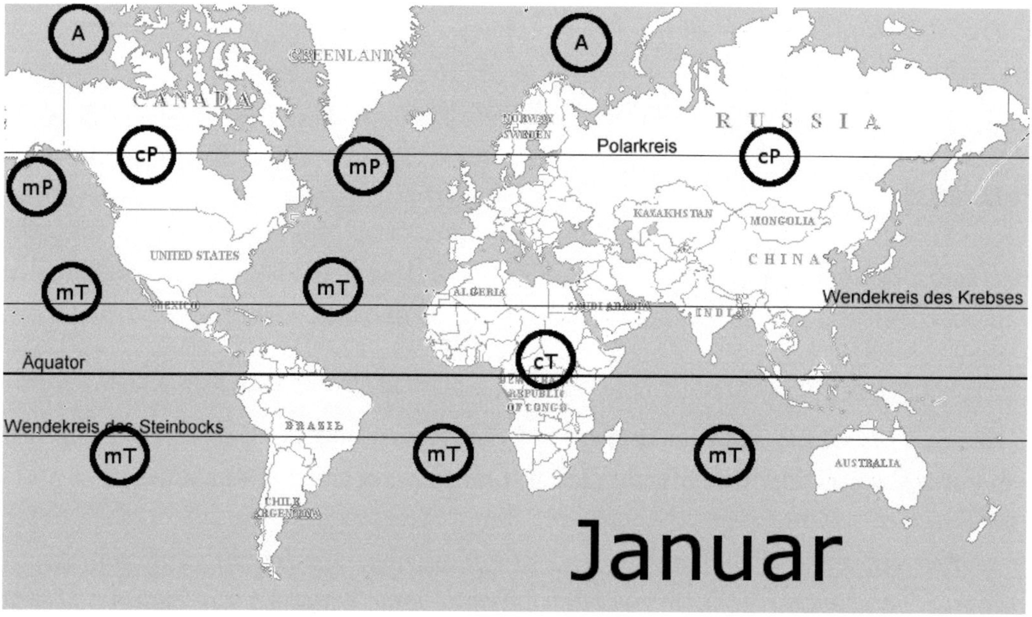

Abbildung 77: Im Winter spielen arktische und polare Kontinentalluftmassen eine wetterbestimmende Rolle (Grafik: KLSP)

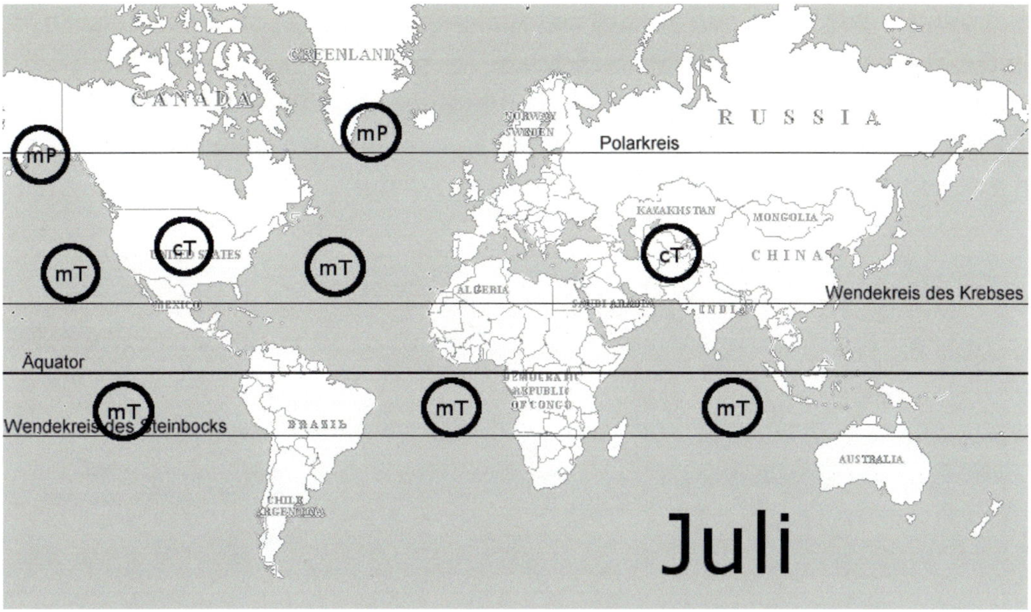

Abbildung 78: Verschiebung im Sommer nach Norden und größerer Einfluss der tropischen Kontinentalluftmassen (Grafik: KLSP)

06 01 02 Modifikationen der Luftmassen

Die Eigenschaften von Luftmassen können nicht unabhängig von anderen Faktoren der jeweiligen Erdumgebung gesehen werden. Wie bereits früher dargelegt, erfolgt die Erwärmung einer Luftmasse nicht direkt durch die solare Strahlung sondern zum überwiegenden Teil mittelbar durch die Wärmeübertragung an der Erdoberfläche. Da sich die Landmassen viel schneller erwärmen als die Meere, verhalten sich die Luftmassen von der Temperaturentwicklung her über dem Land anders als über den Meeren. So verzeichnet man über dem asiatischen Festland (Sibirien) eine jahreszeitliche Temperaturschwankung von deutlich über 50 °C, wohingegen sich die Temperatur beispielsweise in 20° nördlicher Breite über dem Atlantik im Jahresverlauf gerade einmal um 4 °C ändert.

Ähnliches gilt für die Weitergabe der Feuchtigkeit. Über den Meeren ist für darüberstreichende Luftmassen die Aufnahme von Feuchtigkeit sehr intensiv, über grünem Wald, über Ackerland, über einer Stadtwüste oder einer wirklichen Wüste wird sie jeweils um Stufen geringer. Die Luftmassen werden also in großem Maße durch die Eigenschaften der Erdoberfläche - insbesondere Temperatur und Feuchtigkeit - beeinflusst. Hinzu kommt, dass die Meere eine große Wärmespeicherfähigkeit besitzen, wohingegen das Land seine Wärmeenergie relativ schnell wieder abgibt. Dies hat Kon-

sequenzen für den zeitlichen Verlauf von Änderungen sowohl im kurzzeitlichen Maßstab (24 h) als auch im saisonalen Maßstab.
Da etwa 71 % der Erdoberfläche aus Meeren besteht und 70 % des Festlandes auf der Nordhalbkugel konzentriert ist, führt dieses zu signifikanten Unterschieden im Klima von meeresnahen und meeresfernen Standorten.

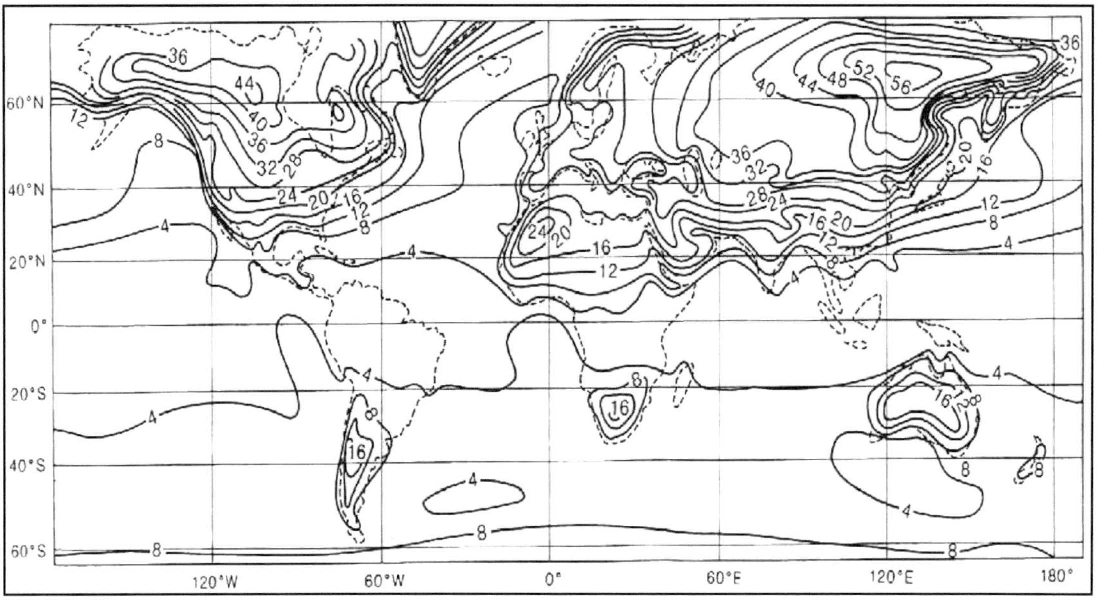

Abbildung 79: Jahrestemperaturschwankungen der Erde (Quelle: Barry and Chorley, 2003)

Luftmassen, die über Meere geführt werden, nehmen dort abhängig von der jeweiligen Temperatur große Mengen an Feuchtigkeit auf. Man spricht von *maritimen Luftmassen.* Maritime Luftmassen transportieren ihre Feuchtigkeit zum Land und führen dort zu Niederschlägen. So ist z. B. der Westen Europas gekennzeichnet durch ganzjährig ausreichende Niederschläge bei ausgeglichenen, milden Temperaturen.

Luftmassen, die über Kontinente geführt werden, können dort nur sehr viel weniger Feuchtigkeit aufnehmen und sind daher wesentlich trockener. Man spricht von *kontinentalen Luftmassen.* Je kontinentaler die Luftmassen werden - was zum Beispiel in Zentral-Europa der Fall ist, je weiter man nach Osten kommt - desto größer wird die Schwankung der Tag-/Nachttemperaturen (Tag-Nacht-Amplitude) und umso geringer werden die Niederschläge. Die Niederschlagsmaxima verlagern sich kontinenteinwärts zudem immer mehr in den Sommer.

Das geschilderte Verhalten der Luftmassen beim Überstreichen der Erdoberflächen unterschiedlicher Charakteristik ist natürlich stark *von der Temperatur abhängig*. Insbesondere steigt - wie wir bereits wissen - die Aufnahme der maximal möglichen Wassermenge pro Volumeneinheit Luft sehr stark mit der Temperatur an. Daher ist die tatsächlich aufgenommene Menge Wasser in der Luft in niederen Breitengraden wesentlichen größer als in kälteren nördlichen Breitengraden. Oberhalb von etwa 26,5 °C Wassertemperatur in Äquatornähe führt dieser Prozess der Aufnahme von Wärmeenergie aus dem Meer bei bestimmten Randbedingungen zur Entstehung tropischer Wirbelstürme.

Eine weitere Beeinflussung von Luftmassen erfolgt durch die *saisonale Änderung* infolge der Verschiebung des Wärmeäquators. Hierdurch werden sie beispielsweise im Sommer der Nordhalbkugel weiter nach Norden verschoben. Dies hat für das Klima in Europa zur Folge, dass der Mittelmeerraum in der Bereich trockener subtropischer Luftmassen gerät im Unterschied zum Winter, wo auch der Mittelmeerraum im Einfluss der Westwindzone liegt.

Des Weiteren unterliegen Luftmassen *orografischen Einflüssen*, im großen Maßstab bedingt durch die riesigen Gebirgsmassen der Erde. Die Alpen, die Rocky Mountains, das Himalajagebirge und der Andengebirgszug zwingen die strömenden Luftmassen in die Höhe, erzeugen luvseitige Niederschläge und Leewellen und bestimmen damit signifikant Wetter und Klima in den jeweiligen Regionen.

Treffen Luftmassen unterschiedlicher Charakteristika aufeinander, erfolgt meist ein Energieaustausch und es bilden sich Instabilitäten. Dies führt uns zum nächsten Thema, den Fronten.

06 02 00 Fronten

06 02 01 Generelle Aspekte

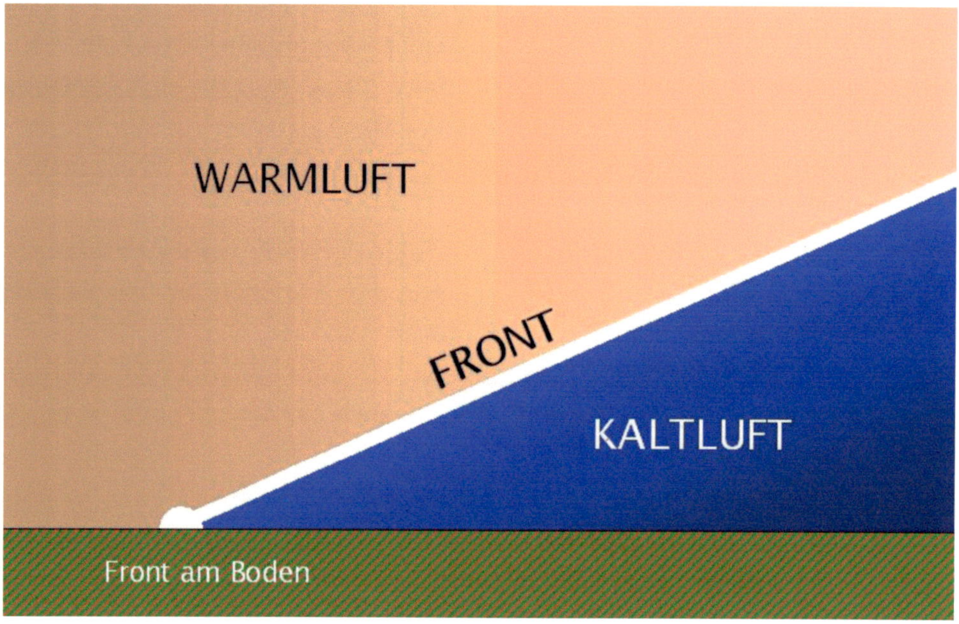

Abbildung 80: Generelle Definition einer Front (Grafik: KLSP)

Eine Front im meteorologischen Sinn beschreibt eine Grenze zwischen zwei Luftmassen mit unterschiedlichen Eigenschaften. Man hat dabei im Wesentlichen die unterschiedliche Temperatur der Luftmassen im Auge, da sich andere Größen daraus ableiten.

Eine Front besteht aus einer Front(-linie) am Boden bzw. aus einer zweidimensionalen Frontebene im Raum. Verkürzt nennt man das Ganze, also Frontlinie am Boden inklusive der meist schräg verlaufenden, bis zur Tropopause reichenden Frontebene einfach „Front".

Man kann Fronten auf globaler Ebene betrachten, so wie sie sich aus der globalen Zirkulation ergeben.

Hiernach lassen sich folgende *globale Fronten* unterscheiden, wobei die ITCZ im strengen Sinn eigentlich gar keine Front darstellt (Konvergenz gleicher Luftmassen):

- Die arktische Front
- Die Polarfront
- Die innertropische Konvergenzzone (ITCZ)

Die *arktische Front* stellt die Grenze zwischen der arktischen Luftmasse und der polaren Luftmasse dar. Sie verläuft in nördlichen Breiten gesehen oberhalb der Polarfront, kann allerdings manchmal im Verlauf von Winter und Frühling zu niederen Breitengraden wechseln. Die arktische Front wird meistens durch den arktischen Jetstream begleitet (siehe 02 07 03 Vorkommen von Jetstreams und damit verbundene CAT Bereiche).

Die *Polarfront* ist die für das Wetter in den mittleren Breitengraden wichtigste Front. Sie trennt die polare Luftmasse von der gemäßigten Luft und durchschneidet als etwa 1 km mächtige, isotherme Schicht die gesamte Troposphäre (s. Abbildung 81). Die Polarluft schiebt sich dabei keilförmig unter die wärmere gemäßigte Luft. Die Front weist eine Neigung von etwa 1:100 auf. In der Front selbst bestehen starke Temperaturgegensätze, die auf 100 km Werte von bis zu 7 °C erreicht.
Dass die Temperaturgegensätze zur Entstehung des Polarjets führen, wurde bereits im Abschnitt über Jetstreams behandelt.

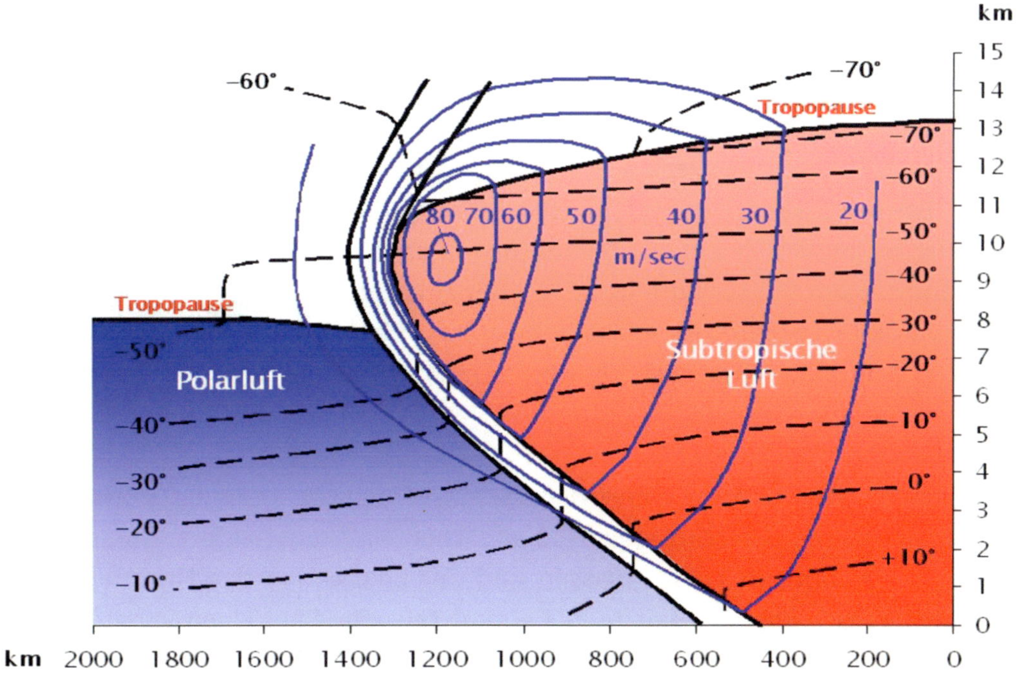

Abbildung 81: Modell einer winterlichen Polarfront (Darstellung in Anlehnung an Kurz, 1990).

Die Polarfront verläuft rund um den Globus zwischen den Breitengraden (35 °N und 65 °N) auf der Nordhalbkugel und etwa bei 50 °S auf der Südhalbkugel. Wie bereits im Abschnitt über Jetstreams erklärt, verläuft die Polarfront mäanderförmig um den Globus, die assoziierten Wellen werden als *Rossby-Wellen* bezeichnet, deren Eigenschaften aber hier nicht weiter behandelt werden.

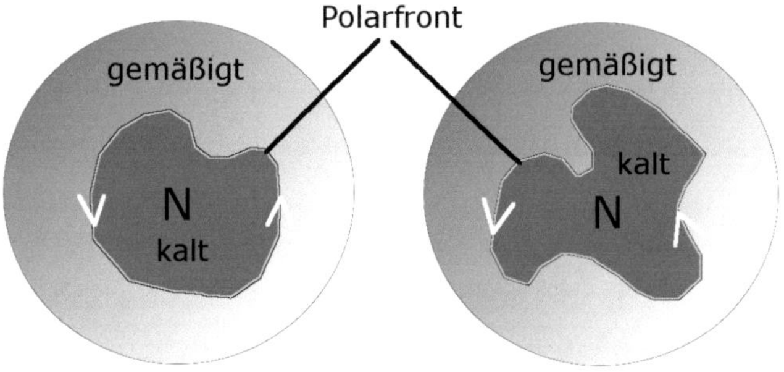

Abbildung 82: Mäander der Polarfront von oben aus einer Position senkrecht über dem Nordpol betrachtet (Grafik: KLSP, nach einer Darstellung von Hoppmann, DWD)

Abbildung 82 zeigt zwei willkürliche Beispiele für den möglichen Verlauf der Polarfront. Links ist die Polarfront glatt ausgerichtet (zonale Wetterlage), man darf einen raschen Wetterwechsel mit Westwind erwarten, wohingegen rechts bei der Aufwölbung (meridionale Wetterlage) längere Phasen unbeständigen oder beständigen Wetters prognostiziert werden können.

Im Winter der Nordhalbkugel verlagert sich die Polarfront teilweise nach Süden bis 35° nördlicher Breite (etwa zur Linie Tunesien -Kreta), was dazu führt, das einzelne Tiefausläufer bis ins Mittelmeergebiet vordringen können und sich dort über dem verhältnismäßig warmen Wasser auffüllen. Dies führt dort zu häufigeren Winterregen, oft mit Schauern und Gewittern. Im englischsprachigen Raum ist die Lage der Winterpolarfront über dem Mittelmeer auch als *Mediterranian Front* bekannt, im Sommer verschwindet sie vollkommen.

Die am Wärmeäquator liegende *innertropische Konvergenzzone* bildet die Grenze zwischen den Luftmassen der nördlichen und südlichen Halbkugel aufgrund der starken Erwärmung der kontinentalen Luftmassen und der Entstehung des Hitzetiefs in der unteren Troposphäre über der Sahara. Sie nimmt saisonbedingt einen Verlauf, der im Sommer in einigen Regionen stark nach Norden abweicht und im Winter relativ äquatornah bleibt (für eine genauere Beschreibung siehe 08 02 03 Innertropische Konvergenzzone (ITCZ), saisonales Wetter in der ITCZ).

06 02 02 Warmfront, Wetter und begleitende Wolken

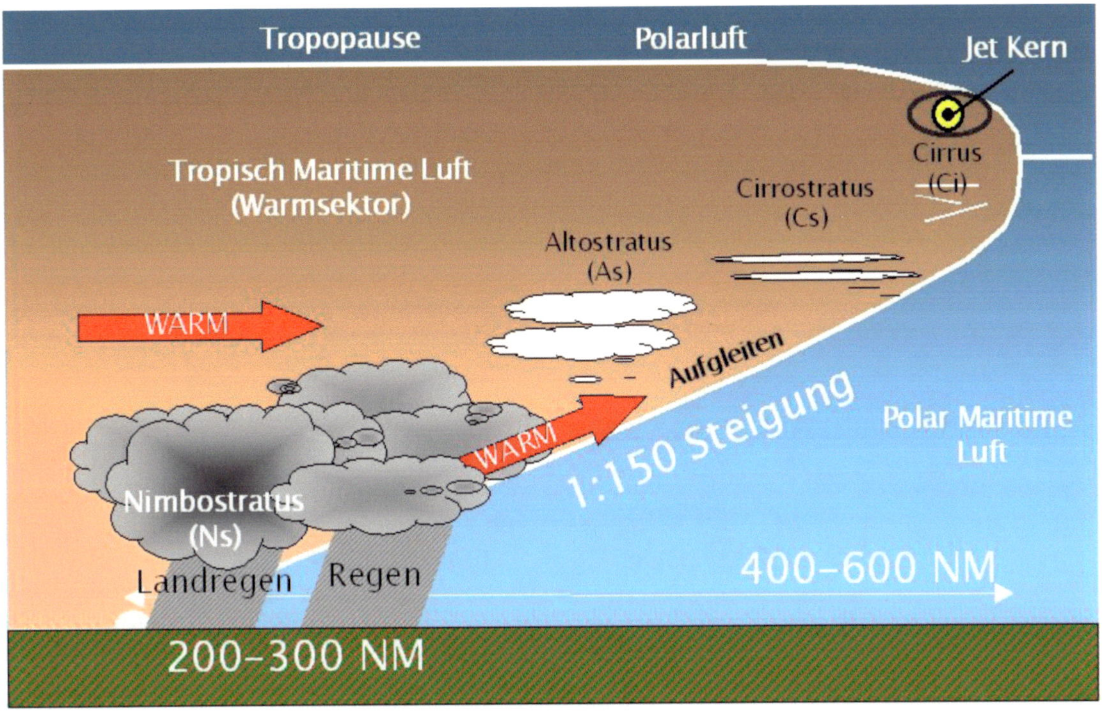

Abbildung 83: Die Warmfront (Grafik. KLSP)

An den globalen Tiefdruckfronten wie beispielsweise der nördlichen Polarfront bilden sich durch Störungen des Temperaturgleichgewichts in periodischer Regelmäßigkeit Tiefdrucksysteme (auch Depressionen oder Zyklone genannt) aus, die im Verlauf ihrer Existenz eine bestimmte Reihe von Zuständen oder Phasen durchlaufen. Im Lebenszyklus (siehe unter 06 02 08) einer solchen Depression ist die erste Phase mit merklichen Wettererscheinungen die so genannte Warmfront.

Bei der *Warmfront* trifft eine sich bewegende Warmluftmasse auf ruhende Kaltluft. Als Folge hiervon wird die warme Luft angehoben, sie gleitet auf die Kaltluftmasse auf. Eine weitere Konsequenz des Anhebens der Warmluftmasse ist die Kondensation ihrer Feuchtigkeit in Form von Wolken (St und Ns), die sich an der gesamten Front abregnen. Im Winter fällt ggf. Schnee bzw. es besteht auch die Gefahr gefrierenden Regens, wenn der Regen in die Kaltluftmasse mit Temperaturen unter 0 °C fällt.

Für die Luftfahrt stellt die Warmfront wegen der sehr schlechten Sichtverhältnisse und der Vereisungsgefahr im Winter im gesamten Frontbereich mit bis zu 200 - 300 NM Breite ein ernstes Risiko dar. Insbesondere direkt an der Warmfront kann die Flugsicht selbst außerhalb der Wolken nur noch wenige Meter betragen.

Die Warmfront kündigt sich, wenn man auf sie zufliegt, durch einen typischen Wolkenverlauf an. Die Sicht ist zunächst gut. Die Wolkentypen wechseln von hohen Cirruswolken (Ci, Cs) über Altowolken (As) zu immer tieferen Stratuswolken mit sich stetig verschlechternder Sicht. Am Ende stehen tiefe Stratus und Nimbostratus, aus denen der typische Landregen einer Warmfront fällt. Der Einzugsbereich der Warmfront beträgt etwa 400 - 600 NM, wobei der Keil der Warmfront etwa eine Steigung von 1:150 aufweist.

Warmfront:

Symbole in der Bodenwetterkarte:

Die Eigenschaften einer Warmfront können wie folgt zusammengefasst werden:

Hebung ⇒ Wolkenschirm (400 -600 NM vor Front) ⇒ Ci, Cs, As
Steigung ⇒ etwa 1:150
präfrontale Niederschläge aus As und Ns (200 - 300 NM breit)

Variable	nach der Warmfront	beim Durchgang	vor der Warmfront
Druck:	etwa gleichbleibend	Druckfall hört auf	gleichmäßig stark fallend
Wind:	schwach, gleichbleibend	abnehmend, SE auf SW	mäßig, allg. S rückdr. SE
Temperatur:	gleichbleibend	steigend mit Ende Niederschlag	langsam steigend
Wolken:	St, Sc im Sommer Cu	tiefer Ns mit St fra	Ns, St <- As <- Cs <- Ci
Niederschlag:	kein Niederschlag	mäßig bis stark (Landregen)	ab 200 NM Regen o.Schnee
Sicht:	mäßig bis schlecht	schlecht, Dunst, Nebel	außerhalb Niederschlag gut

06 02 03 Kaltfront, Wetter und begleitende Wolken

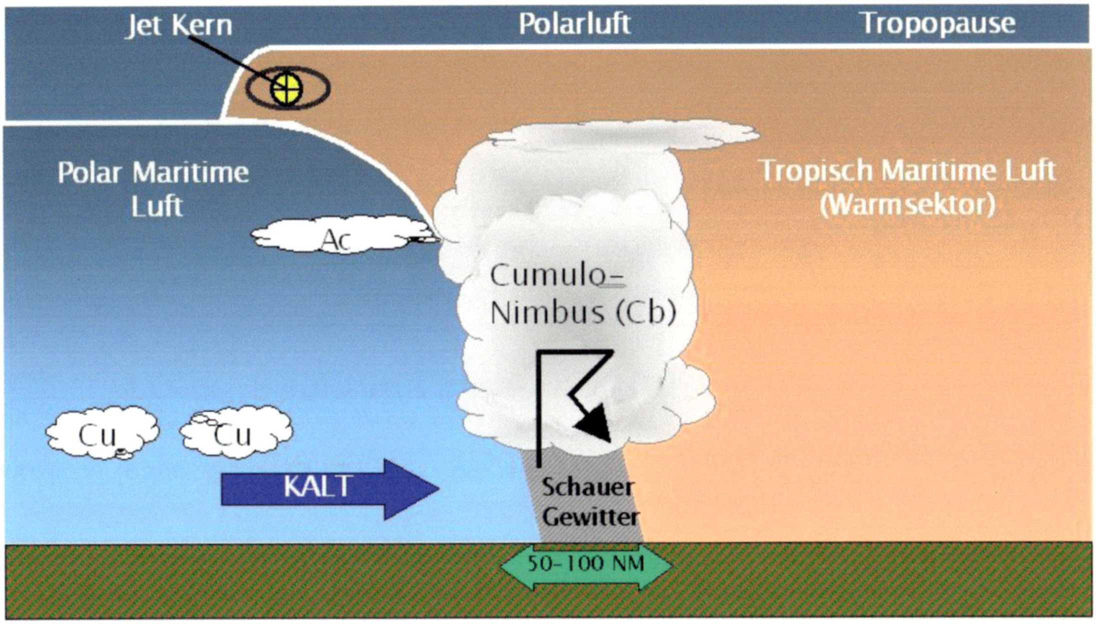

Abbildung 84: Die Kaltfront (Grafik: KLSP)

Die Kaltfront ist ein weiterer Teil im Zyklus einer Zyklone. Bei der Kaltfront verdrängt die kalte Luftmasse der Front die vor ihr liegende Warmluftmasse, indem sie sich darunter schiebt. Durch die erzwungene Hebung der Warmluft entsteht ein relativ schmales Wolkenband aus Cumulus (Cu) und Cumulonimbus (Cb). Als Folge entstehen starke Schauer und Gewitter zum Teil mit Hagel.

Die Kaltfront ist mit einer Neigung von 1:50 wesentlich steiler als eine Warmfront. Sie bewegt sich außerdem schneller, was letztendlich zur Okklusion führt (siehe weiter unten).

Für die Luftfahrt ist die Kaltfront mit einem hohen Gefahrenpotenzial verbunden. Die Gewitter bringen Sichtbehinderungen in den Schauern, sehr starke Turbulenzen und die Gefahr von Blitzeinschlägen mit sich. Vor der Kaltfront entstehen Gewitterböen, die sich in der gesamten Breite der Front zu einer Böenlinie (engl. squall line) verdichten kann. In den Cumulonimbuswolken besteht besonders im Winter zusätzlich die Gefahr der Vereisung. Im Winter werden aus den Gewitterschauern Schneeschauer.

Bei extremen Temperaturdifferenzen, wie sie z. B. über dem Südosten der U.S.A. oder in den Tropen vorkommen, können Gewittercluster oder Mesoscale Convective Cluster mit einer Gesamtfläche über 100 km^2 entstehen, wobei im letzteren Fall zusätzlich eine Rotation der Luftmassen auftreten kann.

Kaltfront:

Symbole in der Bodenwetterkarte:

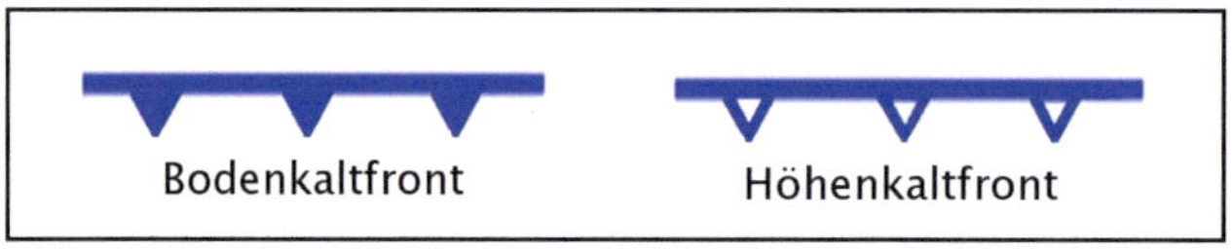

Die Eigenschaften einer Warmfront können wie folgt zusammengefasst werden:

Absinken oberhalb Frontalzone; schmales Wolken- und Niederschlagsband; erzwungene Hebung ⇒ Cu, Cb;
postfrontale Subsidenz;
Rückseite: Einfließen von Kaltluft ⇒ Labilisierung vom Boden her ⇒ Schauer und Gewitter

Variable	nach der Kaltfront	beim Durchgang	vor der Kaltfront
Druck:	langsamer Anstieg	plötzliches Ansteigen	fällt kurzzeitig
Wind:	weiter aus NW, stark, böig	auffrischend, Sprung auf NW, Böen	schwach, dreht auf SW
Temperatur:	leichtes Fallen dann gleichbleibend	Temperatursturz bis zu 10 grad	gleichbleibend
Wolken:	Aufheiterung, später Cu	Cb, darunter St oder tiefer Ns	hohe Ac, As, mächtige Cb
Niederschlag:	Schauer	Schauer, Graupel, Hagel	Schauer od. Gewitter
Sicht:	ausgezeichnet 30-50 NM	schlecht	gut bis mäßig

06 02 04 Warmsektor, Wetter und begleitende Wolken

Der Warmsektor ist der Bereich zwischen Warmfront und Kaltfront.

Der Warmsektor gehört im Allgemeinen zur Seite der tropisch maritimen Luftmasse. Demgemäß ist das Wetter dort identisch mit dem in dieser Luftmasse zur jeweiligen Jahreszeit herrschenden Wetter.
Im Sommer findet man in diesem Bereich lockere Cumulusbewölkung (Cu, Sc, Ac), im Winter herrscht eher stratiforme Bewölkung vor. Die Flugsicht ist in der Mitte des Warmsektors im Allgemeinen relativ gut.

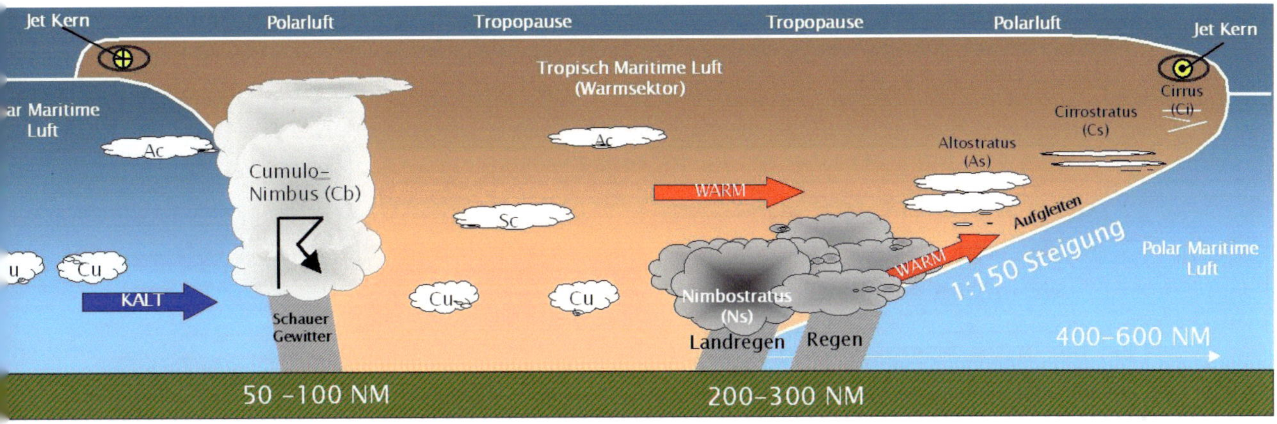

Abbildung 85: Der Warmsektor (Grafik: KLSP)

06 02 05 Das Wetter hinter der Kaltfront

Das Wetter nach dem Durchzug - also hinter - einer Kaltfront bezeichnet man als *Rückseitenwetter.*
Es ist gekennzeichnet durch eine rasch wechselnde Bewölkung mit kurzen sonnigen Abschnitten, aber auch wiederholten Schauern oder Gewittern, besonders bei Labilisierung im Bereich einer Trogachse. Wenn es kalt genug ist, fallen Schnee- und Graupelschauer, die gelegentlich gewittrig sind (Wintergewitter). Dazu weht häufig, besonders in Schauernähe und auf den Bergen, ein lebhafter böiger Wind. Ein weiteres charakteristisches Merkmal ist die sehr gute Fernsicht außerhalb der schauerartigen Niederschläge. Das typischerweise im Frühjahr in mittleren Breitengraden auftretende wechselhafte "Aprilwetter" ist in den meisten Fällen eine Form von Rückseitenwetter.

06 02 06 Okklusionen, Wetter und begleitende Wolken

Symbole in der Bodenwetterkarte:

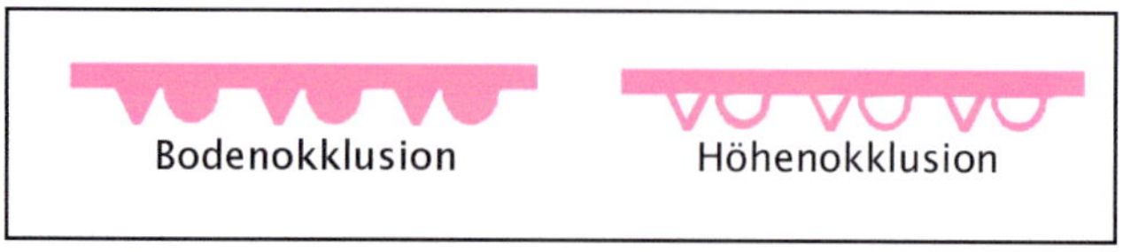

Im Lebenszyklus einer Zyklone bewegt sich die Kaltfront schneller als die Warmfront. Dies hat zwangsläufig zur Folge, dass irgendwann die Kaltfront die Warmfront erreicht und sich beide Fronten vermischen. Es entsteht eine Okklusionsfront oder Okklusion.

Die Okklusion ist der Anfang vom Ende der gesamten Zyklone, da sich im weiteren Verlauf die Temperaturunterschiede aufheben und damit am Ende die Energie für den Antrieb fehlt. Die restliche Bewegungsenergie führt oft zu einer Rotation der okkludierenden Front.

Je nachdem ob die kalte Luftmasse vor der Warmfront tatsächlich kälter als die heraneilende Kaltfront ist oder nicht, verläuft die Okklusion entweder als

- Kaltfrontokklusion, d. h. die Kaltfront schiebt sich unter kalte Luftmasse vor der Warmfront, oder als
- Warmfrontokklusion, d. h. die Kaltfront gleitet auf die kältere Luft vor der Warmfront auf.

<table>
<tr>
<td>Bei der Warmfrontokklusion verhält sich die Kaltfront wie eine Warmfront, sie gleitet auf, da die Luft vor der Kaltfront kälter ist als die „Kaltfront“.</td>
<td>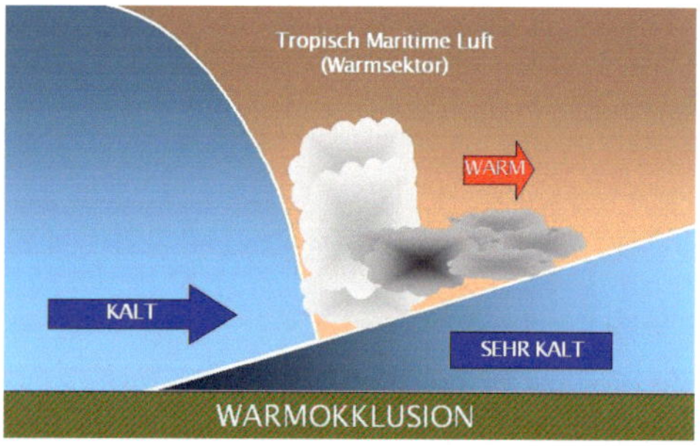
</td>
</tr>
<tr>
<td>Bei der Kaltfrontokklusion verhält sich die Kaltfront tatsächlich wie eine Kaltfront, sie schneidet in die vor ihr liegende Luftmasse, die - relativ gesehen - wärmer als sie selbst ist.</td>
<td>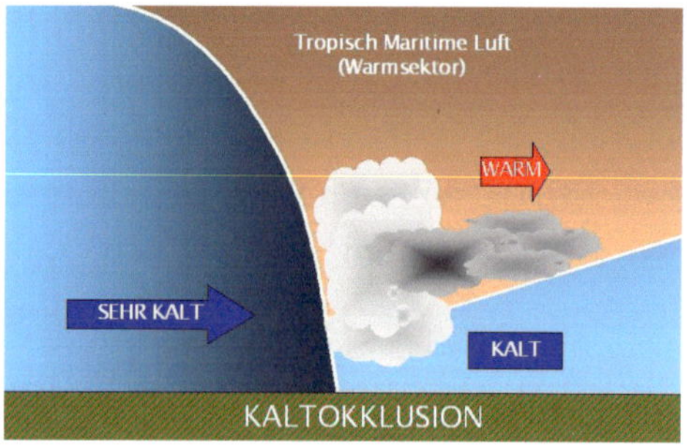
</td>
</tr>
</table>

06 02 07 Stationäre und quasistationäre Front, Wetter und begleitende Wolken

Symbole in der Bodenwetterkarte:

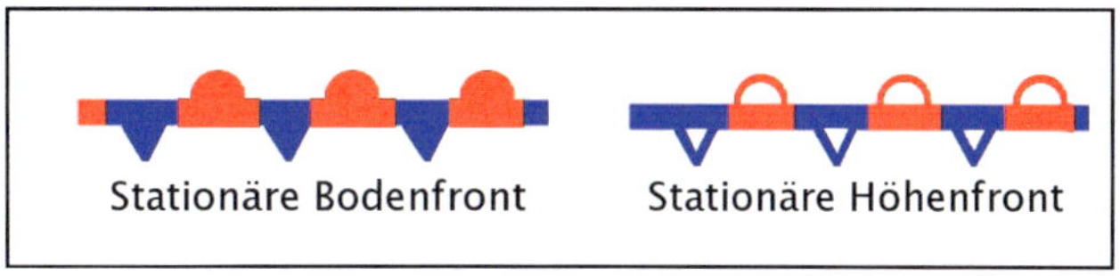

Die Verlagerung einer Front hängt wesentlich von den Druckgegensätzen und der daraus resultierenden Luftströmung ab. Verläuft diese parallel zur Front, handelt es sich um einen rein geostrophischen Wind und die Druckgradientkräfte an der Front heben sich gegenseitig auf. Die Front wird stationär und verliert ihre ursprüngliche Bewegungseigenschaft. Typisch für eine *stationäre Front* ist ein breites Wolken- und Niederschlagsband mit sehr schlechter Sicht und tiefen Wolkenuntergrenzen. Treten keine äußeren Störungen auf, kann eine stationäre Front für lange Zeit am Ort verharren.

Unter einer *quasistationären Front* versteht man eine Front, die sich nicht bzw. sehr langsam verlagert. Sie entspricht jedoch nur in Teilaspekten dem theoretischen Modell einer stationären Gleichgewichtsfront. Wesentliche Unterschiede zum Modell ergeben sich zum Beispiel dadurch, dass an einer quasistationären Front auch frontsenkrechte Windkomponenten relativ zur Frontlinie auftreten. Dies führt dazu, dass an quasistationären Fronten im Gegensatz zur theoretischen stationären Front auch häufig Aufgleitvorgänge mit Wolken- und Niederschlagsbildung beobachtet werden. Quasistationäre Fronten neigen in der Praxis darüber hinaus zur baroklinen Wellenbildung. Es bilden sich also nicht selten Tiefdruckgebiete entlang einer quasistationären Front, die dafür sorgen, dass sich die zunächst weitgehend ortsfeste Front wieder zu verlagern beginnt. Die Polarfront an einer stationären langwelligen Rossby-Welle ist ein Beispiel für eine quasistationäre Front.

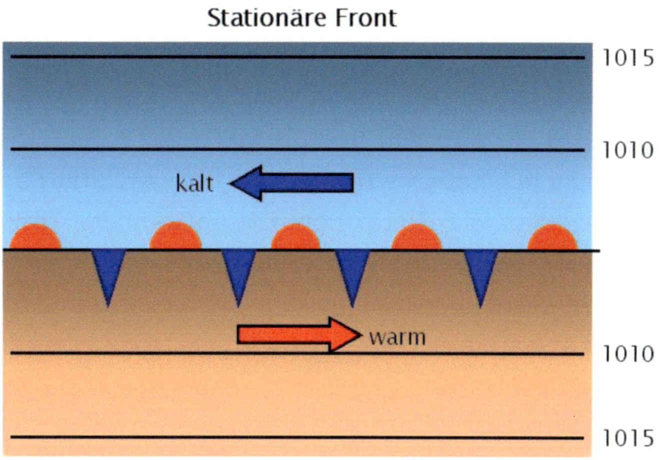

Abbildung 86: Stationäre Front (Grafik: KLSP)

06 02 08 Lebenszyklus der Idealzyklone[12]

Die Idealzyklone (Verlauf am Boden)

Der Begriff der Idealzyklone wurde zuerst vom Meteorologen Bjerknes 1922 eingeführt. Bjerknes betrachtete die Entstehung und den Verlauf einer Idealzyklone am Boden. Der gesamte Prozess lässt sich nach Bjerknes wie folgt erklären.[13]

a. Initialphase Man kann nicht ernsthaft annehmen, dass eine quasistationäre Front wie die Polarfront ihren Zustand (Kaltluft im Norden, subtropische Warmluft im Süden) lange ungestört aufrechterhalten kann. Bei der so genannten Frontogenese (Ausbildung von Kalt- und Warmfront) geht man von einer initialen Störung der Front aus, z. B. einer Temperaturdifferenz an unterschiedlichen Orten.	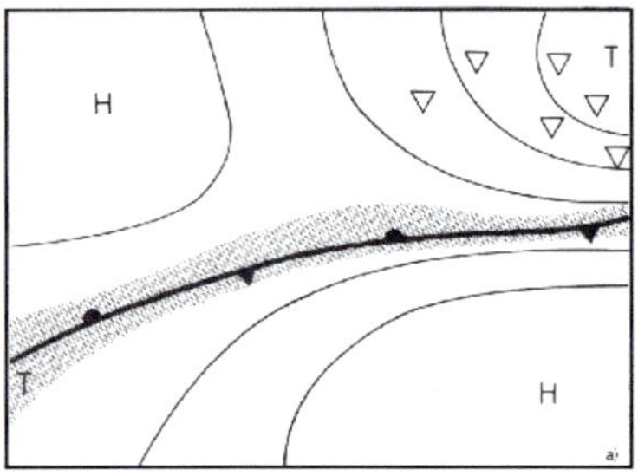
b. Wellenstörung Ausgelöst durch den Temperatur- und damit Druckunterschied entsteht am Boden eine zyklonale Zirkulation, die förderlich für die Frontogenese ist. Warmluft wird in Nordrichtung transportiert und zum Aufsteigen gezwungen. Im Gegensatz dazu bewegen sich absinkende kalte Luftmassen in Richtung Süden. Bei diesem Vorgang wandelt sich durch das Aufsteigen der Warmluft und Absinken der Kaltluft potentielle in kinetische Energie um und verstärkt damit die entstandene Zirkulation. Die entstandene Zirkulation wird durch sich selbst im Sinne einer Mitkopplung verstärkt.	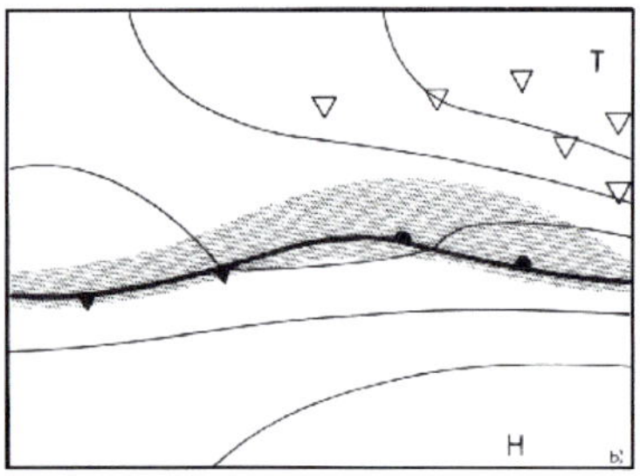

[12] Darstellung dieses Abschnitts in Anlehnung an Fink, Ermert, Übungen zur Synoptik (METSYN) im Wintersemester 2007/2008, Universität Köln

[13] Die Grafiken der folgenden Tabelle wurden übernommen aus Kurz, Synoptische Meteorologie (1990).

c. Warmsektorzyklone

Durch den verstärkten Druckfall, ausgelöst durch Divergenzen in der Höhe, wird die zyklonale Zirkulation des Tiefs immer weiter verstärkt. Rückseitig der Kaltfront wird die Atmosphäre labilisiert und es bilden sich häufig Schauer und Gewitter. An der Warmfront gleitet die warme auf die kalte Luftmasse auf und es bilden sich lang anhaltende Niederschläge.

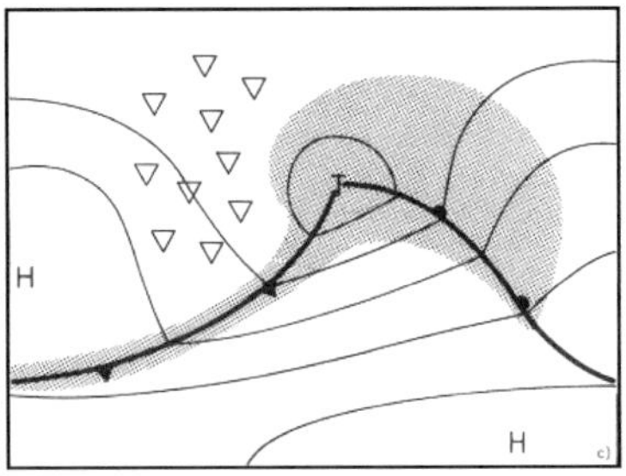

d. Okklusion

Im Weiteren läuft die Kaltfront schneller als die Warmfront und holt diese ein. Meist ist der Kerndruck des entstandenen Tiefs in dieser Phase am geringsten und es treten die stärksten Winde auf. Im Bereich der Okklusion wird die warme Luftmasse gehoben und darunter entstehen häufig starke Niederschläge.

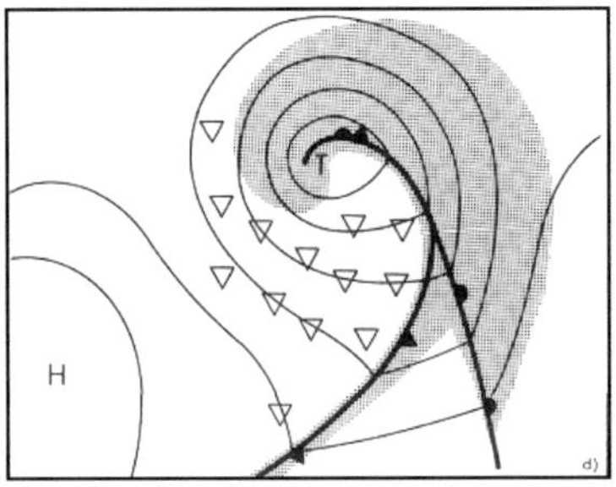

e. Okkludiertes Tief im Endstadium

Der Kern des Tiefs verlagert sich nur noch langsam, wodurch das Frontensystem zyklonal um das Tief herum schwenkt. Das Wolken- und Niederschlagsband der Okklusion bekommt eine Spiralform. Wolkenlücken entstehen dadurch, dass die Kaltluft ebenfalls um den Kern des Tiefs herum geführt wird.

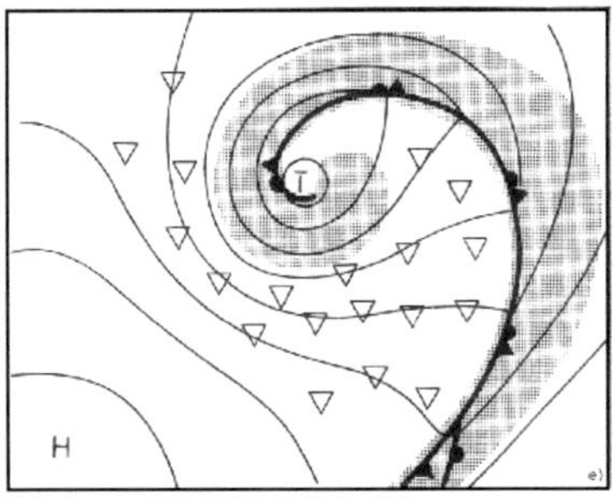

f. Die Entwicklung kommt zum Stillstand, da die Warmluft durch Hebung adiabatisch gekühlt und die Kaltluft durch Subsidenz erwärmt wird. Damit werden die Temperaturgegensätze im Bereich der Okklusion abgebaut. Somit bricht die Energiezufuhr für die zyklonale Rotation ab und durch die Bodenreibung wird die Drehbewegung der Luft beendet. Das Tief wird schließlich druckseitig „aufgefüllt".

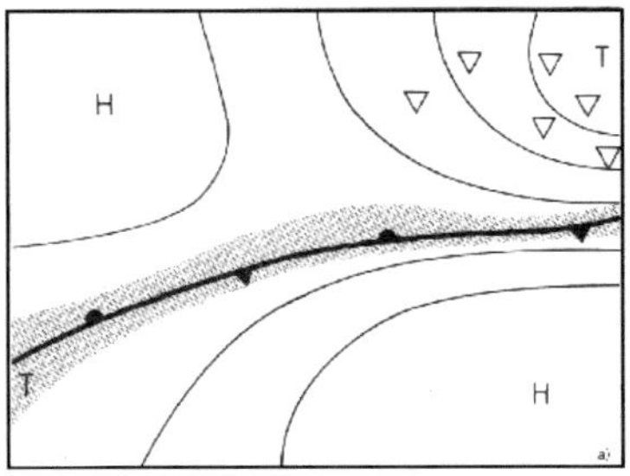

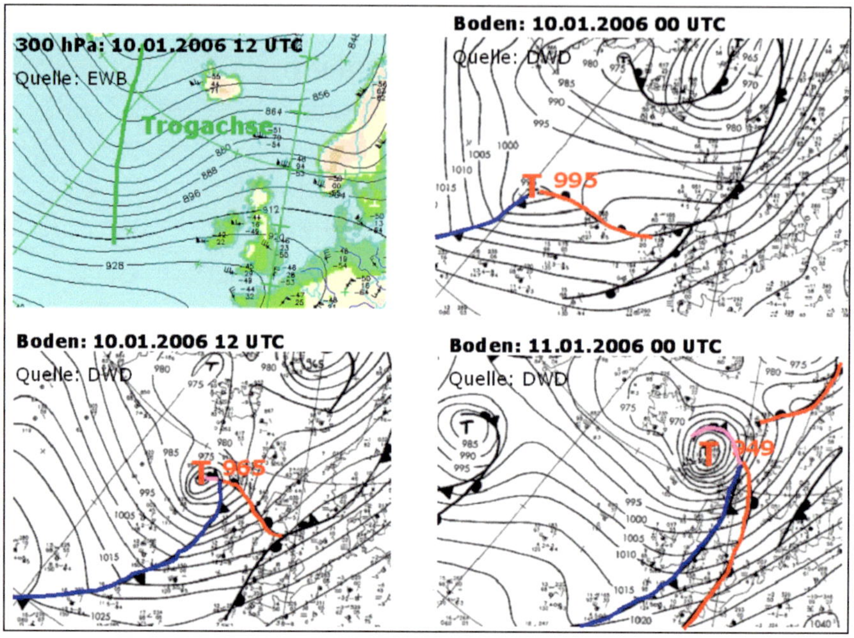

Abbildung 87: Beispielverlauf einer Zyklone (Quelle: Fink, Ermert, Universität Köln)

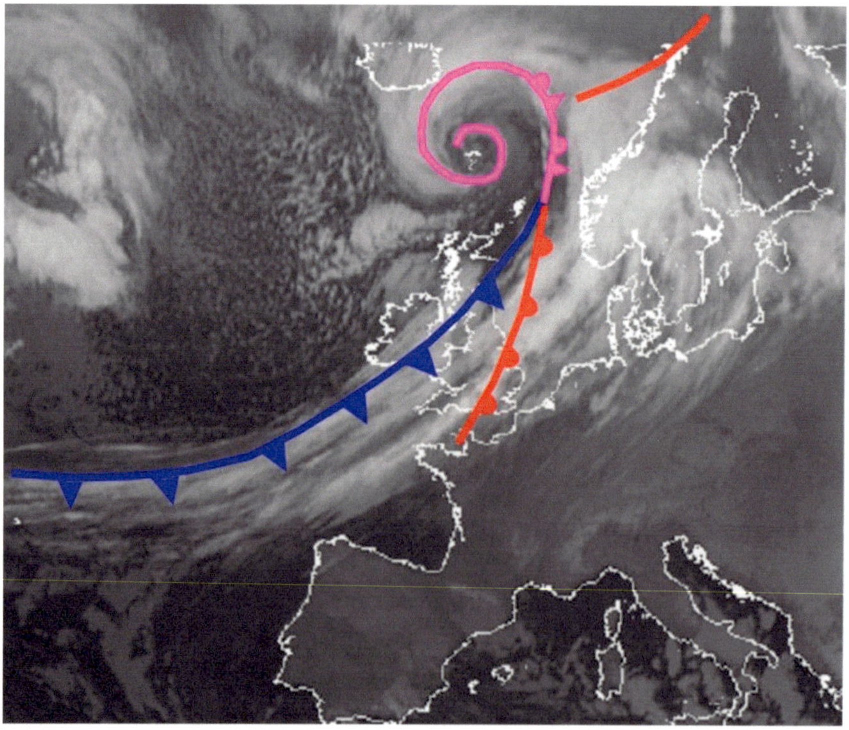

Abbildung 88: IR-Bild: 11.01.2006 00 UTC (Quelle: Fink, Ermert, Universität Köln, DWD)

Die Idealzyklone (Verlauf in der Troposphäre)

Der Lebenszyklus von Zyklonen kann sehr unterschiedlich ausfallen, häufig treten jedoch typische Entwicklungsstadien auf. Im Unterschied zur Darstellung nach Bjerknes wird im Folgenden die Entwicklung einer Idealzyklone in der gesamten Troposphäre betrachtet.[14]

A. Eine kleine Welle an der Polarfront führt häufig zur Initialisierung einer Zyklone.

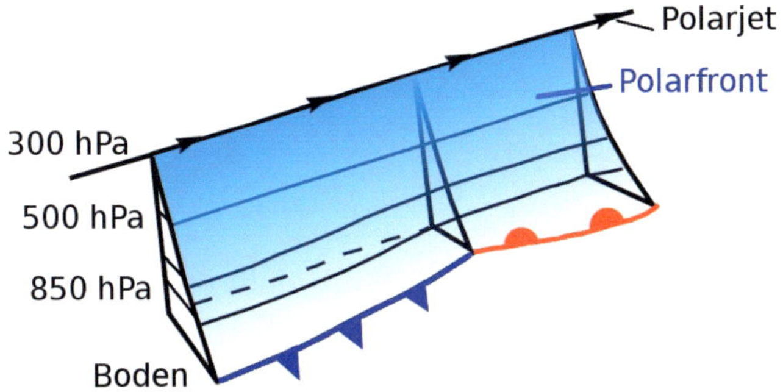

B. Druckfall am Boden verursacht eine Zirkulation, die kalte Luft in Richtung warme und warme in Richtung kalte Luft transportiert.

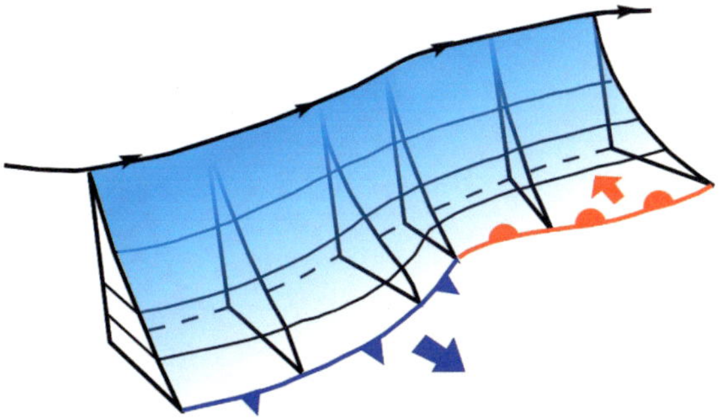

C. Die Kaltfront kommt schneller voran als die Warmfront, wodurch sich der Warmsektor verengt. Die Polarfront beginnt zu mäandrieren.

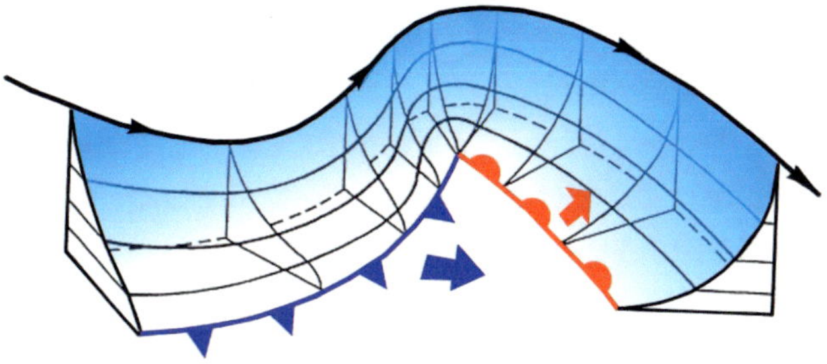

---

[14] Die Basisgrafiken der folgenden Darstellungen wurden übernommen aus Defant und Mörth, 1978: Compendium of Meteorology. Volume I. Part 3 – Synoptic Meteorology. WMO Document No. 364.

D. Die Kaltfront erreicht die Warmfront und es bildet sich eine Okklusion, an der warme Luftmassen gehoben werden. Der Polarjet und die Polarfront beginnen sich einzudrehen.

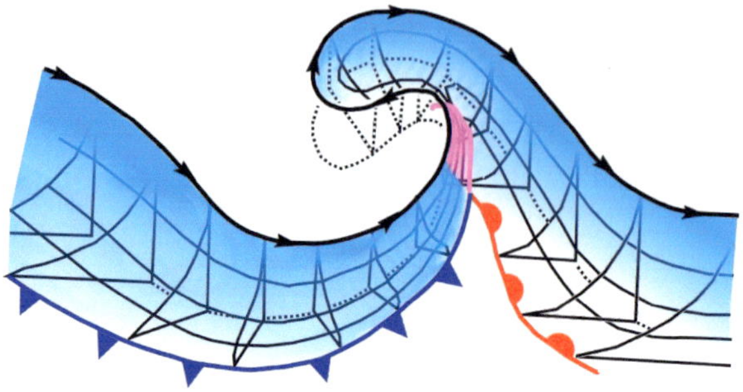

E. Das Tiefdruckgebiet ist nahezu vollständig okkludiert. Die warme Luftmasse ist fast vollständig gehoben und die Okklusion dreht sich spiralförmig im Kern der Zyklone ein. In der Höhe beginnt sich oft kalte Luft von der polaren Luftmasse abzuschnüren. In der oberen Troposphäre bildet sich eine geschlossene Zirkulation aus.

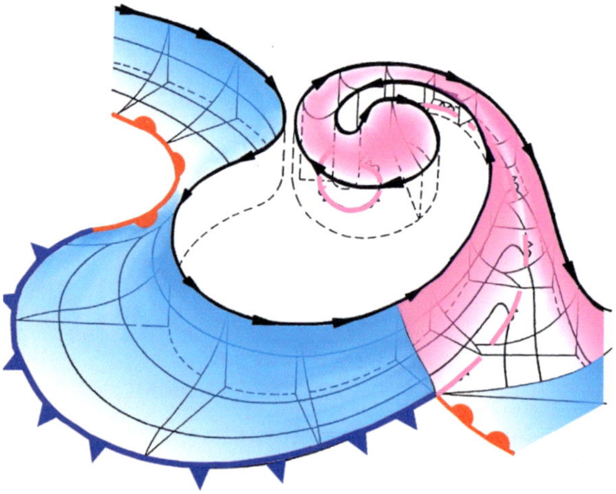

F. Cut-Off eines Kaltluft-Höhentroges

Die Abschnürung eines Troges (d. h. von Kaltluft) von der Höhenströmung wird als so genannter *Cut-Off-Prozess* bezeichnet. Kalte Luft, die sich vollständig von der Polarkalotte abgeschnürt hat und eine eigenständige Zirkulation aufweist, stellt einen so genannten „Cut-Off" dar. Die kalte Luft schiebt sich keilförmig unter die warme Luftmasse in ihrer Umgebung, wodurch Hebungsprozesse verursacht werden.

Cut-Offs lösen sich entweder langsam auf oder integrieren sich wieder in die Höhenströmung.

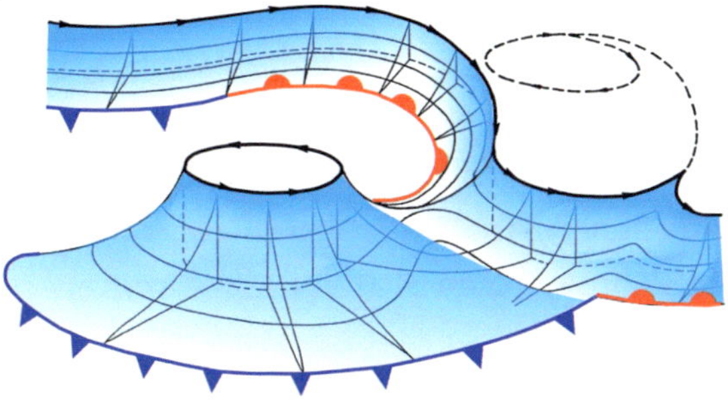

Cut-Off (Eigenschaften)

Cut-Offs haben eine lange Lebensdauer und sind schwer vorhersagbar. Dies gilt insbesondere für die Verlagerung eines Cut-Offs, denn dessen Bewegung wird nicht mehr durch die Höhenströmung sondern vor allem durch die Luftdruckverteilung (z. B. Antizyklonen) gesteuert.
In der Höhe weist der Cut-Off tiefes Geopotenzial und am Boden meist tiefen Luftdruck auf. In der Bodenkarte sind deshalb häufig geschlossene Isobaren zu erkennen. Ist dies nicht der Fall, so ist durch das Abschnüren der Kaltluftmasse ein Kaltlufttropfen entstanden, der einen speziellen Cut-Off darstellt (s. u.). In den meisten Fällen liegt jedoch unter der abgeschnürten Kaltluft oder an dessen Rand ein Tiefdruckgebiet, das mit seinen Fronten die Wetterlage beeinflusst.

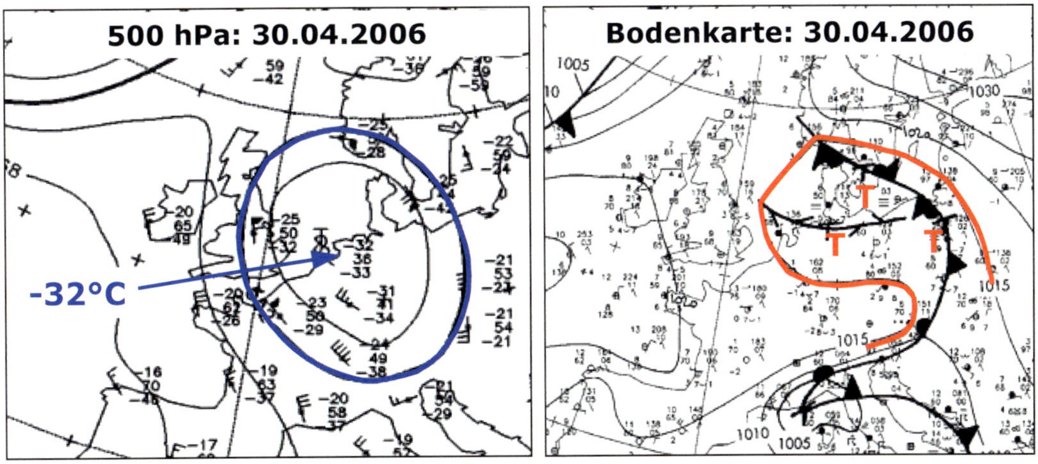

Abbildung 89: Beispiel Cut-Off in Höhen- und Bodenkarte
(Quelle: Fink, Ermert, Universität Köln; Basiskarten DWD)

Kaltlufttropfen

Ein Kaltlufttropfen ist ein besonderer Cut-Off. Im Falle eines *Kaltlufttropfens* isoliert sich in der mittleren und oberen Troposphäre kalte Polarluft. Kaltlufttropfen entstehen beim Cut-Off-Prozess oder als Relikt einer voll entwickelten Zyklone, deren Bodenwirbel sich aufgefüllt hat. Der Kaltlufttropfen weist in der unteren Troposphäre keine Tiefdruckaktivität auf. Am Boden sind im Isobarenfeld keine geschlossenen Isobaren erkennbar. In höheren Schichten lassen sich vor allem mittels relativer Topographien geschlossene Isohypsen ausmachen.

Kaltlufttropfen lösen sich nur langsam auf. Einerseits führt hochreichende Konvektion zu freiwerdender latenter Wärme und damit zur Erwärmung der kalten Luft. Durch horizontale Durchmischung kommt es andererseits gleichfalls zur sensiblen Wärmezufuhr.

Die Verlagerung von Kaltlufttropfen erfolgt in der Regel in Richtung der unteren Strömung. Häufig kommen Kaltlufttropfen in den Übergangsjahreszeiten vor. Über dem Mittelmeer treten dabei typischerweise Gewitter mit ergiebigen Niederschlägen auf.

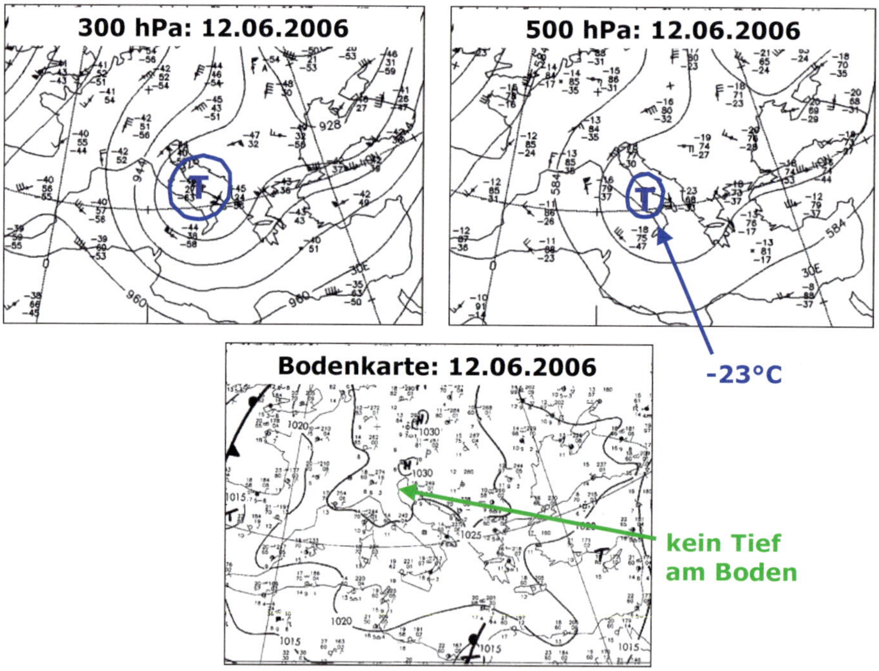

Abbildung 90: Beispiel für einen Kaltlufttropfen in Höhen- und Bodenkarte
(Quelle: Fink, Ermert, Universität Köln; Basiskarten DWD)

06 02 09 Veränderungen der meteorologischen Größen an einer Wetterfront

Die folgende Abbildung gibt eine Übersicht über die Änderungen bekannter meteorologischer Größen wie Luftdruck, Temperatur, Windrichtung und Windstärke beim Durchzug einer Wetterfront.

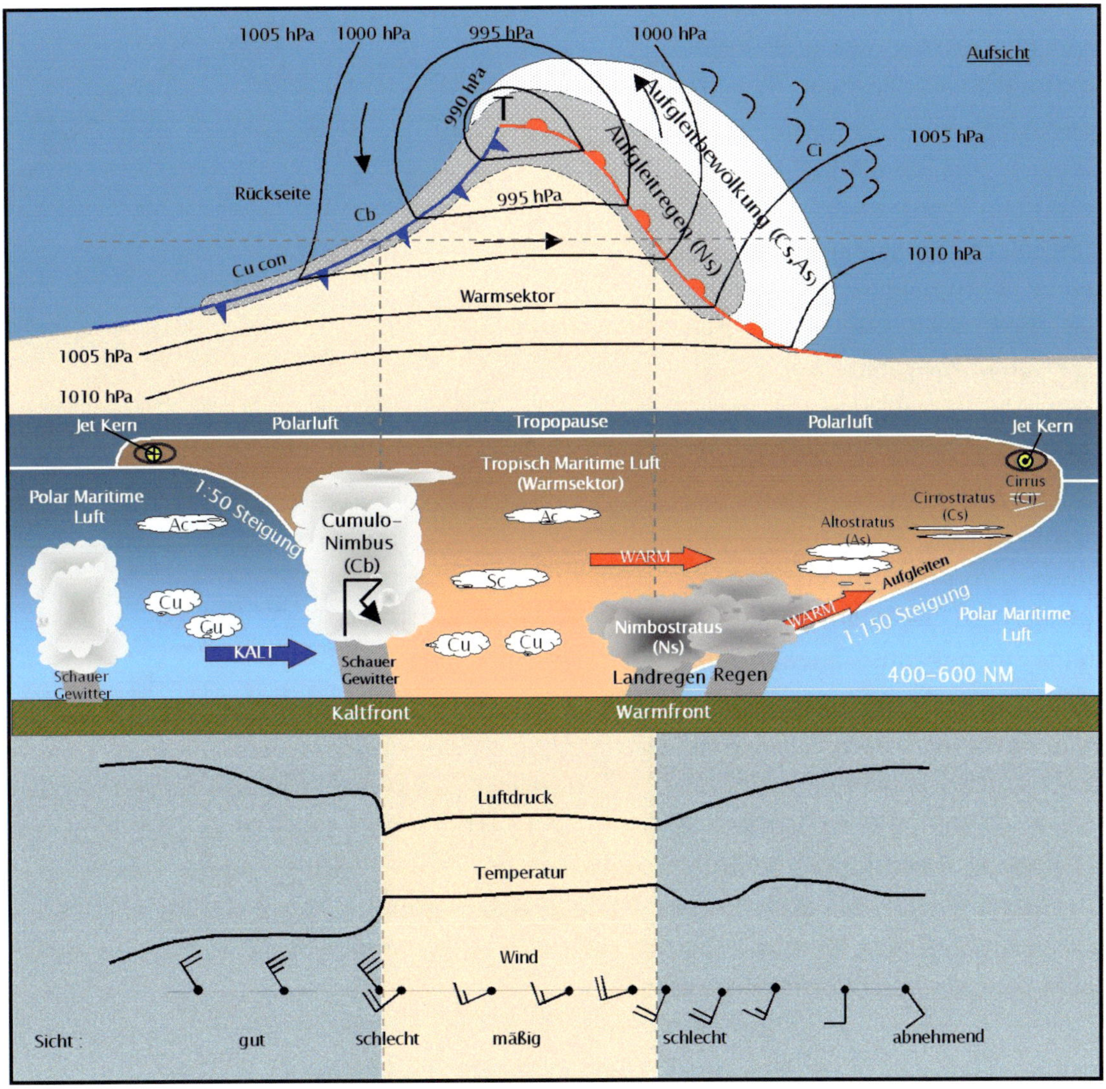

Abbildung 91: Idealzyklone nach Bjerknes (1922)
(Grafik :KLSP)

Die Bewegungsrichtung einer Zyklone

Isallobarischer Wind. Die Verlagerung von Frontalzonen wird erst durch Winde möglich, die senkrecht zur Front orientiert sind. Frontparallele Winde hingegen verursachen keinerlei Verlagerungen von Fronten. Für das Entstehen von frontsenkrechten Winden und damit die Verlagerung von Fronten sind Druckunterschiede zu beiden Seiten der Front entscheidend. Die Front wandert zur Seite mit dem stärksten Druckfall und bewegt sich um so schneller, je größer der Unterschied in den Drucktendenzen zwischen beiden Seiten ist. In der Meteorologie wird dieser Vorgang durch den so genannten *isallobarischen Wind* (eine so genannte ageostrophische Windkomponente) beschrieben, der vom Drucksteig- zum Druckfallgebiet gerichtet ist. Genau genommen verlagern sich Fronten in Abhängigkeit von der frontsenkrechten Komponente des isallobarischen Windes. Die Richtung und Stärke des isallobarischen Windes kann mit Hilfe von so genannten *Isallobaren* (Linien gleicher Drucktendenz) analysiert werden.

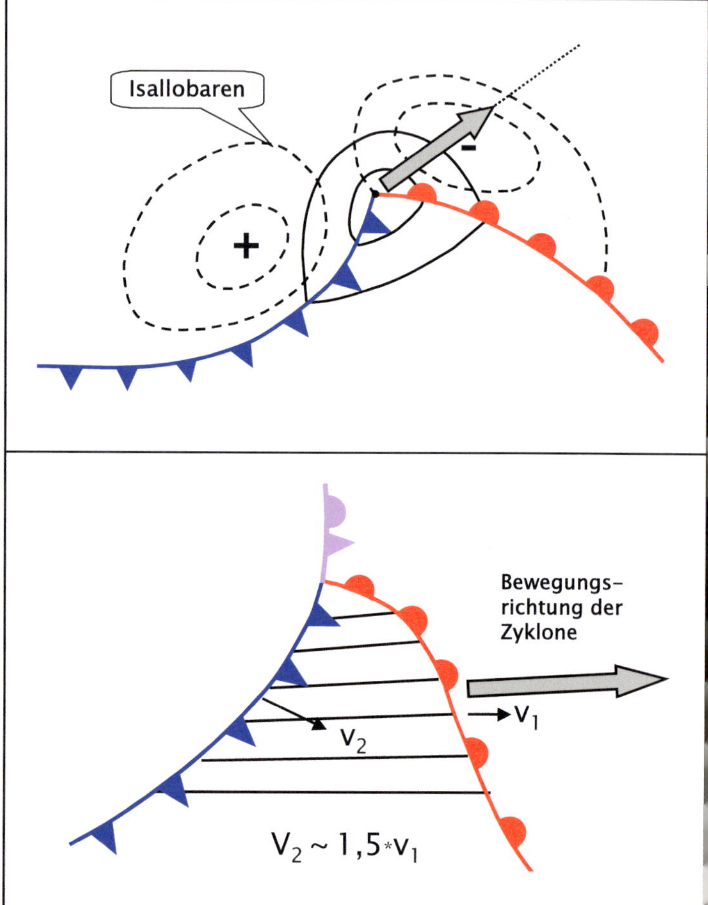

Abbildung 92: Eine Zyklone bewegt sich stets in Richtung der Isobaren des Warmsektors (Grafiken: KLSP)

Hieraus lässt sich unter Anderem folgende vereinfachte Merkregel ableiten:
<u>Eine Zyklone bewegt sich am Boden stets in Richtung der Isobaren des Warmsektors</u>.

Die Bewegungsgeschwindigkeiten der Kalt- und Warmfront

Eine weitere interessante Frage, die oft gestellt wird, ist: Warum bewegt sich die Kaltfront schneller, nämlich in etwa anderthalb mal so schnell (stark abhängig von der Wettersituation), als die Warmfront? Der Grund hierfür liegt hauptsächlich an zwei atmosphärischen Prozessen:

Größerer Gradient im Isallobarenfeld. Kaltfronten verlagern sich schneller als Warmfronten, da Kaltfronten im Mittel einen größeren Gradienten im Isallobarenfeld aufweisen. Hinter der Kaltfront folgt typischerweise ein Zwischenhoch, weshalb hinter der Kaltfront der Druck stark ansteigt. Vor der Kaltfront herrschen im Warmsektor hingegen meist etwas schwächere Drucktendenzen. Durch den starken Druckfall vor und den starken Druckanstieg hinter der Front wird die Kaltfront quasi angesaugt (die Atmosphäre wirkt wie ein Staubsauger).

Einfluss der Bodenreibung und Energietransport aus der Oberströmung. Die Wirkung des isallobarischen Windes auf die Frontverlagerung wird stark durch die Bodenreibung beeinflusst, wodurch starke Unterschiede zwischen Warm- und Kaltfronten auftreten. Die Windzunahme in der planetaren Grenzschicht (siehe Abb. rechts) richtet die Kaltfront stark auf. Zusätzlich stößt häufig die Kaltluft in der Höhe schneller vor als in direkter Bodennähe. Die Bodenreibung führt dagegen an der Warmfront dazu, dass diese eine flache Lage einnimmt und die Bodenfront gegenüber der Warmfront weit zurück bleibt. Die Bodenreibung führt also zu unterschiedlichen Schichtungen (Kaltfront: unten warm, oben kalt; Warmfront: unten kalt, oben warm), welche die atmosphärische Stabilität beeinflusst. Die Schichtung der unteren Atmosphäre wird an der Kaltfront destabilisiert und an der Warmfront stabilisiert.

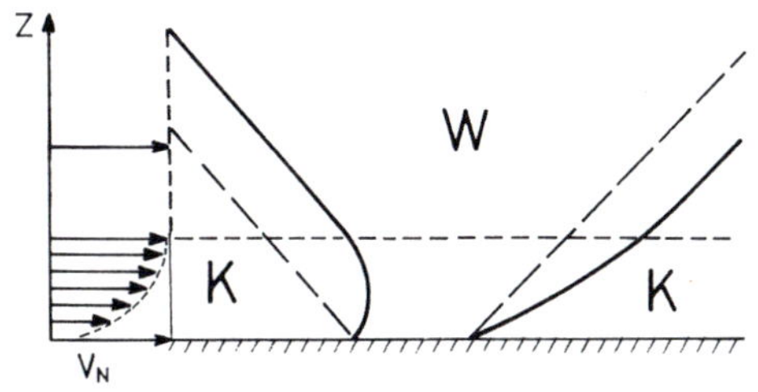

Abbildung 93: Einfluss der planetaren Genzschicht (Quelle: Kurz, Syn. Meteorologie)

Eine wichtige Rolle für die Beschleunigung der Kaltfront spielt die geringe atmosphärische Stabilität im Bereich der Frontalzone. Die Destabilisierung führt dazu, dass Luftpakete in der planetaren Grenzschicht leicht auf- oder absteigen können. Das Auf- und Absteigen von Luftpaketen kann durch verschiedene atmosphärische Prozesse ausgelöst werden. Zum einen kann durch die solare Strahlung die Luftschicht in Bodennähe erwärmt werden und es entsteht *thermische Turbulenz*. Zum anderen nehmen die Windgeschwindigkeiten zum Boden hin aufgrund der Reibung ab, was eine Scherung in der Windgeschwindigkeit zwischen Boden und den darüber befindlichen Niveaus verursacht. Die Windscherung erzeugt Turbulenz, die so genannte *mechanische Turbulenz*. Diese Turbulenz führt nun dazu, dass es in der Grenzschicht zum Energietransport aus dem Energievorrat der schnelleren Oberströmung kommen kann. An der Kaltfront wird der Transport von Geschwindigkeiten aus oberen Schichten der Grenzschicht in Richtung des Bodens dadurch gewährleistet, dass durch die Turbulenz Luftpakete absteigen können. Hinzu kommt, dass durch die vertikale Verlagerung potenzielle Energie (Lageenergie) in kinetische Energie (Bewegungsenergie) umgewandelt wird. Außerdem löst die Kaltfront häufig hochreichende Konvektion aus. Die entstehenden Gewitter- oder Schauerzellen verursachten teils starke Abwinde ("downdrafts"), die zu Microbursts führen. Bei Passage der Kaltfront wird deshalb häufig das Auftreten von zahlreichen Böen beobachtet. Alle diese Prozesse führen zu höheren Windgeschwindigkeiten in Bodennähe und beschleunigen dadurch das Voranrücken der Kaltfront.

Im Gegensatz dazu herrschen an der Warmfront stabile atmosphärische Verhältnisse, da sich warme Luftmassen über kalte schieben. Die Stabilität verhindert ein entsprechendes vertikales Umlagern von Windgeschwindigkeiten und eine Beschleunigung der Warmfront bleibt damit aus.

07 00 00
LUFTDRUCKZONEN

07 01 00 Globale Luftdruckzonen

07 01 01 Orte der globalen Luftdruckzonen

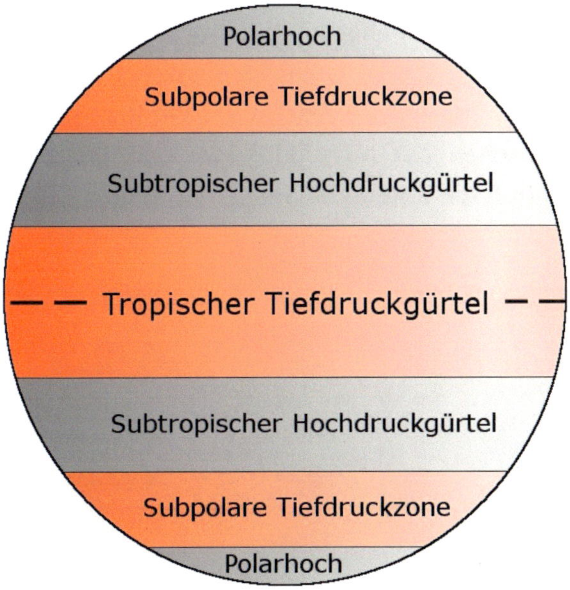

Abbildung 94: Die Hauptluftdruckzonen, idealisiertes Modell (Grafik: KLSP)

Die Luftdruckgebiete entstehen aufgrund der unterschiedlichen solaren Einstrahlung (am Äquator besteht ein Nettostrahlungsgewinn, an den Polen Nettostrahlungsverlust) und verteilen sich zonal um den Erdglobus, wobei an ihren Grenzen jeweils ein Energieaustausch stattfindet. Wir beschreiben im Folgenden wegen der Symmetrie nur eine Halbkugel.

Am Pol herrscht die *polare Hochdruckzone* in 65°-90° Breite mit trockener und kalter Luft, gefolgt weiter südlich von der *subpolaren Tiefdruckzone* in 35°-65° Breite, deren

Wetter im Bereich von 40°-65° Breite durch die wandernden Tiefs der Polarfront bestimmt ist.

Weiter südlich, in 20°-35° Breite befindet sich der *subtropische Hochdruckgürtel* mit warmem und trockenem Hochdruckwetter, das über Land zu Wüstenbildung und Versteppung führt. Es schließt sich in 0°-20° Breite der *tropische Tiefdruckgürtel* an, der noch einmal in die *tropische Übergangszone* (10°-20° Breite) mit einer Trocken- und Feuchtperiode und Savannenklima und in die zentrale immerfeuchte Äquatorzone (0°-10° Breite) zerfällt, die jeweils zu den Wendezeiten des Sonnenstandes zwischen zwei Regenzeiten wechselt.

Das beschriebene zirkulatorische System des Erdglobus verschiebt sich dabei durch die Neigung der Erdachse jahreszeitbedingt im Sommer der Nordhalbkugel nach Norden und im Sommer der Südhalbkugel nach Süden, wegen der Dauer für die Erwärmung von Erdmasse und Ozeanen allerdings mit einer zeitlichen Verzögerung.

Das beschriebene System ist natürlich ein idealisiertes Modell, dass die Details des chaotischen Wettergeschehens nur im Groben beschreiben kann.

Tatsächlich besteht zwischen der Nordhalbkugel und der Südhalbkugel ein großer Unterschied, bedingt durch die unterschiedliche Verteilung der Landmassen.

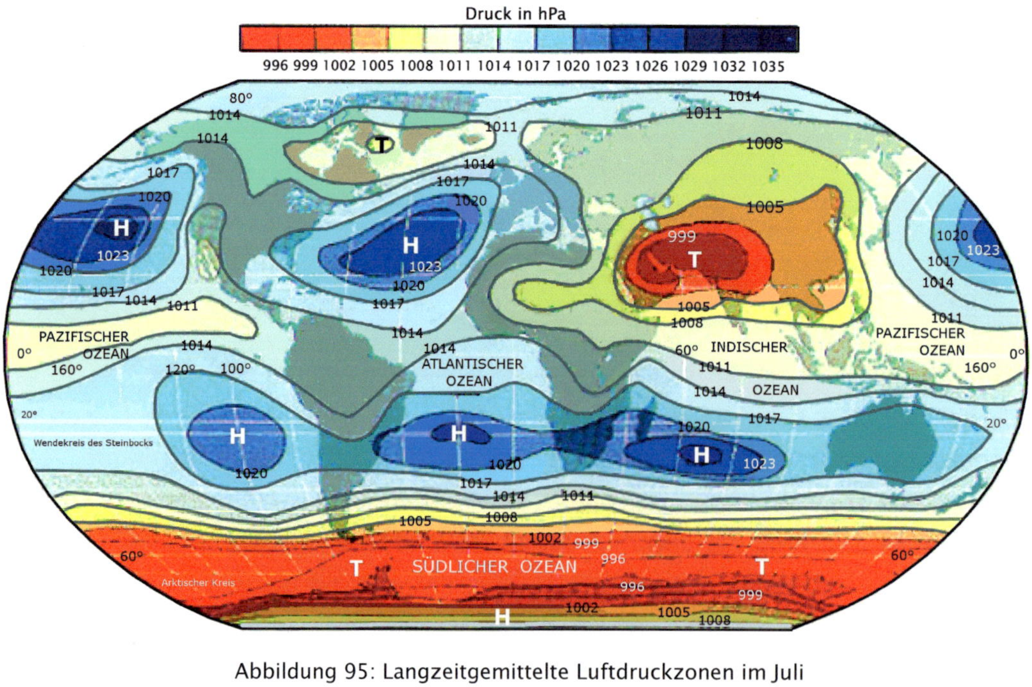

Abbildung 95: Langzeitgemittelte Luftdruckzonen im Juli
(Darstellung nach de Brij, 1996)

Luftdruckzonen im Juli. Im Sommer der Nordhalbkugel bilden sich typische Hauptluftdruckzonen aus (siehe Abbildung 95). Unter ihnen ist in Europa das Azorenhoch am bekanntesten, das im Sommer nach Westen in Richtung Bermudas wandert. Ähnliche Hochdruckgebiete bilden sich über der Nord- und Südhälfte des Pazifik, über dem Südatlantik und über dem südlichen indischen Ozean aus, wobei die Hochdruckgebiete auf der Südhalbkugel allesamt im Bereich des Wendekreises des Steinbocks liegen. Gleichzeitig entsteht über dem asiatischen Festland durch die starke Erwärmung der riesigen Landmasse (aufsteigende Luft) ein Tiefdruckgebiet (westindisches Monsuntief), wobei weiter nördlich in Sibirien in der Regel eine uniforme Luftdruckverteilung vorherrscht.

Luftdruckzonen im Januar. Im Winter der Nordhalbkugel wandert das globale Zirkulationssystem um etwa zehn Breitengrade nach Süden. In Sibirien und in Kanada entwickeln sich dabei stabile Hochdruckgebiete. Das Azorenhoch wandert im Winter von den Bermudas nach Osten zu den Azoren. Über Grönland/Island und über den Aleuten am Beringmeer bilden sich Tiefdruckgebiete aus (siehe auch Abbildung 121).

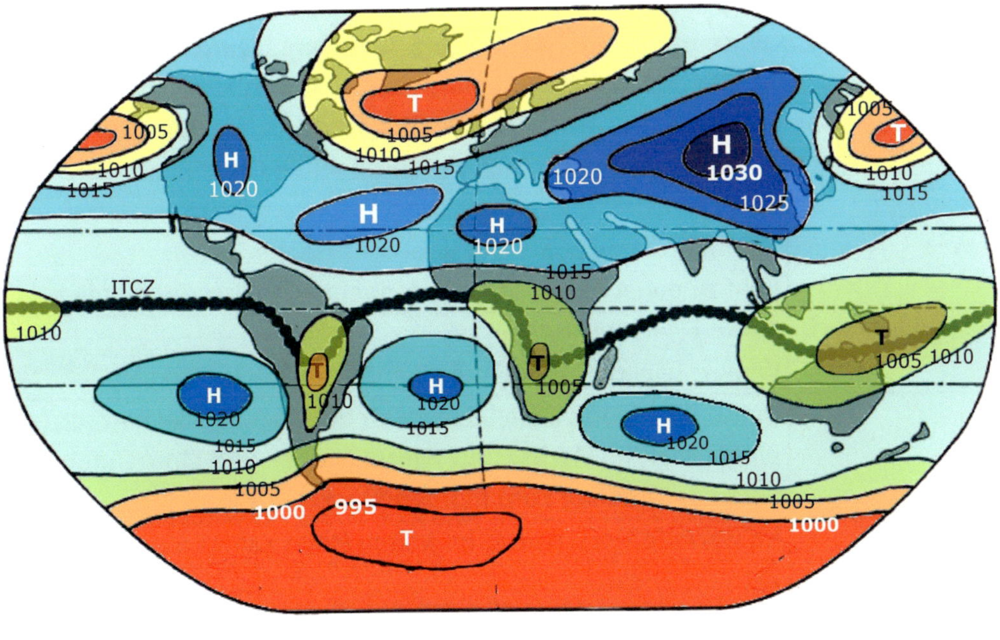

Abbildung 96: Luftdruckverteilung Im Januar (Darstellung nach Clausen, 1999)

Betrachtet man die beiden Luftdruckverteilungen im Vergleich, so fällt insbesondere auf, dass die riesige asiatische Landmasse in Bezug auf das idealisierte Klimamodell eine Art Anomalie auslöst. Im Sommer der Nordhalbkugel entsteht dort im subtropischen Hochdruckgürtel ein Monsuntief und im Winter ein kaltes sibirisches Hochdruckgebiet, das bis weit nach Norden in die subpolare Tiefdruckzone reicht.

07 02 00 Hochdruckgebiete

07 02 01 Hoch, Typen und ihre Eigenschaften, Hochdruckrücken und -keil

Ein Hochdruckgebiet (engl. anticyclone) ist eine Zone mit relativ hohem Luftdruck. Die Isobaren sind meist kreisförmig oder oval mit größeren Abständen zueinander ausgebildet mit einem Luftdruckmaximum im Zentrum.
Man unterscheidet im Wesentlichen zwei verschiedene Typen von Hochdruckgebieten: das warme Hoch und das kalte Hoch.

- Das *warme Hoch* ist durch einen Überschuss an Luft in den höheren Schichten gekennzeichnet. Die Luft wird beim Absteigen komprimiert und dadurch erwärmt, wodurch der Druck und die Temperatur am Boden steigt. Warme Hochs bilden sich meist in niederen Breiten. Ein typisches Beispiel für ein warmes Hoch ist das Azorenhoch.
- Das *kalte Hoch* ist durch hohe Luftdichte und tiefe Temperaturen am Boden gekennzeichnet. Sie bilden sich im Polargebiet und in oberen Breiten. Ein typisches Beispiel für ein kaltes Hoch ist das sibirische Hoch im Winter.

Das Wetter im Hochdruckgebiet zeichnet sich durch folgende Charakteristiken aus:

Wolken	Sommer: keine außer am Rand des Hochs Winter: meist keine, aber Bodennebel und Stratus möglich
Niederschlag	Sommer: Keiner Winter: leichter Niesel aus einer Stratusdecke möglich
Sicht	Im Allgemeinen gut, allerdings in der Regel schlechter als bei einem Tief, im Herbst und Winter Nacht- und Morgennebel, im Sommer Tendenz zum Morgendunst
Temperatur	Im warmen Hoch warm, im kalten Hoch kalt
Wind	Kein bis leichter Wind

Blockierendes Hochdruckgebiet

Hochdruckluftmassen kommen entweder aus subtropischen Regionen oder im Winter aus der Polarregion. In Europa kommen sie von den Bermudas (Sommer) oder den Azoren (Winter) und wandern von dort ostwärts. Ein sehr großes Hoch oder mehrere kleinere, zusammenhängende Hochs können die normale Sequenz von Tiefdruckgebieten auf ihrem Weg von West nach Ost nach Norden abdrängen. In einem solchen Fall sprechen die Meteorologen von einem blockierenden Hoch. Eine solche Konstellation kann für mehrere Tage anhalten.

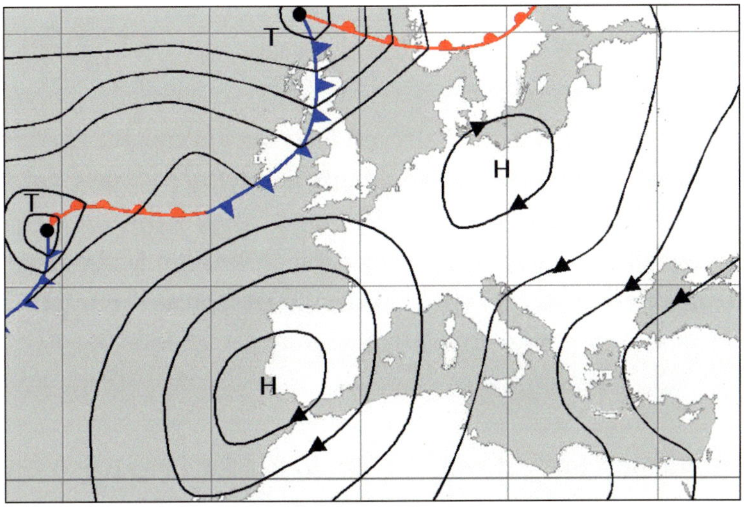

Abbildung 97: Blockierendes Hoch (Grafik: KLSP)

Als weitere Ausprägungen von hohem Luftdruck kann ein *Hochdruckrücken* (engl. ridge) oder *Hochdruckkeil* (engl. wedge) entstehen.
Ein Hochdruckkeil bildet sich als keilförmige Ausbuchtung aus einem Hochdruckgebiet heraus und fungiert oft als Wetterbrücke mit gutem Hochdruckwetter zwischen zwei Tiefdruckgebieten.
Eine Sattelkonstellation (engl. col) bildet sich aus, wenn sich auf einer Linie ein Mini-

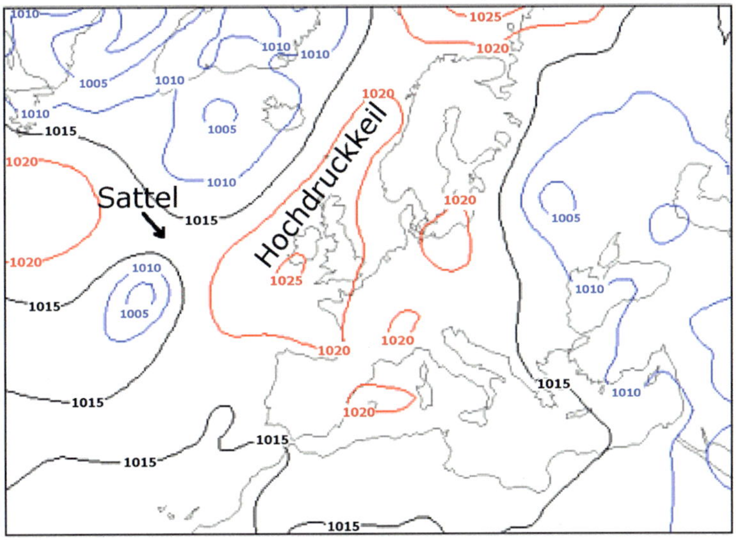

Abbildung 98: Ein Sattel westlich von Irland und ein Hochdruckkeil westlich von Norwegen (Grafik: KLSP)

mum zwischen zwei Hochdruckgebieten bildet und in der dazu senkrechten Richtung links und rechts ein Tief entsteht. Die Isobarenfläche hat dann an dieser Stelle die Form eines Sattels.

07 03 00 Tiefdruckgebiete außerhalb von Fronten

07 03 01 Thermisches Tief, orografisches Tief, Polartief, Sekundärtief, Tiefdrucktrog

Tiefdruckgebiete können auch außerhalb von Fronten entstehen. Ein auslösender Faktor kann zum Beispiel warme aufsteigende Luft darstellen, sodass am Boden Konvergenz entsteht und in der Höhe die Luft divergiert. Dies kann im kleinen Maßstab in Form eines Wärmegewitters geschehen aber auch im großen Maßstab wie zum Beispiel durch die extreme Hitze in den Tropen an der Intertropical Front (ITF). In einem solchen Fall spricht man von einem *thermisch bedingten Tiefdruckgebiet*, auch Hitzetief genannt.

Tiefdruckgebiete können auch durch die Orografie der Landschaft entstehen, wenn durch deren Form die Luftmassen großflächig zum Aufsteigen gezwungen werden (z. B. bei der Genua-Zyklogenese). Wiederum entsteht am Boden Konvergenz und Divergenz in der Höhe. Man spricht in einem solchen Fall von einem *orografischen Tief*.

Abbildung 99: Polartief über der Barentssee (Foto: NOAA)

Beim *Polartief* handelt es sich um eine spezielle Form von Tiefdruckgebieten über polarem Meeresgebiet. Entscheidend für seine Entstehung ist das Vorhandensein sehr kalter (arktischer) Luft bis in höhere Luftschichten über einer relativ warmen Meeresoberfläche. Hierdurch können sehr intensive Tiefdruckgebiete entstehen mit einem Durchmesser einiger hundert Kilometer und einer Lebensdauer von etwa 1-2 Tagen. Ein typisches Entstehungsgebiet ist das Nordmeer vor der skandinavi-

schen Küste (Barentssee). Gefürchtet sind die Polartiefs wegen ihrer plötzlich auftretenden Schneestürme.
Die Entstehung von Polartiefs lässt sich hinsichtlich ihrer Ursache möglicherweise mit tropischen Stürmen vergleichen. In beiden Fällen stammt die Energie aus einer erheblichen Temperaturdifferenz zwischen Meeresoberfläche und den darüber befindlichen Luftmassen in Verbindung mit einer instabilen Schichtung. Zur Entstehung von Polartiefs gibt es unter Wissenschaftlern unterschiedliche Interpretationsansätze.

Neben einem Zentraltief kann sich ein *Sekundär- oder Randtief* (engl. secondary low oder secondary depression) oder ggf. auch mehrere Sekundärtiefs ausprägen. Das Sekundärtief ist kleiner und dreht sich im Gegenuhrzeigersinn um das steuernde Zentraltief herum. Das Wetter im Sekundärtief ist bis auf eine mögliche Abschwächung meist identisch zum Wetter im primären Tief.

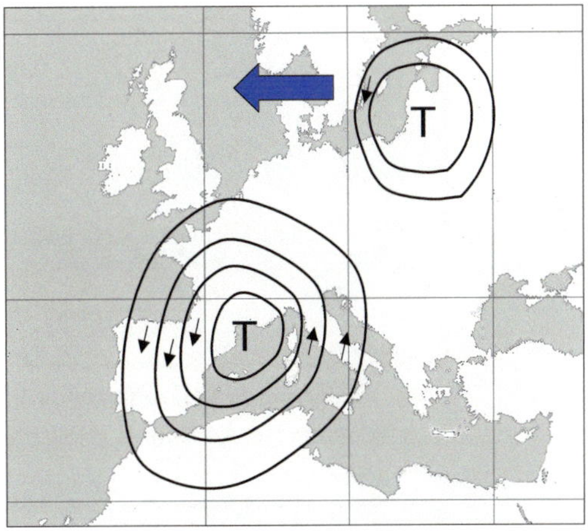

Abbildung 100: Steuerndes Zentral- und Sekundärtief (Grafik: KLSP)

Ein *Tiefdrucktrog* (engl. trough of low pressure), auch kurz *Trog* genannt, ist charakterisiert durch eine Achse tiefen Luftdrucks (in der Höhe tiefen Geopotenzials), die sich vom Zentrum eines Tiefdruckgebietes in eine bestimmte Richtung erstreckt. Die Achse tieferen Drucks bzw. Geopotenzials wird als *Tiefdruckrinne* bzw. *Trogachse* (engl. trough line) bezeichnet.

Ein Tiefdrucktrog kann sowohl als Teil einer Frontdepression z. B. an der Polarfront entstehen als auch unabhängig davon. Im zweiten Fall treten Tiefdrucktröge oft als Höhentrog auf, der auf einer Bodenwetterkarte nicht zu erkennen ist. Häufig ist ein solcher Höhentrog von einem Höhenrücken, auch kurz *Rücken* genannt, an anderer Stelle begleitet (siehe Abbildung 102).

Die Begriffe Trog und Rücken werden fast ausschließlich bei Höhenkarten verwendet, bei Bodenkarten spricht man dagegen von Tiefdruckrinnen und Hochdruckkeilen.

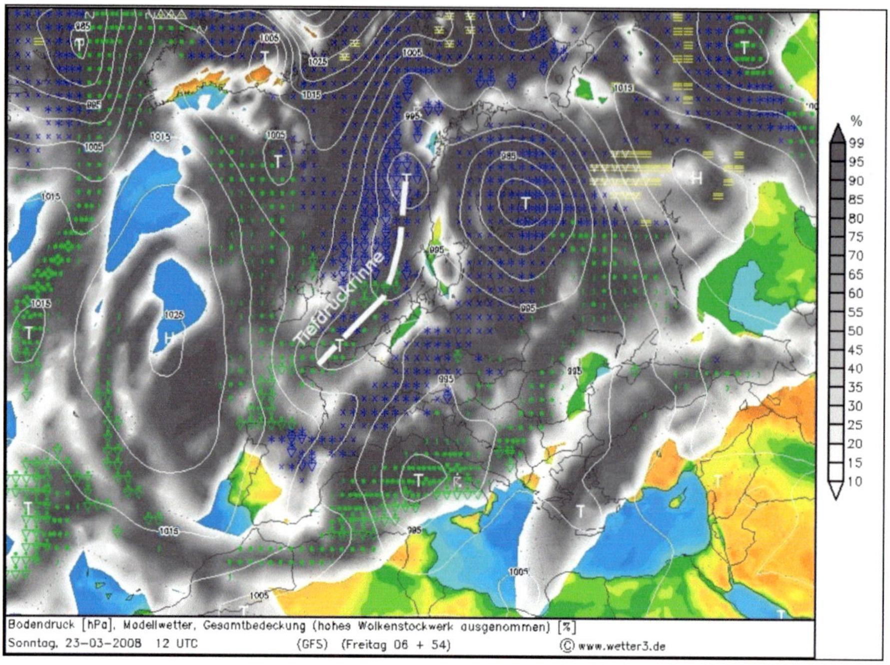

Abbildung 101: Zentraltief mit Randtiefs und Tiefdruckrinne sorgt in Europa für Winterwetter an Ostern 2008 (Bodenwetterkarte mit Isobaren, Quelle: Wetter3.de)

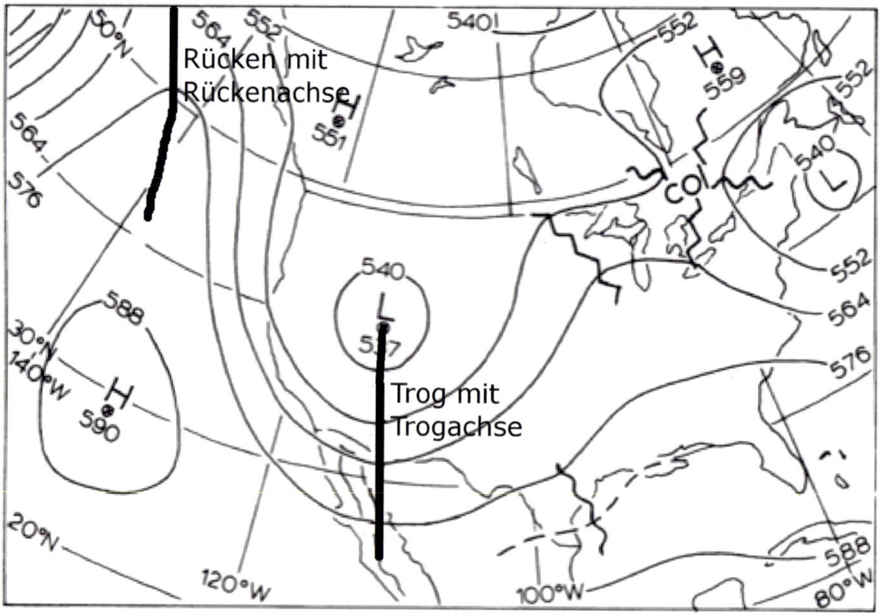

Abbildung 102: Trog gepaart mit Rücken und eingezeichneten Achsen (Quelle: NOAA)

Trogwetter

An der Trogvorderseite herrschen günstige Hebungsbedingungen, weshalb häufig ausgedehnte Wolkenfelder mit Niederschlag anzutreffen sind. Unter der Trogachse herrscht hingegen aufgrund der Labilisierung durch die Höhenkaltluft lebhafte Schauertätigkeit gepaart mit mittelstarken Winden von böigem Charakter.

Das Wetter direkt im Zentrum eines Troges, ist gekennzeichnet durch stark konvektive Bewölkung mit Cu und Cb, Regen- oder Schneeschauer, zum Teil auch Gewitter mit Hageltendenz. Es ist dabei oft so, dass die Trogachse sogar die Kaltfront an Wetterwirksamkeit bzw. Intensität übertrifft.

An der Trogrückseite verzeichnet man durch Absinken der Luft eine Stabilisierung der atmosphärischen Schichtung und damit ist eine abnehmende Schaueraktivität zu beobachten.
Das Trogwetter verhält sich im Großen und Ganzen ähnlich dem einer Kaltfront.

Oft wird der südliche Teil eines Höhentroges durch Warmluftvorstöße in den niedrigen Luftschichten von beiden Seiten abgeschnürt, wodurch ein singulärer Kaltlufttropfen in der Höhe entsteht. Das Wetter ist dort ähnlich dem Schlechtwetter des Troges selbst, allerdings oft mit der Tendenz, lange Zeit auf der Stelle zu verharren, ohne sich aufzulösen.

Das Trogwetter außerhalb von Fronten ist gekennzeichnet durch stark konvektive Bewölkung mit Cu und Cb, Regen- oder Schneeschauer, zum Teil auch Gewitter mit Hageltendenz. Die Sicht außerhalb des Niederschlags ist im Allgemeinen gut. Der Wind weht mit mittleren Windstärken mit Böentendenz. Die Wettercharakteristik ist beim Trog dem „Aprilwetter“ sehr ähnlich.

Trogwetter (außerhalb von Fronten):

Wolken	Stark konvektive Bewölkung: Cu, Cb
Niederschlag	Regen- oder Schneeschauer, Gewitter, Hagel
Sicht	Im Allgemeinen gute Sicht außerhalb der Schauer
Wind	Mittlere Windstärken; bei Konvektion (Schauer, Gewitter) teilweise mit Böen

07 04 00 Tropische Wirbelstürme

Abbildung 103: Hurricane Andrew 1992 (Kat. 5) über den Bahamas (Foto: NOAA)

Tropische Wirbelstürme (engl. tropical revolving storm (TRS) oder tropical cyclone (TC)) entstehen in den äquatornahen Regionen der Erde (Passatwindzone) über dem Atlantik, dem Pazifik und dem Indischen Ozean. Um als tropischer Wirbelsturm eingestuft zu werden, muss der Sturm eine dauerhafte Windgeschwindigkeit über Orkanstärke (118 km/h oder 64 kt) erreichen.

Die Meteorologen geben jedem tropischen Wirbelsturm einen eigenen Namen und entsprechend seiner Stärke zusätzlich eine Kategorie von 1 bis 5. Die Geschichte des Kategorie-5 Hurricanes „Andrew" des Jahres 1992 ist allgemein bekannt. Er richtete auf den Bahamas und in Florida ein Gesamtschaden von 26,5 Milliarden US$ (1992

Dollars) an und war für 65 Tote verantwortlich. Bei seinem Auftreffen in Homestead, Florida, betrug der herrschende Luftdruck nur noch 922 hPa.

07 04 01 Charakteristiken tropischer Wirbelstürme

Tropische Wirbelstürme benötigen zu ihrer Entstehung bestimmte Bedingungen. Diese sind:

- Geografisch: Die Breite muss zwischen 5° und 25° liegen. Unterhalb von 5° ist die Corioliskraft zu niedrig und oberhalb von 25° ist der Ozean meist nicht warm genug. Die Zugbahn muss ausreichend lang über Wasser dieser Wärme führen.
- Thermodynamisch: Die Temperatur des Ozeans muss über 26,5 °C liegen. Je höher die Temperatur ist, desto mehr Energie nimmt der Wirbelsturm auf und je höher ist der Druckunterschied im Kern.
- Thermodynamisch: Das Wasser muss mindestens 60 - 90 m tief sein, da ansonsten die Energiequelle zu schnell versiegen würde.
- Meteorologisch: Es darf keine große vertikale Windscherung auftreten, das heißt, dass zur Entstehung eines Hurrikans der Höhenwind mit ähnlicher Stärke und aus der gleichen Richtung wehen muss wie der Bodenwind. Ist dies nicht der Fall, bekommen die aufsteigenden Winde eine Schräglage und der Kamin bricht zusammen. Das Auftreten des El-Niño-Phänomens erhöht die Wahrscheinlichkeit solcher Windscherungen, daher fallen El-Niño-Jahre mit einer reduzierten Hurrikan-Wahrscheinlichkeit zusammen.
- Meteorologisch: Der Sturm braucht eine initiale Störung, aus der heraus er sich aufbauen kann, zum Beispiel ein außertropisches Tief. Hurrikane über dem Atlantik entstehen oft aus so genannten African Easterly Waves (siehe

Abbildung 104: Das Auge von Hurrikan Katrina (2005) (Foto: NOAA)

08 02 05 African Easterly Waves), die in diesem Fall die Rolle der initialen Störung übernehmen können.

Entstehung eines tropischen Wirbelsturms

Bei einem gleichmäßigen und hinreichend großen Temperaturgradienten können gewaltige Mengen Wasser verdampfen und als Wolken wieder kondensieren. Es werden dabei große Energiemengen frei, was die Luft in den gebildeten Wolken weiter erwärmt und immer höher aufsteigen lässt. Der durch die Konvergenz über dem Wasser entstehende Unterdruck lässt von den Seiten weitere Luft mit hohem Wasserdampfanteil nachströmen. Oberhalb der Wolken entsteht eine Zone sehr hohen Luftdrucks, woraus die Luft wirbelförmig nach außen strömt.

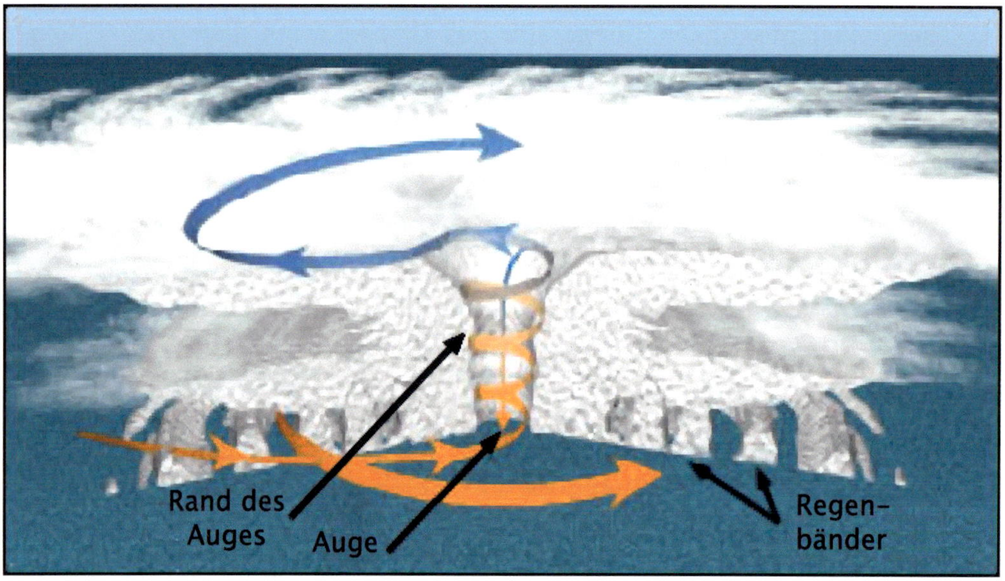

Abbildung 105: Hurrikan schematisch (Quelle : NOAA Hurricane Center)

Das in den Wolken fest gehaltene Wasser muss wieder abregnen, allerdings geschieht dieser Prozess nicht gleichmäßig, sondern wegen der hohen Energiezufuhr eher in Form eines chaotischen Systems mit Verzweigungen. Es entstehen spiralförmige Regenbänder, in denen thermische Aufwinde herrschen, und dazwischenliegenden Zonen, in denen etwas kühlere und trockenere Luft wieder absteigt - ohne Regen. Nachströmende feuchte Luft steigt in den Regenbändern auf und liefert ständig Wasser und Energie nach. Die am Boden zuströmenden Luftmassen werden durch die Corioliskraft in Rotation versetzt, ein großflächiger Wirbel entsteht.

Kommt ein Hurrikan in Landnähe, so verlagern sich auch seine bodennahen Versorgungsströme teilweise über Land, wodurch erheblich trockenere Luft in das System gelangt und die Energiezufuhr reduziert. Zieht ein Hurrikan insgesamt über Land, so versiegt weitgehend sein Wasser- und damit sein Energienachschub: er verliert nach und nach seine Kraft und wird zunächst zum schwächeren tropischen Sturm, um sich dann zu einem tropischen Tief zurück zu bilden.

Der Lebenszyklus eines tropischen Wirbelsturms

Der Lebenszyklus eines tropischen Wirbelsturms beginnt wie bei jedem Tiefdruckgebiet mit einer kleinen Störung, aus der heraus sich das Tief entwickeln kann.

In der ersten Stufe entsteht zunächst ein *tropisches Tiefdruckgebiet*, dass allerdings durch ein geschlossene Isobare auffällt mit einem Luftdruckunterschied, der zu einem konstanten Wind von 20-34 Knoten führt.

In der zweiten Stufe organisiert sich das System zu einer kreisförmigen, rotierenden Erscheinung mit Windgeschwindigkeiten zwischen 35 - 64 Knoten. Man nennt das Gebilde nun einen *tropischen Sturm* und gibt ihm einen Namen.

In einer dritten Stufe nimmt der Luftdruck am Boden noch weiter ab und es entstehen Windgeschwindigkeiten über 64 Knoten. Aus dem tropischen Sturm hat sich ein *Hurrikan* der Kategorie 1 entwickelt. Die Rotation ist noch ausgeprägter als zuvor und es formt sich das „Auge". Dieses ist eine windfreie, niederschlagsfreie und wolkenarme Zone im Zentrum des Wirbelsturms.

Je nach der weiteren Zunahme der Windgeschwindigkeit (und damit meist auch der Größe) wird dem Wirbelsturm nach *Saffir-Simpson* einer höheren Kategorie zugeordnet:

Die Saffir-Simpson-Hurrikan-Skala				
Kategorie	**Windstärke in Knoten**	**Windstärke in km/h**	**Flutwelle beim Auftreffen auf Land (in m)**	**Zentraldruck in hPa**
Tropischer Sturm	34–63	63–118	0–1	
Hurrikan Kat.1 (schwach)	64–82	119–153	1–2	> 980
Hurrikan Kat.2 (mäßig)	83–95	154–177	2–3	965–979
Hurrikan Kat.3 (stark)	96–113	178–209	3–4	945–964
Hurrikan Kat.4 (sehr stark)	114–135	210–249	4–6	920–944
Hurrikan Kat.5 (verwüstend)	> 136	> 250	> 6	< 920

Wie bereits erwähnt, bildet sich ein Hurrikan zurück, wenn seine Quelle versiegt, d. h. wenn er entweder auf Land trifft oder wenn er über kälter werdendes Wasser nach Norden abdriftet. Er wird sich dabei zu einem normalen Sturmtief zurückbilden und am Ende auflösen.

Tropische Wirbelstürme erreichen Durchmesser von bis zu 100 Kilometer und bewegen sich meist mit einer Geschwindigkeit von 10-20 Knoten. In der Folge wüten sie also über etliche Stunden an ein und dem selben Ort.

Die meteorologischen Bedingungen in oder in der Nähe eines tropischen Wirbelsturms sind extrem. Es herrschen extrem hohe Windgeschwindigkeiten mit möglichen Windscherungen, die ein Flugzeug der Normalkategorie strukturell überlasten können. Dabei treten die höchsten Windgeschwindigkeiten im ersten Ring (eye wall) direkt benachbart zum Auge des Wirbelsturms auf. Die resultierende Windgeschwindigkeit über Grund ergibt sich aus der Bewegung des Zentrums (storm track) und der umlaufenden Rotationsbewegung des Wirbels.
Wegen der Linksdrehung (Nordhalbkugel) addieren sich also in Zugrichtung rechts die Zuggeschwindigkeit und die Rotationsgeschwindigkeit, was auf der Nordhalbkugel zu den höchsten Windgeschwindigkeiten im Quadranten rechts vom Track führt. Hinzu kommen extreme Niederschlagsbedingungen. Nahezu überflüssig zu sagen, dass die Nähe tropischer Wirbelstürme in der praktischen Luftfahrt unbedingt zu vermeiden ist (am Boden bleiben oder großräumig umfliegen).

07 04 02 Lokale Bezeichnungen, örtliches und zeitliches Auftreten

Ein tropischer Wirbelsturm über dem Atlantik wird *Hurrikan* (engl. hurricane) genannt, über dem Pazifik heißt er *Taifun* (engl. typhoon). Im Indischen Ozean und unmittelbar in den Äquatorregionen (z. B. Australien, Ostafrika) wird er als *tropischer Zyklon* (engl. tropical cyclone) bezeichnet.
Die wesentlichen Lokationen und das zeitliche Auftreten lassen sich der folgenden Abbildung entnehmen.

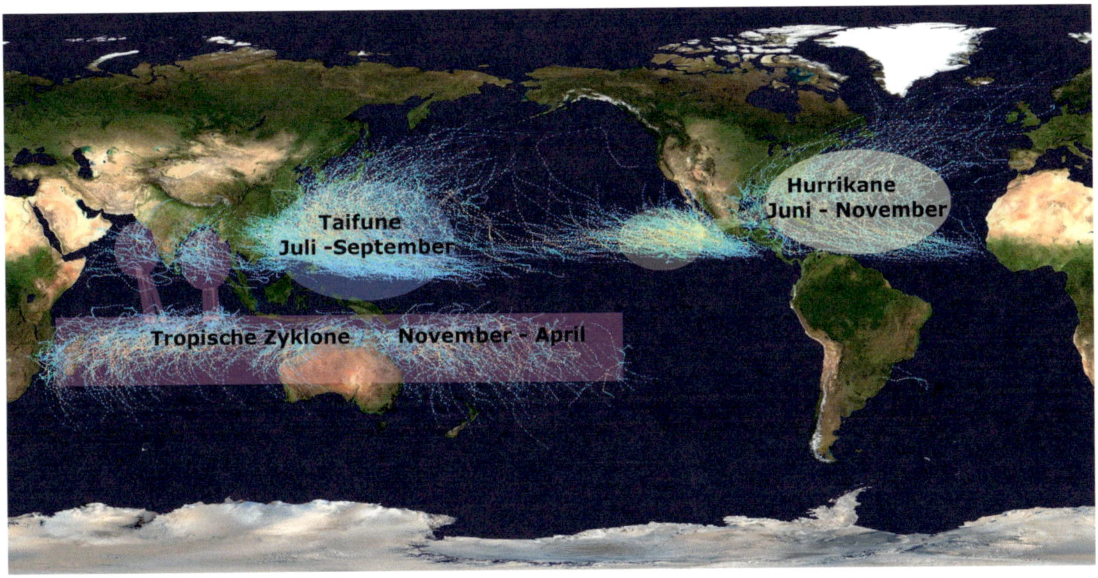

Abbildung 106: Lokationen und Pfade tropischer Wirbelstürme von 1985–2007
(Quelle: Nilfanion, Hintergrundbild: NASA)

Die atlantische Hurrikansaison umfasst im Mittel etwa sechs Hurrikane jedes Jahr, wobei in der Regel ein bis drei schwere (hierzu rechnen Hurrikane ab Kat. 3) darunter fallen. Die Statistik der NOAA nennt für den Zeitraum von 1950–2005 folgende Mittelwerte:

Kategorie	Hurrikane pro Jahr (Mittelwert)
Hurrikane insgesamt	6,2
Kategorie 3 oder höher	2,7
Kategorie 5	0,3

Abbildung 107: Hurrikan Katrina im Satellitenbild (Quelle: NOAA, 2005)

08 00 00
KLIMATOLOGIE

08 01 00 Klimazonen

08 01 01 Generelle Zirkulation in Troposphäre und unterer Stratosphäre

Zur Einstimmung auf das Klimathema ist es hilfreich, zunächst die globale Windzirkulation zu rekapitulieren (siehe 02 03 01 Globale Windzirkulation), da sich die Klimazonen im wesentlichen durch die verschiedenen Bereiche dieser Zirkulation bilden.

08 01 02 Klimatische Klassifikation

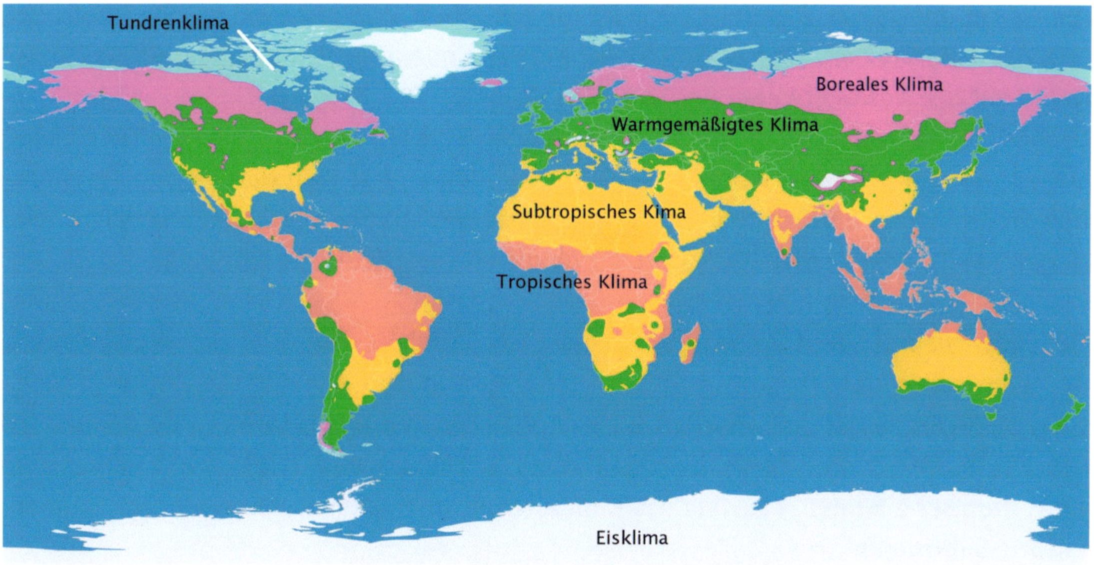

Abbildung 108: Klimaeinteilung nach Köppen
(Grafik: KLSP, Quelle der Basiskarte Wikipedia Commons SVG Datei)

Bei der Klassifikation des Erdklimas hat sich die Darstellung nach Köppen durchgesetzt. Hiernach unterscheidet man folgende Klimazonen:

Das *Eisklima* ist ein Klimatyp der sich im Klimadiagramm zunächst dadurch auszeichnet, dass der wärmste Monat eine Mitteltemperatur unter 10° C besitzt, bei der kältesten Temperatur gibt es keine Grenzen. Der vorherrschende Vegetationstyp ist die Schneewüste. An das Eisklima schließt sich die baumlose Tundra an, welche ihrerseits durch die vom Nadelwald geprägte boreale Zone begrenzt wird.

Das *Tundrenklima* ist einer der Hauptklimatypen der Erde. Hauptmerkmal dieses Klimas ist, dass der wärmste Monat im Mittel zwischen 0 und 10 °C erreicht. Die vorherrschende Vegetationsform ist die Tundra, deren baumlose Vegetation in Moosen, Flechten und Zwergsträuchern besteht. Die Vegetationsperiode beträgt hier nur 2-4 Monate im Jahr.

Das *kalt gemäßigte Klima* (auch als *boreales Nadelwaldklima* bekannt) ist das kälteste der Klimatypen der gemäßigten Zone. Es kommt nur auf der Nordhalbkugel und dort vor allem in Nordasien und Nordamerika vor.

Als (warm)*gemäßigte Zonen* bezeichnet man die Klimazonen zwischen den Subtropen und den Polarkreisen. Gemäßigte Zonen weisen eindeutige Jahreszeiten auf und existieren auf der Nordhalbkugel und der Südhalbkugel. Das Klima reicht von mildem maritimen Klima, das durch geringe Temperaturschwankungen und große Niederschlagsmengen geprägt ist, bis zum Kontinentalklima, das sich durch hohe Temperaturschwankungen und relative Trockenheit (Ariditát) auszeichnet. Meteorologisch wird der größte Teil der gemäßigten Zone durch die Westwindzone beschrieben.

Die *Subtropen* gehören zu den Klimazonen der Erde. Sie liegen in der geografischen Breite zwischen den Tropen in Äquatorrichtung und den gemäßigten Zonen in Richtung der Pole, ungefähr zwischen 25 und 40 Grad nördlicher Breite und 25 und 40 Grad südlicher Breite. Diese Gebiete haben typischerweise tropische Sommer und nicht-tropische Winter. Man kann sie unterteilen in trockene, winterfeuchte, immerfeuchte Subtropen.
Eine weitverbreitete Definition definiert das Klima dort als subtropisch, wo die Mitteltemperatur im Jahr über 20 °C liegt, die Mitteltemperatur des kältesten Monats jedoch unter der Marke von 20 °C bleibt.

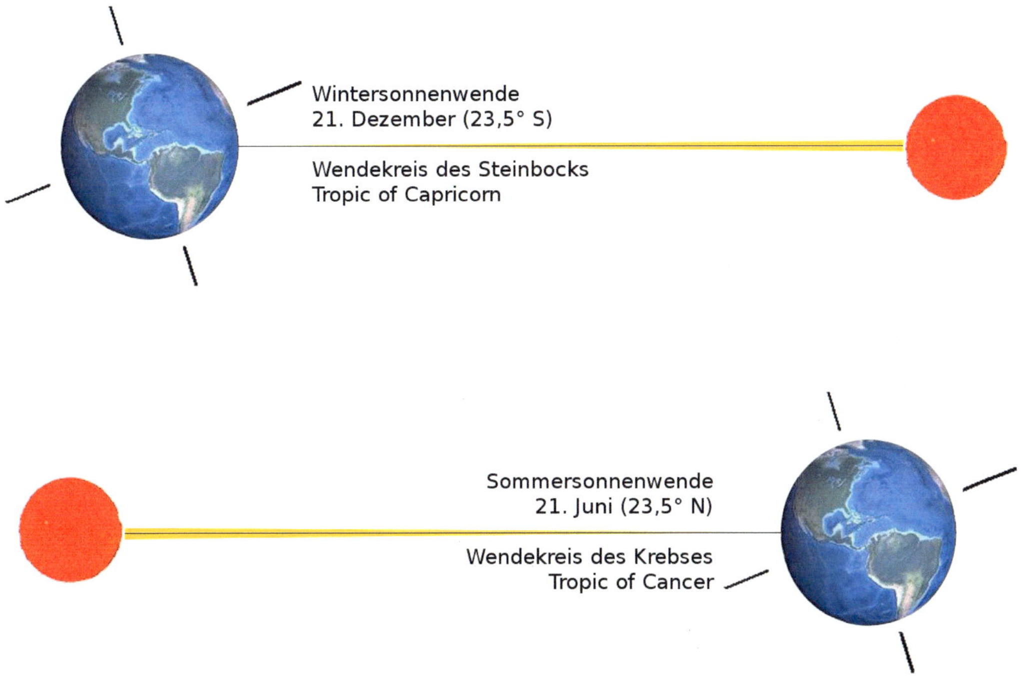

Abbildung 109: Die Verschiebung des Wärmeäquators bedingt durch Sonnenstand und Jahreszeit

Die *Tropen* (v. gr.: *tropai heliou* Sonnenwendegebiete) gehören zu den Klimazonen der Erde. Sie sind strahlungsklimatisch betrachtet die Gebiete, die durch die beiden Wendekreise (23,5° nördliche und südliche Breite) begrenzt werden und in denen die Sonne mindestens einmal im Jahr im Zenit steht, im System der atmosphärischen Zirkulation der Bereich zwischen den beiden subtropisch-randtropischen Hochdruckgürteln der Nord- und Südhalbkugel der Erde, der Bereich beiderseits des Äquators, der durch höhere tageszeitliche und geringere jahreszeitliche Temperaturschwankungen (25 °C Jahresmittel) geprägt ist, da sich durch die ganzjährig hohe Einstrahlung keine thermischen Jahreszeiten bilden können, der Bereich, in dem die jährlichen Tageslängen nur gering zwischen 10,5 und 13,5 Stunden schwanken, können weiterhin in *verschiedene Vegetationszonen* unterteilt werden. Abhängig ist dabei die Anzahl der ariden und humiden Monate:

0 bis 2 humide Monate	= Wüste
2 bis 4,5 humide Monate	= Dornsavanne
4,5 bis 7 humide Monate	= Trockensavanne
7 bis 9,5 humide Monate	= Feuchtsavanne
9,5 bis 12 humide Monate	= tropischer Regenwald

Als polwärtige Grenze der Tropen zu den Subtropen verwendete Köppen die 18°-Isotherme, Supan und Phlippson die 20°-Isotherme des kältesten Monats. Diese Abgrenzungen beziehen sich aber nur auf die in geringer Höhe über dem Meeresspiegel gelegenen *Warmtropen*, die typischen Klimaeigenschaften der Tropen gelten aber auch für die höher gelegenen Gebiete. Wegen der Temperaturabnahme mit der Höhe spricht man dann, wenn die 18°- oder 20°-Isotherme unterschritten werden, aber rechnerisch sich ein höherer Wert ergäbe, von *Kalttropen*.
Innerhalb der Tropen werden die äquatornahen immerfeuchten von den zu den Wendekreisen hin wechselfeuchten bzw. trockenen Tropen unterschieden, die sich in unterschiedlichen Ökozonen von den tropischen Wäldern über die verschiedenen Savannentypen bis zu den tropischen Halbwüsten und Wüsten zeigen.
Die unterschiedlichen Klimate in den Tropen kann man sich am besten am Beispiel Afrika klar machen.
Aber nicht nur das Klima Afrikas wird durch die Verschiebung des Wärmeäquators beeinflusst. Auch das milde Übergangsklima der Mittelmeerregion wird im Sommer durch das trockene subtropische Klima der Saharawüste bestimmt, wohingegen im Winter die Grenze der nördlichen warm gemäßigten Zone „weiter nach Süden wandert".

08 02 00 Tropische Klimatologie

08 02 01 Ursache und Entstehung tropischer Schauer und Gewitter; Feuchtigkeit, Temperatur und Tropopause

In den tropischen Gebieten am Äquator entsteht Regen vor allem in Form von Konvektionsregen. Da es dort die ganze Zeit schwülwarm ist, verdampft Oberflächenwasser in großen Mengen und kondensiert sofort wieder in geringer Höhe. Es bilden sich jeden Tag aufs Neue Cumulus-Wolken, die sehr häufig am frühen Nachmittag zu Gewittern mit großtropfigen Niederschlägen führen.
Der Prozess wird durch die ganzjährige Regelmäßigkeit des Tagesverlaufs mit 12 Stunden Helligkeit und zwölf Stunden Dunkelheit und ganzjährig gleichen Temperaturen (morgens ca. 20 °C, nachmittags ca. 28 - 30 °C) unterstützt. Durch die ununterbrochene Zufuhr von Wasser gedeihen große Mengen tropischer Bäume und Pflanzen, es bildet sich tropischer Regenwald.
Die Luftfeuchte liegt am Boden meist mit ca. 95 % nahe am Sättigungspunkt, sodass sich Wolken bereits in geringer Höhe bilden.

Wegen dieser Sättigungsbedingung lässt sich die Nullgradgrenze der Tropen nicht mit der ISA-Atmosphäre abschätzen, man rechnet besser mit einem mittleren feuchtadiabatischen Temperaturgradient von etwa 1,2 - 1,6 °C pro 1.000 ft, sodass die Nullgradgrenze im Mittel erst bei ca. 16.000 -18.000 ft liegt.

Abbildung 110: Senkrechter Sonnenstand in den Tropen (Foto: Peter Binter)

Tropische Gewitterformen

Im Einzelfall bildet sich in den Tropen und insbesondere an und in der ITCZ (siehe 08 02 03 Innertropische Konvergenzzone (ITCZ), saisonales Wetter in der ITCZ) nicht nur eine einzelne Gewitterzelle sondern mehrere Gewitterzellen in unterschiedlichen Entwicklungsstadien können sich zu einer Multizelle zusammenschließen. Entweder treten diese linienförmig auf (Böenfront, "squall line") oder in einer Gruppe ("multicell cluster storms"). Solche Systeme werden normalerweise mit "MCS" (für "mesoscale convective system") abgekürzt. Eine wichtige Funktion bei der Erhaltung des MCS kommt der Böenfront zu, die ständig neue Zellen auslöst, welche dann die älteren ersetzen. In squall lines können Superzellen und so genannte bow echoes (bogenförmige Radarechos durch massiven Outflow einer Gewitterzelle) auftreten.

Oft befinden sich nur auf der Vorderseite eines MCS konvektive Wolkenstrukturen, während auf der Rückseite ein großes Gebiet mit stratiformem Niederschlag zu finden ist. Ein spezielles MCS ist das MCC (mesoscale convective complex). Um als MCC klassifiziert zu werden, muss es eine Reihe von meteorologischen Bedingungen erfüllen, die an dieser Stelle nicht weiter aufgezählt werden sollen.

Struktur eines Mesoscale Convective Complex (MCC)

Die Struktur eines MCC kann aus drei Schichten bestehen: eine untere Schicht in Bodennähe, eine mittlere Schicht in der Mitte der Troposphäre und eine obere Schicht in der oberen Troposphäre. In Bodennähe existiert dabei hoher Luftdruck mit einer gewaltigen Kaltfront als Outflow von Zellen an ihrer Vorderseite. Das Hochdrucksystem entsteht dabei durch die Downbursts der Zellen (cold pool). In der mittleren Schicht existiert ein sich im Gegenuhrzeigersinn drehender Tiefdruckwirbel aus Warmluft (Mesoscale convective vortex).

In der oberen Schicht entsteht gleichzeitig ein sich im Uhrzeigersinn drehender Hochdruckwirbel als Zeichen divergierender Luftmassen. Der Hochdruckwirbel enthält dabei Luft, die kälter als ihre Umgebung ist. Der Komplex hat die Tendenz, sich zu vergrößern, wobei man erst ab einer Größe von 100.000 km^2 von einem MCC spricht.

Wettererscheinungen bei einem MCC

MCCs produzieren heftigen Niederschlag, der zu Fluten und Überschwemmungen führen kann. MCCs findet man in den USA, in den indischen und australischen Monsungebieten, in Afrika und in Südamerika. Aus dem Tiefdruckwirbel eines MCC können sich tropische Wirbelstürme entwickeln.

08 02 02 Saisonale Variationen von Wetter und Wind

Die saisonalen Änderungen des Wetters werden in den Tropen durch die saisonale Verlagerung der Passatwindgrenze bestimmt.

Auf der Nordhalbkugel weht dabei der Nordostpassat und auf der Südhalbkugel der Südostpassat. Die Grenze bildet die innertropische Konvergenzzone. Durch die jahreszeitliche Verschiebung dieser Zone entstehen in vielen tropischen Regionen so genannte Monsunwinde. Beide Themen werden im nächsten Abschnitt noch genauer besprochen.

Die Kalmenzone (engl. doldrums) bezeichnet eine Zone symmetrisch zum Äquator mit einer Ausdehnung von etwa fünf Breitengraden nach Nord und Süd, in der über dem Atlantik meist Windstille herrscht. Der Begriff stammt noch aus der Zeit der Segelschifffahrt. Ebenfalls aus dieser Zeit stammt der Begriff Rossbreiten (engl. horse lati-

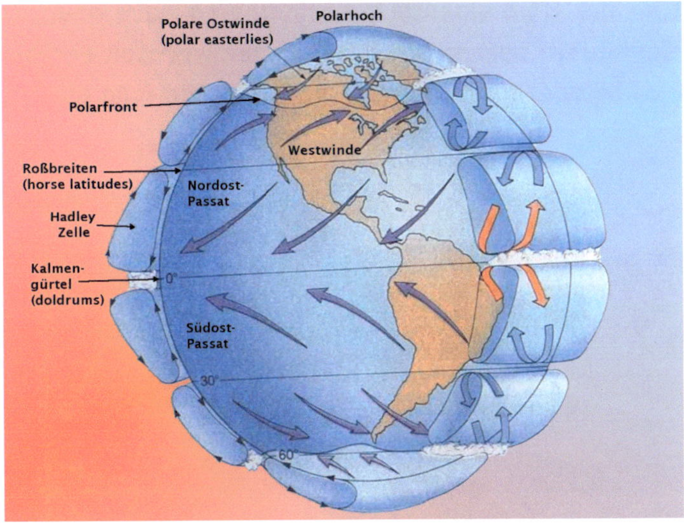

Abbildung 111: Kalmengürtel, Rossbreiten und die Passatwinde (Grafik: KLSP, überarbeitet nach Vorlage)

tudes) für den Bereich des subtropischen Hochdruckgürtels, der z. B. etwa in Höhe der Sahara verläuft. Dort hat man früher oft die mitgenommenen Pferde schlachten und essen müssen, da auch in diesem Gürtel oft die benötigen Südwinde auf sich warten ließen.

08 02 03 Innertropische Konvergenzzone (ITCZ), saisonales Wetter in der ITCZ

Die innertropische Konvergenzzone ist eigentlich der meteorologische Äquator, denn dort treffen – jahreszeitlich bedingt unterschiedlich lokalisiert – die beiden Passatströme (der Nordostpassat aus dem Norden und der Südostpassat aus dem Süden) zusammen (konvergieren). Bekanntlich wandert der Bildpunkt der Sonne, also dort wo die Sonne senkrecht – man sagt auch im Zenit – steht, zwischen den beiden Wendekreisen 23,5 °N[15] und 23,5 °S hin und her. Die ITCZ bildet sich im Wesentlichen dort, wo die Hitzeeinstrahlung am größten ist und das ist, wenn man von Verwerfungen durch die Verteilung von Land- zu Wassermassen absieht, als symmetrische Zone zum jeweiligen Breitengrad des Bildpunktes der Sonne. Abbildung 112 zeigt die durchschnittliche Lage der ITCZ in den jeweiligen Sommermonaten der Nord- und Südhalbkugel. Man erkennt deutlich, dass die ITCZ durch die asiatische Landmasse stark vom nördlichen Wendekreis abweicht.

Das Aufsteigen der durch die beiden Passatwinde angetriebenen extrem warmen Luftmengen in der ITCZ bewirkt durch Abkühlung intensive Wolkenbildung. Die Wolken erreichen durch die hohen Temperaturen und damit den kleinen feuchtadiabatischen Temperaturgradienten sehr große Höhen (maximal 17–18 km hoch, entspricht etwa FL560 – FL590 (!)) und Ausdehnungen und werden oft zu imposanten Cumulo-

[15] übliche Merkwerte, die exakteren Werte sind 23° 26' 20" N/S oder 23,44 °N/S

nimben. Der Wind kennt direkt an der ITCZ eigentlich nur den Weg nach oben, ein Umstand, der bereits den alten Seefahrern bekannt war. Ansonsten wechselt der Wind beim Passieren der ITCZ von NE zu SE oder umgekehrt, je nachdem wie man die Zone durchfliegt.

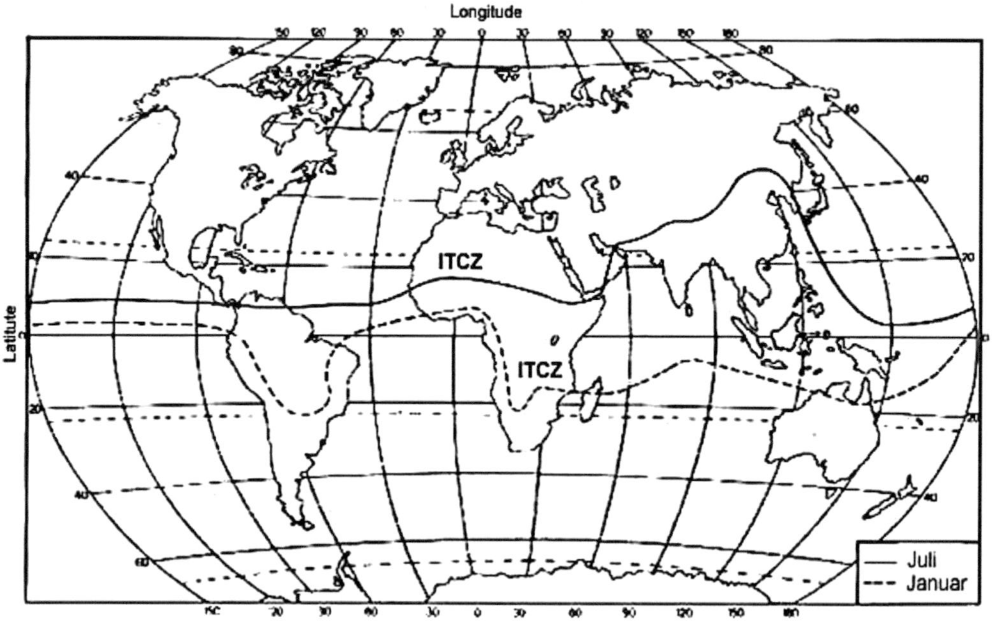

Abbildung 112: Durchschnittliche Lage der ITCZ in den jeweiligen Sommermonaten (Nordsommer - Südsommer), (übernommen aus BRIGGS, 1994)

Die konvektive Wolkenbildung der ITCZ inklusive die sich häufig bildenden Cumulonimben stellen eine ernste Gefahr für die Luftfahrt dar. Die Gefahren bestehen in starker Turbulenz und Vereisung wie bei anderen Cumulonimben auch, nur das in der ITCZ die Intensität und Dichte des Auftretens extrem sein kann.

Selbst für Verkehrsflugzeuge ist es meist nicht möglich, die Cumulonimben in der ITCZ zu übersteigen, sodass diese nur umflogen werden können. Turbulenzen beim Durchqueren der ITCZ sind folglich oft nicht zu vermeiden. Für kleinere Flugzeuge bietet es sich an, bereits früh am Morgen auf Strecke zu gehen, da die Aktivität der ITCZ mit der Tageszeit natürlich immer weiter zunimmt, um etwa am Nachmittag ihr Maximum zu erreichen.

Die Lage der ITCZ ist in den Significant Weather Charts (siehe 10 02 01 Significant Weather Charts (SWC)) der jeweiligen Region angegeben. Sie ist dort durch eine durchgezogene Doppellinie und dem Bezeichner ‚ITCZ' markiert.

Abbildung 113: Morgendliches Passieren der ITCZ während einer Südatlantiküberquerung
(Foto: Jan Brill, Oktober 2007)

08 02 04 Monsun, Sandstürme, Schneestürme

Der Monsun

Das Wort Monsun stammt vom arabischen Wort ‚mausim' („Jahreszeit") ab und ist eine Bezeichnung für eine bestimmte saisonale Wettereigenschaft bestimmter Erdregionen. Das Hauptmerkmal des Monsuns sind seine sehr richtungsstabilen *Monsunwinde* in Verbindung mit einer *zweimaligen Umkehr der häufigsten Windrichtung* im Verlauf eines Jahres.

Die stärkste Ausprägung und zugleich seinen Wortursprung hat der Begriff Monsun im Raum des Indischen Ozeans. Man unterscheidet

- den indischen Monsun,

- den nordaustralischen Monsun
- und den westafrikanischen Monsun.

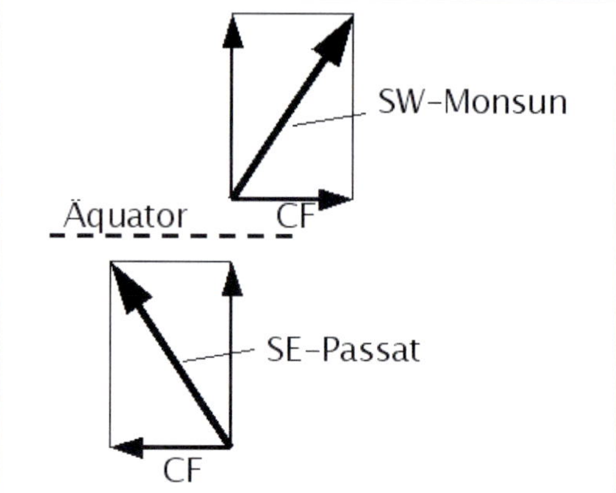

Abbildung 114: Der SE-Passat überschreitet den Äquator und wird zum SW-Monsun (Grafik:KLSP)

Die Entstehung des Monsuns hängt eng mit der ITCZ zusammen. Diese wird im Falle eines Monsunphänomens zusätzlich durch ein kontinentales Bodentief beeinflusst, welches man als *Monsuntief* bezeichnet und das durch die starke Erwärmung der über den Kontinenten befindlichen Luftmassen hervorgerufen wird. Grund für die stärkere Erwärmung der Luft über den Kontinenten sind die unterschiedlichen thermischen Eigenschaften der Land- und Meeresoberflächen. Die Erwärmung, aber auch die Abkühlung der Landoberfläche erfolgt dabei etwa zwei- bis dreimal so schnell wie die der Wasseroberfläche.

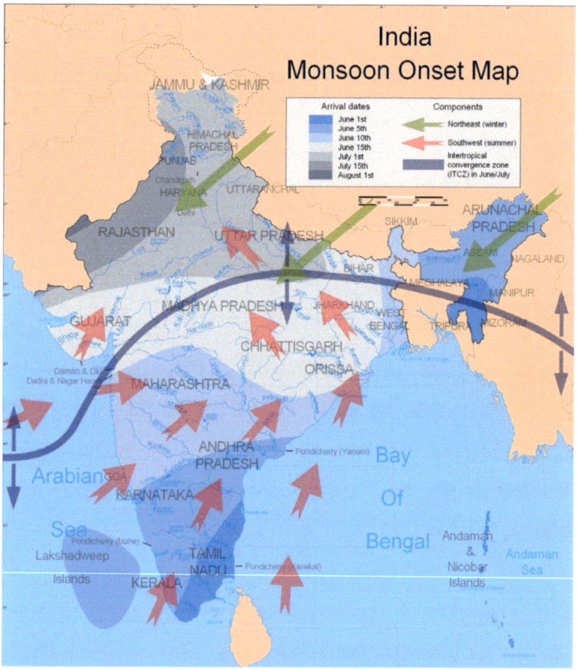

Abbildung 115: Indischer Monsun (Grafik: Saravask)

Das Monsuntief verschiebt die ITCZ und damit die Passatwinde. Dabei erhalten die Winde auf der Nordhalbkugel durch die in Bewegungsrichtung nach rechts ablenkende Corioliskraft eine westliche Komponente und aus dem Südost-Passat entsteht der Südwest-Monsun.
Auf der Südhalbkugel wird der Nordost-Passatwind entgegengesetzt hierzu in Bewegungsrichtung nach links, also nach Osten, zu einem Nordwest-Monsun abgelenkt.

Während seines Weges vom Ozean zum Kontinent nimmt der Monsunwind über den warmen Wasserflächen reichlich Feuchtigkeit auf und regnet diese am Luv von Wetterscheiden zu großen Teilen ab. Der Monsun ist daher in diesen Regionen während der Monsunzeit durch intensiven *Monsunregen* geprägt.

Im Fall des *indischen Monsuns* wird die Verlagerung der ITCZ durch ein Monsuntief über der Indus-Ebene und der tibetischen Hochebene ausgelöst. Die ITCZ wird hierdurch stark nach Norden verlagert, sodass - wie bereits beschrieben - aus dem Südostpassatwind ein Südwestmonsun wird. Er führt viel Feuchtigkeit mit sich und regnet diese meist in Form von heftigen Monsunregen am Himalaja ab (Beginn der Monsunzeit Juni-Juli).

Im Norden Australiens weht in der Trockenzeit der normale Südostpassatwind, der trockene Luft aus der zentralen Wüstenregion des Inlands heranbringt. Vom November bis April herrscht Monsunklima vor. Der vorherrschende Wind ist nun der Nordostpassatwind der - wie bereits beschrieben - auf der Südhalbkugel zum *australischen Nordwest-Monsun* wird und damit feuchtwarme Luft vom Ozean in den australischen Norden befördert. Das Wetter im Norden Australiens ist in dieser Zeit geprägt durch Monsunregen und starke Gewitter, z. B. verzeichnet man in Darwin das häufigste und stärkste Gewittervorkommen weltweit, was seit einiger Zeit zu einer Art Gewittertourismus geführt hat (Beginn der Monsunzeit November-Dezember).

In Westafrika bildet sich ebenfalls im Sommer ein kontinentales Tiefdruckgebiet aus, das den *westafrikanischen Südwest-Monsun* vom Atlantik her nach sich zieht und entlang der Küste wesentlich feuchtere Klimate hervorruft, als in der weiter nordöstlich liegenden Sahara. Das Zentrum liegt hierbei nördlich des Golf von Guinea rund um Ghana. Im Winter weht dann wieder der normale Nordostpassatwind, der in dieser Region auch Harmattan genannt wird (Beginn der Monsunzeit April-Mai).

Im jeweiligen Winter bilden sich hingegen Hochdruckgebiete über den Kontinenten aus. Die ITCZ verlagert sich in der Folge zurück in Äquatornähe. Dadurch werden wieder „normale" Verhältnisse hergestellt: Der Nordost-Passat auf der Nordhalbkugel und der Südost-Passat auf der Südhalbkugel werden zum jeweils dominierenden Wind. Diese werden auch als Wintermonsun bezeichnet und führen trockene, kontinentale Luftmassen mit sich. Sie äußern sich daher auch meist in einer ausgeprägten Trockenzeit.

Sandstürme

Ein Sandsturm ist zunächst ein Sturm, der wie jeder andere Sturm auch durch große Druckdifferenzen als Folge eines ausgeprägten Tiefdruckgebietes entsteht. Sandstürme können auch durch starke Strömungen um Hochdruckgebiete herum entstehen. Bildet sich das Sturmtief bzw. die starke Luftströmung über einem Trockengebiet wie z. B. einer Wüste, so wird ab einer bestimmen Windgeschwindigkeit der Sand vom Boden aufgewirbelt und mitgeführt. Erst ab dann spricht man von einem *Sandsturm*.

Abbildung 116: Sandsturm über der Sahara (Foto: NASA)

Sandstürme treten hauptsächlich in der Sahara und in Kleinasien auf.

Einige Stürme transportieren bis zu einhundert Millionen Tonnen Sand über zum Teil sehr große Entfernungen. Die Entfernung, die der Sand hierbei zurücklegt, hängt von der Größe der einzelnen Sandpartikel ab. Die größten Partikel bilden an windgeschützten Stellen langsam wandernde Dünen. Es wird geschätzt, dass pro Jahr insgesamt durch Sandstürme etwa 2-3 Milliarden Tonnen Sand bewegt werden.

Ein Sandsturm ist von einer Sandhose zu unterscheiden, die normalerweise räumlich eng begrenzt bleibt.

Sandstürme bergen über die Sturmgefahr hinaus zusätzliche Risiken für die Luftfahrt, da die feinen Sandkörner ähnlich wie die Asche eines Vulkanausbruchs zum Verlöschen von Turbinentriebwerken führen können und ein Wiederanlassen oft erfolglos bleibt.

Abbildung 117: Front eines Sandsturms aufgenommen im Irak (Foto: U.S. Armee)

Kaltlufteinbrüche und Schneestürme

Bei einem Kaltlufteinbruch dringt polare Kaltluft aufgrund fehlender Hindernisse wie beispielsweise eine Bergkette bis weit nach Süden vor.

In Nordamerika kennt man z. B. den *Blizzard*. Er ist ein starker Schneesturm, der infolge eines kräftigen Kaltlufteinbruchs aus Norden bis Nordwesten nach Süden vordringt. Der Name leitet sich möglicherweise aus dem deutschen Wort „blitzartig" ab und beschreibt somit den raschen Kaltlufteinbruch.

Charakteristisch für einen nordamerikanischen Blizzard sind folgende Erscheinungen:

- Tiefe Temperaturen: 10 Grad Fahrenheit (ca. -25 °C) oder tiefer
- Hohe Windgeschwindigkeiten: 35 Meilen pro Stunde (ca. 56 km/h, entspricht Windstärke 7) oder mehr

- Große Mengen an Schnee, welche die Sichtweite auf 500 Fuß oder weniger herabsetzen

Richtige Blizzards sind relativ selten. Wenn sie auftreten, dann am ehesten in Kanada und in den Northern Plains der USA. Nichtsdestoweniger können sie aber auch den gesamten Nordosten der USA heimsuchen und für chaotische Wetterverhältnisse sorgen.

Abbildung 118: Nordamerikanischer Blizzard (Foto: U.S. Behörde)

In Argentinien kennt man als Kaltlufteinbruch den *Pampero*. Er ist ein oft stürmischer Südwestwind in den argentinischen Pampas. Der Pampero bringt dabei kalte, trockene Luft aus Patagonien in die Pampas, nach Buenos Aires und bis nach Paraguay und Uruguay. Der Pampero tritt auf der Rückseite der südhemisphärischen Mittelbreitentiefs hauptsächlich von Oktober bis Januar auf. Er ist vergleichbar mit einer Nordwestwetterlage in Europa.

08 02 05 African Easterly Waves

Bei den *(African) Easterly Waves* (Abk. AEW), auch *Tropical Waves* genannt, handelt es sich um Wellen, die nördlich des Äquators, etwa in Höhe der Kapverden, vom afrikanischen Kontinent westwärts Richtung Atlantik wandern. Sie entstehen nach Burpee

(1972) durch eine baroklin-barotrope Instabilität des African Easterly Jets[16] (AEJ). Die African Easterly Waves muss man sich dabei als wellenförmige Schwankungen der Konvektion im oberen Stockwerk unterhalb des AEJ vorstellen. Die Wellen bilden sich ab April/Mai bis Oktober/November und bewegen sich vom afrikanischen Kontinent nach Westen. Ihre Periode beträgt 3-4 Tage bei einer Wellenlänge von etwa 1.100 - 1.400 NM. Insgesamt entstehen jährlich etwa 60 AEW. Etwa 85 % aller größeren Hurrikane haben eine Easterly Wave als Ausgangspunkt.

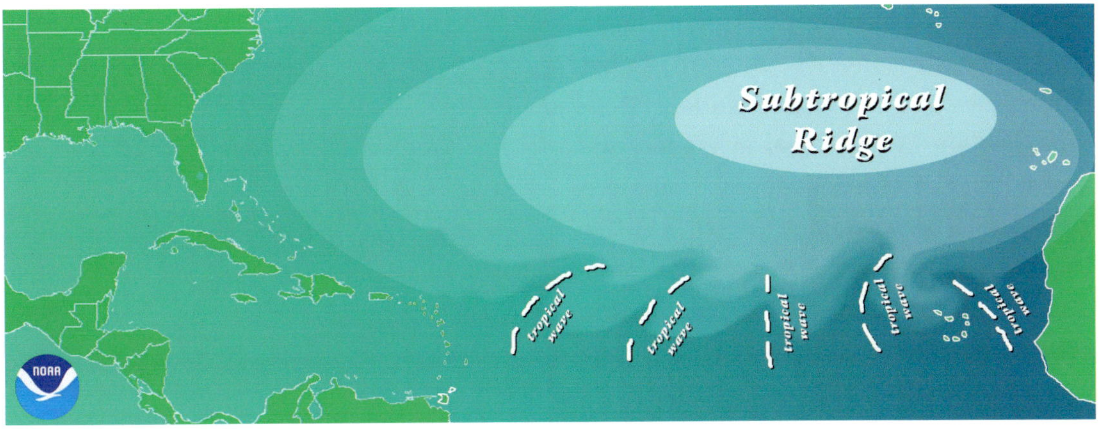

Abbildung 119: African Easterly Waves (Quelle: NOAA Hurricane Center)

Zusammenfassung der Eigenschaften von African Easterly Waves:

- Periode beträgt etwa 3-4 Tage
- Wellenlänge beträgt etwa 1.100 - 1.400 NM (ca. 20 Breitengrade)
- bewegen sich mit etwa 10 kt westwärts
- zeichnen sich häufig durch Konvektion an ihrer Vorderseite aus
- können zu tropischen Wirbelstürmen führen

[16] Der African Easterly Jet entsteht als geostrophischer Wind durch den Temperaturkontrast zwischen den kühleren Luftmassen vom Golf von Guinea und der heißen Luft aus der Sahara. Er liegt etwa bei 15° N in einer Höhe von ca. 13.000 ft (600 hPa). Der African Easterly Jet ist ein lokaler Jetstream und nicht zu verwechseln mit dem Tropical Easterly Jet.

08 03 00 Typische Wetterlagen in mittleren Breiten

08 03 01 Vorherrschender Westwind (Westerlies)

Die Wetterlage in den mittleren Breiten wird im Wesentlichen durch den vorherrschenden Westwind (engl. Westerlies) bestimmt, der von der subtropischen Hochdruckrinne zur Polarfront strömt. Dabei ist die Polarfront natürlich keine gerade Front, sondern sie wird selbst durch die an ihr entstehenden Tiefdruckgebiete in der Regel in Wellen geformt. Die Tiefdruckgebiete wandern quasi an ihr entlang nach Osten.

Dementsprechend ist die typische Wettersituation in den mittleren Breiten eine Folge von Tiefdruckgebieten, die aus Westen heraneilen.

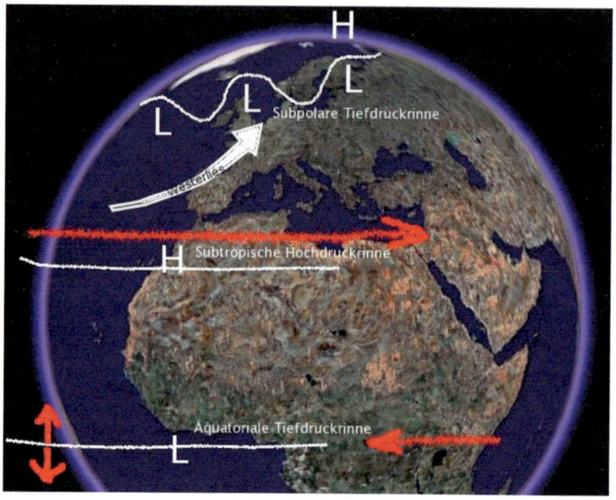

Abbildung 120: Die Westerlies (Grafik: KLSP)

In Mitteleuropa ist das besonders im Winter spürbar, da dann die Polarfront saisonbedingt weiter südlich verläuft. Im Sommer dagegen liegt selbst Mitteleuropa oft unter Einfluss des subtropischen Hochdruckgürtels.

Auf der Südhalbkugel ist die vergleichbare Wetterlage dramatischer. Da dort Wind abschwächende Landmassen vollkommen fehlen, wehen dort die Westerlies mit hoher Windgeschwindigkeit ständig und werden nur noch durch die periodisch auftretenden Tiefs je nach Track verstärkt bzw. geschwächt. Die Seefahrer haben daher dem vierzigsten Breitengrad Süd auch den passenden Namen gegeben: die brüllenden Vierziger (engl. ‚the roaring forties').

08 03 02 Hochdruckzonen

Als Hochdruckzonen der mittleren Breiten ist an erster Stelle das Azorenhoch bekannt, das im Bereich der Azoren sowohl im Winter als auch im Sommer vorherrscht. Im Winter findet man häufig eine stabile Hochdruckzone über Sibirien. Im Sommer existieren meistens Hochdruckzonen im Südosten der USA (Bahamas) und über der iberischen Halbinsel.

Das typische Hochdruckwetter im Sommer bringt oft wolkenlosen Himmel und anfänglich gute Sichtverhältnisse, bei wenig Wind und niedrigen Inversionslagen. Mit zunehmender Luftverschmutzung verschlechtert sich danach die Sicht. Im Winter ist das Hochdruckgebiet meistens mit Bodennebel gepaart, der sich im Tagesverlauf auflösen oder aus dem sich eine Stratusdecke ausbilden kann, die unterhalb einer Absinkinversion hängen bleibt.

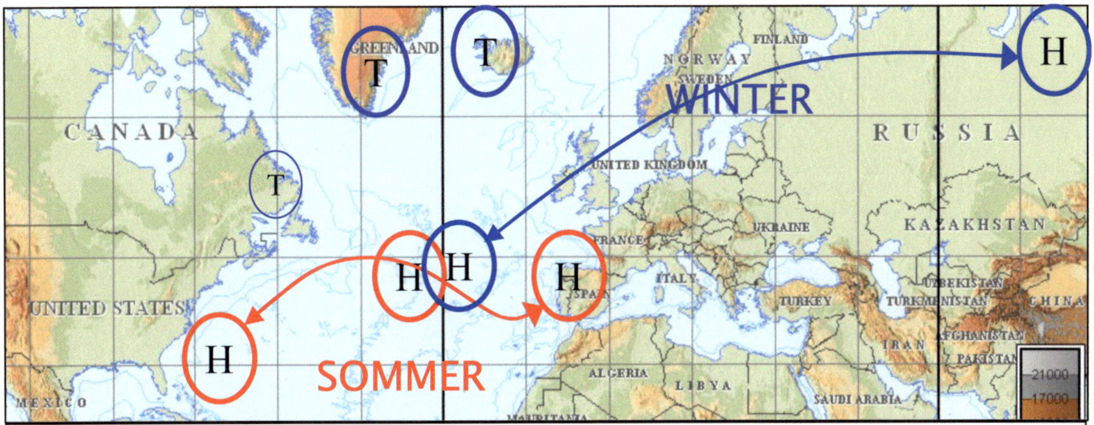

Tiefdruckzonen im Winter: Grönland/Island plus schwaches Tief über NO Kanada
Hochdruckzonen im Winter: Azoren, Sibirien

Hochdruckzonen im Sommer: Azoren, SO USA, SW Europa

Abbildung 121: Mittlere Positionierung der Hoch- und Tiefdruckzonen in mittleren Breiten (Grafik: KLSP)

08 03 03 Schwacher Druckgradient

Manchmal bildet sich in mittleren Breiten ein *schwacher Druckgradient* (engl. flat or uniform pressure pattern) aus. Er entsteht im Sommer als Folge geringer Temperaturkontraste zwischen Süden und Norden und ist gekennzeichnet durch sehr große Abstände zwischen den Isobaren, sodass als Folge dieser geringen Druckdifferenzen kaum Bodenwind entsteht. Fehlen äußere Störeinflüsse, kann sich ein schwacher Druckgradient über längere Zeit halten, es entsteht eine stationäre Luftdruckzone.

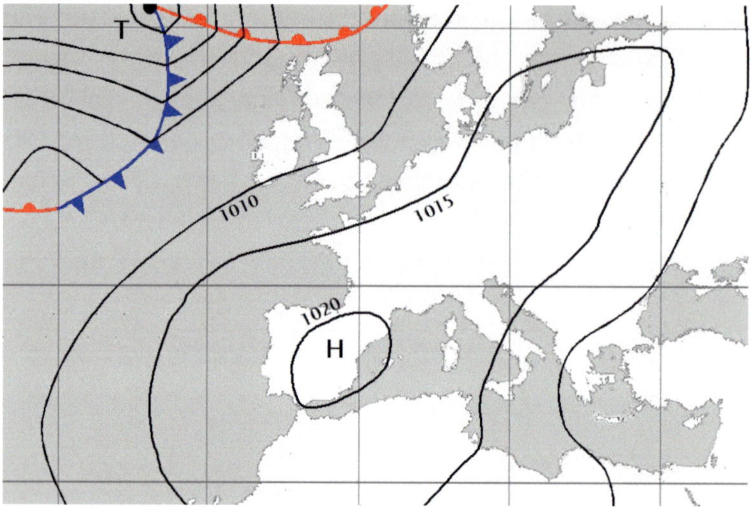

Abbildung 122: Schwacher Druckgradient (Grafik: KLSP)

08 03 04 Kaltlufttropfen[17]

Als Kaltlufttropfen (engl. cold air pool) bezeichnet man ein Höhentief in der oberen Troposphäre. Er entsteht aus sehr kalter Luft polaren Ursprungs an der Polarfront und hat typischerweise eine Ausdehnung von 150 bis 500 NM im Höhenbereich von 15.000 bis 30.000 Fuß. Im Gegensatz zu einem Tiefdruckgebiet gibt es bei einem Kaltlufttropfen keine Fronten. Er entsteht als Folge eines sich auflösenden Tiefs an der Polarfront. (siehe auch unter 06 02 00 Fronten)

Ein Kaltlufttropfen lässt sich nur anhand geschlossener Isohypsen einer Höhenwetterkarte (z. B. 500 hPa) erkennen. Ein Barometer am Boden kann trotz eines vorhandenen Kaltlufttropfens Hochdruck anzeigen und damit "schönes Wetter" vermuten lassen. Meist ist es jedoch stark bewölkt. Die in der Höhe entstehenden langlebigen Wirbel können für heftige Gewitter, im Winter auch für Graupel- und Schneeschauer sorgen.

Die Prognose bei Wettersituationen, in denen Kaltlufttropfen im Spiel sind, enthält einen hohen Unsicherheitsfaktor. Meistens lässt sich die Wetterentwicklung kaum für die nächsten 24 Stunden abschätzen.
Für die Luftfahrt besteht zudem die Gefahr der Fehleinschätzung des Flugwetters, falls der Kaltlufttropfen beim Weather Briefing der Flugplanung missachtet wird.

[17] Das Thema wird in der Struktur des Syllabus an dieser Stelle zusätzlich geführt, obwohl bereits unter Fronten behandelt. Siehe im Abschnitt 06 02 08 Lebenszyklus der Idealzyklone.

08 04 00 Regionale Winde und begleitendes Wetter

08 04 01 Föhn, Mistral, Bora, Scirocco, Ghibli and Khamsin

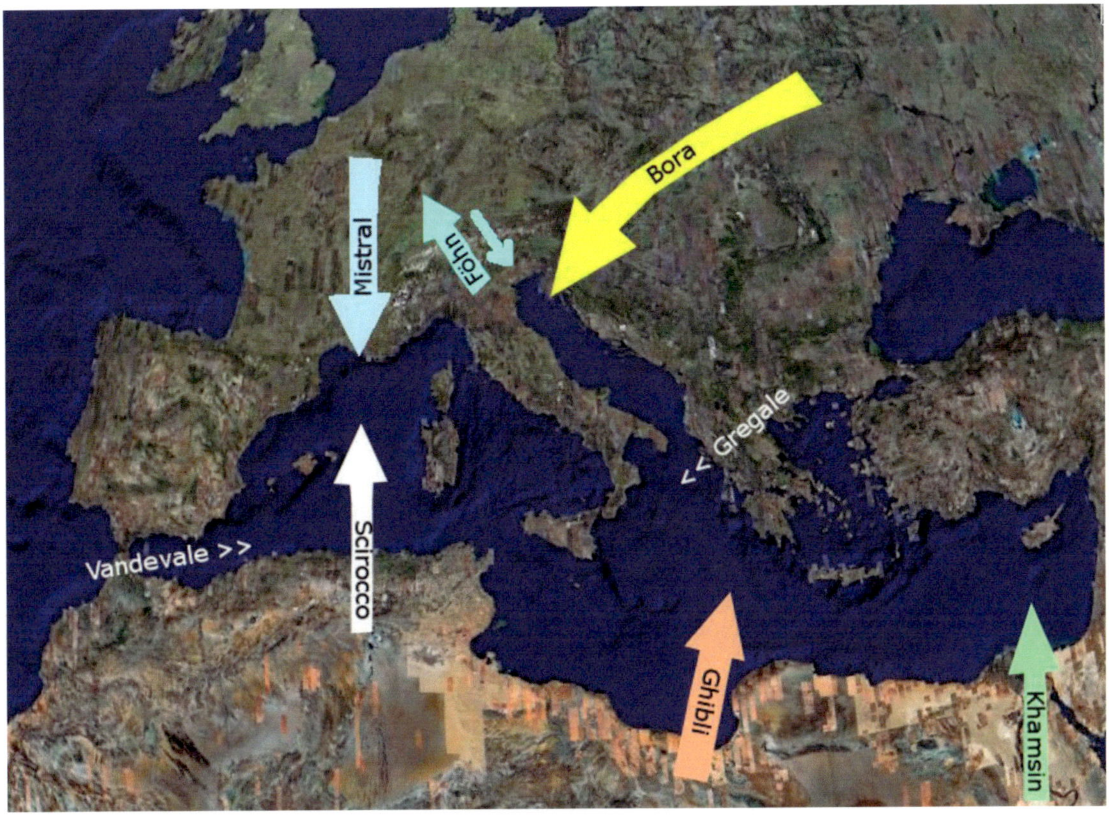

Abbildung 123: Regionale Winde in Europa und im Mittelmeerraum (Grafik: KLSP)

Die Entstehung des Föhns wurde bereits im Abschnitt über Leewellen (02 05 00) ausführlich beschrieben. In Europa ist der *Föhn* am nördlichen und südlichen Alpenrand ein wohlbekanntes Wetterphänomen.

Weltweit ist zusätzlich der *Chinook* als weiterer Föhnwind zu nennen. Er entsteht als warmer Fallwind an der Ostseite der Rocky Mountains. Bei den Olympischen Winterspielen 1988 in Calgary verursachte der Chinook über Nacht einen Temperaturanstieg von -30 auf +12 °C und Windgeschwindigkeiten von bis zu 65 Knoten, so dass zahlreiche Veranstaltungen abgesagt werden mussten.

Der *Mistral* ist ein typischer Vertreter eines Talwindes, der durch die Beschleunigung der Luft durch die seitlichen Begrenzungen eines Tales oder zwischen zwei Bergketten auftreten kann. Im Fall des Mistral findet die Luftbeschleunigung im französischen

Rhonetal zwischen dem Zentralmassiv und den französischen Alpen statt. Er tritt meist im Winter auf, wenn sich über Frankreich ein ausgeprägtes Hochdruckgebiet gebildet hat und gleichzeitig ein Tief im Golf von Genua existiert. Die Flugbedingungen im Mistral sind turbulent mit Windgeschwindigkeiten zwischen 40 und 75 Knoten.

Der *Bora* ist ein katabatischer Talwind, der meist im Winter aus den Bergen im Nordosten zur Adria herunterbläst. Er entsteht bei einem Hoch über Zentraleuropa und dem Balkan gepaart mit einem Tief über der Adria. Seine Windgeschwindigkeit liegt meist bei 70 kt, wobei Böen über 100 kt erreichen können. Der Bora bläst am stärksten im Winter.

Mediterrane Winde

Wenn sich im Winter eine Tiefdruckrinne über dem Mittelmeerraum bildet, entstehen drei südliche Winde: Scirocco, Ghibli und Khamsin.
Am bekanntesten ist der *Scirocco*, der über Algerien aus Süden her bläst und dabei heiße und staubige Luftmassen aus der Sahara nach Norden befördert. Er entsteht meistens im Frühling und dauert ein bis zwei Tage. Die Sichtbedingungen können bis auf 1.000 m heruntergehen. Die Reichweite des Scirocco geht bis zur französischen Mittelmeerküste, wo sich die über dem Mittelmeer aufgenommene Feuchtigkeit als tiefer Stratus mit Niesel und Nebel manifestiert.
Der vergleichbare Wind wird in Libyen *Ghibli* genannt und noch weiter östlich im ägyptischen Raum heißt der trockene Wüstenwind *Khamsin*.

08 04 02 Harmattan

Zwischen dem Äquator und etwa 20° nördlicher Breite bläst auf dem afrikanischen Festland der *Harmattan* aus Nordosten in Richtung der ITCZ. Der Harmattan ist nichts anderes als eine regionale Bezeichnung für den Nordostpassatwind. Der Harmattan kann besonders an den Grenzen der Wüstengebiete die Sicht bis auf 1.000 m reduzieren, wobei die Staubschicht in Höhen von 7.000 ft bis 10.000 ft und manchmal sogar höher reichen kann. Der Harmattan bläst von November bis April, wobei die Windstärke besonders im Süden eher gering ist.

09 00 00
WETTERRISIKEN

09 01 00 Vereisung

09 01 01 Vereisungsbedingungen

Eisbildung kann das Flugverhalten, insbesondere durch stark verminderten Auftrieb in Paarung mit höherem Gewicht durch die Eislast, aber auch die Funktionsfähigkeit einzelner Komponenten, z. B. des Triebwerks oder der Anzeigeinstrumente, erheblich beeinflussen.
Entsprechend ihrer unterschiedlichen Wirkung unterscheidet man bei der Eisbildung folgende Teilbereiche. Durch Eisbildung

Abbildung 124: Tragflächenvereisung (Foto: NASA)

- an den aerodynamischen Komponenten (Tragflächen, Höhen- und Seitenleitwerk) und am Rumpf oder der Außenhaut wird der Auftrieb verschlechtert, die Stallgeschwindigkeit erhöht sich und ggf. wird zusätzlich die maximale Traglast überschritten
- an Ruderflächen und/oder am Fahrwerkschacht wird bei Blockierungen die Steuerung des Flugzeugs beeinträchtigt
- am Triebwerkseinlass (Pod) von Turbojets oder Turbofans kann beim Abbrechen von Eisbrocken das Triebwerk beschädigt werden, falls diese in den Verdichterteil des Triebwerks gelangen
- an Turbinenblättern oder ggf. bei Propellerflugzeugen am Propeller kann durch starke Vibrationen die Integrität eines Triebwerks oder seine Aufhängung zerstört werden

- im Vergaser oder im Ansaugrohr kann die Leistung bei Kolbenflugtriebwerken stark reduziert werden oder die Vereisungsbedingungen führen sogar zum kompletten Ausfall des Triebwerks
- an den Messfühlern der Instrumentenanzeigen (Pitotrohr/static Port) wird die Funktionalität zumindest partiell stark beeinträchtigt (ASI, VSI, Altimeter, Machanzeige, ...)
- in der Klimaanlage eines Flugzeuges wird die Funktionalität zumindest partiell stark beeinträchtigt und dies führt zu unsicheren Flugbedingungen

Unfälle durch Flugzeugvereisung führen weltweit durch zu annähernd 100 Todesfällen pro Jahr. Allein in Kanada traten in den Jahren 1980 bis 1990 insgesamt 937 Unfälle mit 585 Todesfällen auf (Guan et al., 2001).

Vereisung kann im Temperaturbereich 0 bis -40 °C auftreten. Bei der Eisbildung unterscheidet man:

(i) Vereisung im Flug (engl. in-flight icing)

1. Gefrieren unterkühlter flüssiger Wolkentröpfchen (engl. supercooled water droplets) nach dem Auftreffen auf dem kalten Flugzeug (<= 0 °C) beim Flug durch Wolken (oder Nebel, Regen , Niesel)
2. Am unterkühlten Flugzeug gefrierender Regen beim Flug durch Niederschlag
3. Ansatz von festen Partikeln wie Schneeflocken oder Eiskristallen am Flugzeug beim Flug durch Niederschlag
4. Reifbildung (engl. hoar frost) beim raschen Verlassen kalter Luftschichten durch Resublimation an der unterkühlten Flugzeugoberfläche
5. Eisbildung bei adiabatischer Expansion feuchter Luft in Klimaanlagen oder im Vergaser von Kolbenmotoren beim Flug durch feuchte Luft

(ii) Vereisung am Boden (engl. ground icing)

6. Reifbildung z. B. über Nacht auf dem Flugzeugrumpf, den Tragflächen und an Propellern bzw. Turbinenschaufeln
7. Ansatz von festen Partikeln wie Schneeflocken oder Eiskristallen am Flugzeug durch frostigen Niederschlag

Unterkühlte Wassertröpfchen (Supercooled Water Droplets)

Im Wesentlichen tritt demnach Vereisung erstens beim Flug durch unterkühlte Wolken auf und zweitens beim Flug durch frierenden oder frostigen Niederschlag. Unterkühlte Wolken bestehen damit zumindest zum Teil aus unterkühlten Wassertröpfchen (engl.

supercooled water droplets= SWD). Dies sind Wassertröpfchen mit Temperaturen unter null, die sich aber noch im flüssigen Aggregatszustand befinden. Die Temperaturen dieser SWD können durchaus bis -40 °C und darunter liegen. Im Temperaturbereich von 0 °C bis -20 °C können sowohl große Tropfen (supercooled large droplets =SLD) als auch kleinere Tröpfchen koexistieren. Im Temperaturbereich von -20 °C bis -40 °C gibt es nur noch kleinere SWD, da die größeren Tropfen bereits zu Eis geworden sind. Unterhalb von -40 °C gibt es nahezu keine SWD mehr, auch sie haben sich zum überwiegenden Teil in Eis gewandelt.
Das Gefrieren unterkühlter Wassertropfen am Flugzeug tritt beim Flug durch unterkühlte Wolken auf, wenn diese als Tröpfchen mit einem Durchmesser von ~20 µm oder als Nieseltropfen (engl. drizzle drops) mit einem Durchmesser von 50 - 500 µm oder als Regentropfen (> 500 µm) auftreffen und anschließend gefrieren. Je nach Größe der SWD entsteht auf der Oberfläche des Flugzeugs Klareis oder so genannter Raufrost.

Klareis entsteht dabei aus großen unterkühlten Tropfen (SLD). Da nämlich beim Gefrieren kurzfristig Energie freigesetzt wird, kann der Tropfen zunächst noch in flüssiger Form ein Stück auf der Oberfläche des Flugzeugs entlang fließen bis es gefriert. Im Fall kleiner Tröpfchen ist dies nicht mehr möglich und diese gefrieren sofort an Ort und Stelle, es entsteht so genannter *Raufrost* (engl. rime ice).

Grundsätzlich lässt sich sagen, dass Raufrost als Form der Vereisung im Allgemeinen in stratiformer Bewölkung oder „harmlosen" Cumuluswolken (St, As, Sc, Ac) entsteht. Dagegen kann sich beim Durchqueren konvektiver Wolken (Cu, Cb) und des Nimbostratus (Ns) meist im Bereich von 0 °C bis -20 °C sowohl Raufrost als auch Klareis am Flugzeug bilden.

Gefrierender Regen tritt auf, wenn Regentropfen in eine unterkühlte Luftschicht fallen und dort auf das Flugzeug auftreffen. Diese Form der Vereisung ist als klassischer Prozess der Klareisbildung (clear ice formation) bekannt. Sie tritt meist an einer winterlichen Warmfront oder Okklusion auf, wobei Regen aus der aufgleitenden warmen Luftmasse in die darunter befindliche polarkalte Luftmasse fällt. Am Boden tritt dabei Glatteis auf.

Raureif (engl. hoar frost) entsteht meist am Boden, wenn das Luftfahrzeug außerhalb einer Halle z. B. auf dem Vorfeld übernachtet. Dabei setzt sich der Wasserdampf der

Luft durch Resublimation an der Oberfläche des Luftfahrzeugs als Eiskristalle fest. Geringe Bildung von Raureif kann sich auch durch denselben physikalischen Prozess beim raschen Verlassen großer Höhen und Sinken in eine feuchte Luftmasse auf den Tragflächen bilden.

Für Luftfahrzeuge besteht außerhalb von Wolken und Niederschlägen keinerlei Vereisungsgefahr.

Intensität der Vereisung: bestimmende Faktoren

Die Intensität der Vereisung wird im Wesentlichen durch die Größe der unterkühlten Wassertropfen und ihre Konzentration bestimmt. Generell ist die Konzentration der unterkühlten Wassertropfen in Haufenwolken größer als in Schichtwolken. Da größere unterkühlte Tropfen (SLD) nur im Temperaturbereich von 0 bis -20 °C existieren können und diese nur in Cu, Cb und Ns in höherer Konzentration vorkommen können, ist starke Vereisung nur unter diesen Bedingungen zu erwarten
Ähnlich lassen sich weitere Regeln ableiten, die in der folgenden Tabelle zusammengefasst sind.

Wolkentyp	Stärke der Vereisung	Art der Vereisung	Art der unterkühlten Tropfen	Temperaturbereich
Cu, Cb, Ns	stark bis mittel	Klareis	SLD (groß)	0 bis -20°C
Cu, Cb, Ns	mittel bis leicht	Rauhfrost	SWD (klein)	-20 bis -40°C
St, As, Sc, Ac	mittel bis leicht	Rauhfrost	SWD (klein)	0 bis -10°C
St, As, Sc, Ac	leicht	Rauhfrost	SWD (klein)	-20 bis -40°C
Cirren	keine	keine	Eiskristalle	unterhalb -40°C

Abbildung 125: Stärke und Art der Vereisung in unterschiedlichen Wolkentypen

An der Wolkenbasis bei niedrigeren Temperaturen herrscht immer eine größere Konzentration von unterkühlten Wassertropfen, sodass dort die Gefahr der Vereisung stets höher ist.

Es gibt weitere Faktoren, die bei einem Flugzeug die Aufnahme von Eis bestimmen. Darunter fällt beispielsweise auch das Tragflügelprofil. Anders als man vielleicht vermuten würde, setzen dünne Profile schneller Eis an als dicke Profile.
Hierzu kommt, dass bei einem Flugzeug, das schneller fliegt, mehr Wolkenmasse, Eis oder Schnee pro Zeiteinheit durchquert wird. Allerdings erhöht sich bei einem schnellen Flugzeug auch der Einfluss der Reibungswärme, wodurch der Geschwindigkeitseffekt wieder etwas kompensiert wird.

In stratiformen orografischen Wolken, also z. B. Wolken, die sich am Fuß von Bergen oder in Tälern bilden, wird die Luftmasse „gestaucht", was dort erstens zu einer Senkung der Nullgrad-Isotherme (freezing level) führt und wegen der Erhöhung der Konzentration der Wassertröpfchen einen höheren Vereisungsgrad in der Wolke verursacht.

Vergaservereisung

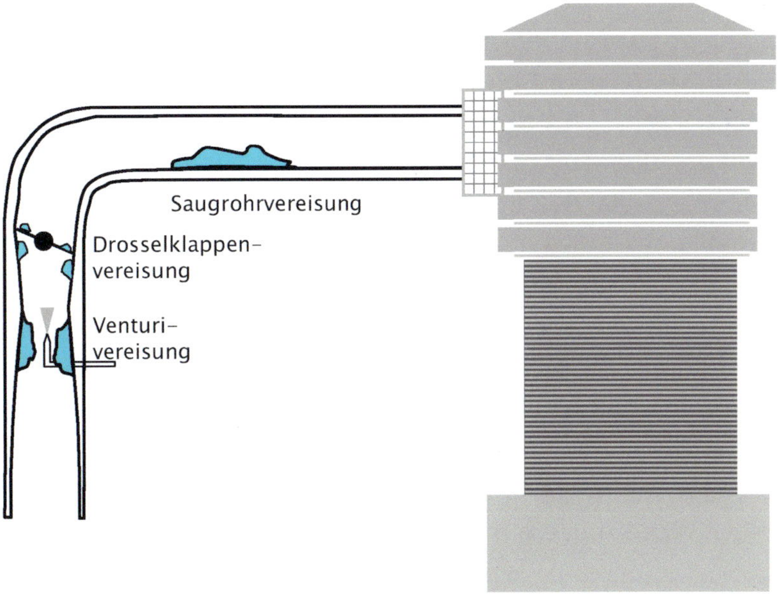

Abbildung 126: Gefährdete Stellen der Vergaservereisung (Grafik: KLSP)

Bei Flugkolbenmotoren besteht die Gefahr der Vergaser- oder Saugrohrvereisung. Sie kann bei feuchter Luft und Temperaturen zwischen -10 und +25 °C auftreten. Der Grund liegt in der adiabatischen Abkühlung der Ansaugluft durch das Verdampfen des Benzins an der Vergaserdüse und dem durch den Motor erzeugten Unterdruck im Ansaugtrakt. Es kann sich in diesem Fall Eis an der Drosselklappe, an der Venturiveren-

gung des Vergasers und bei langen Saugrohren auch im Saugrohr selbst bilden. Besonders gefährdet sind Motoren mit nur einem Vergaser und langen Saugrohren zu den einzelnen Zylindern wie z. B. bei Sternmotoren ausgeführt. Zur Abhilfe sind die Motoren mit einer Klappe für die Vergaservorwärmung ausgestattet, wobei bei entsprechender Stellung der Klappe vom Abgassystem vorgewärmte Luft zum Vergaser geführt wird.
Bei Flugkolbenmotoren mit Einspritzanlagen kann trotz Fehlen eines Vergasers eine Saugrohrvereisung auftreten, sodass auch in einem solchen Fall auf Alternate Air umgeschaltet werden muss.

09 01 02 Eistypen bei der Eisbildung

Im Folgenden wollen wir die verschiedenen Eistypen etwas genauer charakterisieren.

Klareis (engl. clear ice) ist von klarer, durchsichtiger Erscheinung. Klareis entsteht beim Gefrieren von unterkühlten großen Wassertropfen (SLD) auf frostkalten Oberflächen. Beim Auftreffen und Gefrieren wird latente Wärme frei (siehe 03 02 01 Kondensation, Verdunstung, Sublimation, Frieren und Schmelzen, Latente Wärme). Hierdurch können sich die Wassertropfen für einen Sekundenbruchteil noch im flüssigen Zustand halten, bevor sie gefrieren. Als Resultat bildet sich vollkommen klares Eis „wie gefrorenes Wasser auf der Oberfläche". Es ist sehr fest und hat etwa die Dichte von Wasser. Genauer: Klareis wiegt etwa 917 kg pro Kubikmeter (Dichte von Eis 0,9168 g/cm^3).

Raufrost (engl. rime ice) ist von weißer, durchscheinender Erscheinung, aber nicht klar. Raufrost entsteht beim Gefrieren von unterkühlten kleinen Wassertröpfchen (SWD) auf frostkalten Oberflächen. Da beim Gefrieren nicht genügend latente Wärme frei wird, gefriert es sofort beim Auftreffen auf einer frostkalten Oberfläche. Hierbei bilden sich Lufteinschlüsse, wodurch das opaque Aussehen entsteht. Aufgrund der Lufteinschlüsse hat Raufrost eine geringere Festigkeit und Dichte als Klareis. Raufrost kann sich innerhalb weniger Minuten in cm-Stärke auf Tragflächen und Rumpf eines Flugzeuges festsetzen.

Mischeis (engl. mixed ice) ist eine Mischung aus Klareis und Raufrost. Es entsteht auf dieselbe Art und Weise wie bereits oben beschrieben. Mischeis bildet sich, wenn in der betreffenden Wolken sowohl kleine als auch große unterkühlte Wassertröpfchen enthalten sind. Dies ist beim Durchfliegen von Haufenwolken der Fall. Mischeis erscheint als Mischung beider Eistypen weißlich durchscheinend mit Lufteinschlüssen und klaren Bereichen. Festigkeit und Dichte bestimmen sich aus dem Mischungsverhältnis.

Abbildung 127: Eisansatz an der Flügelvorderkante (Foto: NASA)

Eisansatz bildet sich auch beim Durchfliegen von frostigem Niederschlag. Je nach Typ des Niederschlags (Schnee, Schneeschauer, Schneeregen, gefrierender Regen, gefrierender Nieselregen, gefrierender Nebel, usw.) bilden sich unterschiedliche Eistypen, die aber vergleichbar mit einem der drei bereits beschriebenen Typen sind. Zum Beispiel entsteht aus gefrierendem Regen oder Niesel Klareis, aus gefrierendem Nebel Raufrost. Aus Schneefällen entsteht als Eisansatz meistens Mischeis.

Raureif (engl. hoar frost) erscheint als feine eiskristalline Schicht auf der Oberfläche. Raureif bildet sich auf frostkalten Oberflächen durch Resublimation der Feuchtigkeit der Luft, d. h. der Wasserdampf der Luft geht an der Oberfläche unmittelbar in den festen Zustand über. Raureif hat keine besonders feste Konsistenz und verschwindet bei Sonnen- oder sonstiger Wärmeeinstrahlung meist schnell durch den umgekehrten Prozess der Sublimation.

09 01 03 Gefahren bei Vereisung und Gegenmaßnahmen

Im ICAO Dokument 4444 wird die Intensität der Vereisung in die vier Klassen traces of ice, light, moderate und severe icing quantifiziert. Die folgende Tabelle gibt die Details für diese Klassifizierung, die auch die Basis für die Meldung von Vereisungsbedingungen im Flug sind.

Symbol	Intensität	Eisansatz
	spurenhaft (traces of ice)	Auf den Tragflächen werden Spuren von Vereisung sichtbar. Allerdings ist die Rate der Eisbildung so gering, dass eine Zunahme des Eisansatzes kaum zu erkennen ist . Es besteht keine Gefahr, selbst dann, wenn das De-icing/Anti-icing System nicht benutzt wird. Hält der Zustand für mehr als eine Stunde an, muss allerdings von leichter Vereisung gesprochen werden.
	gering, leicht (light)	Die Intensität der Vereisung kann ein Problem darstellen, wenn der Flug in dieser Situation länger als eine Stunde dauert. Gelegentlicher Einsatz des De-icing/Anti-icing Systems entfernt oder verhindert den Eisansatz. Der Eisansatz stellt keine unmittelbare Gefahr dar, sofern das De-icing/Anti-icing System verwendet wird. ICAO: Die Vereisung ist geringer als bei mäßiger Vereisung.
	mittelstark, mäßig (moderate)	Die Intensität der Vereisung ist so, dass nur kurze Zeit ausreicht, um den Eisansatz zu einer Gefahr werden zu lassen. Der dauerhafte Einsatz des De-icing/Anti-icing Systems ist absolut notwendig. ICAO: Die Änderung des Flugweges (Heading, Altitude) kann ratsam sein.
	stark (severe)	Die Intensität der Vereisung ist so stark, dass der Einsatz des De-icing/Anti-icing Systems nicht ausreicht, um die Vereisung zu reduzieren und die Gefahr zu kontrollieren. Es ist sofort erforderlich, den Flugweg zu ändern. ICAO: Der Wechsel von Heading und/oder Altitude ist absolut unerlässlich.

Vereisung stellt eine der wenig berechenbaren Gefahren der Luftfahrt dar. Anders als bei Gefahren, die z. B. durch aerodynamische und strukturelle Grenzen bedingt sind, lässt sich die tatsächlich zu erwartende Vereisung bei einer bestimmten Wetterlage und die Auswirkung auf den geplanten Flug und das Flugzeug nur schwer vorhersagen.

In den vorherigen Abschnitten haben wir die verschiedenen kritischen Gefahrenbereiche bereits genannt. Flüge in Wolken mit unterkühlten Wassertropfen (Fronten, Haufenwolken, stratiforme Wolken) und durch frostigen Niederschlag jeglicher Art bergen ein großes Risiko für die Vereisung.

Obwohl heutige Verkehrsflugzeuge und auch viele Geschäftsreiseflugzeuge mit einer Reihe von Anti-Icing-Systemen oder Enteisungssystemen inklusive technischer Maßnahmen (siehe weiter unten) für die Verhinderung bzw. Beseitigung von Vereisung an Triebwerken und sonstigem Equipment ausgerüstet sind, gibt es eigentlich nur eine ernsthafte Empfehlung: Der verantwortliche Pilot bzw. die Crew sollte, wo immer dies möglich ist, unbekannten, möglicherweise starken Vereisungsbedingungen ausweichen.

Kein noch so gut ausgestattetes Verkehrs- oder Geschäftsreiseflugzeug ist in der Lage, severe icing conditions über längere Zeit unter Kontrolle zu halten. Auch hier gilt: Im Zweifelsfall ist die Natur stärker. Besonders bei extremen Wetterbedingungen ist beim Weather Briefing besondere Sorgfalt geboten. Der Pilot bzw. die Crew sollte gegebenenfalls Flugroute und Altitude ändern und ggf. auch wirtschaftliche Bedenken von Airline-Managern missachten. Auch ein No-Go kann bei extremem Vereisungsrisiko manchmal die einzig verantwortbare Entscheidung sein.

Aufgrund von heutzutage präziseren Wettervorhersagen und auch durch die Verbesserung bei Leistung (insbesondere Steigleistung) und Ausstattung der Flugzeuge lassen sich die meisten Flüge trotz winterlicher Wetterlagen durchführen.

Folgende Maßnahmen helfen im Fall von Vereisung oder besser noch beugen der Vereisung frühzeitig vor.

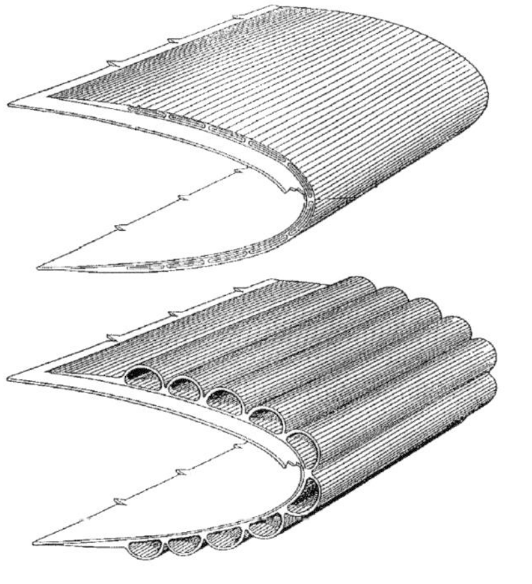

Abbildung 128: Einfache, pneumatische Boots für die Enteisung (Grafik: Goodrich)

- Nutzung des Enteisungssystems / des Anti-Icing-Systems nach Checkliste für alle betroffenen Komponenten (Tragflächen, Seiten- und Höhenleitwerk, Frontscheiben, Triebwerkseinlässe oder ggf. Propeller). Bei einfachen Flugzeugen kommen meist pneumatische Boots zur Enteisung zum Einsatz, die das Eis ggf. periodisch absprengen können. Größere Flugzeuge verwenden meist Anti-Icing-Systeme, bei denen die kritischen Komponenten mit Zapfluft (engl. bleed air) der Turbinen geheizt werden. Als dritte Variante sind chemische Anti-Icing-systeme zu nennen, die den Eisansatz durch Verteilung von Chemikalien auf Alkohol/Glykolbasis auf die kritischen Komponenten verhindern. In diesem Fall ist die Zeit der Anti-Icing-Massnahme durch die Größe des Chemikalientanks begrenzt.

- Ganz besonders wichtig sind bei Flügen durch Wolken/Niederschlag mit Vereisungsrisiko die richtigen Maßnahmen bzw. Einstellungen im Hinblick auf das oder die Triebwerke:
    - Bei Turbinentriebwerken sind immer alle Zündsysteme im eingeschalteten Zustand zu belassen.
    - Bei Turbinentriebwerken müssen alle Pods beheizt werden, damit sich dort kein Eis bilden kann, welches die Turbine zerstören könnte.
    - Bei Propellerturbinen sind ggf. die Trägheitsabscheider einzuschalten.
    - Bei Flugkolbenmotoren mit Vergasersystemen sind stets die Vergaservorwärmungen der Triebwerke einzuschalten und die Cowl Flaps zu schließen.
    - Bei Flugmotoren mit Einspritzsystemen muss bei drohender Inletvereisung auf Alternate Air umgeschaltet werden.
    - Bei längeren Flügen unter Vereisungsbedingungen ist die Temperatur des Treibstoffs im Auge zu behalten, um Vereisungen oder Versulzungen zu verhindern.
- Genauso wichtig sind die richtigen Schalterstellungen bei den zu beheizenden Drucksensoren. Bei Instrumenten kann es ansonsten zu Fehlanzeigen kommen, falls die Drucksensoren vereisen.
    - Einschalten der Heizungen der Pitot-Static-Ports. Vereisungen beeinflussen die ASI-, VSI-, Altimeter und Machmeter-Anzeigen.
    - Einschalten der Pod-Beheizungen. Bei Turbinen können die Triebwerksanzeigen durch vereiste Drucksensoren (P1) falsche Werte liefern.

Bei Flugzeugen mit ausreichender Steigleistung, wie dies bei Jets heutzutage durchgehend der Fall ist, kann im Gefahrenfall der Ausweg in höhere Etagen aus den Wolken heraus der richtige Weg sein. In jedem Fall lässt sich dort ggf. das Eis entfernen und die Strategie für den nächsten Sinkflug meist gefahrloser als in den Wolken bewerkstelligen.

09 02 00 Turbulenz

Turbulenz ist generell relevant für den Flugverkehr in der atmosphärischen Grenzschicht, unter konvektiven Bedingungen und im Bereich von Scherzonen, wie z. B. bei Jetstreams. Turbulenz kann durch Scherung erzeugt werden, aber auch durch Konvektion und Thermik.

Turbulenz lässt sich im Wesentlichen auf folgende Ursachen zurückführen:

- Turbulenz in Bodennähe
- Konvektive Turbulenz unter- und innerhalb von Wolken
- Turbulenz durch orografische Windscherung/Thermik über Bergen und Berghängen
- Mechanische Turbulenz über bebautem Gebiet (Windscherung/Thermik)
- Turbulenz durch Wirbelschleppen anderer Luftfahrzeuge
- Clear Air Turbulenz (CAT)

Man trifft Turbulenz bevorzugt in Bodennähe an, sowohl bei starkem Wind als auch bei starker Thermik. Turbulenz in Bodennähe ist wegen der beschränkten Ausweich- und Korrekturmaßnahmen gefährlich. Die Sicherheit des Fluges in Bodennähe hängt insbesondere von vertikalen Windgeschwindigkeitsschwankungen ab, die glücklicherweise mit Annäherung an den Boden abnehmen. Ansonsten sind horizontale Geschwindigkeitsschwankungen gefährlich, weil sie den Auftrieb ändern und damit gerade bei zu langsam fliegenden Flugzeugen gefährliche Sinkbewegungen hervorrufen können.

Unter konvektiven Bedingungen wird Turbulenz auch in Höhen bis zur Obergrenze der konvektiven Grenzschicht (in mittleren Breitengraden bei etwa 6.500 ft) beobachtet, darüber hinaus auch in Wolken, speziell in und im Umfeld von Gewittern. Typisch für Gewitter sind die sehr starken Auf- und Abwinde mit Änderungen auf kleinstem Raum.

Turbulenz entsteht durch Windscherung über Bergen und an Berghängen meist durch Ablenkung oder Tunnelung und Verstärkung des Windes durch die Orografie, gepaart mit thermischer Konvektionsturbulenz.

Eigentlich kein meteorologischer Tatbestand sind Turbulenzen durch andere Luftfahrzeuge: so genannte Wirbelschleppen. Sie entstehen als ungebundene Wirbel an den Tragflächenenden und werden dort als Rotationswirbel abgelöst. Sie sind noch Minuten danach als Turbulenz dort folgende Flugzeuge erfahrbar und können selbst für Verkehrsflugzeuge eine Gefahr darstellen. Beispiel: Flug 587 eines Airbus A300 vom 12. November 2001 kam in die Wirbelschleppe einer voraus fliegenden B747 und durch die falsch trainierte, aggressive Nutzung des Seitenruders durch den Pilot Flying brach das Seitenruder vollkommen ab. Der Flug endete für alle Insassen tödlich.

Ähnlich wie an Bergen oder Bergketten kann Turbulenz auch an der durch Menschen-

Symbol	Intensität	Beschreibung
kein Symbol vorhanden	leicht (light)	Die Turbulenzen rufen geringe Änderungen in Höhe und Fluglage (Pitch, Querlage, Gierlage) hervor. IAS ändert sich nicht mehr als 5-25 kt. Die Beschleunigungskräfte sind < 0,5 g. Passagiere merken leichtes Anspannen der Gurte. Nicht gesicherte Objekte können in der Kabine verschoben werden, der Service der Passagiere ist problemlos möglich.
	mittelstark, mäßig (moderate)	Die Turbulenzen rufen mäßige Änderungen in Höhe und Fluglage (Pitch, Querlage, Gierlage) hervor. IAS ändert sich nicht mehr als 15-25 kt. Die Beschleunigungskräfte sind zwischen 0,5 und 1g. Das Flugzeug bleibt zu jeder Zeit unter Kontrolle. Passagiere werden fühlbar in die Gurte gedrückt. Nicht gesicherte Objekte können in der Kabine herunterfallen, der Service der Passagiere ist schwierig.
	stark (severe)	Die Turbulenzen rufen starke Änderungen in Höhe und Fluglage (Pitch, Querlage, Gierlage) hervor. IAS ändert sich zeitweise um mehr als 25 kt. Die Beschleunigungskräfte liegen häufig über 1g. Das Flugzeug kann von Zeit zu Zeit außer Kontrolle sein. Passagiere werden massiv und ruckartig in die Gurte gepresst. Nicht gesicherte Objekte werden herumgeschleudert. Der Service der Passagiere ist vollkommen unmöglich.

Abbildung 129: Turbulenzklassen nach ICAO Doc 4444

hand geschaffenen Orografie, nämlich durch Windscherung an der Bebauung z. B. an Wolkenkratzern, Hochhäusern, großen Hallen oder als künstliche Thermik über Kraftwerken, Fabriken usw. entstehen.

Mit *Clear Air Turbulence* (CAT) bezeichnet man Luftschichten mit starker Turbulenz außerhalb von Wolken (daher *clear air*) und außerhalb des Bodeneinflusses. CAT wird durch starke Scherung an Jetstreams sowie durch brechende Wellen über Gebirgen und konvektiven Wettersystemen (Gewitter etc.) ausgelöst und ist vor allem wegen des unerwarteten Auftretens in einer ansonsten ruhigen wolkenfreien Atmosphäre meistens ein Komfortproblem für die Passagiere.

09 02 01 Turbulenzauswirkungen im Flug und Gegenmaßnahmen

Im ICAO Dokument 4444 wird die Intensität der Turbulenz in die drei Klassen light, moderate und severe eingeteilt (siehe Tabelle). In der Tabelle sind die zugehörigen Effekte der jeweiligen Turbulenzintensität d. h. deren Auswirkungen auf Flugzeug, Passagiere und Crew im Einzelnen dargestellt.
Turbulenz stellt im Allgemeinen, von Extremfällen abgesehen, eher ein Komfortdefizit als eine tatsächliche Gefahr dar. Trotzdem sollten Turbulenzen, wo immer dies möglich ist, vermieden werden. Turbulenzgebiete können aus den verfügbaren Informationen zu Fronten und anderen meteorologischen Größen abgeleitet werden.

09 02 02 CAT: Auswirkung im Flug und Gegenmaßnahmen

CAT kann - über ein Komfortproblem hinaus - auch zu einem Sicherheitsproblem für die Flugzeugstruktur anwachsen, z. B. in Kombination mit ungeeigneten Ruderbewegungen. Turbulenz führt durch die häufig wechselnden Strukturbelastungen darüber hinaus zu Materialermüdungen.

Die meteorologischen Wetterprognosen geben in den Significant Weather Charts (Beschreibung in Abschnitt 10) die Gebiete mit CAT-Vorkommen immer und auf den meisten Kartenvarianten zusätzlich auch deren jeweilige Stärke an.

Der Pilot und seine Crew sind danach in der Lage, den Flugweg in Flugroute und Höhenprofil entsprechend anzupassen, um Turbulenzen zu vermeiden. Dies kann ggf. auch eine Änderung des Flugweges im Flug erforderlich machen.

09 03 00 Windscherung

09 03 01 Definition von Windscherung

Windscherung (engl. wind shear) ist die örtliche Änderung des dreidimensionalen Windvektors, der sich durch die gemessene Zahlenwerte im Windgradienten ablesen lässt. Im Normalfall einer Windscherung in Bodennähe nimmt der mittlere Horizontalwind mit der Höhe zu. Im engeren Sinn wird allerdings nur für eine abrupte Änderung des Windvektors der Begriff Windscherung verwendet und je nachdem, welche Komponente des Windvektors sich ändert, spricht man von horizontaler oder vertikaler Windscherung oder Auf- und Abwindscherung.

Definition

Die etwas genauere Definition von Windscherung lautet wie folgt:

Als *Windscherung* (engl. wind shear) an einem Ort (x,y,z) wird jede abrupte Änderung von Windrichtung und Windstärke ($grad\ \vec{w} = \left(\frac{\partial w}{\partial x}, \frac{\partial w}{\partial y}, \frac{\partial w}{\partial z} \right) >> 0$) an diesem Ort bezeichnet, falls die Größe der Änderung ein sofortiges Eingreifen des Piloten erfordert, um das Flugzeug in seinen Flugparametern zu stabilisieren und den geplanten Flugweg oder Gleitpfad einzuhalten.

(i) Findet die Änderung der Windrichtung und Windstärke in horizontaler Richtung statt (auch Winddrehungen), spricht man von *horizontaler Windscherung (engl. horizontal wind shear).*

(ii) Findet die Änderung der Windrichtung und Windstärke in vertikaler Richtung statt, d. h. ändert sich Windrichtung und Windstärke stark mit der Höhe, spricht man von *vertikaler Windscherung (engl. vertical wind shear).*

(iii) Ändert sich die vertikale Windstärke spricht man von *Auf- oder Abwindscherung (engl. up- or downdraught shear).*

Windscherung in der Bodengrenzschicht ist bei Piloten besonders gefürchtet, da sie meist mit abrupter Höhenänderung eines Flugzeugs („durchsacken“) verbunden ist und damit das Risiko des Bodenkontaktes besteht. Man spricht hierbei von *bodennaher Windscherung* oder engl. *‚low level wind shear'.*

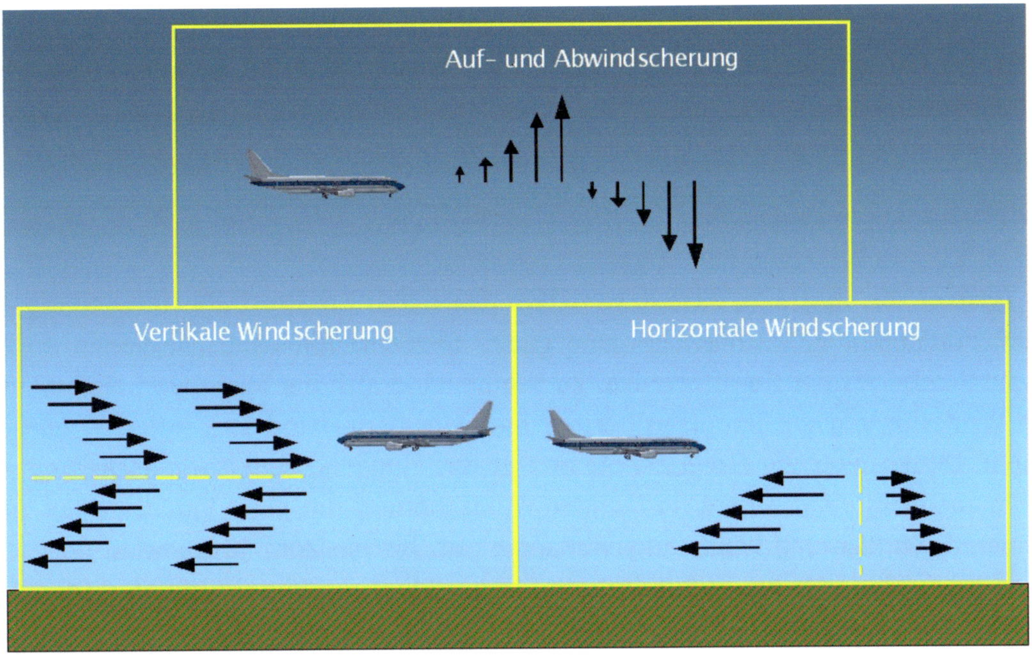

Abbildung 130: Beispiele für Windscherung (Grafik: KLSP)

09 03 02 Wetterbedingungen mit Windscherung

Windscherung ist generell an *Gewitterfronten* ggf. mit *Böenlinien* aber auch an einzeln stehenden *Wärmegewittern* zu erwarten.

An *Inversionsschichten* findet man häufig Windscherung, da durch die starke Stabilitätsänderung an der Inversion die Luftschichten in- und unterhalb der Inversion entkoppelt werden.

Windscherungen können auch durch die *Orografie* z. B. ausgelöst durch Berge oder landschaftliche Besonderheiten oder durch menschengemachte Gegebenheiten wie z. B. die *Bebauung* (mechanische Windscherung) verursacht sein. Ebenfalls können *Land- und Seewinde* Ursache von Scherungen sein.

Gefährliche Scherschichten mit Änderungen von 10 m/s auf 60 ft Höhendifferenz finden sich auch in nächtlichen, bodennahen *Low-Level Jets* (Vorkommen z. B. in den Great Plains, USA) mit sporadisch auftretender Turbulenz. Low-Level Jets entstehen durch stärkere nächtliche Abkühlung der Luft desselben Geopotenzials (etwa 850 hPa Höhe) einmal bodennah im Westen über den Rocky Mountains und im Osten über den Great Plains. Durch den Temperaturunterschied entsteht ein Druckgefälle und in der Folge der Low-Level Jet.

Jede Form von Windscherung kann Turbulenz erzeugen. Windscherung in der *Höhenströmung* (an Jetstreams) äußert sich zumeist durch die damit korrelierte Clear Air Turbulence (CAT).

09 03 03 Effekte im Flug, Vermeidungsstrategie

Die Effekte von Windscherung im Flug sind Turbulenz, drastische Auftriebsänderungen und starke Belastung der Flugzeugstruktur.
Ein Beispiel: Ein Flugzeug, dass etwa unter einer reifen Gewitterzelle zur Landung ansetzt, durchfliegt möglicherweise eine ganze Sequenz von Windscherungen im Fall eines Microbursts der Gewitterwolke. Zu Beginn wirkt sich der Microburst als horizontale Windscherung mit impulsartig zunehmendem Gegenwind aus, was den Auftrieb erhöht. Direkt unter der Gewitterzelle erfährt das Flugzeug eine Abwindscherung, die wenig später in eine weitere horizontale Windscherung mit einer impulsartigen Windänderung in Richtung Windstärkenabnahme ggf. bis hin zum Rückenwind übergeht. Diese letzte Phase ist besonders kritisch, da das Flugzeug impulsartig an wahrer Geschwindigkeit einbüßen und damit drastisch an Auftrieb verlieren kann. Hat das Flugzeug hier keine ausreichende Marge zur Stalling Speed, kann der Flugzustand kritisch werden.

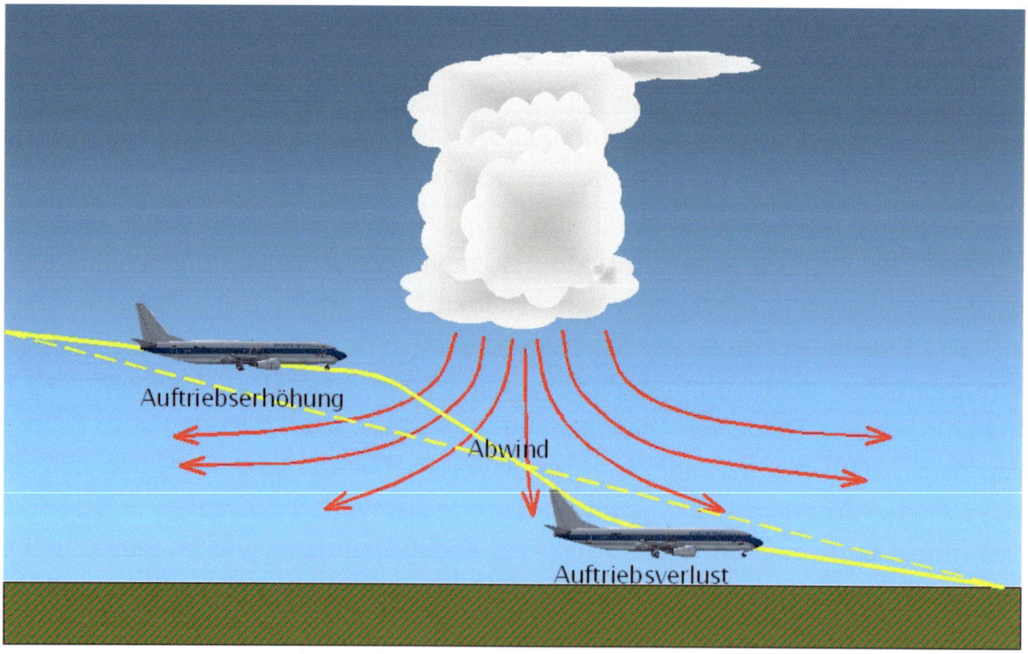

Abbildung 131: Kritischer Anflug mit Windscherung durch eine Gewitterzelle (Grafik: KLSP)

Strukturprobleme am Flugzeug treten hauptsächlich in Gewittern auf infolge der durch Scherung erzeugten Turbulenz.
Extreme Turbulenz und Windscherung und damit auch eine extreme Belastung bis hin zur Überlastung der Flugzeugstruktur treten in Tornados auf (siehe weiter unten).
Bekannte Gebiete mit Windscherung wie z. B. CAT-Gebiete, Gewitterfronten und insbesondere Tornados sollten im Rahmen der Flugplanung vermieden werden. Ist ein Anflug durch spezielle Wetterbedingungen (Inversionslage) oder durch die Lage des Flugplatzes scherungsgefährdet, so müssen entsprechende Vorkehrungen getroffen werden:

- Anfluggeschwindigkeit mit v_{ref} plus Geschwindigkeit des zu erwartenden horizontalen Windverlustes wählen
- Auf die Notwendigkeit von Vollschub und ggf. Durchstarten („going missed") vorbereitet sein (die meisten Verkehrsflugzeuge sind mit Warnanlagen für Windscherung ausgerüstet, die in einem solchen Fall akustisch warnen: „wind shear, wind shear, wind shear, ..")
- In Extremfällen das Risiko meiden und den Alternate anfliegen
- In manchen Fällen z. B. bei flachen Inversionen ist ein Start oder Approach in die umgekehrte Richtung sinnvoller

09 04 00 Gewitter

09 04 01 Entstehungsbedingungen, Vorhersage, Gewittertypen

Gewitter entstehen in Cumulonimbuswolken, die ihr Reifestadium erreicht haben. Nicht in allen Cbs entstehen zwangsläufig Gewitter. Folgende Bedingungen tragen zur Entstehung eines Gewitters bei:

- Ein Temperaturgradient, der in einer Schicht von mindestens 10.000 ft Dicke über dem feuchtadiabatischen Temperaturgradienten liegt. Die Schicht muss dabei bis über die Nullgradgrenze hinaus reichen.
- Hinreichend viel Feuchtigkeit in dieser Luftschicht
- Ein Auslöser für die Entwicklung einer instabilen Schichtung

Es lassen sich folgende Randbedingungen als Auslöser für Gewitter fest stellen, woraus sich die einzelnen Gewittertypen ableiten:

1. Thermische Konvektion durch hohe Temperaturen und starke Sonneneinstrahlung. Es entstehen *Wärmegewitter* (auch Luftmassengewitter genannt). Wärmegewitter bilden sich meist im Sommer während des Tages über Land.
2. Bei Konvektion und zusätzlichem Vorhandensein von vertikaler Windscherung können sich Superzellen (siehe weiter unten bei Tornados) und in Einzelfällen können auch Cluster von Superzellen mit *Superzellengewittern* und eventuell Tornados entstehen.
3. Orografische Hebung. Es entstehen z. B. in der Nähe von Bergketten *orografische Gewitter*.
4. Hebung durch Konvergenz. *Konvergenzgewitter* entstehen an einer Konvergenzlinie. Bestes Beispiel ist die starke Gewitterbildung an der Innertropischen Konvergenzzone.
5. Hebung an Kalt-, Warmfronten und Okklusionen. Es entstehen *Frontgewitter* oder *frontale Gewitter*. Das häufigste Vorkommen von Frontgewittern ist im Winter. Sie können sich jederzeit d. h. bei Tag oder Nacht über Land oder dem Meer bilden. Frontale Gewitter bilden sich meist in einer geschlossenen Linie von Cumulonimben und können dabei von einer Böenlinie (engl. squall line) begleitet werden.

09 04 02 Lebenszyklus und Struktur von Gewitterwolken

Initialstadium. Im Initialstadium (engl. initial stage) eines Gewitters schließen sich mehrere Cu zusammen und bilden eine große Cumulonimbuszelle von im Schnitt 5-10 km Durchmesser. Unter dieser Zelle und an deren Seiten entstehen starke Aufwinde von 1.000 bis 2.000 ft/min (bis 6.000 ft/min in Extremfällen) mit begleitender Turbulenz. Die Initialphase dauert etwa 15 bis 20 Minuten.

Reifestadium. Das Reifestadium (engl. mature stage) beginnt mit einsetzendem Niederschlag. Der Niederschlag fällt in Form von Regen- oder Hagelschauer (im Winter Schneeschauer) und bringt starke Abwinde (Fallböen) mit sich. Da die Luft aus höheren, wesentlich kälteren Luftschichten plötzlich nach unten geführt wird, findet unter der Gewitterzelle eine starke Abkühlung statt. Hinzu kommt, dass im Sommer der Regen teilweise verdunstet, was die Luft am Boden noch weiter abkühlt.

Im Innern der Gewitterzelle läuft eine komplizierte und nur teilweise verstandene Prozesskette ab, solange das Gewitter reift. Zum einem wird der Gewitterzelle auf der Seite entgegen der Bewegungsrichtung kontinuierlich weiterhin Luft zugeführt, was dort einen stetigen Aufwind an den Rändern und innerhalb der Wolke erzeugt, wo die Luft bis in die obere Schicht oberhalb der Nullgradgrenze förmlich „hochkatapultiert" wird. In der mittleren Schicht koexistieren sowohl starke Auf- als auch Abwinde, was in der Regel einen Kreislauf der Wassertröpfchen auslöst, die mit jedem Zyklus größer werden und ggf. auch zwischen Vereisungs- und Flüssigphase wechseln können (Entstehung von Hagel). In der unteren Schicht auf der Leeseite tritt starker Niederschlag mit Regen, Hagel oder Graupeln auf.

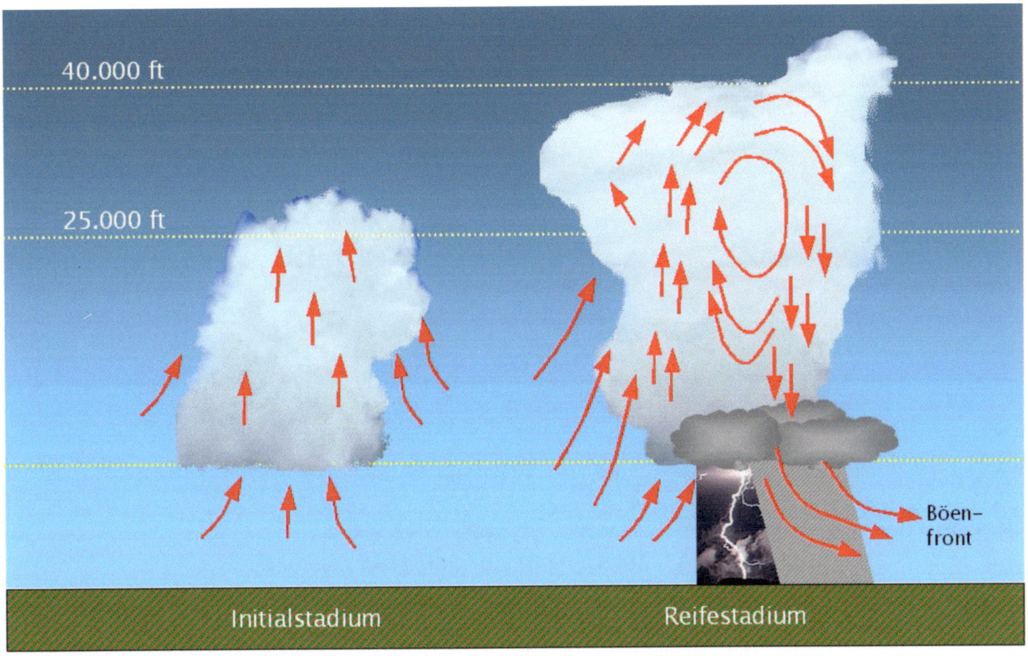

Abbildung 132: Initial- und Reifestadium einer Gewitterzelle (Grafik: KLSP)

Das Reifestadium eines Gewitters dauert etwa 15 bis 20 Minuten.

Auflösestadium. Durch die Abkühlung der Luftmassen unter den Gewitterzellen kommt der Konvektionsprozess langsam zum Erliegen. Es beginnt das Auflöse- oder Dissipationsstadium (engl. dissipating stage). Die Gewitterzelle ist mittlerweile bis zur Tropopause gewachsen und bildet durch den dort herrschenden Wind einen so genannten Amboss oder auch Cirrusschirm (engl. anvil) aus. Die Wolkenschicht des Amboss besteht dabei nur noch aus Eiskristallen, die sich von dieser Stelle langsam als Cirren ablösen.

An der Unterseite der Gewitterzelle fällt wie im Reifestadium auch weiterhin Regen, Hagel oder sonstiger starker Niederschlag, begleitet durch Fallböen. Auch die elektri-

schen Blitzentladungen inklusive seiner akustischen Begleitung (Donner) sind Teil des Geschehens. Allerdings wird die Gewitterzelle nicht mehr konvektiv aufgeladen, sodass die genannten Gewittererscheinungen langsam abklingen.
Das Auflösestadium dauert etwa 1,5 bis 2,5 Stunden.

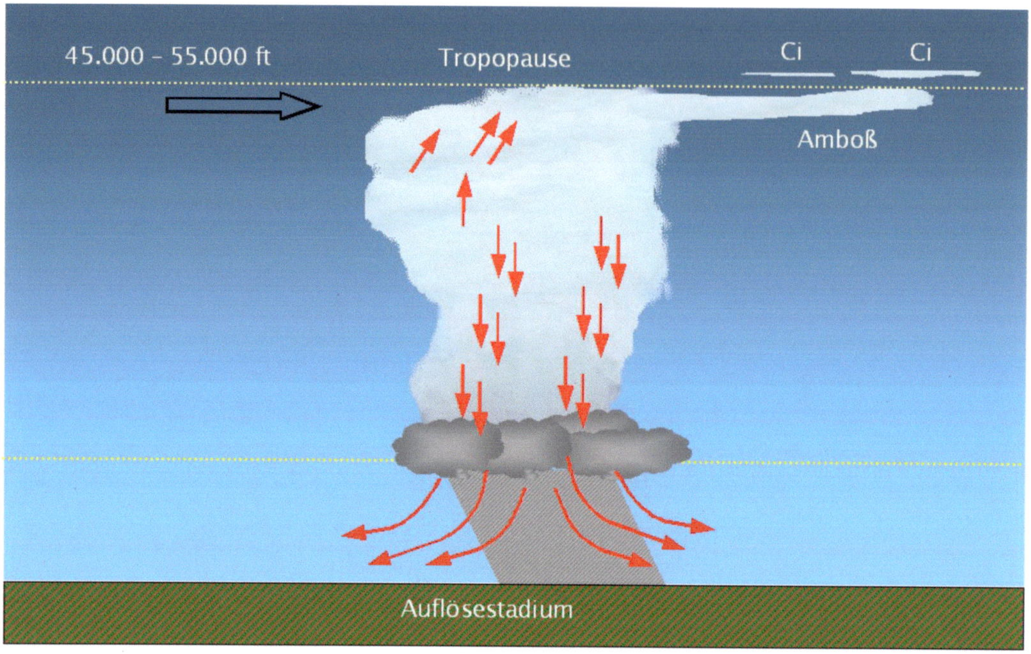

Abbildung 133: Auflösung (Dissipation) einer Gewitterzelle

Der Lebenszyklus und die Struktur von Gewitterwolken kann bei Superzellen noch um eine weitere Komponente bereichert werden: die Rotation der Zelle mit der möglichen Ausbildung eines Tornados (siehe unter 09 05 00 Tornados).

09 04 03 Blitzentladungen, Blitzeinschläge

Begleitet wird das Gewitter durch gewaltige elektrische und akustische Phänomene. Durch intensive Bewegung und damit Reibung der Luft- und Wasserteilchen in Gewitterzellen werden die Luftmoleküle stark ionisiert, was zu sehr hohen Potenzialdifferenzen zwischen Luft-Luft- und Luft-Boden-Abschnitten führen kann. Als Resultat entstehen elektrische Entladungen in Form von Blitzen. Dabei sucht die jeweilige Spannung einen Ausgleich über einen Stromweg durch den Isolator Luft. Der Stromfluss kommt dabei ähnlich wie beim Durchschlagen einer elektrischen Isolierung in Form von Spontanentladungen über Luft-Luft- oder Luft-Boden-Strecken durch ein oder mehrere Ionisierungskanäle zustande. Begleitet wird der Blitzschlag durch den

Donner, der durch die impulsartige Luftdruckänderung als Druckwelle an den Ionisierungskanälen entsteht.

In Zusammenhang mit Blitzgefahr muss auch das extrem seltene *Elmsfeuer* (engl. St. Elmo's fire) genannt werden. Es handelt sich um eine kontinuierliche Entladung mit Korona-Leuchteffekt, die in gewittrigen Wetterlagen bei Feldstärken von mehr als 100 kV/m in der Regel an hohen, spitzen Gegenständen auftritt. In der Luftfahrt kann es z. B. an Frontscheiben, Antennen und Pitotrohren auftreten. Elmsfeuer sind ein Indikator für eine unmittelbare Blitzgefahr.

Abbildung 134: Blitzschlag (Foto: NOAA)

Flugzeuge können vom Blitz getroffen werden oder selber Blitzschläge auslösen, indem sie für einen leitenden Kanal sorgen. Statistisch gesehen, wird jedes Verkehrsflugzeug etwa einmal pro Jahr vom Blitz getroffen. Zwar sind die meisten heutigen Flugzeuge durch ihre metallene Bauweise und der damit verbundenen Wirkung als Faradayscher Käfig im gewissen Sinn vor Blitzschlag geschützt, aber es besteht trotzdem eine ganze Reihe von Restrisiken. Beim Blitzschlag

- können durch den induzierten hohen Spannungsimpuls elektrische Signal- und Steuerleitung, sowie Bordcomputer Schaden nehmen oder zerstört werden
- können Antennen und Sensoren beschädigt werden, sodass die Funkkommunikation auffallen kann und die Instrumentenanzeigen danach nicht mehr korrekt funktionieren
- kann der magnetische Kompass massiv und dauerhaft gestört werden

Abbildung 135: Blitzeinschlag in ein startendes Flugzeug (Quelle: DLR)

- können im Extremfall durch die auftretenden hohen Temperaturen von ca. 5.000 - 32.000 °K Ruderflächen mit der dortigen Struktur verschweißt werden
- kann die Crew durch Blendung für Minuten handlungsunfähig sein

Bei zunehmender Verwendung von nichtmetallischen Composite-Werkstoffen wie GfK, CfK im Flugzeugbau müssen zusätzliche Vorsichtsmaßnahmen wie der Einbau von metallischen Netzen in der äußeren Schicht des Materials ergriffen werden. Ohne solche Maßnahmen, wie man dies teilweise bei Kleinflugzeugen findet, sind solche Flugzeuge nicht vor Blitzschlag geschützt und würden in einem solchen Fall mit großer Wahrscheinlichkeit in der Luft in einzelne Teile zerlegt werden.

Beispiel (aus dem Unfallbericht des BfU): Am 8. Februar 1988 befand sich die SA 227-AC, Metro 111, S/N AC-500, Eintragungszeichen D-CABB, des Nürnberger Flugdienstes mit 19 Fluggästen und 2 Besatzungsmitgliedern an Bord auf einem planmäßigen Flug von Hannover nach Düsseldorf, als im Anfangsanflug ungefähr 7 nautische Meilen (NM) von der Schwelle entfernt die elektrische Stromversorgung in einem Gewitter ausfiel, nachdem das Flugzeug von einem Blitz getroffen wurde. Unmittelbar nach diesem Ereignis geriet das Flugzeug in einen unkontrollierten Sinkflug und flog ungefähr 2 Minuten lang im Bereich des Gewitters, bevor es um 07:58 Uhr in der Luft auseinanderbrach. Bei dem nachfolgenden Aufschlag wurden alle Insassen getötet und das Flugzeug wurde zerstört.

09 04 04 Entstehung und Wirkung von Fallböen

Im Reifestadium und auch noch im Dissipationsstadium eines Gewitters treten in Bewegungsrichtung der Gewitterzelle unterhalb und direkt davor starke Fallböen (engl. downbursts) auf. Man unterscheidet gemäß Klassifizierung nach Dr. Fujita bei Fallböen bzw. Downbursts zwischen Microbursts und Macrobursts.

Microbursts sind sehr starke Fallböen, die sich räumlich nur auf einen Bereich von weniger als 3 NM begrenzen. Ihre Lebensdauer beträgt etwa 5 Minuten. Vertikale Geschwindigkeiten reichen von 1.000 ft/min bis 6.000 ft/min. Die gesamte Windscherung von Gegenwind bis zum Rückenwind kann 50-90 kt betragen.

Macrobursts haben etwas geringe Intensität und finden in einem Bereich von 3 - 5 NM statt, sind also nur unwesentlich größer in ihrer Flächenwirkung.
Handelt es sich um Frontgewitter, stehen die Gewitterzellen an der Frontlinie nebeneinander quasi in einer Reihe, was die Fallböen zu einer Böenlinie auf breiter Front anwachsen lässt. Eine solche Böenlinie kann eine Breite von 13 - 17 NM haben. Sie hat

teilweise Rotationstendenz, da die Gewitterzellen auch auf der Vorderseite in ihrem oberen Bereich Luft ansaugen.

Sowohl im Umfeld von Fallböen als auch dem einer Böenlinie herrscht starke Turbulenz und die Gefahr starker Windscherungen (siehe auch unter 09 02 00 Turbulenz und 09 03 00 Windscherung).

09 04 05 Gefahren bei Flügen durch Gewitterzonen und ihre Vermeidung

Gewitter sind in mittleren Breiten das am häufigsten vorkommende Wetterrisiko in der Luftfahrt. Die Gefahrenbandbreite von Gewittern und insbesondere von Gewitterfronten reicht von Starkturbulenz, extremer Windscherung, Starkniederschlag, Hagelschauer, Vereisung, Blitzschlag ggf. bis hin zur Zerstörungskraft eines Tornados. Das alles sind ausreichend Gründe, den engen Kontakt mit Gewitterzonen zu vermeiden.

Die Vermeidung von Gefahren bei Flügen durch Gewitterzonen besteht zunächst in einer sorgfältigen Flugplanung. Neben den üblichen Informationsquellen wie METAR, TAF, SWC, SIGMET usw. helfen insbesondere Bodenwetterradaraufnahmen und Satellitenaufnahmen bei der Einschätzung der Gewitterzonen in der Nähe der geplanten Flugroute. In METAR und TAF ist auf Gewitter im Umfeld der Aerodrome zu achten (TCU = Tower Cumulus, CB = Cumulonimbus).

Im Flug lassen sich Gewitter erkennen durch

- die Nutzung von Stormscopes (einfaches Gerät zur Lokalisierung von Blitzaktivitäten)
- die Verwendung von bordeigenem Wetterradar
- den Empfang von Satellitenwetterinformation in Echtzeit.

So erkannte Gewitter sollten horizontal im Abstand von mindestens 10 besser aber 20 NM umflogen werden. Der vertikale Abstand beim Überfliegen einer Gewitterzelle sollte mindestens 5.000 ft betragen.

09 05 00 Tornados

09 05 01 Entstehung, Eigenschaften und Vorkommen

Ein *Tornado* (im Deutschen auch Großtrombe, Wind- oder Wasserhose genannt) ist ein engräumiger Rotationsluftwirbel mit Geschwindigkeiten in Sturmstärke, der aus Gewitterzellen bei bestimmten Bedingungen entstehen kann. Ein Tornado ist von harmlosen Kleintromben wie z. B. einem Staubteufel zu unterscheiden.

Entstehung von Tornados

Tornados entwickeln sich stets aus einer großen Gewitterzelle, wenn zusätzliche Bedingungen erfüllt sind. Eine der wesentlichen Bedingungen ist das Vorhandensein einer vertikalen Windscherung, d. h. eine starke Änderung der Windrichtung und Stärke mit der Höhe. Ein solches Windprofil sorgt für die Rotation der Gewitterzelle, genauer gesagt entsteht in der Gewitterzelle ein rotierender Aufwind (Mesozyklone). Diese so entstandene *Superzelle* kann sich über mehrere Stunden weiter entwickeln oder zumindest am Leben erhalten, begleitet von Hagel, Sturzregen und Gewitterfallböen (downbursts) mit Geschwindigkeiten von bis zu 120 Knoten.

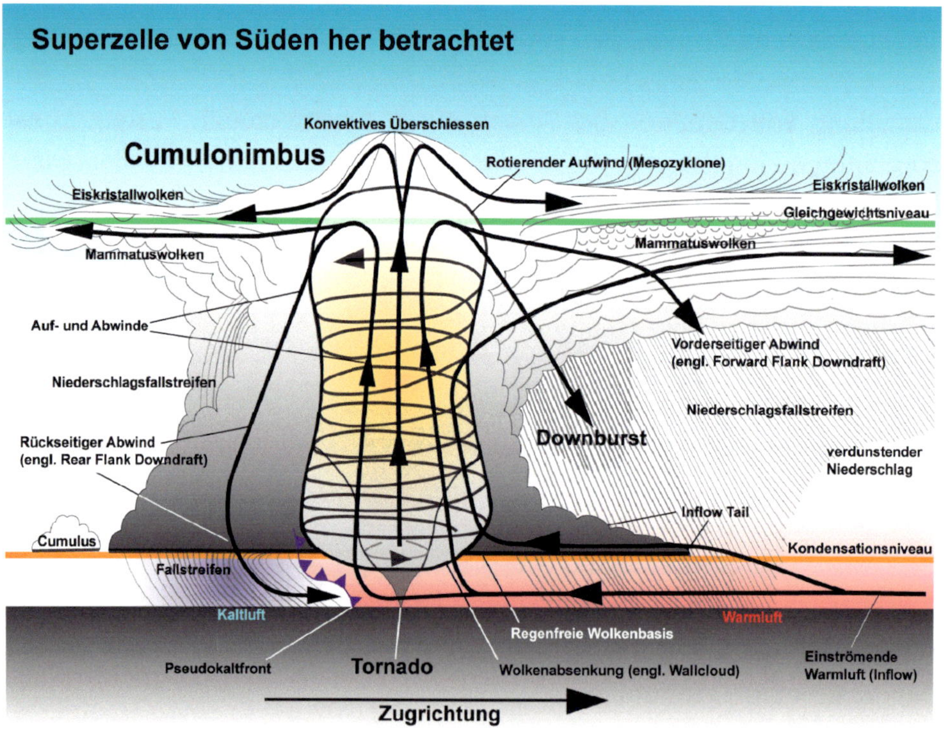

Abbildung 136: Schematische Darstellung einer Superzelle mit Tornado (Grafik: Michael Graf)

Bei 10 - 20 % aller Superzellen bilden sich *Tornados* aus. Dabei senkt sich zunächst die rotierende Wolkenbasis unter das Kondensationsniveau. Es entsteht die so genannte Wallcloud, aus der sich im Einzelfall der Rüssel des Tornados entwickeln kann. Durch die sehr starke Aufwärtsströmung entstehen am Rand des Tornadorüssels enorme Windgeschwindigkeiten. Der Luftdruck am Tornadorüssel kann bis auf Werte um 100 hPa sinken. Durch die extremen Windgeschwindigkeiten in Verbindung mit der Saugwirkung des Tornadorüssels entsteht durch die Wanderung des Tornados eine relativ eng begrenzte Spur der Verwüstung.

Die Entwicklung von Tornados ist nicht notwendigerweise an das Vorhandensein einer Superzelle gebunden. Auch durch eine horizontale Windscherung an einer Konvergenzlinie, die konvektive Aufwinde in Drehung versetzen, können auch nicht-mesozyklonale Tornados entstehen.

Tornados werden nach der *Fujita-Skala* nach ihren Maximalgeschwindigkeiten zwischen F0 und F6 klassifiziert. F5 stellt dabei mit Geschwindigkeiten von 419 bis 512 km/h (226 bis 277 kt) die Klasse dar, in welche die bislang stärksten gemessenen Tornados fielen. Die Radarmessung eines Tornados bei Bridge Creek Oklahoma im Jahr 1999 ergab eine Geschwindigkeit von 496 km/h. Die Klasse F6 mit 513 bis 612 km/h (277 bis 330 kt) stellt nach herrschender Lehrmeinung eine Art physikalisch bedingter Grenzwert dar, der wahrscheinlich nicht überschritten werden kann.

Vorkommen von Tornados

Pro Jahr werden in den USA etwa 1.200 Tornados registriert. Davon entfallen etwa die Hälfte auf die so genannte Tornado Alley, die etwa Texas, Oklahoma, Kansas und Nebraska umfasst. Verursacht wird dies durch die besonderen klimatischen Bedingungen (Entstehung von Schwergewittern in den Great Plains), welche die Voraussetzungen für die Entstehung speziell von mesozyklonalen Tornados weit häufiger bieten, als in anderen Regionen. Darüber hinaus gibt es in den USA weitere regionale Häufungspunkte, z. B. in Neu-England und in Florida.

In Europa werden pro Jahr etwa 170 Wind- und Wasserhosen beobachtet, bei denen die Zirkulation nicht die gesamte Troposphäre umfasst. Allerdings treten auch in Europa von Zeit zu Zeit große Tornados auf. Immerhin sind sogar in Deutschland über den gesamten Zeitraum der meteorologischen Aufzeichnungen acht F4-Tornados und zwei F5-Tornados dokumentiert.

Abbildung 137: Wasserhose bei Cala Ratjada (Mallorca) im Jahr 2005 (Foto: Th.Walter)

Tornados (inkl. Windhosen) bilden sich über Land meist im Frühsommer, über Wasser wegen der verzögerten Erwärmung meist im Spätsommer (inkl. Wasserhosen).

Gefahren für die Luftfahrt

Tornados stellen eine extreme Gefahr für Luftfahrzeuge dar, da die Windscherungskräfte eines Tornados die maximalen Strukturbelastung von Flugzeugen in der Regel überschreiten.

Ein Beispiel: Am 6. Oktober 1981 geriet eine Fokker F-28 der niederländischen KLM Cityhopper in eine Windhose und stürzte nach Abriss der rechten Tragfläche ab. Alle 17 Personen an Bord starben.

Für das richtige Verhalten im Umfeld von Mesozyklonen mit Tornadowarnung gibt es nur eine Regel für die verantwortliche Crew: Aktuelle Warnungen vor Tornados beachten (SIGMET, in METAR und TAF erscheinen Tornados bzw. Wind- und Wasserhosen ggf. als (+)FC = (starke) Funnel Clouds, siehe Abschnitt 10) und im Flug großräumig ausweichen.

09 06 00 Inversionen

Auch Inversionen bergen Gefahren für die Luftfahrt. Zum einen ist bei einer flachen Inversion die Schrägsicht meist stark abhängig von Einfallswinkel und Blickrichtung. Querab zu einem Flugplatz kann die Sicht ausreichend sein, wohingegen im Anflug die Schrägsicht nicht mehr ausreicht, um eine sichere Landung durchzuführen.
Zum anderen besteht die Gefahr von Turbulenz und starker Windscherung, wie bereits früher dargestellt. Eine weitere Gefahr besteht im Einfluss auf die Flugleistung eines Flugzeuges.

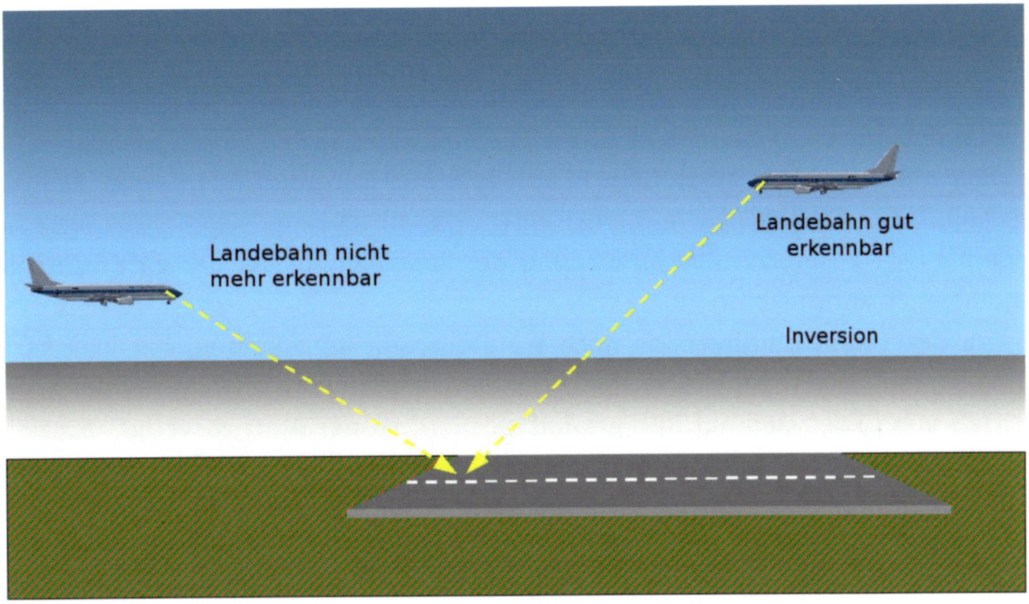

Abbildung 138: Sichtproblem an einer Inversionsschicht (Grafik: KLSP)

09 06 01 Einfluss von Inversionen auf die Flugleistung

Die Leistung eines Flugzeugtriebwerks ist, unabhängig ob Kolbentriebwerk oder Turbine, von der Luftdichte ρ abhängig. Da die Luftdichte mit der Höhe sinkt, nimmt die Leistung mit der Höhe ab. Dies gilt streng genommen nur, sofern das Triebwerk nicht mit Turbolader versehen ist oder im Turbinenfall bei geringerer Altitude leistungsmäßig gedrosselt ist (so genanntes flat rating). Da die Luftdichte auch mit höherer Temperatur sinkt, nimmt die Triebwerksleistung genauso mit höherer Temperatur ab. Die Leistung bei höherer Temperatur entspricht dann nur noch der Leistung bei der entsprechenden Dichtehöhe. Der Höhen- und Temperatureinfluss muss gerade bei Turbinentriebwerken (Turboprop, Turbofan, Turbojet) besonders beachtet werden. In den jeweiligen Operating Manuals wird man deutliche Leistungseinbußen bei „hot and high"-Bedingungen ablesen können.

Die Altitudevariation des tatsächlichen Schubes T eines Turbofan-Triebwerkes im Verhältnis zu T_0 hängt z. B. wie folgt von der Luftdichte ρ ab (die Bezugsgrößen mit Index Null sind die Werte bei ISA und MSL-Bedingungen):

$$\frac{T}{T_0} = \left(\frac{\rho}{\rho_0}\right)^m$$; Wert von m nahe bei 1

Beim Start mit einem turbinengetriebenen Flugzeug bei Inversionslage ist als Folge zu erwarten, dass die Leistung der Triebwerke im Vergleich zu normalen Bedingungen (ISA) ab dem Steigen in die Inversionsschicht spürbar und ggf. auch drastisch nachlassen kann. Im Einzelfall kann es dazu führen, dass kaum ausreichend Steigleistung übrig bleibt, um etwa einen vorgeschriebenen Steigpfad einhalten zu können. Bei bergiger Umgebung wie etwa in den Rocky Mountains kann das zu einer unsicheren Flugsituation mit der Gefahr eines Controlled Flight into Terrain (CFIT) führen. Die reine Berechnung der Startstrecke reicht bei einer solchen Inversionslage allein nicht aus, sondern es ist zusätzlich die Berechnung der Steigleistung bei der zu erwartenden Dichtehöhe zu kontrollieren.

Falls zu der Temperaturinversion noch Windscherung hinzukommt, hat man es mit einer weiteren Gefahrenquelle zu tun. Falls die Windscherung z. B. in der Form eines Wechsels von Gegenwind auf Rückenwind existiert, ist der Auftriebsverlust zusätzlich ins Kalkül zu nehmen. Es kann im Einzelfall sogar günstiger sein, mit Rückenwind zu starten, um ab der Inversionsschicht Gegenwind zu haben.

09 07 00 Stratosphärische Flugbedingungen

09 07 01 Einflussfaktoren bei Flügen in der Stratosphäre

Wie bereits im Abschnitt 'Die Atmosphäre' dargestellt, beginnt oberhalb der Tropopause die Stratosphäre, an den Polen etwa in 8 km Höhe, in mittleren Breiten etwa in 11 km Höhe und in den Tropen bei etwa 15 - 18 km Höhe. Die Stratosphäre bildet bezüglich der Troposphäre eine Inversionsschicht. Bei dieser etwas ungenauen Interpretation wird die Temperaturzunahme, die zwischen 11 und 20 km eigentlich nur eine Isothermie darstellt, im Sinne von 'die Temperatur nimmt in der Stratosphäre im Mittel zu' interpretiert. Die Temperaturzunahme ab ca. 20 km Höhe wird durch die Bildung der Ozonschicht erzeugt, wobei die Strahlungsenergie der Sonne absorbiert wird und zur Bildung von O_3-Molekülen (Ozon) führt.

Wegen der Inversion findet zwischen der Troposphäre und der Stratosphäre kaum ein Austausch von Luft statt. Darum enthält die Stratosphäre auch kaum Wasser. Eine Wolkenbildung ist hier nur in extremen Fällen möglich durch die Kristallisation der letzten Wasserspuren zu winzigen Eisteilchen. Dies passiert z. B. in Form des bekannten Kondensstreifens, wobei das im Treibstoff enthaltene Wasser hinter dem Triebwerk abkühlt und zu Eiskristallen sublimiert.
Eine weitere Folge der Inversionslage an der Tropopause ist das Fehlen von Turbulenz in der Stratosphäre. Hier fehlt wegen der barotropen Schichtung meist die vertikale Windscherung. Die Effekte der Jetstreams (CAT) an der Tropopause sind dabei noch der Troposphäre zuzuordnen.
Im Allgemeinen beinhaltet die Stratosphäre ausschließlich chemische Stoffe mit einer langen Lebensdauer, die dorthin gelangen und für lange Zeit verweilen. Partikel und Gase, die z. B. durch große Vulkanausbrüche in die Stratosphäre befördert wurden, wie die des El Chichon 1982 und den des Mt. Pinatubo 1991, bleiben für bis zu 2 Jahre dort und verteilten sich rund um den Erdball. Eine Sichtbeeinträchtigung beim Flug durch die Stratosphäre ist durch einen gerade stattfindenden Vulkanausbruch durchaus möglich und kann im Fall eines ‚Flame out' eine Gefahr darstellen.

Da die Leistung der bei höhentauglichen Flugzeugen üblichen Turbofans und Turbojets von der Luftdichte und damit der Höhe abhängt, ist der maximale möglichen Flughöhe physikalische Grenzen gesetzt. Hinzu kommt, dass Flugzeuge an der Grenze ihrer Höhenleistung mit einem sehr hohen Anstellwinkel (engl. AOA = angle of attack oder „pitch") fliegen, was den Widerstand erhöht. In der Folge nimmt die True Airspeed mit steigender Höhe ab und das fliegbare Geschwindigkeitsband wird immer kleiner, wobei die Differenz zwischen High Speed Buffeting am oberen Ende und Stalling Speed am unteren Ende kaum noch einen gefahrlosen Flug zulässt („zone of death"). Trotzdem bietet der Flug in stratosphärischen Höhen wegen des geringeren Treibstoffverbrauchs pro NM ökonomische Vorteile zumindest bei Langstreckenflügen.

Zusammenfassend lässt sich sagen, dass die stratosphärischen Flugbedingungen für die Luftfahrt nahezu ideal sind:

- Keine Wolken, daher meist uneingeschränkte Sicht
- Keine Turbulenz
- Geringere Triebwerkleistung, aber auch geringster Treibstoffverbrauch pro NM
- Gefahr durch physikalische Grenzen der Flugparameter, Gefahr durch geringe Time of Useful Consciousness (TUC) bei Druckverlust der Kabine
- Mögliche Gefahr durch Vulkanasche

Beispiel für einen Flugnotfall verursacht durch Vulkanasche am 27. Juni 1982: Flug British Airways, Flugzeug: Boeing 747-236B. Beim Cruise in FL370 flog das Flugzeug in eine Wolke aus Vulkanasche (Mount Galunggung war ausgebrochen). Die Crew bemerkte Elmsfeuer, Rauch und Staub trat in die Kabine ein. Alle vier Triebwerke gingen aus (flame out) und das Flugzeug wurde in einen Notsinkflug gezwungen. Die Crew schaffte es in FL130, Triebwerk Nummer 4 neu zu starten und konnte in der Folge auch alle anderen Triebwerke neu starten. Weil Triebwerk Nummer 2 immer wieder ausging, erfolgte eine Notlandung in Jakarta mit drei Triebwerken.

09 08 00 Gefahren bei Flügen im Gebirge

09 08 01 Einfluss von Gebirge auf Wolken, Niederschlag und passierende Fronten

Aufgrund von Hebung mit unterschiedlichen Ursachen bildet sich im Berggelände meistens an der Luvseite vermehrt Nebel, Wolken und Niederschlag. Tatsächlich nimmt die jährliche Niederschlagsmenge dort mit der Höhe zu. Genauer lassen sich folgende Szenarien unterscheiden:

Stabil geschichtetes Überströmen eines Gebirges mit Föhnbildung. Bei stabiler Überströmung einer Gebirgskette führt die orografische Hebung zur Abkühlung, Kondensation und Niederschlag auf der Luvseite. Die Niederschläge nehmen dabei mit zunehmender Höhe bis zum Kammniveau zu. Auf der Leeseite führt das Absteigen der Luftströmung zu trockenadiabatischer Erwärmung und Auflösung der Wolken (siehe 03 03 01 Entstehung von Föhn (thermodynamisch)) sowie zur Bildung von Leewellen mit Ausbildung von Altocumulus lenticularis.
Gefahren: Bei Leewellen besteht starke Turbulenz in jeder beliebigen Höhe bis hin zur Tropopause. Besonders gefährlich sind die gefürchteten Rotoren unterhalb der

Kammhöhe. Das Szenario ist bereits unter 02 05 00 Leewellen (stehende Wellen) im Detail behandelt worden (siehe dort).

Kaltfrontpassage und Regenschauer mit starken Abwinden. Bei kräftigen, konvektiv verursachten Regenschauern einer Kaltfront an einer Bergkette im Sommer, führt der verdunstende Niederschlag zur Abkühlung der Luftmasse in den Schichten darunter und zu kräftigen Abwinden, die je nach Talorografie bei Kanalisierung durch den Venturieffekt gefährliche Windstärken erreichen können. Bei Hebung im großen Maßstab wie bei Kaltfronten können die konvektiven Zellen auch in stratiforme Wolkenmassen eingebettet sein.

Abbildung 139: Gestaute Kaltfront (Grafik: KLSP)

Sobald die instabile Luftmasse der Kaltfront die Bergkette passiert hat, bildet sich durch die Hebung der Kaltfront und zusätzlich durch die Hebung des entstandenen orografischen Tiefs oft Bänke von Cbs, mit Böenlinien und heftigen Schauern und Gewittern ggf. auch mit Hagel.

Gefahren: Abwinde mit Turbulenz und schlechter Sicht auf der Luvseite. Gewitter mit den bereits dargestellten Gefahren auf der Leeseite.

Konvektion durch Anströmung und orografische Hebung. Bei instabilen Verhältnissen mit Anströmung eines Gebirges kann – unabhängig von der Sonneneinstrahlung – durch die Hangneigung bzw. konvergierende Winde Feuchtkonvektion ausgelöst wer-

den. Es können ggf. hieraus lokale Gewitter entstehen (orografisches Gewitter).
Gefahren: Eventuell Gewitter mit den bereits dargestellten Gefahren auf der Luvseite.

Schwache Anströmung des Gebirges (Blockierung). Bei einer stark stabil geschichteten Atmosphäre kann die Strömung über das Gebirge vollständig oder teilweise blockiert werden. Entweder stagniert die Strömung oder sie umfließt die Gebirgskette. Die gestaute Luftmasse kann die Hebung und damit auch den Niederschlag vergrößern.
Gefahren: Sichtverschlechterung durch Niederschlag.
Niederschlag durch Strömungskonvergenz im Lee. Bei geringer Anströmung kommt es gelegentlich zu einem Umfließen eines isolierten Gebirges. Je nach dessen Ausdehnung kann die geteilte Strömung auf der Leeseite wieder konvergieren, sodass hier eine aufwärts gerichtete Luftbewegung mit Niederschlag erzeugt wird. Man nennt das so entstandene Tief ein *orografisches Tief*.

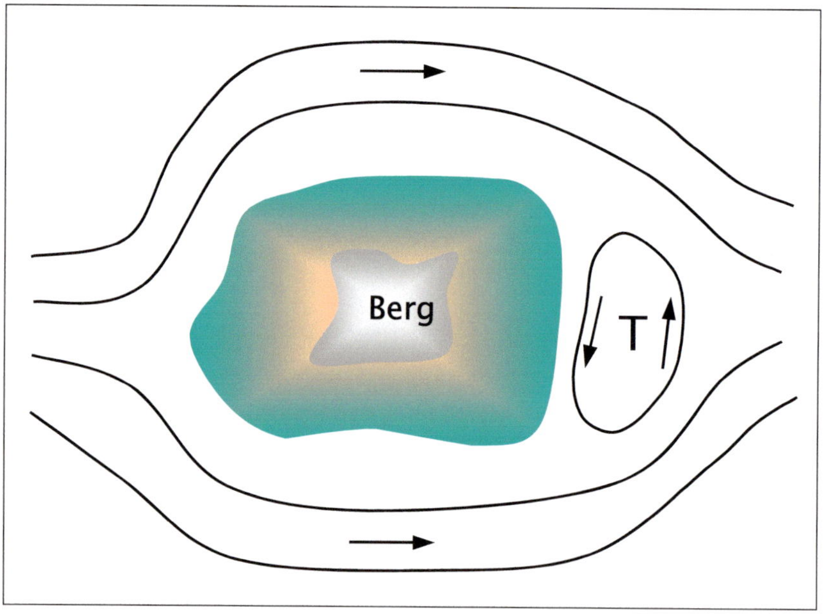

Abbildung 140: orografisches Tief (Grafik: KLSP)

Gefahren: Sichtverschlechterung durch Niederschlag, eventuell auch Gewittergefahr.

09 08 02 Aufwinde, Bergwinde, Windscherung, Turbulenz, Vereisung

Konvektion am Hang. Bei annähernd senkrecht zur Sonneneinstrahlung geneigten Hangflächen eines Gebirgstals führt die intensive Erwärmung zu einem aufwärts gerichtetem Druckgefälle vom Hang zum Tal, es entsteht der Hangaufwind. Dieser erzeugt eine beständige Hebung und kann je nach Form, Bewuchs und Bedeckung verstärkt werden. Die resultierende hochreichende Feuchtkonvektion verbleibt damit tagsüber über den Hängen bzw. den Gebirgshöhen, während die abwärts gerichtete Luftströmung meist in der Talmitte absinkt. Damit gelangt die Niederschlagsbewölkung meist erst abends ins Tal, wenn auch Hang- und Talwinde sich umkehren.

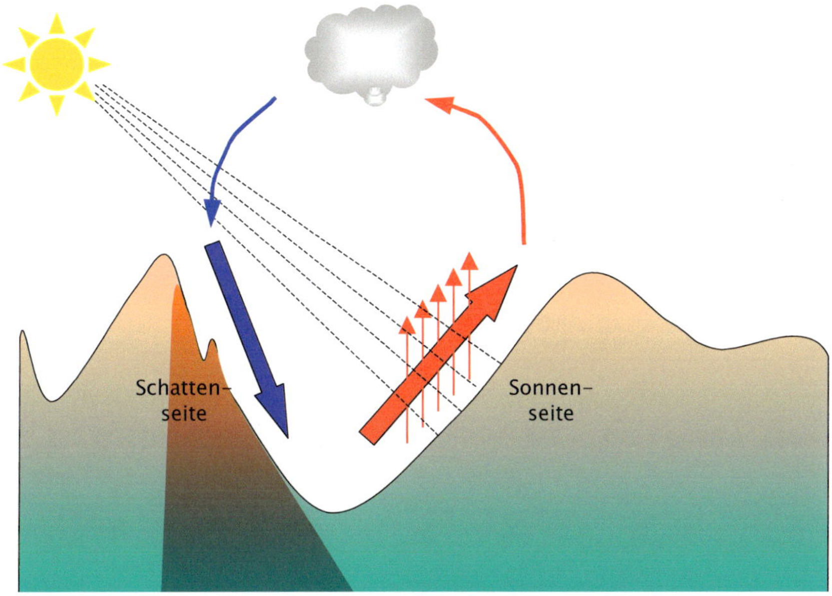

Abbildung 141: Hang- und Talwind (Grafik: KLSP)

Auf der Sonnenseite ist aufgrund des anabatischen Hangwindes mit Turbulenz zu rechnen, genauso sorgt auf der Schattenseite ein katabatischer Talwind für Turbulenz. Bei der Überquerung von Bergkämmen muss man daher stets mit Windscherung rechnen, da der Wind über einer Bergkette am Bergkamm durch den dort vorhandenen anabatischen oder katabatischen Wind überlagert wird. Falls man die lokalen Winde nicht kennt, ist es immer ratsam, mit ausreichendem Abstand (mindestens 3.000 ft) über dem Bergkamm zu fliegen.
Die Turbulenzzonen bei Leewellen durch Föhn sind bereits früher (siehe Abschnitt 02 05 00) beschrieben worden und werden daher hier nicht wiederholt.

09 08 03 Entstehung und Wirkung von Inversionen in Tälern

Abbildung 142: Inversion im Salt Lake Valley (Foto: Craig Clements)

Wie bereits in 02 04 01 Anabatische and katabatische Winde, Berg- und Talwinde, Venturi-Effekt, Land und Seewind beschrieben, entstehen katabatische Winde im Gebirge über Nacht. Die Landmasse kühlt bei klarem Himmel durch terrestrische Abstrahlung relativ schnell ab. Die Luft wird von unten her stark abgekühlt und fließt als dichtere Luft talwärts.

Talinversionen verhindern jegliche terrestrische Navigation und machen Anflüge auf im Tal gelegene Gebirgsflugplätze meistens unmöglich. Hinzu kommt, dass sich eventuell nachts gebildete Kaltluftpools tagsüber oft nur zögerlich wieder auflösen.

Ansonsten bestehen neben den zusätzlichen Gefahren im Gebirge die bereits unter Inversionen beschriebenen Gefahren für die Luftfahrt (Windscherung, Leistungsverlust, keine Erdsicht).

09 09 00 Phänomene der Sichtverschlechterung

09 09 01 Sichtverschlechterung durch Niederschlag, Nebel und Dunst

Sicht misst die Klarheit bzw. Trübung der Luft in der Atmosphäre und gibt dies in Form eines Entfernungswertes an, spezifiziert also den Bereich, indem man noch „ausreichend" sehen kann. Die genaue Definition von Sicht und ihre verschiedenen Varianten (meteorologische Sicht, Flugsicht, Schrägsicht, Landebahnsicht (RVR) usw.) und Messmethoden sind in Abschnitt 10 genau behandelt.

Grundsätzlich lässt sich eine Sichtverschlechterung im Wesentlichen auf folgende Ursachen zurückführen:

- Niederschlag (Regen und Schnee in allen Varianten)
- Wolken, Nebel und Dunst
- Sonstige Sichtbeeinträchtigung durch Sandstürme, Vulkanasche und Ähnliches
- Ursachen am Flugzeug: Vereisung der Frontscheiben oder ölverschmierte Scheiben durch Motorschaden

Es ist klar, dass jegliche Form von Sichtbeeinträchtigung eine Gefahr für die Luftfahrt darstellt. Besonders beim Instrumentenanflug muss am Ende irgendwann die Sicht gewährleistet sein, es sei denn eine vollautomatische Landung ist am Zielflugplatz möglich. Auch wenn heutige Flugzeuge mit einer ganzen Palette von elektronischen Hilfsmitteln vom Radarbild im Headup-Display bis hin zu Synthetic 3D-Vision ausgestattet sind, welche die Orientierung bei fehlender Sicht ermöglichen, ist eine Situation ohne Sicht prinzipiell immer mit einem höheren Gefahrenrisiko verbunden. Es gibt unzählige Flugunfälle der Kategorie Controlled Flight into Terrain (CFIT), die das eindrucksvoll bestätigen.

In der Kategorie Niederschlag ist Schneetreiben (Schneeschauer) am Schlimmsten. Es führt meist zum vollständigen Sichtverlust (jeder kennt es vom Autofahren her).
An zweiter Stelle ist Regen in Schauerform und hier im schlimmsten Fall Monsunregen zu nennen, der ebenfalls oft zu Null Sicht führen. Auch Nieselregen kann wegen der hohen Anzahl kleiner Wassertröpfchen zur drastischen Sichtverschlechterung führen.
Es lassen sich zur Stärke der Sichtverschlechterung durch Niederschlag wenig quantitative Aussagen machen. Nur eins gilt sicher: Je stärker die Niederschlagsmenge pro Zeit ist, desto stärker ist auch die Sichtverschlechterung.

Ferner gibt es durch Sichtverschlechterung bedingte visuelle Illusionen z. B. beim Anflug im Regen:

- Durch Regen erscheinen die Lampen der Landebahnbefeuerung diffus, was den Eindruck erzeugen kann, die Landebahn sei noch weiter weg.
- Regen auf der Windschutzscheibe vergrößert die Lichtquellen durch Lichthalos, was die Landebahn näher erscheinen lässt.
- Bei Regen auf der Windschutzscheibe kann der Eindruck entstehen, das Flugzeug befinde sich nicht korrekt auf dem Gleitpfad und wird fälschlicherweise korrigiert. (besser: QNH-Einstellung überprüfen und den Anzeigeinstrumenten vertrauen)

Bei Sichtverschlechterung durch schwebende Wassertröpfchen in der Luft, also beim Flug innerhalb von Wolken oder im Nebel, was das Gleiche ist, herrscht per definitionem eine Sichtweite von weniger als 1 km. Nur Instrumentenflug ist möglich. Auch

Abbildung 143: Trockener Dunst (Haze) in Kualalumpur (Foto: Flickr.com)

hier gibt es neben den physiologischen auch visuelle Effekte. Beispielsweise können bei Flügen in der Nacht innerhalb von Wolken Strobe Lights den Piloten irritieren und ggf. auch Anfälle von Vertigo auslösen. In den Wolken sollte man die Strobe Lights daher besser ausschalten.
Bei feuchtem Dunst (engl. mist) herrscht eine Flugsicht von 1 bis 5 km. Visuelle Orientierung ist tagsüber teilweise möglich allerdings nur sehr erschwert.

Im Fall von trockenem Dunst (engl. haze) ist die Sicht durch Schwebeteilchen wie Sand, Staub oder Rauch (Haushalte, Industrie) verschlechtert. Trockener Dunst wird nur bei Sichtweiten unter 5 km meteorologisch gemeldet. Bei trockenem Dunst mit Sichten unter 1 km wird die Stelle auf den entsprechenden synoptischen Wetterkarten mit dem Symbol für Haze markiert.

09 09 02 Sichtverschlechterung durch sonstige Sichtbeeinträchtigungen

Sonstige Sichtverschlechterungen sind etwa durch Staub oder Sand verursacht, der tief treibend die Anflugbedingungen eines Flugzeuges stark beeinträchtigen kann.
Bis in große Höhen hinauf können die Sichtverschlechterungen durch Sand- oder Staubstürme reichen (siehe auch Abbildung 117). Das gleiche gilt für vulkanische Asche eines Vulkanausbruchs.

Eine ernsthafte Gefahr bilden auch die Ursachen, die durch die unzureichende, fehlerhafte oder defekte Technik am Flugzeug ihren Grund haben. Zum einen ist die starke Vereisung der Frontwindschutzscheiben bedingt z. B. durch gefrierenden Regen ein lebensbedrohliches Problem, da eine sichere Landung nicht mehr möglich ist.
Zum anderen kann bei einmotorigen Flugzeugen auch ein Defekt des Triebwerks zur Sichtverschlechterung durch austretendes Öl führen bis hin zum kompletten Sichtverlust. In einem solchen Fall kann ein Seitengleitflug eine Lösung sein, sofern die Seitenscheibe noch ausreichende Sicht bietet.

Am Ende sei noch ergänzt, dass natürlich die Position der Sonne im Hinblick auf die eigene Route des Flugzeuges einen starken Einfluss auf die Sichtgüte hat. Es gilt grundsätzlich, dass die Sicht besser ist, wenn man die Sonne im Rücken hat, da dann weniger diffus gestreutes Licht das Auge trifft.
Unter extremen Bedingungen bei tiefstehender Sonne, ist ggf. eine Landung in die entgegengesetzte Landerichtung vorzuziehen, auch wenn dort Rückenwind herrscht.

Bei flachen Inversionen kann die Sonne an der Inversionsgrenzschicht reflektiert werden, sodass die Sicht stark von der eigenen Flughöhe und dem Winkel abhängt, mit dem man ein Ziel am Boden fixiert (siehe Abbildung 138).

Beim längeren Flug über den Wolken wird die Sonneneinstrahlung intensiv an den Wolken reflektiert, was durch die sehr hohe Lichtstärke auf Dauer zu Augenreizungen führen kann. Eine Sonnenbrille kann in einem solchen Fall Abhilfe schaffen.

10 00 00
METEOROLOGISCHE INFORMATION

10 01 00 Wetterbeobachtung

10 01 01 Wetterbeobachtung am Boden

Definition des Begriffes Bodenwind und seine Messung

Bodenwind ist der in der Nähe des Bodens gemessene Wind mit Angabe von Windrichtung und Windstärke. Die Messung der Windstärke erfolgt mit Hilfe eines Anemometers, meist in Form eines Schalenkreuzanemometers, dass aus drei jeweils an Armen im gleichen Abstand zueinander (120°) befestigten und senkrecht zum Boden ausgerichteten Schalen besteht, die gemeinsam eine Drehachse in Rotation versetzen (siehe Abb. rechts). Die Rotationsgeschwindigkeit ist proportional zur Windstärke. Die Windrichtung wird gleichzeitig durch eine Wetterfahne ermittelt.

Abbildung 144: Schalenkreuzanemometer

Die Messposition liegt 10 m (33 ft) über der Erdoberfläche und muss frei von Verwirbelungen durch Gebäude o. Ä. sein.

Die Windgeschwindigkeit kann in METAR nach ICAO in drei physikalischen Einheiten angegeben werden:

NM/h, Knoten, kt	KT
Meter/Sekunde, m/s	MPS
Kilometer/Stunde, km/h	KMH

Die zweite Spalte zeigt die in METAR verwendeten Abkürzungen, wobei heutzutage fast nur noch KT verwendet wird, obwohl laut ICAO eigentlich KMH die zu verwendende Primäreinheit darstellt.
Hinweis: Es gibt bei ICAO keine Einheit Meilen pro Stunde MPH!
Die Windgeschwindigkeit in METAR ist der über einen Zeitraum der letzten zehn Minuten gemittelte Wert der Windstärke, gerundet auf den nächstgelegenen 10°-Wert.

Falls die maximale Windstärke in der Messperiode mehr als 10 Knoten über dem Durchschnitt liegt, spricht man von *Windböen* (engl. gusts). In diesem Fall und zwar dann und nur dann wird in METAR ein Gustwert ergänzt (Beispiel: 28010G25KT bedeutet „Wind aus 280° mit 10 Knoten mit Böen bis 25 Knoten", siehe weiter unten unter METAR).

Die Windrichtung wird in METAR und allgemein in der Meteorologie als wahre Richtung, also bezogen auf geografisch Nord, und ferner als „Kommt-aus-Richtung" angegeben. Air Traffic Control (ATC) hingegen gibt den Wind bei Start oder Landung als magnetische Richtung, also bezogen auf magnetisch Nord, an.

Definition des Begriffes Sicht und ihre Messung

Unter *Sicht* (engl. visibility) versteht man die Angabe der Sichtweite in der Luft unter angegebenen Messbedingungen zum Messzeitpunkt. In den Wetterdiensten wird tagsüber die meteorologische Sicht, nachts die Feuersicht von Wetterbeobachtern bzw. automatischen Messanlagen bestimmt.

Man unterscheidet folgende am Boden gemessene Sichtweiten:

Meteorologische Sicht (tagsüber):	größte horizontale Entfernung vom Messpunkt, in welcher dunkle Gegenstände vor hellem Horizonthimmel gerade noch erkennbar sind (schlechtester Wert der 360° Rundumsicht).
Feuersicht (nachts):	größte horizontale Entfernung vom Messpunkt, in der man weiße Lichtquellen in der Dunkelheit erkennen kann.

Falls bei der Messung die meteorologische Sicht nicht in allen Richtungen gleich ist, wird die schlechteste Sicht gemeldet. Wenn die schlechteste Sicht in einem Sektor von 30° oder weniger auftritt, und nicht den Flugbetrieb beeinflusst (Start- und Landebahn, Taxiways, Platzrunde, An- und Abflüge), wird diese ignoriert.

Luftrechtlich gesehen ist die *Bodensicht* die meteorologische Sicht, wie sie von einer amtlich dazu beauftragten Person festgestellt wird. In METAR wird die Bodensicht angezeigt.
Sichtweiten werden stets in der Einheit m oder km angegeben. In METAR bedeutet 2500 als Parameter eine Bodensicht von 2.500 m. 9999 bedeutet ,10 km oder mehr'.

Pistensichtweite (engl. runway visual range = RVR)	ist die größte Entfernung entlang der Piste in Start- oder Landerichtung, bis zu der ein Pilot die Mittelmarkierungen der Bahn oder die Landebahnbefeuerung sehen kann. Die RVR wird instrumentell mit Transmissometern gemessen. Eine Meldung erfolgt, wenn der Wert unterhalb von 1.500 m liegt.
Vertikale Sicht (engl. vertical visibility = VV)	Ist die Sicht, die an der Landebahnschwelle z. B. mit einem Ceilometer vertikal nach oben gemessen wird.

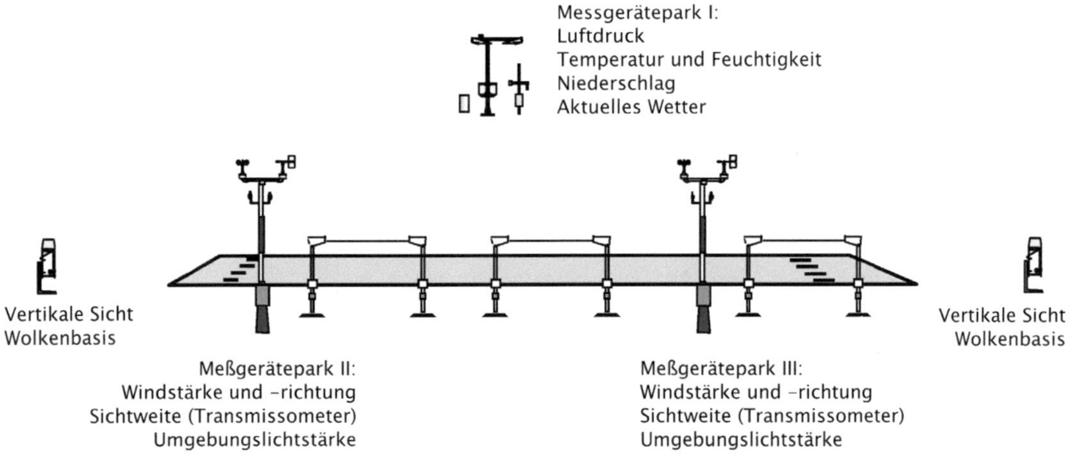

Abbildung 145: Automatische Messanlagen an einem Flugplatz
(Grafik KLSP: Darstellung nach Vorlage der Vaisala GmbH)

Die zur automatischen Bestimmung der Pistensichtweite (RVR) verwendeten Transmissometer nutzen jeweils als Sender Lichtquellen normierter Leuchtstärke (meist LED oder Laser), deren Licht von Fotozellen jeweils von einer Empfangsstelle aufgefangen wird. Aus der Größe der Abschwächung bzw. Trübung des Lichts wird so die Pistensichtweite automatisch ermittelt. Meist werden diese Messungen nicht nur in der Touch-Down-Zone sondern zusätzlich in der Mitte und am Ende der Bahn durchgeführt (siehe Abbildung 145) und an ATC übermittelt. Das Messergebnis kann z. B.

sein: R32R / 800 500 650. Unterhalb von 400 m wird in Inkrementen von 25 m, zwischen 400 und 800 m in Inkrementen von 50 m und darüber bis 1.500 m in Abständen von 100 m angezeigt.
Die Pistensichtweite (RVR) wird in m angegeben. Sie wird in METAR gemeldet, sofern ihr Wert unter 1500 m liegt. Beispielsweise bedeutet R14L/0800U eine RVR von 800 m auf der Landebahn 14L, wobei „U" die Tendenz angibt: zunehmend (upwards). Die Nomenklatur des RVR-Parameters in METAR ist unter 10 03 01 genau beschrieben.

Die Pistensichtweite (RVR) ist niemals ein Vorhersagewert. RVR ist daher kein Bestandteil im TAF. RVR ist stets größer oder gleich der meteorologischen Sicht am Messpunkt.

Die *vertikale Sicht* (engl. vertical visibility, Abk. VV) ist die Sicht, die an der Landebahnschwelle vertikal nach oben gemessen wird. Die vertikale Sicht hat insbesondere Bedeutung beim Instrumentenanflug im Hinblick auf die Entscheidung, ob eine Landung unter den gegebenen Bedingungen und der Ausstattung von Flugzeug und Flughafen sicher möglich ist.
Die vertikale Sicht wurde früher mit so genannten Ceiling Ballons (man misst dabei die Zeit bis zum Erreichen der Wolken), Inklinometern (man misst den Winkel zur Wolkenuntergrenze), Ceiling Lights und anderen Messgeräten durchgeführt. Heutzutage erfolgt die Messung meist nur noch automatisch mit einem so genannten Ceilometer. Dabei wird die Radarreflexion an der Wolkenschicht genutzt um die *Wolkenbasishöhe* (engl. cloud base height) zu bestimmen.

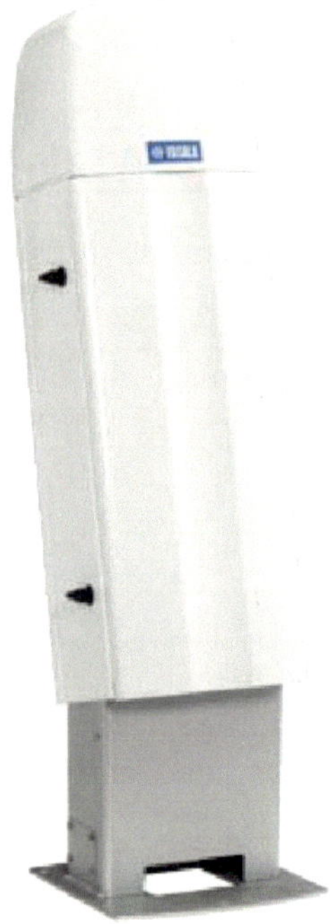

Abbildung 146:
Modernes Ceilometer
Foto: Vaisala GmbH

Die vertikale Sicht wird angegeben, sobald der Himmel bedeckt oder getrübt ist. Die Einheit der vertikalen Sicht ist Fuß (ft), wobei die Angabe in Inkrementen von 100 Fuß erfolgt (siehe auch VV im Abschnitt zu METAR).

Man unterscheidet folgende im Flug beurteilte Sichtweiten:

Flugsicht	mittlere Sicht in Flugrichtung voraus aus der Kanzel eines Flugzeugs.
Schrägsicht	größte Entfernung aus einem Flugzeug während des Fluges, in der

	ein Ziel gerade noch erkannt werden kann. Als Entfernung gilt hier der Horizontalabstand zwischen dem Fußpunkt des Flugzeuges und dem Fußpunkt des Sichtziels.
Anflugsicht	Schrägsicht in Flugrichtung während des Landeanfluges.
Erdsicht	gibt an, ob das Terrain beim Blick direkt nach unten erkennbar ist oder nicht.

Die im Flug beurteilten Sichtweiten werden nicht physikalisch genau gemessen sondern im Flugzeug durch die Crew beurteilt. Sie haben teilweise Bedeutung für die Nutzung von Lufträumen in Abhängigkeit von Sichtweite, Wolkenabstand oder Erdsicht.

Beobachtung von Wolken, Bedeckungsgrad, Wolkenbasishöhe, Wolkenuntergrenze

Einer der typischen Aufgaben der synoptischen Meteorologie bei der Beobachtung des aktuellen Wetters ist die Beschreibung von Wolken am Himmel. Dabei geht es zunächst um eine Klassifizierung von Wolkenmengen, Angabe der Wolkentypen und der jeweiliger Höhe der Wolkenuntergrenzen und Wolkenobergrenzen.

Um die Wolkenmengen in einfacher Weise beurteilen zu können, führte man bereits früh den Begriff des Bedeckungsgrades ein. Der *Bedeckungsgrad* gibt an, wie viel der Fläche des Himmels, von einem Beobachtungspunkt aus gesehen, mit Wolken bedeckt sind. Es wird insgesamt angegeben, wie viel Achtel der Himmelsfläche von Wolken bedeckt sind. Man spricht also z. B. von einer 3/8-Bewölkung, wenn 3/8 des Himmels von Wolken bedeckt sind. Einzelnen Situationen hat man besondere Bezeichnungen gegeben, wie z. B. bei 3-4/8 spricht man von ‚aufgelockert bewölkt' (engl. ‚scattered' = verstreute Wolken). Weitere Einzelheiten findet man in der Tabelle in Abbildung 147.

Eine weitere Kenngröße der Wolken des aktuellen Wetters ist ihre Höhe über der Erdoberfläche. Dabei werden folgende Definitionen getroffen:

Die *Wolkenbasishöhe* (engl. cloud base (height)) ist der kleinste Abstand der Wolken oder Wolkenschicht zum Boden unabhängig vom Bedeckungsgrad.

Die *Wolkenuntergrenze* (engl. ceiling (height)) ist der kleinste Abstand der Wolken oder Wolkenschicht zum Boden sofern diese mindestens die Hälfte des Himmels bedecken.

Bei der Wolkenuntergrenze oder Ceiling wird also beim Bedeckungsgrad BKN oder OVC vorausgesetzt bzw. es werden nur solche Wolkenschichten berücksichtigt.

Beide Größen werden in Fuß (ft) angegeben und zwar in Inkrementen von 100 Fuß.

In den typischen Streckenwettervorhersagen wie z. B. den Mid-Level Significant Weather Charts werden zusätzlich die Wolkenobergrenzen vorhergesagt.

SKC	Sky clear	wolkenlos	○	0 octas	0 Achtel
FEW	Few	wenig bewölkt	⦶	1 octas or less	1 Achtel od. weniger, heiter
			◔	2 octas	2 Achtel, heiter
SCT	Scattered	aufgelockert bewölkt		3 octas	3 Achtel, leicht bewölkt
			◑	4 octas	4 Achtel, wolkig
BKN	Broken	durchbrochene Wolkendecke		5 octas	5 Achtel, wolkig
			◕	6 octas	6 Achtel, wolkig
				7 octas	7 Achtel, stark bewölkt
OVC	Overcast	geschlossene Wolkendecke	●	8 octas	8 Achtel, bedeckt
X	Obscured	Himmel getrübt	⊗	Sky obscured by fog, mist, sandstorm..	Himmel getrübt durch Nebel, Dunst, Sandsturm..
LYR	Layered	Wolken in Schichten		Layered clouds in different altitudes	Wolkenschichten in versch. Höhen

Abbildung 147: Klassifizierung des Bedeckungsgrades

Die Angabe von Wolkentypen erfolgt in den meteorologischen Reports unterschiedlich. Beim Report des aktuellen Flughafenwetters in METAR wird beispielsweise ausschließlich die signifikante Konvektivbewölkung wie CB (Cumulonimbus) oder TCU (Tower Cumulus = Gewitterkumulus) angegeben. Beispiel: SCT040TCU

In Mid-Level SWC werden zusätzlich auch andere Wolkentypen wie Schichtwolken (z. B. AS=Altostratus) ausgewiesen.

Das Thema wird in den zugehörigen Abschnitten zu METAR und Significant Weather Chart (SWC) genauer behandelt.

Messung von Lufttemperatur, Luftfeuchtigkeit, Luftdruck

Zur Wetterbeobachtung am Boden gehört natürlich auch die Messung physikalischer Basisgrößen wie Temperatur, Luftfeuchtigkeit und Luftdruck.

Zur Temperaturmessung am Boden dient ein Thermometer, in dem die proportionale Ausdehnung einer Flüssigkeit (Quecksilber, Alkohol) für die Messung genutzt wird. Die in Flugmeteorologie verwendeten Einheiten sind °C, °F und das Grad Kelvin (siehe auch 01 02 01 Definition und Einheiten). Temperaturangaben in Wetterreports sind heutzutage vorwiegend in °C.

Die herrschende Luftfeuchtigkeit am Boden wird mit einem *Hygrometer* oder *Psychrometer* gemessen. Hygrometer gibt es in verschiedenen Ausführungsformen, z. B. nutzt ein Haarhygrometer die Längenänderung eines Haares.

Beim Psychrometer umwickelt man das Gefäß eines Thermometers mit angefeuchtetem Mull. Durch die Verdunstung sinkt dort die Temperatur im Vergleich zu einem „trockenen“ Thermometer auf die so genannte *Feuchttemperatur*. Aus dieser

„psychrometrischen" Differenz lässt sich die Luftfeuchtigkeit bestimmen. Die Luftfeuchtigkeit wird meist als relative Luftfeuchtigkeit in % angegeben.
Aus Temperatur und Luftfeuchtigkeit lässt sich die Taupunkttemperatur am Boden berechnen.
Der Luftdruck am Boden wird vor Ort mittels *Barometer* gemessen. Auch hier gibt es verschiedene Ausführungsformen. Die Angabe des Luftdrucks erfolgt in hektoPascal (hPA) oder im amerikanischen Raum auch in inch Hg (siehe auch 01 03 01 Barometrische Luftdruckmessung, Isobaren). Der aktuelle Luftdruckmesswert (QFE) eines Flugplatzes dient des Weiteren zur Berechnung des aktuellen QNH-Wertes (und ggf. auch des QFF-Wertes).
Die Messung der genannten Messgrößen am Boden erfolgt heute meist mit einem Messgerätepark, der all seine Messwerte kontinuierlich an ein Rechnersystem überträgt, sodass die jeweiligen Nutzer alle Werte unmittelbar am Computerbildschirm ablesen können.

Abbildung 148: Computeranzeige Basismessgrößen im Tower Hamburg-Finkenwerder (Quelle: Vaisala GmbH)

10 01 02 Wetterbeobachtung mittels Radiosonden

Eine *Radiosonde* ist eine Box mit einer Reihe von Messgeräten in ihrem Inneren, die an einem Wetterballon befestigt, in der Atmosphäre bis maximal etwa 35 km nach oben steigt und dabei die kontinuierlich gemessenen Parameter per Funk an Bodenempfangsstationen übermittelt. Die Messfühler messen dabei mindestens Temperatur, Luftdruck und Luftfeuchtigkeit. Zusätzlich ist die Sonde bzw. der Wetterballon mit GPS (früher Radarreflektor) ausgestattet, sodass sich mittels genauer Verfolgung des Aufstiegsweges auch Höhenwinde ermitteln lassen. In Deutschland wird zurzeit an 11 Stationen in der Regel alle 6 bis 12 Stunden eine neue Sonde in den Himmel geschickt. Die von einer Radiosonde gemessenen Parameter werden als *Sounding* bezeichnet. Es gibt etliche grafische Darstellungsformen, darunter ist das so genannte *Stüve-Diagramm* (siehe Abbildung 149) weit verbreitet.

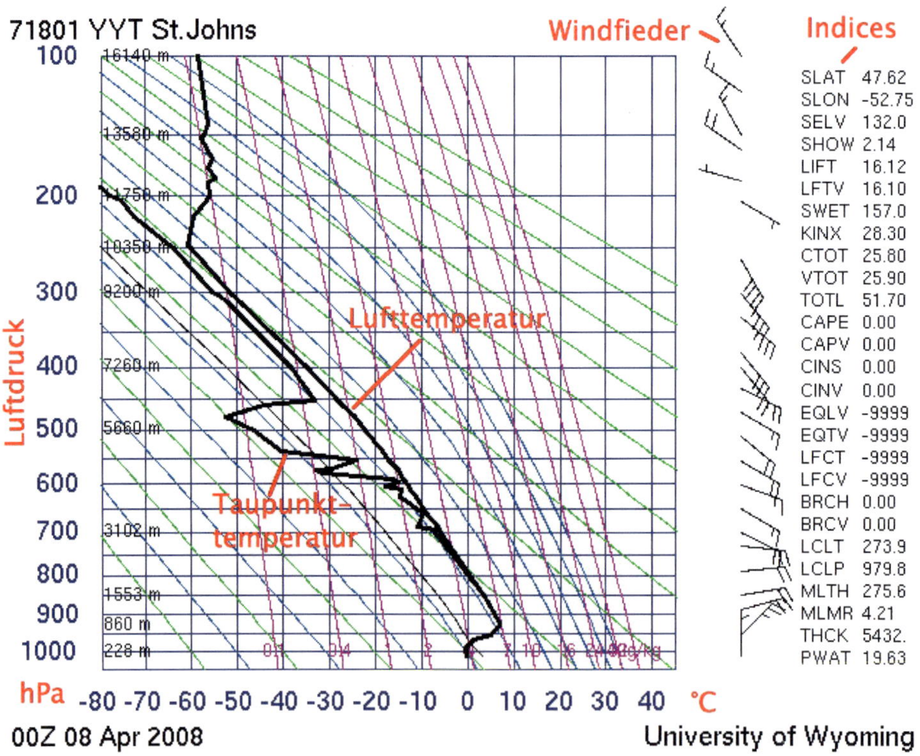

Abbildung 149: Sounding einer Radiosonde vom 8. Apr. 2008 in St.Johns, Neufundland (Quelle: http://weather.uwyo.edu/upperair/sounding.html)

Es lassen sich bereits einfache Erkenntnisse zu Wolkenbildung und möglicher Vereisung aus dem Spread (Spread = Lufttemperatur - Taupunkttemperatur) ableiten. Meteorologie-Experten berechnen aus den Rohdaten üblicherweise eine Fülle meteorologischer Indices, die weitergehende Interpretationen zulassen (siehe 03 03 02 Thermodynamische Diagramme, Stüve-Diagramm). Bei Interesse findet der Leser weiterführende Erklärungen unter dem angegebenen Link der University of Wyoming.

10 01 03 Wetterbeobachtung mittels Satelliten

Die Installation von *Wettersatelliten* war eine der ersten Anwendungen der Raumfahrt. Der größte Vorteil der Wetterbeobachtung aus dem All liegt in der lückenlosen Abdeckung, denn nur 20 % der Erdoberfläche befinden sich in der Umgebung von meteorologischen Bodenstationen.

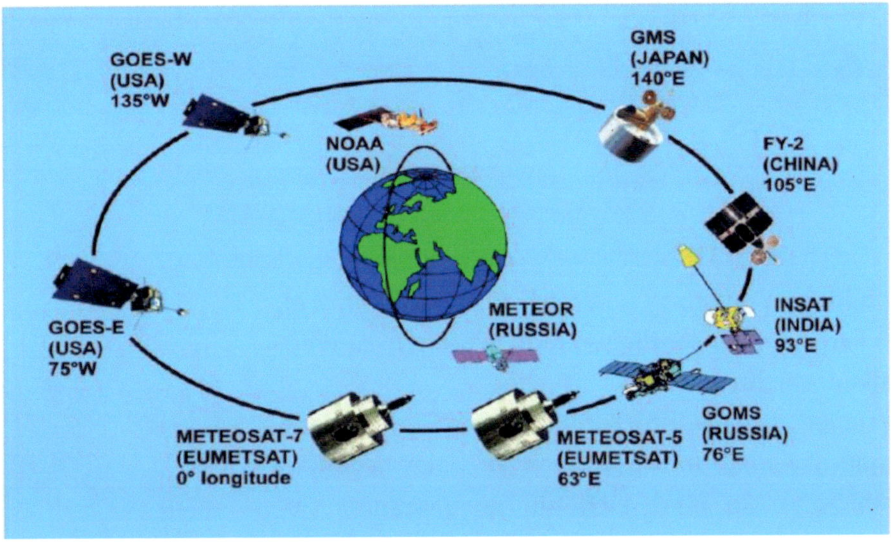

Abbildung 150: Das globale Wettersatellitensystem 1998 (Quelle: Eumetsat)

Die Beobachtung des Wetters auf der Erde geschieht dabei in verschiedenen Bandbreiten des Spektrums elektromagnetischer Strahlung.

Die Wettersatelliten liefern Bilder im

- sichtbaren Bereich (visible images = VIS), Wellenlänge z. B. 0,8 μm
- wärme-infraroten Bereich (thermal infrared images = TIR), Wellenlänge z. B. 10,8 μm

Aufgrund der kontinuierlichen Aufzeichnung lassen sich die Satellitenbilder leicht zu einem *Satellitenfilm* zusammenfassen, aus dem sich die Dynamik der Wetterentwicklung besser ablesen lässt.

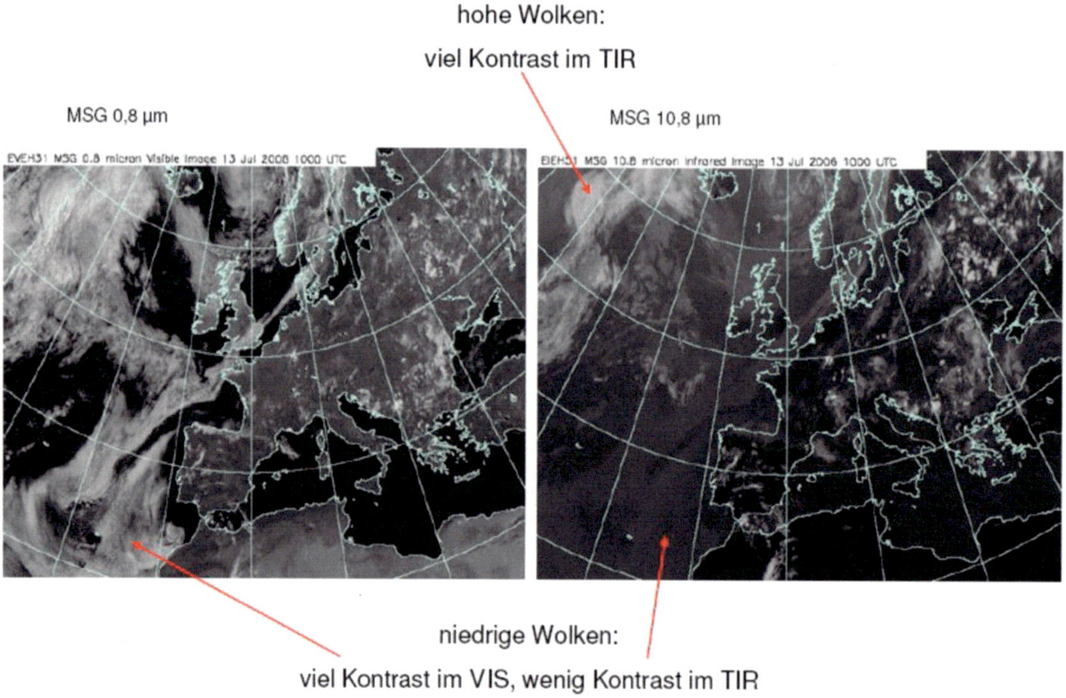

Abbildung 151: Satellitenaufnahmen im Vergleich (Quelle: Universität Stuttgart)

Satellitenbilder im sichtbaren Bereich (0,4 - 0,8 µm Wellenlänge) liefern im Wesentlichen Informationen zu niedrigen Wolkenschichten.

Im Unterschied dazu liefern Satellitenbilder im Infrarotbereich hauptsächlich Informationen zu hoch liegenden Wolkenschichten. So lässt sich ein ausgeprägter Cumulonimbus am besten auf dem IR-Bild erkennen.

Dort wo Bodenstationen fehlen z. B. über Meeren, Großwüsten, Arktis und Antarktis liefern Satellitenbilder oft die einzigen Informationen über die Lokation von Wolken, Frontsystemen, Stürmen und Jetstreams.

Abbildung 152: Meteosat Wettersatellit

Satellitenbilder werden in der Luftfahrt meist nicht direkt von der Crew sondern hauptsächlich durch Wetterexperten als ergänzende Wetterinformation interpretiert und stehen dann als aufbereitete Information zur Verfügung (SWC usw.).

Im Ausnahmefall tropischer Wirbelstürme liefert das Satellitenbild auch dem Piloten die wichtige Information über die geografische Dimension.

10 01 04 Wetterbeobachtung durch Wetterradarstationen

Eine weitere Möglichkeit der Wetterbeobachtung geschieht durch stationäre Wetterradarstationen am Boden und durch mobile Wetterradarsysteme an Bord von Flugzeugen. Wetterradarsysteme funktionieren im Wesentlichen genauso wie ein Primärradarsystem zur Ortung von Flugzeugen. Es werden Radarstrahlen ausgesendet und gleichzeitig deren Rückstrahlung gemessen. Bei Wetterradarbildern wird die Reflexion an größeren Wassertröpfchen in den Wolken gemessen, sodass bei der Messung Niederschlag (Regen, Hagel, Schnee) erkennbar wird. Man spricht daher auch von einem *Niederschlagsradarbild*. Im Unterschied zum Ortungsradar findet beim Wetterradar zusätzlich die Messung der Intensität der Rückstrahlung statt, die dann als Maß für den Niederschlag dient und meistens in Form einer Farbskala dargestellt wird (siehe Abbildung).

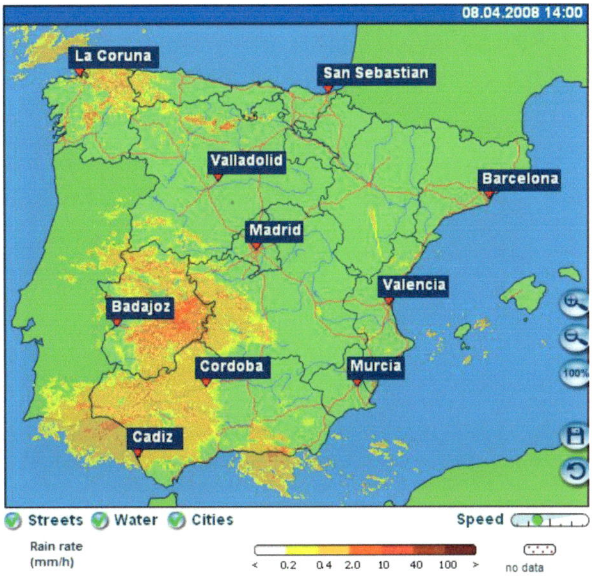

Abbildung 154: Wetterradarbild von Spanien am 8.4.2008 (Quelle: Meteogroup.co.uk)

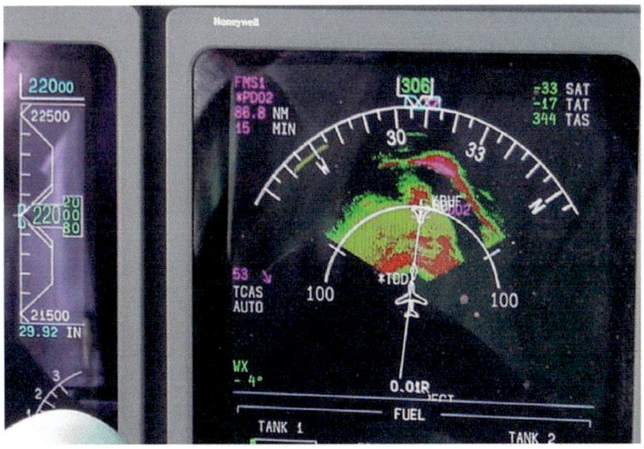

Abbildung 153: Wetterradar als NAV Overlay (Quelle: Honeywell)

Verkehrsflugzeuge, Geschäftsflugzeuge und auch viele höherwertige Privatflugzeuge haben heutzutage ein *luftgestütztes Wetterradarsystem* (engl. airborne weather radar) an Bord, das genauso wie ein bodengestütztes System funktioniert. Allerdings liefert ein solches Wetterradar nur ein lokales, voraus gerichtetes Bild in Flugrichtung. Die maximale Reichweite beträgt etwa 180 NM, wobei der normalerweise genutzte Bereich zwischen 30 und 80 NM liegt. Dabei wird bei gängigen Geräten ein Winkelbereich von etwa 90° erfasst (+-45° in Bezug zum Heading, Strahl läuft dabei von links nach rechts). Bei der betrachte-

ten Reichweite lassen sich mehrere Stufen einstellen (z. B. 40 NM Reichweite, 80 NM Reichweite usw.). Ebenso lässt sich der konusförmige Detektorstrahl in einem Kippwinkel (engl. tilt angle) geringfügig nach oben oder unten schwenken.
Die Information des Wetterradars wird im Normalfall direkt als Overlay auf den Navigationsseiten eines Flight Management Systems (FMS) dargestellt.

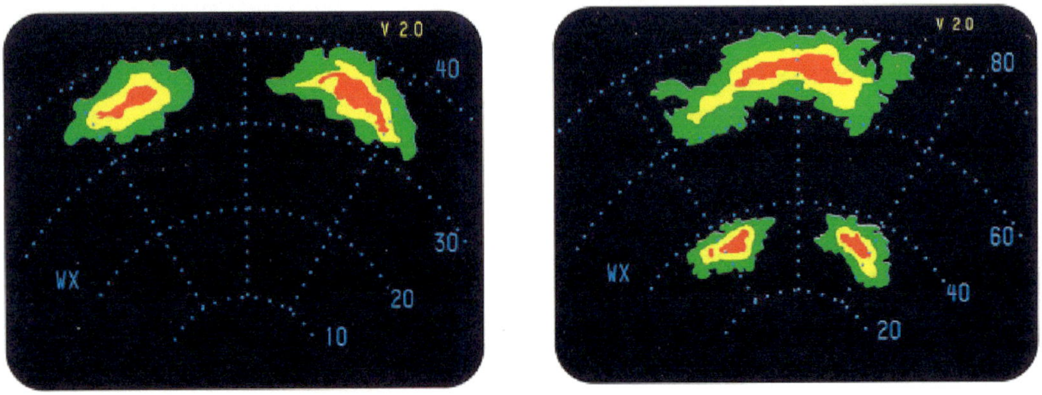

Abbildung 155: Wetterradarbild 40 NM Range (links), 80 NM Range (rechts)

Wie bei allen technischen Geräten hat auch das Wetterradarsystem seine Grenzen. Zum Beispiel kann es manchmal schwierig sein, auf dem Radarbild eine Stadt von einem Gewitter zu unterscheiden. Oder durch die gewählte Rangeeinstellung wird ein vorausliegendes Gewitter übersehen. Auch kann oft selbst ausgedehnter Stratusregen nicht von Bodenreflexionen unterschieden werden.
Neuere Flugzeuge sind daher zusätzlich mit einem Echtzeit-Satellitenwettersystem (XM Satellite Weather) ausgestattet, wobei über eine Satellitenverbindung alle verfügbaren Wetterinformationen inklusive Bodenradarbilder ins Flugzeug gesendet werden. Es ist klar, dass diese Information einem luftgestützten Wetterradar überlegen ist.

10 01 05 Wetterbeobachtung und Meldung im Flug

Neben der professionellen Wetterbeobachtung durch Bodenstationen, Wetterschiffe und Satelliten erfolgen zusätzlich Meldungen über aktuelle Wetterverhältnisse durch Flugzeugbesatzungen. Solche Wettermeldungen durch Piloten sind entweder Routinemeldungen (routine air-report) oder Sondermeldungen (special air-reports, in den USA auch als PIREPS abgekürzt). Routinemeldungen erfolgen per Funk oder schriftlich auf einem international vereinbarten AIREP-Formblatt. Die jeweiligen Positionen für Pflichtroutinereports sind auf den Navigationskarten entsprechend gekennzeichnet z. B. verwenden Jeppesen-Karten hierfür ein großes M in einem Kreis als Zeichen, wobei zusätzliche Bedingungen in einem damit verbundenen Rechteck textlich ergänzt sein können.

Abbildung 156: Jeppesen-Zeichen für Routinewettermeldungen

Einige Flugzeugtypen sind mit automatischer AIREP-Übermittlung (Aircraft to Satellite Data Relay = ASDAR) ausgerüstet, wobei die jeweiligen Messdaten direkt über eine Satellitenrelaisstation an die internationalen Wetterzentren gesendet werden.

Wettersondermeldungen werden ohne Verzögerung über Funk an ATC gemeldet und betreffen extreme Wetterbedingungen, deren Kenntnis auch für andere Flugzeuge sicherheitsrelevant sein können. Im Allgemeinen ist die Anzeige folgender Wetterphänomene in Form einer Wettersondermeldung obligatorisch:

- starke bis extreme Turbulenz, extremer Scherwind
- starke bis extreme Vereisung
- Extremgewitter, MCC, Tornado, Trop. Wirbelsturm, Sandsturm, Vulkanausbruch

10 02 00 Wetterkarten

10 02 01 Significant Weather Charts (SWC)

Die Significant Weather Prognose ist eine Tagesvorhersage des signifikanten Wetters. Es gibt drei Klassen von SWCs:

- Low-level SWC: SFC - FL240
- Mid-Level SWC: FL100 - FL450
- High-Level SWC: FL240 - FL630

Die Darstellung der Low-Level Prognosen ist wenig standardisiert und daher von Land zu Land unterschiedlich in der Darstellung.
Für die IFR-Flugplanung im europäischen Luftraum wird meist die Mid-Level SWC (EUR) verwendet, ausgegeben vom WAFC London. Für Nordamerika gibt es ähnliche, nach Gebieten segmentierte Mid-level SWC Charts vom WAFC Washington.
Die High-Level Prognose berücksichtigt einen großen Teil der nördlichen Halbkugel und einen kleinen Teil der südlichen Halbkugel. Der gesamte Prognosebereich ist in einzelne Teilgebiete zerlegt, wobei sich einige Gebiete überschneiden. Er beginnt an der asiatischen Küste geht ostwärts über Pazifik, Nordamerika, Nordatlantik nach Europa und Nordafrika. Der Vorhersagebereich deckt zusätzlich einen Teil von Südamerika ab. Von WAFC Washington werden High-Level Charts nach ICAO Gebietsdefinitionen wie z. B. ICAO Area B1 (Nord-, Mittel und Südamerika, Europa, Afrika) angeboten. Von WAFC London werden folgende HL-SWC-Charts (Abkürzung / geograf. Bereich) zur Verfügung gestellt:

- NAT (Europa/Nordatlantik/östliches Nordamerika)
- MID (Europa/Asien)
- AFI (Europa/Afrika)
- SAM (Europa/Atlantik/Südamerika)
- ASIA (Europa/Asien)
- INDOC (Europa/Südasien/Australien)

Die Geografie der Gebiete ist im Hintergrund als Polar- oder Mercatorprojektion formatiert. Die SWC-Vorhersagen werden als Einzelkarten jeweils viermal pro Tag herausgegeben und zwar um 00Z, 06Z, 12Z, and 18Z (Z steht dabei für UTC-Zeit = Zulu-Zeit).

Es ist wichtig fest zu stellen, dass je nach Art der SWC-Chart die Wetterprognose mehr oder weniger detailliert auf den jeweiligen Karten dargestellt wird. Die folgende Tabelle zeigt die Unterschiede:

	Art der SWC-Karte	Mid-Level	High-Level
A	Jet Streams: Lage, Richtung und Geschwindigkeit, vertikale Ausdehnung der 80 kt Isotache	✓	✓
B	Turbulenzen: Gebiete mit Clear Air Turbulence (CAT)	✓	✓
B	Turbulenzen: vertikale Verteilung mäßiger und starker Intensität	✓	(✓)
C	Fronten: Lage, Verlagerungsrichtung und Verlagerungsgeschwindigkeit (nur signifikante)	✓	✓
D	Gewitter: Cb-Gebiete mit Ober und Untergrenzen	✓	✓
E	Gewitter: Böenlinien	✓	✓
F	Tropische Wirbelstürme	✓	✓
G	Sand/Staubstürme	✓	✓
H	Aktive Vulkane	✓	✓
I	Höhe der Tropopause	✓	✓
J	Lage der Innertropischen Konvergenzzone (ITCZ)	✓	✓
K	Wolken: konvektive Wolken mit Bedeckungsgrad	✓	-
L	Vereisung: vertikale Verteilung mäßiger und starker Intensität	✓	-

Symbolik der Significant weather charts

A. Jetstreams

Jetstreams mit einer Maximalgeschwindigkeit von mehr als 80 Knoten sind in den Karten durch fette Linien dargestellt. Die Linien liegen entlang des jeweiligen Kerns der Jetstreams. Die Richtung der Pfeilspitzen zeigen die jeweilige Richtung der Jetstreams an. Ein Geschwindigkeitsindikator wird angezeigt, falls die Geschwindigkeit über 100 Knoten beträgt. Der Geschwindigkeitsindikator nutzt die übliche Nomenklatur (längliches, ausgefülltes Dreieck = 50 Knoten, langer Strich = 10 Knoten, kurzer Strich = 5 Knoten). Ein Doppelstrich quer zur Jetstream Linie markiert eine Position mit einer

Reduktion der Geschwindigkeit des Jetstreams um 20 Knoten. Nur Änderungen von mindestens 20 Knoten werden dargestellt.
Zusätzlich zum Geschwindigkeitsindikator wird das zugehörige Flight Level mit FL XXX darunter angezeigt. Die Höhenangabe eines Strahlstroms wird ggf. ergänzt um eine Information über die vertikale Ausdehnung der *80 kt-Isotache*. Unterhalb der Höhenangabe dieses Strahlstroms wird bei Strahlstromgeschwindigkeiten von mindestens 120 kt die Höhe der 80 kt-Isotache unterhalb und oberhalb des Jetkerns in Hektofuß dargestellt.

Beispiel:

Abbildung 157: Jetstream Symbol mit Zunahme der Kerngeschwindigkeit von 130 kt auf 150 kt und zweimaliger Reduktion der Geschwindigkeit von 150 kt auf 130 kt und auf 110 kt

B. Turbulenzen

Gebiete mit moderater bis starker Turbulenz werden durch unterbrochene Linien umrandet.
Die Kriterien für die dargestellten Turbulenzen sind Windscherung und Leewellen von Bergketten. Windscherung beinhaltet dabei auch die Windscherung bei Jetstreams und bei Gebieten mit stark gekrümmten Luftströmungen. Turbulenz bei Gewittern wird nicht gesondert dargestellt (Gewitter impliziert stets Turbulenz). Die Intensität der Turbulenzen werden durch entsprechende Turbulenzsymbole dargestellt, wobei die vertikale Ausprägung durch Angabe in Flight Level Werten ergänzt wird. Die Ober- und Untergrenzen werden in der üblichen Quotientenform in Hektofuß angezeigt. Liegt die Untergrenze unterhalb des Geltungsbereiches der jeweiligen SWC wird sie mit „XXX" codiert. Zum Beispiel identifiziert „310/XXX" auf einer HL-SWC eine turbulente Schicht von unterhalb FL250 bis FL310.

Die Darstellung auf den Karten der WAFC London verwendet eine Referenzierung über Ziffern, die innerhalb des Turbulenzgebietes in einem Quadrats mit schwarzem Rahmen angezeigt werden. Die tatsächlichen Werte hierzu befinden sich in einer separaten Legende irgendwo am Rand der SWC (siehe folgende Abbildung).

Beispiel:

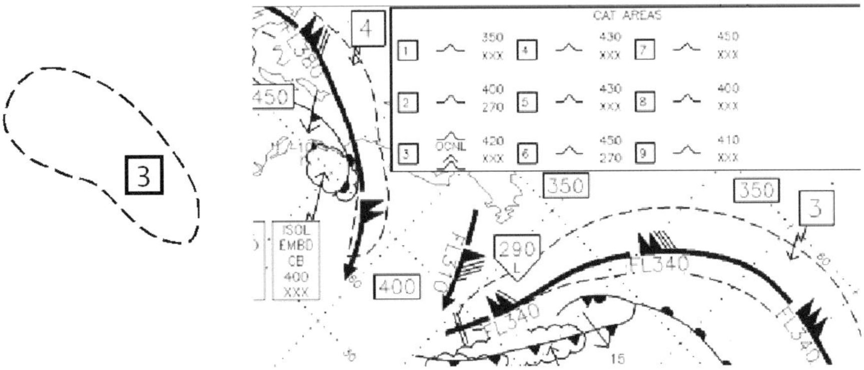

Abbildung 158: Umrandetes Turbulenzgebiet und tatsächlicher SWC-Ausschnitt mit zugehöriger Legende für die Turbulenzgebiete

Für die Stärke der Turbulenzen kommen die folgenden beiden Symbole zum Einsatz, wobei „OCNL“ (steht für occasional = gelegentlich) ergänzt werden kann. Ein Symbol für leichte Turbulenz gibt es nicht.

 moderate turbulence mäßige Turbulenz

 severe turbulence starke Turbulenz

C. Frontensysteme

Um eine genauere Bewertung der Wettersituation zu ermöglichen, sind auf SWC zusätzlich die signifikanten Frontensysteme dargestellt. Hierzu werden die üblichen Symbole für Kalt- und Warmfronten, Okklusionen usw. verwendet. Die Bewegung der jeweiligen Front wird an ausgewählten Stellen durch Pfeile charakterisiert. Ein Pfeil zeigt die Richtung der Frontbewegung im jeweiligen Segment. Die dem Pfeil zugeordnete Zahl gibt die Geschwindigkeit der Front an der bezeichneten Stelle an, gemessen in Knoten. Die Abkürzung „STNR“ bedeutet stationär.

Beispiel:

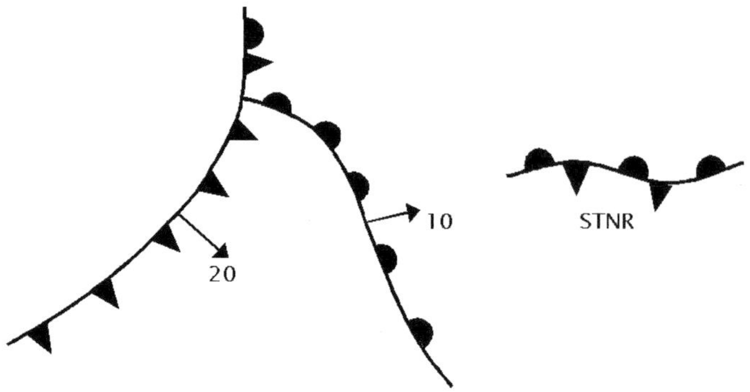

Abbildung 159: Links Kaltfront, Warmfront und Okklusion, rechts eine stationäre Front

D. Gewitter, Cumulonimbus Gebiete

Cumulonimbus Wolken (CBs) sind - wie wir bereits wissen - Gewitterwolken. Gebiete mit CBs, die den angezeigten Bedingungen entsprechen, werden auf den Karten als geschlossene Bereiche mit einer Wolkenberandungslinie dargestellt.

Als Kriterium gilt das weitverbreitete Auftreten von CBs innerhalb des dargestellten Gebietes mit kaum oder zumindest wenig Platz zwischen den einzelnen Wolken, wobei CBs in Wolkenschichten eingebettet oder durch Dunst verborgen sein müssen. Die SWC-Vorhersage stellt keine einzelnen CBs dar, d. h. es werden keine lokalen oder weit verstreuten CBs dargestellt, die nicht in andere Wolken oder in Dunst eingebettet sind.

Cumulonimbus Gebiete sind mit einem „CB" gekennzeichnet, wobei zusätzlich die untere und obere Grenze der Wolkenschichten angegeben ist. Der Bedeckungsgrad mit CBs ist dabei als Unterkennzeichnung hinzugefügt:

- ISOL (isolated) - weniger als 1/8
- OCNL (occasional) - 1/8 bis 4/8
- FRQ (frequent) - mehr als 4/8

ISOL und OCNL werden ferner mit der Kennzeichnung EMBD (embedded) ergänzt, da es sich bei der Kennzeichnung immer um eine eingebettete CBs handelt.

Die Ober- und Untergrenze werden in der üblichen Quotientenform in Hektofuß angezeigt.

Liegt die Ober- oder Untergrenze außerhalb des Geltungsbereiches der jeweiligen SWC wird sie mit „XXX" codiert. Die Kennzeichnung der CB-Gebiete erscheint entweder direkt innerhalb der gezeichneten „Wolke" oder außerhalb, wobei eine Linie mit Pfeil die Zuordnung darstellt.

Gewitter stellen stets eine Gefahr für geplante Flüge in die gekennzeichneten Bereiche dar und implizieren immer das Vorhandensein von Turbulenz (moderat bis stark) und die Gefahr von Hagel und Vereisung. Aus diesem Grund werden diese Folgegefahren auf den High-Level Charts nicht zusätzlich dargestellt.

Beispiel:

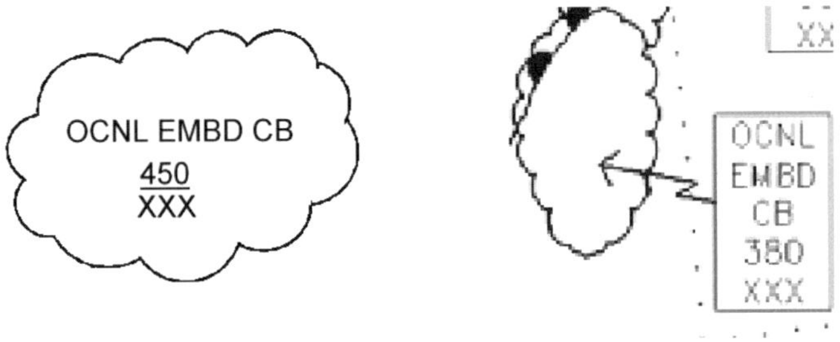

Abbildung 160: Zwei Varianten der Darstellung

E. Böenfronten (Squall Lines)

Böenfronten werden durch eine Front aus CBs mit mindestens 5/8 Abdeckung gebildet. Sie wird durch eine Linie gekennzeichnet, wobei die Striche der Linie durch Richtungspfeilspitzen (ähnlich einem „V“) unterbrochen sind. Die Aktivität der Cumulonimbus-Wolken werden relativ zur Böenfront identifiziert und ebenfalls dargestellt.

Beispiel:

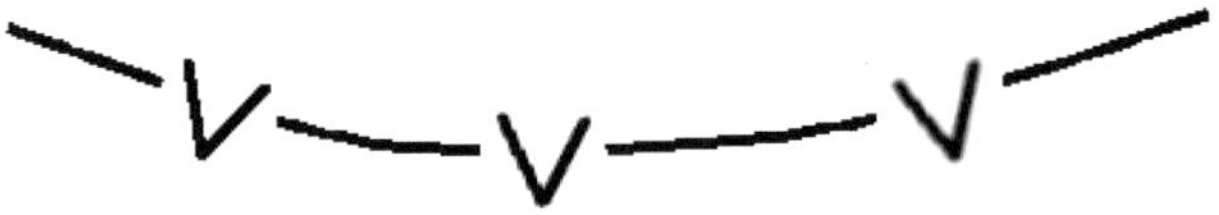

Abbildung 161: Böenfront

F. Tropische Wirbelstürme

Die Position tropischer Wirbelstürme wie Hurrikane, Taifune und unklassifizierte tropische Wirbelstürme werden durch Symbole dargestellt. Der einzige Unterschied in der Symbolik ist, dass bei Hurrikan oder Taifun der innere Kreis des Symbols ausgefüllt ist. Falls ein Name für den Sturm existiert, wird dieser am Symbol ebenfalls angezeigt.

	tropical revolving storm tropical cyclone	tropischer Wirbelsturm
	Hurricane or Typhoon	Hurrikan oder Taifun

G. Sandstürme und Staubstürme

Gebiete mit häufig auftretenden Sand- oder Staubstürmen sind durch ein entsprechende Symbole gekennzeichnet, wobei als Basis ein großes „S" dient.
Das Symbol mit einem zusätzlichen Pfeil bezeichnet Gebiete mit häufig auftretenden, leichten bis mittelstarken Sand- oder Staubstürmen. Das Symbol mit einem Doppelpfeil bezeichnet starke Sandstürme oder starke Sichtbehinderung durch Staub.

	Slight or moderate duststorm or sandstorm	Leichter bis moderater Staub- oder Sandsturm
	Severe duststorm or sandstorm	Schwerer Staub- oder Sandsturm

H. Aktive Vulkane (Volcanic Eruption Sites)

Aktive Vulkane werden durch eine Art Trapezsymbol dargestellt. Der Punkt am Trapezsymbol stellt Längen- und Breitengrad des Vulkanortes dar. Der Name des Vulkans und sein Längen- und Breitengrad erscheinen neben dem Symbol. Weitere Informationen zur Aktivität des Vulkans sind im aktuellen ASHTAM und/oder SIGMET nachzulesen. Zurzeit gibt es im Gebiet Amerika-Europa-Afrika nur den Tungurahua in Ecuador und den Ätna auf Sizilien als aktive Vulkane.

	Volcanic eruption site (active)	Vulkanstandort (eines aktiven Vulkans)

I. Höhenwerte der Tropopause

Die Höhe der Tropopause wird an ausgewählten Orten auf der SWC in Hektofuß oder FL angezeigt. Der jeweilige Höhenwert der Tropopause an diesen Orten wird in einem Rechteck dargestellt. Maximal- bzw. Minimalwerte werden in Form eines Polygons (siehe Beispiele unten) codiert und zusätzlich mit einem „H" oder „L" gekennzeichnet.

Tropopausenminimum (-tief) FL 250

Tropopausenhöhe FL 400

Tropopausenmaximum (-hoch) FL 420

J. Lage der innertropischen Konvergenzzone

Bei Significant Weather Charts, wo es geografisch Sinn macht, wird zusätzlich die jeweilige Lage der innertropischen Konvergenzzone eingezeichnet. Als Symbolik verwendet man eine bestimmte Art Doppellinie. Die Darstellung der Doppellinie wird an geeigneter Stelle durch die Bezeichnung „ITCZ“ ergänzt.

Beispiel:

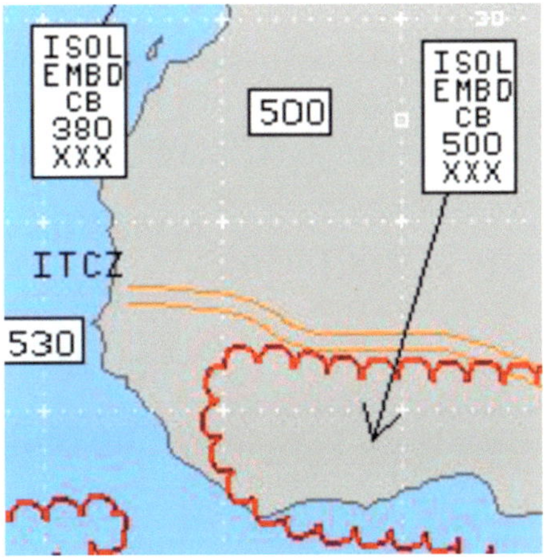

K. Konvektive Wolken mit Bedeckungsgrad (nur Mid-Level SWC)

Auf Mid-Level SWC der WAFC London werden zusätzlich konvektive Wolken mit Bedeckungsgrad dargestellt. Dabei wird nur Bewölkung angegeben, die in Höhen zwischen FL 100 und FL 450 auftritt. Nicht dargestellt werden ST, SC und alle nicht signifikanten Wolken des oberen Höhenbandes (CI, CC, CS).

Die Angabe des Bedeckungsgrades erfolgt in den Stufen:

BKN = broken 5-7/8

OVC = overcast 8/8

Beispiel:

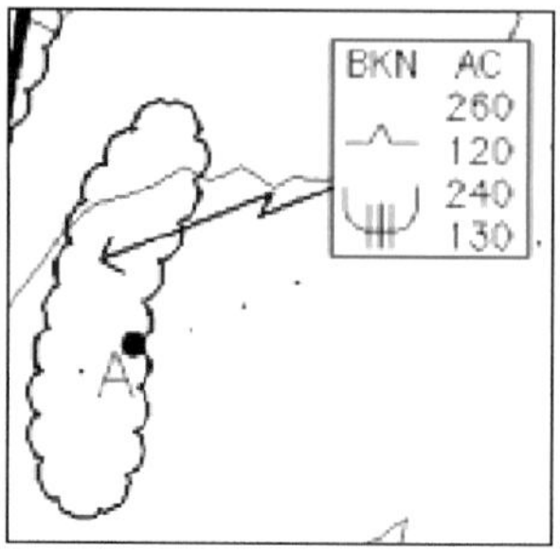

Abbildung 162: Bewölkung mit 5-7/8 Altocumulus zwischen FL120 und FL 260

L. Vereisung: Vertikale Verteilung (nur Mid-Level SWC)

Ebenfalls nur auf Mid-Level SWC der WAFC London findet man die vertikale Verteilung von Vereisungsgefahren im betrachteten Höhenband (FL100-FL450). Die Angaben findet man direkt in der Darstellung der jeweiligen konvektiven Bewölkung oder in einem Rechteck mit Pfeilreferenzierung zur jeweiligen Bewölkung.
Folgende Symbole werden verwendet:

	light aircraft icing	geringe Flugzeugvereisung
	moderate aircraft icing	mäßige Flugzeugvereisung
	severe aircraft icing	starke Flugzeugvereisung

Geringe Vereisung wird als nicht signifikant erachtet und daher in der SWC nicht dargestellt.
Das Beispiel in Abbildung 162 gibt in der dort gezeichneten Bewölkung starke Vereisungsrisiken zwischen FL130 und FL240 an.

M. Weitere Symbole (nur Mid-Level SWC)

Auf Mid-Level SWC findet man teilweise weitere Symbole, die auf Gefahren für die Luftfahrt hinweisen. Gelegentlich findet direkte Hinweise auf aktive Gewitter oder z. B. auf Leewellen. Folgende Symbole werden verwendet:

⛈	active thunderstorms	aktive Gewitter
⬭	mountain waves	Leewellen

Beispiele für Significant weather charts

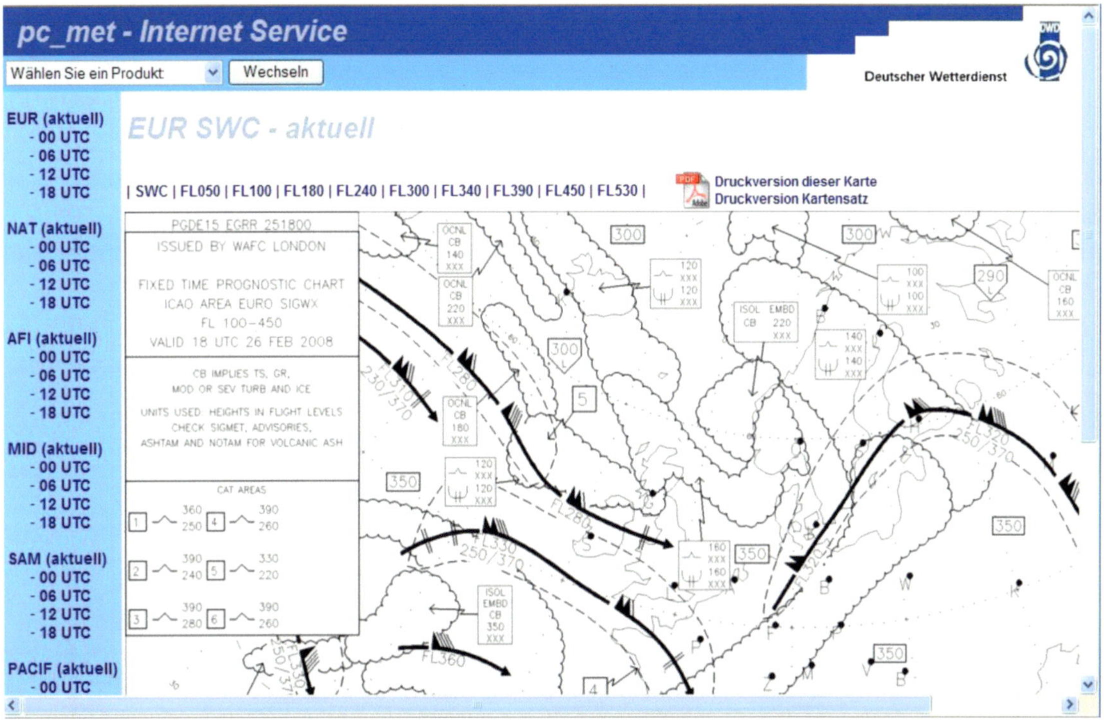

Abbildung 163: pc_met Website mit SWC-Auswahlseite (Quelle: DWD)

Die verschiedenen Varianten der Significant Weather Charts lassen sich beispielsweise über einen gültigen Zugang als aktuelle SWC auf der pc_met Website ansehen oder ggf. auch drucken oder herunterladen. Das Studium der SWC ist für jede Flugplanung eine Pflichtübung. In den USA lässt sich für den gleichen Zweck das NOAA Aviation Weather Center nutzen, dass vergleichbare Charts des WAFC Washington anbietet.

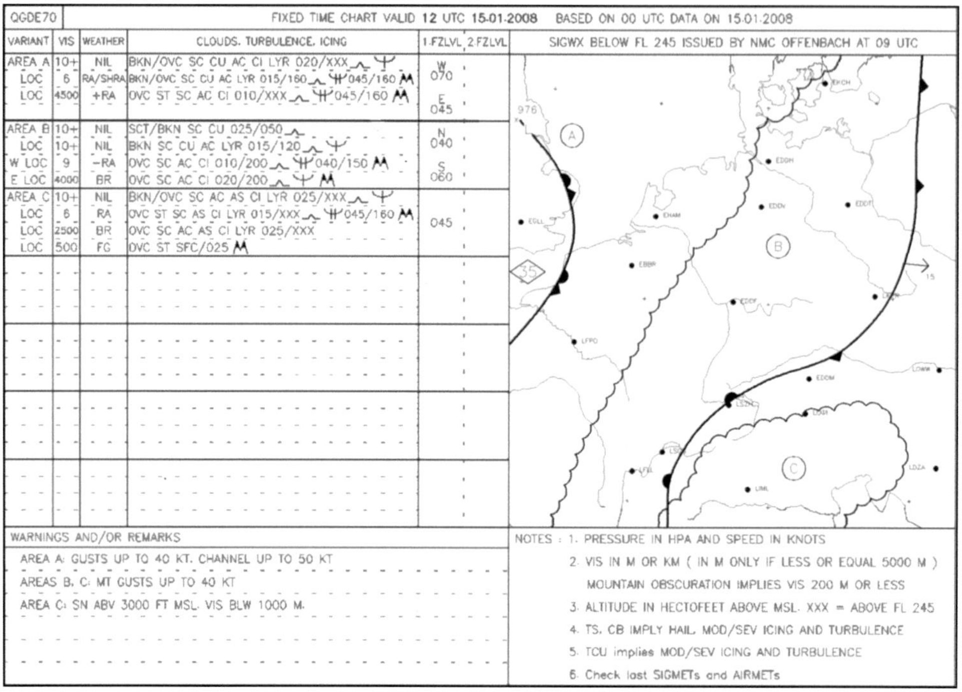

Abbildung 164: Low Level SWC vom 15.01. 2008 (Quelle: DWD)

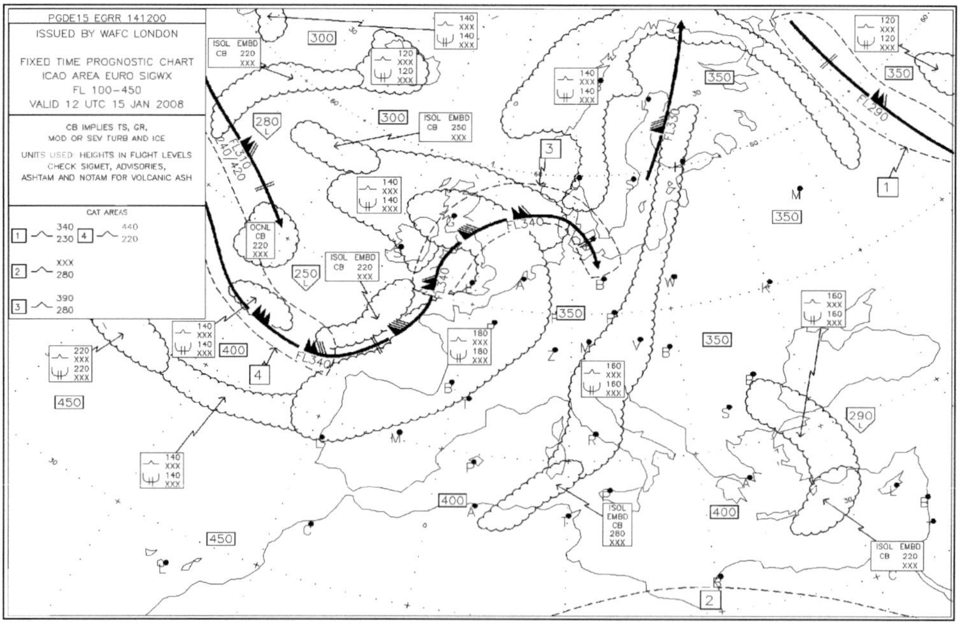

Abbildung 165: Mid-Level SWC FL100-FL450 vom 15.01.2008 (Quelle: WAFC London)

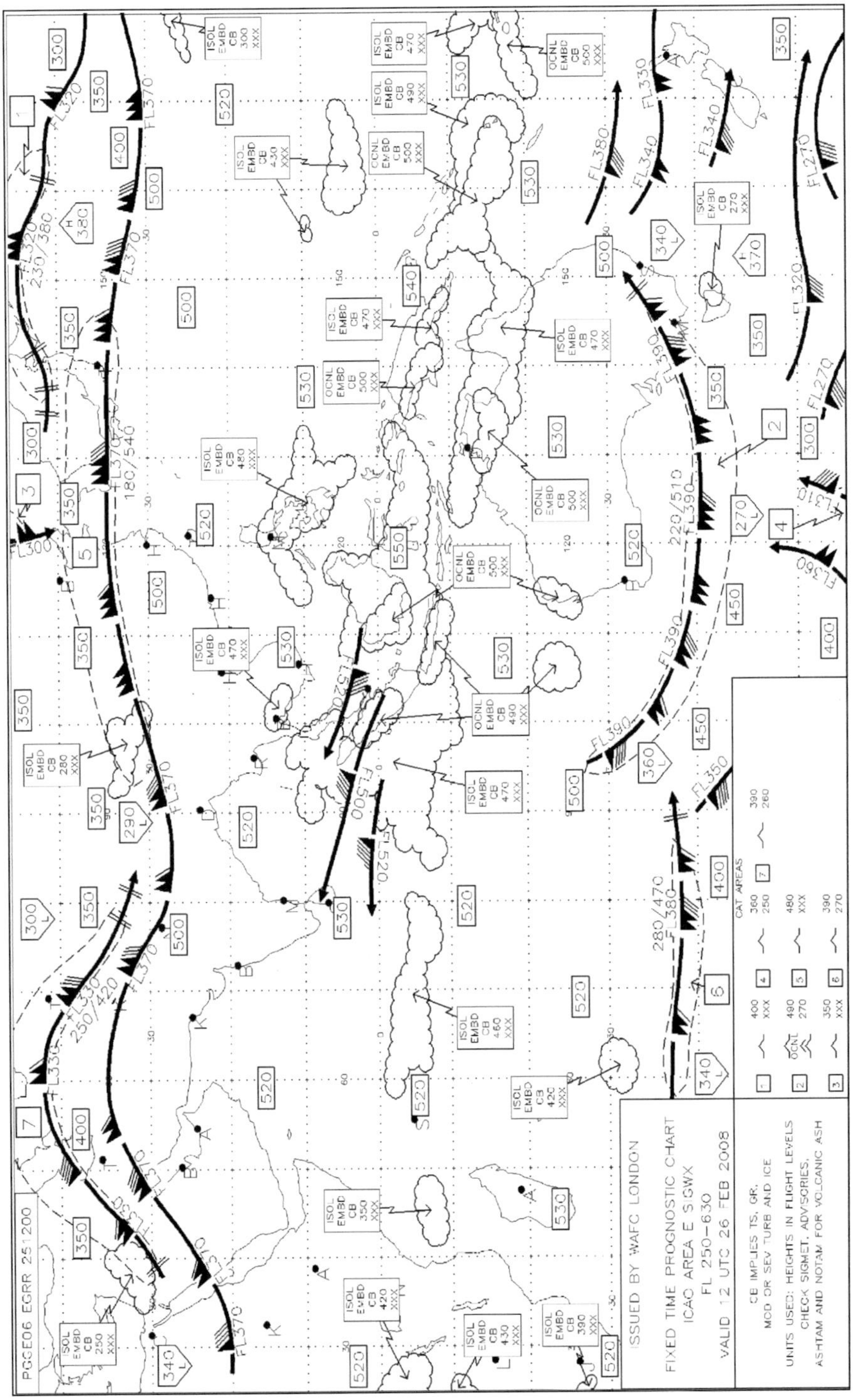

Abbildung 166: High Level SWC INDOC vom 26.2.2008 (Quelle: WAFC London)

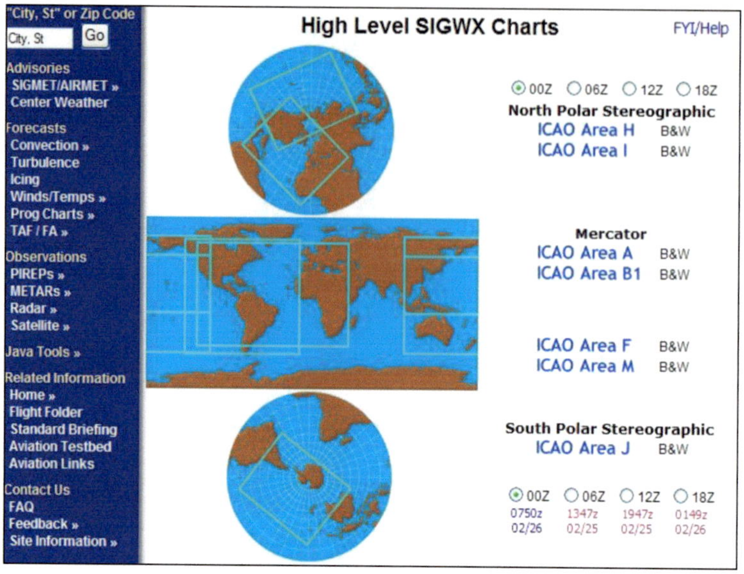

Abbildung 167: NOAA Aviation Weather Center (Quelle: NOAA)

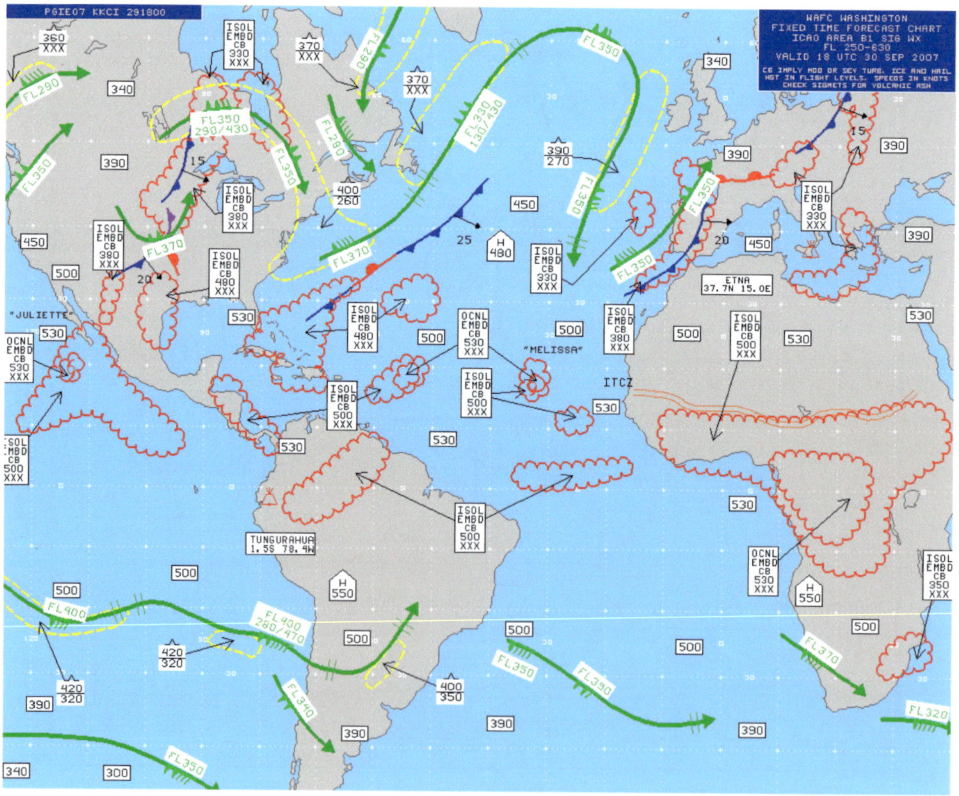

Abbildung 168: High Level SWC vom 30.9.2007 (Quelle: WAFC Washington, USA)

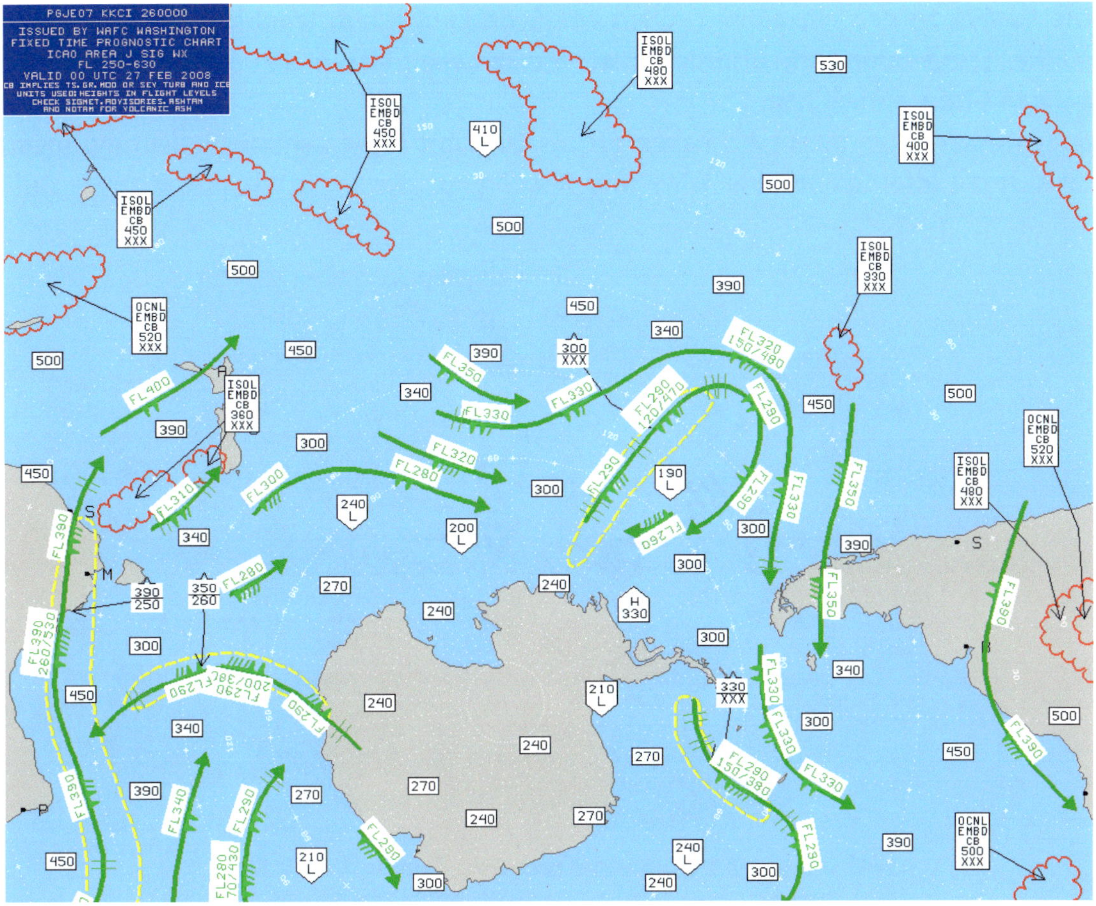

Abbildung 169: SWC der Antarktis vom 26.2.2008 (Quelle: WAFC Washington)
Man beachte insbesondere die Höhenwerte der Tropopause

10 02 02 Bodenwetterkarten

Bodenwetterkarten stellen das am Boden beobachtete Wetter dar. Hierzu sind die Isobarenlinien und die herrschenden Frontensysteme mit der bereits bekannten Symbolik eingezeichnet. Bei den Frontensystemen werden Warmfront, Warmsektor, Kaltfront und Okklusionsbereich dargestellt. Neben den Fronten am Boden sind ggf. auch jene in der Höhe eingezeichnet, erkennbar an den im Inneren nicht ausgefüllten aber sonst identischen Symbolen. Zentren von Hoch- und Tiefdruckgebieten werden mittels „H" und „T" (in Großbuchstaben) markiert.

Zur genaueren Darstellung der aktuellen Wettersituation verwendet die Bodenwetterkarte das so genannte *Stationsmodell*, welches eine ganze Reihe von zusätzlichen meteorologischen Parametern jeweils am Punkt der Erhebung in der Bodenkarte darstellt.

Die Details zu den einzelnen Größen wie Bedeckungsgrad, Windrichtung und Windstärke, Temperatur und Luftdruck sowie Wolkentypen lassen sich am Besten der folgenden Grafik entnehmen.
Bodenwetterkarten dieser Art haben für die Luftfahrt keine zentrale Bedeutung mehr, da sich die Information über Wind und Bewölkungslage nicht mit vertretbarem Auf-

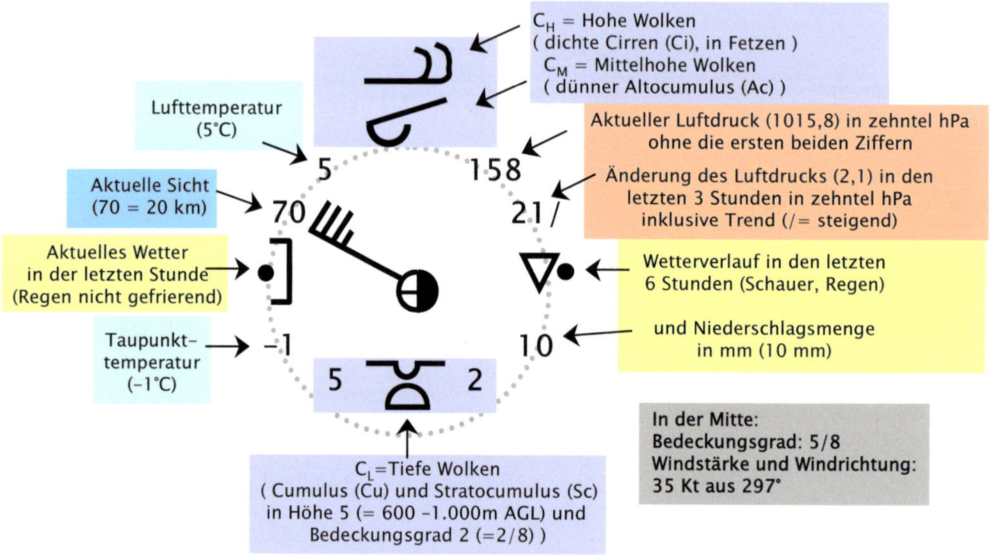

Abbildung 170: Stationsmodell nach WMO-Standard (Grafik: KLSP)

wand quasi in einem Zug einer Bodenkarte entnehmen lässt. Aus diesem Grund wird meist die Low-Level SWC bevorzugt oder man verwendet die für den Sichtflug optimierten Vorhersagen wie z. B. GAFOR oder Ähnliches.

Hinweis: Eine vollständige Zusammenstellung aller (De-)Codierungen der Parameter und Grafiken des Stationsmodells befindet sich im Anhang dieses Buches.

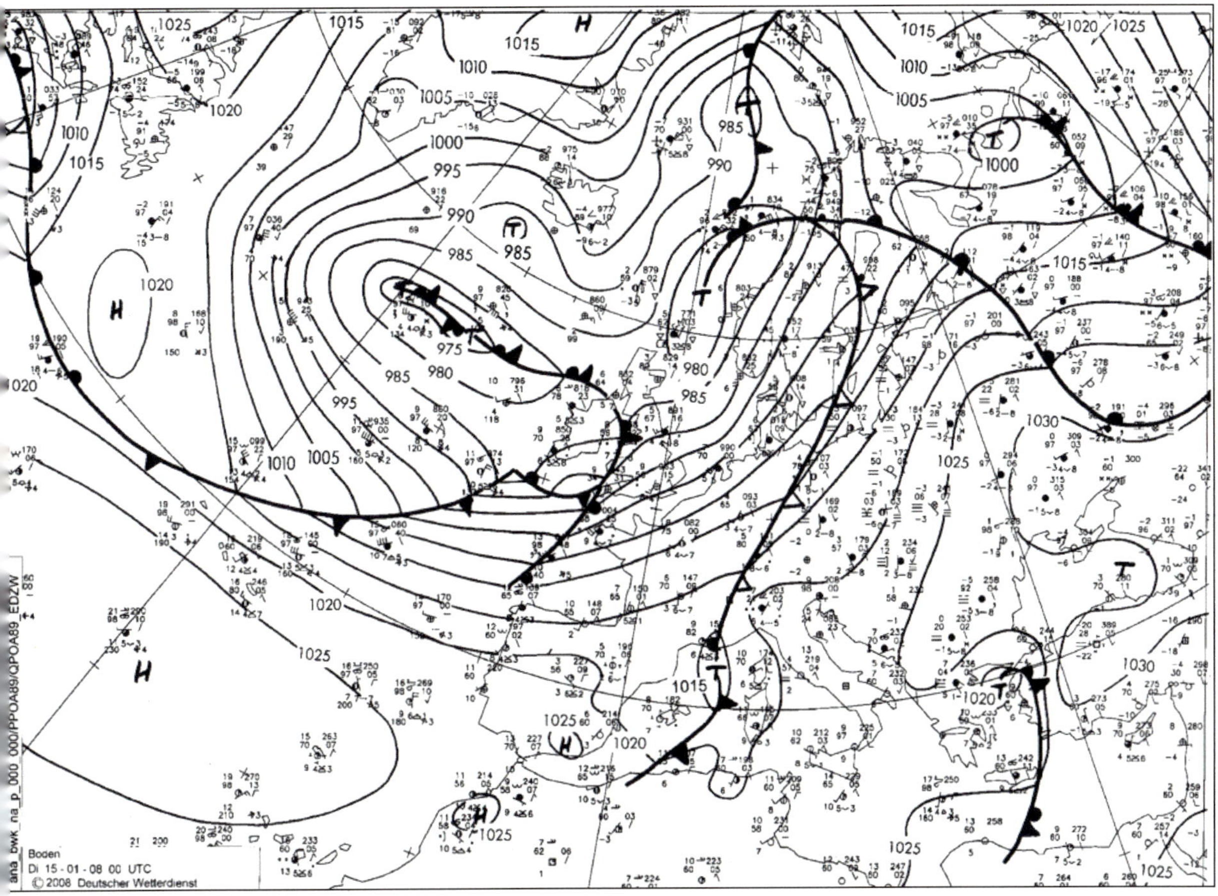

Abbildung 171: Bodenwetterkarte vom 15.01.2008 (Quelle: DWD)

10 02 03 Höhenwetterkarten

Höhenwetterkarten stellen das in der jeweiligen Höhe ermittelte oder vorhergesagte Wetter dar. Dabei beziehen sich die dargestellten meteorologischen Parameter wie Windrichtung, Windstärke und Temperatur jeweils auf einen konstanten Druck. Die Karten zeigen dementsprechend Werte, die in einer bestimmten Druckhöhe gemessen wurden (engl. constant pressure charts). Man spricht daher z. B. von der ‚300 hPa Karte'.

Die jeweiligen Messwerte zu einem bestimmten Luftdruck wie z. B. 500 hPa bilden über der geografischen Darstellung eine Fläche, die „Berge und Täler" hat. Auf dieser virtuellen Fläche lassen sich die Punkte gleicher geopotenzieller Höhe zu so genannten

Höhenlinien oder Isohypsen (Isohypse bedeutet gr. „gleiche Höhe") verbinden (siehe 01 03 02 Luftdruckänderung mit der Höhe, Isohypsen).
Das Gleiche lässt sich mit dem Temperatur oder dem Parameter Windgeschwindigkeit durchführen. Man erhält auf diese Weise eine Isothermenkarte (Isotherme bedeutet gr. „gleiche Temperatur") oder eine Isotachenkarte (Isotache bedeutet gr. „gleiche Geschwindigkeit").

Die am häufigsten verwendeten Höhenkarten in der Luftfahrt sind – entsprechend der Einschätzung von Vereisung und Turbulenz für den geplanten Flugweg – die Höhenkarten der Temperatur- und Windvorhersage.

Abbildung 172 zeigt eine Höhenkarte mit der Vorhersage von Temperatur und Wind in der 300 hPa Höhe (FL300) für den 1. März 2008. Es handelt sich um einen Orkan mit Sturmwindstärken von z. B. 175 Knoten östlich von Schottland (Orkan „Emma"). Die Temperaturen sind wie meist üblich negativ notiert d. h. die Zahl 48 bedeutet tatsächlich ‚-48 °C'. Es gibt andere Darstellungen, bei denen nur die Abweichung von der jeweiligen ISA-Temperatur der Höhe dargestellt wird.

Höhenkarten werden üblicherweise für folgende Flugflächen angeboten:

Fläche	FL050	FL100	FL180	FL240	FL300	FL340	FL390	FL450	FL530
hPa	850	700	500	400	300	250	200	150	100

Es empfiehlt sich als Übung, für ein oder mehrere definierte Flugrouten mit Hilfe der jeweils aktuellen Karten der Wetterdienste aus den Einzelwerten an der Route die jeweiligen Mittelwerte von Windrichtung und Windstärke, der Temperatur und der Abweichung von ISA zu berechnen.

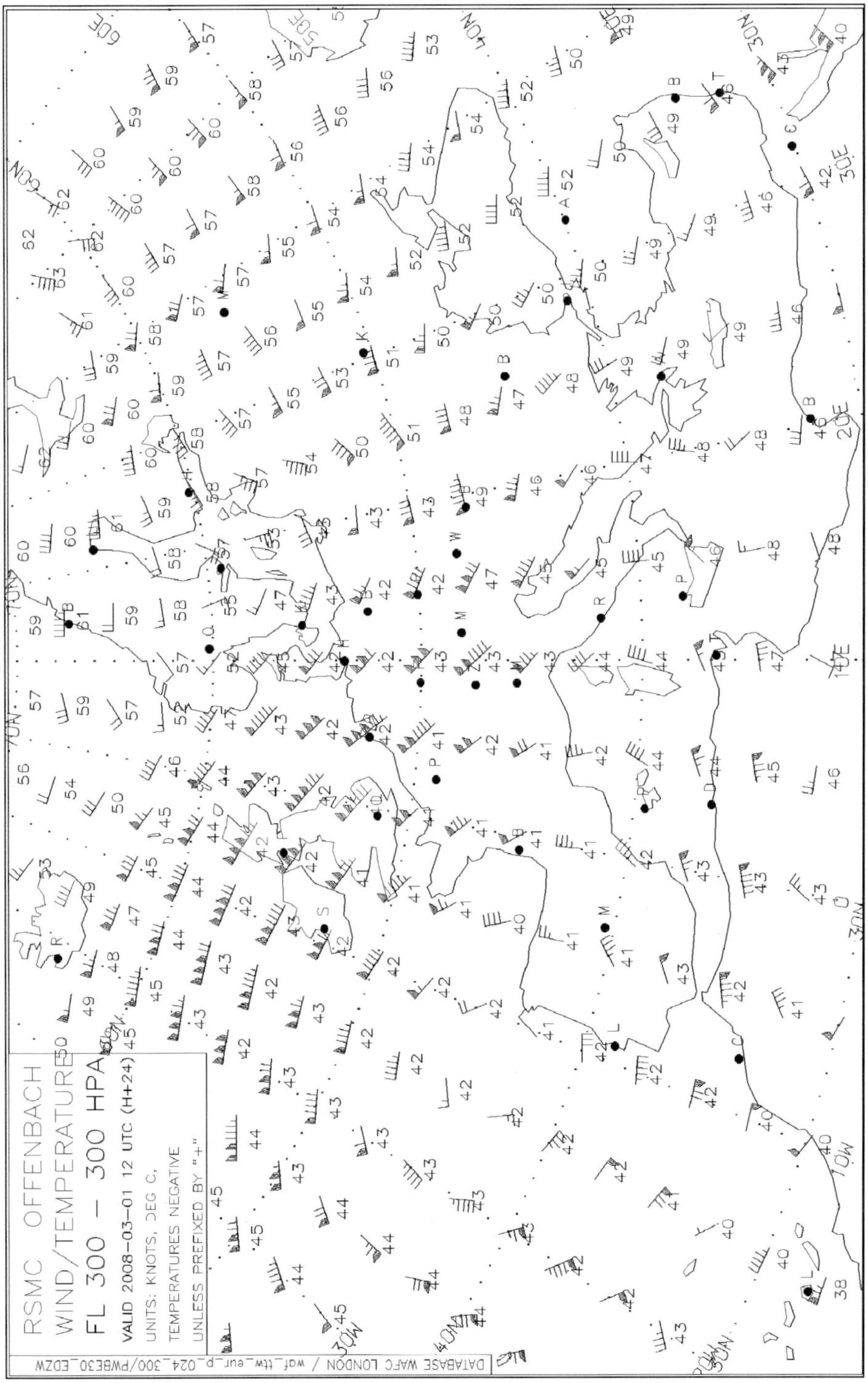

Abbildung 172: Höhenwetterkarte, Vorhersage Temperatur/Höhenwind in 300 hPa (Quelle: DWD)

10 03 00 Information für die Flugplanung

10 03 01 Wettermeldungen für die Luftfahrt: METAR, SPECI

Definition METAR und SPECI

METAR (CCCC) steht für *METeorological Aerodrome Report* und ist die routinemäßig vorgenommene codierte Bodenwettermeldung des Flugplatzes mit ICAO-Kennung CCCC.
SPECI (CCCC) ist ein spezielles METAR, das nur punktuell und nicht regelmäßig ausgegeben wird. Es handelt sich um eine besondere Bodenwettermeldung des Flugplatzes, die maßgebliche Änderungen zum letzten METAR betrifft.

Beispiel METAR **EDDK** *Köln/Köln-Bonn vom 05.04.2008:*

METAR EDDK 050650Z 16004KT 4200 BR BKN012 08/07 Q1011 BECMG BKN008=

Kennwort METAR oder SPECI

Diese Kennwörter werden bei einzelnen Meldungen vorangestellt. Werden Meldungen von mehreren Flughäfen zu einem Bulletin zusammengefasst, wird das Kennwort METAR in der ersten Linie des Bulletins vor der Zeitgruppe eingesetzt.
Wenn bei Verschlechterung eines Wetterelementes gleichzeitig eine Verbesserung eines anderen Wetterelementes eintritt, ist nur eine SPECI-Meldung auszugeben.
Anmerkung: Die Kennwörter METAR, SPECI können fallengelassen werden (entsprechende Vereinbarung vorausgesetzt).

Flughafen-Kurzzeichen

CCCC	ICAO-Kurzzeichen, z. B. Flughafen Zürich : LSZH, Flughafen Genf : LSGG, Flughafen Köln/Bonn EDDK

Beobachtungszeit

Gruppe: YYGGggZ

YYGGggZ	Die Beobachtungszeit wird angegeben mit Monatstage, Stunden und Minuten UTC (Z : Kennbuchstabe für UTC). Standard-Beobachtungszeiten : 240020Z, 240050Z, 240120Z, etc.

In SPECI-Meldungen ist der Zeitpunkt des Ereignisses, das eine Meldung zur Folge hatte, anzugeben.

Codewort AUTO

Wird vor der Windgruppe eingefügt, wenn die Meldung vollständig automatisch generiert wurde. Fehlen bestimmte Werte, werden in der betreffenden Gruppe die entsprechende Anzahl Schrägstriche (Zeichen [/]) eingesetzt.

Wind

Gruppe: dddff{Gf_mf_m}KT {$d_nd_nd_nVd_xd_xd_x$}

ddd : Windrichtung (Mittel der letzten 10 Minuten vor der Beobachtungszeit) auf nächste 10 Grad gerundet. Nordwind wird als 360" verschlüsselt. Bei Windrichtungen unter 100 Grad wird 0 vorangestellt (z. B. 070).
Bei variabler Windrichtung und einer Windgeschwindigkeit von 03KT oder weniger wird ddd als VRB verschlüsselt. Bei höheren Windgeschwindigkeiten und einer Variation von 180° und mehr soll VRB nur angegeben werden, wenn es unmöglich ist, eine bestimmte Windrichtung festzulegen (z. B. bei einem Gewitterdurchgang).

ff : Windgeschwindigkeit (Mittel der letzten 10 Minuten vor der Beobachtungszeit) in Knoten (noch bis zu einem bestimmten Datum erlaubt). Bei Windgeschwindigkeiten unter 10KT wird 0 vorangestellt (z. B. 07KT).
Calm wird als 00000KT verschlüsselt.

Gf_mf_m : Diese Gruppe wird nur beigefügt, wenn in den letzten 10 Minuten vor der Beobachtungszeit die stärkste Böe mindestens 10KT über der mittleren Windgeschwindigkeit lag.

$d_nd_nd_nVd_xd_xd_x$: Diese Gruppe wird nur beigefügt, wenn in den letzten 10 Minuten vor der Beobachtungszeit die Wind-Richtung um 60 Grad und mehr variierte (Windgeschwindigkeit größer als 3KT). Die beiden extremen Windrichtungen werden mittels dieser Gruppe angegeben (im Uhrzeigersinn).
Wenn in den letzten 10 Minuten vor der Beobachtungszeit eine markante Diskontinuität auftrat (abrupte und andauernde Richtungsänderung von 30 Grad oder mehr, wobei Windgeschwindigkeit vor oder nach dem Wechsel mindestens 10 KT oder Änderung der Geschwindigkeit von 10 KT oder mehr), die während mindestens 2 Minuten

andauerte, so sollen nur die Daten nach der Diskontinuität angegeben werden (Richtung, Geschwindigkeit, Böen, Variation).

Meteorologische Sicht

Gruppe: VVVV {D_v} {$V_NV_NV_NV_ND_v$}

VVVV : Meteorologische Sicht (horizontal) in Metern.
Meldestufen:
- Zwischen 0 m und 500 m : auf nächste 50 m abrunden (z. B. 0150)
- Zwischen 500 m und 5.000 m : auf nächste 100 m abrunden
- Zwischen 5.000 m und 10 km : auf nächste 1.000 m abrunden
- 10 km und mehr : 9999

D_v : Wird nur beigefügt, wenn die Sicht markante Unterschiede (richtungsbedingt) aufweist und die kleinste Sicht unter 5.000 m liegt. Von markanten Unterschieden spricht man, wenn die Unterschiede mindestens 50 % der kleinsten Sicht betragen.
Bei markanten Sichtunterschieden wird die kleinste Sicht mit VVVV gemeldet. Die Kompassrichtung, in der diese Sicht festgestellt wurde, wird mit D_v angegeben
(D_v = N, NE, E, SE, S, SW, W, NW). Wird die kleinste Sicht in mehr als einer Richtung beobachtet, soll die operationell wichtigste Richtung gewählt werden.

$V_NV_NV_NV_ND_v$: Mit dieser Gruppe wird die größte Sicht gemeldet, jedoch nur, wenn die folgenden Bedingungen erfüllt sind:
Die kleinste Sicht (bei markanten Unterschieden) muss kleiner als 1.500 m und die größte Sicht größer als 5.000 m sein.

In einigen Ländern wie z. B. der Schweiz gelten die folgenden, vom WMO-Code abweichenden Bestimmungen:
Gruppe: VVVV
Ist die meteorologische Sicht nicht in allen Richtungen gleich groß, wird mit der Gruppe VVVV die vorherrschende Sicht gemeldet. Unter vorherrschender Sicht versteht man jenen Wert, der mindestens im halben Umkreis erreicht oder überschritten wird, wobei sich der halbe Umkreis aus verschiedenen getrennten Sektoren zusammensetzen kann.

Pistensicht

Gruppe: $RD_RD_R/V_RV_RV_RV_Ri$ oder $RD_RD_R/V_RV_RV_RV_RVV_RV_RV_RV_Ri$

Diese Gruppe wird nur angegeben, wenn die meteorologische Sicht oder die Pistensicht (auf einer oder auf mehreren Pisten) kleiner ist als 1.500 m.
Die Gruppe wird für jede Landepiste, auf der die Pistensicht bestimmt wird, angegeben. Die gemeldete Pistensicht soll für die „Touchdown"-Zone der betreffenden Piste repräsentativ sein. Es dürfen maximal 4 Gruppen angegeben werden.

R : Kennbuchstabe für Pistensicht (z. B. R16/0800)

D_RD_R : Pisten-Kennziffer (Bei parallelen Pisten wird der Buchstabe L, C oder R beigefügt).

$V_RV_RV_RV_R$: Pistensicht in Metern.
Meldestufen:
- Zwischen 50 m und 400 m : Stufen von 25 m
- Zwischen 400 m und 800 m : Stufen von 50 m
- Zwischen 800 m und 1.500 m : Stufen von 100 m

Werte zwischen den Stufen sind auf die nächsttiefere Stufe abzurunden.
Mit der Gruppe $V_RV_RV_RV_R$ wird der mittlere Wert der Pistensicht während der letzten 10 Minuten vor der Beobachtungszeit angegeben. Wenn jedoch in dieser 10-Minuten-Periode eine markante Diskontinuität auftritt, werden nur die Messungen nach der Diskontinuität gemittelt. Eine markante Diskontinuität tritt auf, wenn die Pistensicht abrupt während mindestens 2 Minuten bleibend ändert und dabei folgende Werte erreicht oder durchschritten werden: 150 m, 350 m, 600 m, 800 m.

i : Änderungstendenz der Pistensicht während der letzten 10 Minuten vor der Beobachtungszeit. Dabei wird das Mittel der ersten 5-Minuten-Periode mit dem Mittel der zweiten 5-Minuten-Periode verglichen. Wenn das Mittel der ersten 5-Minuten-Periode um 100 m oder mehr vom Mittel der zweiten 5-Minuten-Periode abweicht, wird U (up = steigende Pistensicht) oder D (down = sinkende Pistensicht) angegeben. Ist der Unterschied der beiden Mittel kleiner als 100 m, wird N (no change) angegeben.

Wenn die Änderungstendenz nicht bestimmt werden kann, wird i weggelassen.

$RD_RD_R/V_RV_RV_RV_RVV_RV_RV_RV_Ri$ (Zweite Option):

Wird nur bei signifikanten Änderungen der Pistensicht während der letzten 10 Minuten angegeben und tritt dabei anstelle der Gruppe $RD_RD_R/V_RV_RV_RV_Ri$.
Es sind die 1-Minuten-Mittel der letzten 10 Minuten zu rechnen. Weichen die extremen 1-Minuten-Mittel um mehr als 50 m oder mehr als 20 % (je nach dem, was den größeren Werte ergibt) vom 10-Minuten-Mittel ab, sind das tiefste und das höchste 1-Minuten-Mittel mit der Gruppe $RD_RD_R/V_RV_RV_RV_RVV_RV_RV_RV_Ri$ anzugeben.

Pistensicht-Extremwerte:

Wenn die Pistensichtwerte außerhalb des Messbereichs der Messanlage liegen, sind den Gruppen $V_RV_RV_RV_R$ die Kennbuchstaben M oder P voranzustellen. Entsprechend revid. "ICAO Annex 3, 4.7.11 neu“ sind die folgenden Grenzwerte verbindlich:
- Pistensichtwerte unter 50 m : Verschlüsselung: M0050
- Pistensichtwerte über 1.500 m : Verschlüsselung: P1500

Wetter

Gruppe: ww

Diese Gruppe wird zusammengesetzt mittels Code-Tabelle 4678 und zwar in der Reihenfolge der Kolonnen 1 bis 5:

- zuerst, falls notwendig, das Zeichen für Intensität/Nähe (Kolonne 1), danach ohne Abstand ...
- falls notwendig, die Abkürzung für den Deskriptor (Kolonne 2), danach ohne Abstand ...
- die Abkürzung für die Wettererscheinung (Kolonnen 3 bis 5), wobei auch Kombinationen möglich sind.

Die Gruppe kann 2 bis 9 Zeichen umfassen (Beispiele: +SHRA, VCFG).
Es können eine oder mehrere Gruppen (aber höchstens 3) verwendet werden, um das Wetter auf dem Flughafen oder in der Nähe des Flughafens darzustellen.
Die Gruppe wird fallen gelassen, wenn keine Wettererscheinungen gemäß Tabelle 4678 auftreten.

Ist die Intensität schwach oder stark, wird dies mit den entsprechenden Zeichen angegeben. Es wird kein Zeichen für die Intensität gesetzt, wenn die Intensität mäßig ist oder wenn die Angabe der Intensität nicht relevant ist. Die Intensität bezieht sich auf die Beobachtungszeit. Die Intensität soll nur bei Niederschlägen, Niederschlägen in Verbindung mit Schauern und/oder Gewittern, Staub-, Sand- oder Schneetreiben, Staubsturm oder Sandsturm angegeben werden.

Tritt mehr als eine signifikante Wettererscheinung auf, sind getrennte Gruppen gemäß Code-Tabelle zu bilden (Beispiel: -DZ FG). Wenn jedoch mehr als eine Niederschlagsform beobachtet wird, sind die entsprechenden Abkürzungen in einer einzigen Gruppe zu kombinieren, wobei die dominante Niederschlagsform zuerst genannt wird (in einer solchen Gruppe soll sich die Intensität auf das Total der Niederschlagsformen beziehen. Beispiel: +SNRA).

Wird der Deskriptor SH mit VC kombiniert (VCSH), soll Art und Intensität der Niederschläge nicht angegeben werden.

TS **(thunderstorm = Gewitter)** Der Deskriptor TS soll verwendet werden, wenn in den letzten 10 Minuten vor der Beobachtungszeit Donner hörbar war (auch wenn noch keine Blitze oder Niederschläge beobachtet wurden). Treten noch keine Niederschläge auf, wird nur TS gemeldet, treten Niederschläge auf, wird die entsprechende Abkürzung dem Deskriptor TS beigefügt (z. B. TSGR). Ein Gewitter ist vorüber oder nicht mehr über dem Flughafen, wenn kein Donner mehr hörbar ist (das Ende des Gewitters ist bestätigt, wenn während der letzten 10 Minuten kein Donner mehr hörbar war).

FZ **(freezing = gefrierend)** Der Deskriptor FZ soll nur verwendet werden, um unterkühlte Wassertropfen oder vereisenden Niederschlag anzugeben. Bei Nebel, der vorwiegend aus unterkühlten Wassertröpfchen besteht (Temperatur unter 0 °C), soll FZFG gemeldet werden, auch wenn keine Ablagerung festzustellen ist.

VC **(vicinity = nähere Umgebung)** soll bei folgenden Wettererscheinungen in Flughafennähe (Flughafennähe: nicht auf dem Flughafen, aber innerhalb von 8km um den Flughafen) verwendet werden: TS, DS, SS, FG, FC, SH, PO, BLDU, BLSA, BLSN.

GR **(frz. grêle, hail = Hagel)** wird nur verwendet, wenn der Durchmesser der größten Hagelkörner 5 mm oder mehr beträgt. Graupeln (Durchmesser kleiner als 5mm) und/oder Reifgraupeln (Snow Pellets) werden als „GS" verschlüsselt.

IC **(ice crystals = Eiskristalle)** wird nur angegeben, wenn die met. Sicht wegen dieser Wetterscheinung 5.000 m oder weniger beträgt.

FU, HZ, DU und SA (fume=Rauch, haze=Dunst, dust=Staub, sand =Sand) (ausgenommen DRSA) sollen nur verwendet werden, wenn die Sichtbeeinträchtigung vorwiegend auf Schwebeteilchen zurückzuführen ist und die *met. Sicht 5.000 m oder weniger beträgt.*

BR **(frz. brume = leichter Nebel, engl. mist)** soll verwendet werden, wenn die Sichtbeeinträchtigung auf schwebende Wassertröpfchen oder Eiskristalle zurückzuführen ist und die met. *Sicht mindestens 1.000 m, aber nicht mehr als 5.000 m beträgt.*

FG **(fog = dichter Nebel)** soll verwendet werden, wenn die Sichtbeeinträchtigung auf schwebende Wassertröpfchen oder Eiskristalle zurückzuführen ist und die *met. Sicht kleiner ist als 1000 m.*

MIFG (shallow fog ; mi=midget=Zwerg) soll verwendet werden, wenn die Sicht auf *2m über Boden* mindestens 1.000 m und in der Nebelschicht darunter weniger als 1.000 m beträgt.

VCFG soll verwendet werden, wenn in Flughafennähe Nebel auftritt (jegliche Art von Nebel).

BCFG (Patches of fog ; Merkidee: bits of cushions = kleine Kissen) soll bei einzelnen Nebelbänken verwendet werden. Wenn Nebel den Flughafen teilweise bedeckt, soll PRFG (partial fog) angegeben werden. Die Sicht in den Bänken soll kleiner sein als 1.000 m; die Nebeldicke soll mindestens 2m betragen. Die Gruppe soll jedoch nur verwendet werden, wenn die Sicht in Teilen des Flughafens noch 1.000 m oder mehr beträgt (die kleinste Sicht, die mit der Gruppe VVVV/Dv gemeldet wird, kann dabei jedoch kleiner als 1.000 m sein). (PR = partial)

SQ soll verwendet werden, wenn eine *plötzliche Windzunahme* von mindestens *16 KT* gemessen wird und die Windgeschwindigkeit dabei auf *mindestens 22 KT* zunimmt. Diese Änderung soll *mindestens eine Minute* andauern.

MI und BC sollen nur in Zusammenhang mit Nebel verwendet werden.

DR (drifting = fegend) wird verwendet, wenn der durch den Wind aufgewirbelte Staub, Sand oder Schnee nicht über 2 m Höhe über Boden steigt.

Steigen die aufgewirbelten Schwebeteilchen über 2 m hoch oder höher, wird **BL (blowing = treibend)** verwendet.

DR und BL sollen nur mit DU, SA und SN verwendet werden.

Wenn Schneetreiben und gleichzeitig Schneefall aus Wolken beobachtet wird, sind beide Phänomene zu melden (Beispiel: SN BLSN). Wenn der Wetterbeobachter wegen starkem Schneetreiben nicht mehr feststellen kann, ob gleichzeitig auch Schnee aus Wolken fällt, so soll nur +BLSN gemeldet werden.

WEATHER PHENOMEN WMO TABELLE 4678									
QUALIFIER									
1		2		3		4		5	
INTENSITY or PROXIMITY INTENSITÄT oder NÄHE		DESCRIPTOR BESCHREIBUNG		PRECIPITATION NIEDERSCHLAG		OBSCURATION TRÜBUNG		OTHER ANDERE	
-	light schwach	MI	shallow dünn/flach	DZ	drizzle Nieseln	BR	frz. brume, mist feuchter Dunst	PO	dust/sand whirls Staub- oder Sandwirbel
no qualifier	moderate mässig	BC	patches Bänke	RA	rain Regen	FG	fog Nebel	SQ	squalls Böen
+	heavy stark bzw. markant	PR	partial (den Flughafen teilweise bedeckend)	SN	snow Schnee	FU	fume, smoke Rauch	FC	funnel cloud(s) (tornado or waterspout) Tromben (Tornado oder Wasserhose)
VC	in the vicinity in der Nähe (innerhalb 8 km)	DR	drifting low fegend	SG	snow grains Schneegriesel	VA	volcanic ash vulkanische Asche	SS	sandstorm Sandsturm
		BL	blowing treibend	IC	ice crystals Eisprismen	DU	dust schwebender Staub	DS	duststorm Staubsturm
		SH	shower(s) Schauer	PE	pellets of ice Eiskörner	SA	sand Sand		
		TS	thunderstorm Gewitter	GR	frz. grele, hail Hagel	HZ	haze trockener Dunst		
		FZ	freezing gefrierend	GS	small hail and / or snow pellets Graupeln und / oder Reifgraupeln				

Abbildung 173: WMO-Tabelle der Wetterphänomene (Grafik: KLSP)

SH (showers) soll nur mit RA (rain), SN (snow), GS (grail small), GR (grail) verwendet werden (auch mit mehreren Phänomenen möglich: z. B. SHRASN)
TS soll nur mit RA, SN, PE (ice pellets), GS, GR verwendet werden (auch mit mehreren Phänomenen möglich: z. B. TSSNGS).
FZ soll nur mit FG, DZ, RA verwendet werden (z. B. FZRA).
VC soll nur mit FG, FC, SH, PO (dust/sand whirls), BLDU, BLSA, BLSN verwendet werden.

Wolken

Gruppe: $N_sN_sN_sh_sh_sh_s$ oder $VVh_sh_sh_s$

$N_sN_sN_s$: Wolkenmenge:
- FEW (1 bis 2 Oktas)
- SCT (3 bis 4 Oktas)
- BKN (5 bis 7 Oktas)
- OVC (8 Oktas)

$h_sh_sh_s$: Wolkenbasis in Hunderten von Fuß (unter 10.000 ft: 100 ft-Schritte, darüber 1.000 ft-Schritte).

Es dürfen maximal 3 Wolkengruppen gemeldet werden. Signifikante Konvektivbewölkung ist immer zu melden (in diesem Fall sind auch mehr als 3 Wolkengruppen gestattet).

Folgende Wolkengattungen sollen als signifikante Konvektivbewölkung gemeldet werden:
- Cumulonimbus (CB)
- Cumulus congestus von großer vertikaler Erstreckung (TCU = Towering Cumulus)

Bei der Angabe der Wolkengruppen ist nach folgenden Kriterien vorzugehen:
- 1. Gruppe :Die tiefste Wolkenschicht (FEW, SCT, BKN oder OVC)
- 2. Gruppe :Die nächsthöhere Wolkenschicht von mindestens 3 Oktas (SCT, BKN oder OVC)
- 3. Gruppe :Die nächsthöhere Wolkenschicht von mindestens 5 Oktas (BKN oder OVC)
- Zusätzliche Gruppen : Signifikante Konvektivwolken (CB oder TCU), sofern diese nicht schon in den ersten drei Gruppen enthalten sind.

Die Wolkengruppen sind entsprechend der Wolkenbasis zu ordnen (von tiefer zu höherer Wolkenbasis).

Die Wolkenbasis ist in folgenden Schritten anzugeben:
- SFC bis 10.000 ft: Schritte von 100 ft
- oberhalb 10.000 ft: Schritte von 1.000 ft

Bei wolkenlosem Himmel (aber nicht CAVOK-Bedingungen!) soll die Abkürzung SKC verwendet werden.

Wenn SKC gemeldet wird, die Sicht aber durch FG, SS, DS, BR, FU, HZ,

DU, IC oder SA beeinträchtigt ist, soll keine Vertikalsicht angegeben werden.
Liegt auf Bergstationen die Wolkenbasis unterhalb der Stationshöhe, soll $N_sN_sN_s$ / / / gemeldet werden.
Bei signifikanter Konvektivbewölkung ist die Abkürzung CB oder TCU ohne Abstand an die Wolkengruppe anzufügen (Beispiel : SCT040TCU). Eine Wolkenformation, die aus CB und TCU (mit gleicher Basis) besteht, wird nur als CB gemeldet, wobei als Wolkenmenge die Summe von CB und TCU angegeben wird.

$VVh_sh_sh_s$: Vertikalsicht in Hunderten von Fuß.
Sind keine Informationen über die Vertikalsicht vorhanden, wird VV / / / gemeldet.

Code-Wort CAVOK

Das Code-Wort CAVOK wird anstelle der Gruppen ...

- Met. Sicht
- Pistensicht
- Wetter
- Wolken

.. eingefügt, wenn folgende Bedingungen (zur Beobachtungszeit) erfüllt sind:

1. Met. Sicht : 10 km oder mehr
2. Keine Wolken unterhalb 5.000 ft oder unterhalb der höchsten Minimum Sector Altitude (MSA), wenn diese höher ist als 5.000 ft (Beispiele LSZH: 8.000 ft, LSGG: 12.000 ft)
3. Kein Cumulonimbus
4. Keine signifikanten Wettererscheinungen gemäss WMO-Code-Tabelle 4678

(MSA: Höhe, die 1000 ft über den höchsten Hindernissen im Umkreis von 25 NM um den Flughafen (Zentrum: Radio-Navigationshilfe z. B. VOR) liegt.

Temperatur/Taupunkt

Gruppe: T'T' / $T'_dT'_d$

T'T': Lufttemperatur in °C
$T'_dT'_d$: Taupunkt in °C

Die gemessenen Werte sind auf *ganze Grad Celsius* auf- (ab xx,5) oder abzurunden.

Bei gemessenen Werten zwischen -9 °C und +9 °C ist in der METAR-Meldung die Null voranzustellen (Beispiel: 7 °C wird als 07 gemeldet).
Bei Werten unter 0 °C ist M voranzustellen (Beispiele: -5 °C wird als M05 gemeldet, -0,3 °C als M00).

Druck

Gruppe: **Q$P_HP_HP_HP_H$**

Q : Kennbuchstabe

$P_HP_HP_HP_H$: Gemessener QNH-Wert, abgerundet auf nächste ganze Hektopascal (hPa). Der Druckwert wird ohne Abstand an den Kennbuchstaben angefügt. Ist der gemessene QNH-Wert kleiner als 1000hPa, wird in der METAR-Meldung eine Null vorangestellt (Beispiel: Q0993). Wird der Druck in Inches Hg angegeben, ist anstelle von Q der Kennbuchstabe A voranzustellen (Beispiel: A3027).

Zusätzliche Informationen

Gruppen: **WS RWYD_RD_R** und / oder **WS ALL RWY** Gruppen: **REw'w'**

WS RWYD_RD_R oder **WS ALL RWY** :
Windscherung in den bodennahen Luftschichten

WS : Abkürzung für Windshear (Windscherung)

D_RD_R: Pistenkennziffer

Die Gruppe **WS RWYD_RD_R** kann wiederholt werden (für verschiedene Pisten). Wenn die Windscherung alle Pisten betrifft, soll **WS ALL RWY** verwendet werden. Es sollen nur operationell signifikante Windscherungen angegeben werden, und zwar wenn solche in der Luftschicht zwischen Pistenhöhe und 1.600 ft (500 m) über Pistenhöhe auftreten.

REw'w' : Signifikante Wettererscheinungen vor der Beobachtungszeit
- RE : Abkürzung für recent (kürzlich)
- w'w' : Wettererscheinung :
- Vereisender Niederschlag

- Mäßiger oder starker Nebelregen, Regen oder Schneefall
- Mäßiger oder starker Niederschlag von :
  - Eiskörnern
  - Hagel
  - Graupeln
  - Reifgraupeln
  - Mäßiges oder starkes Schneetreiben (auch Schneesturm)
  - Sand- oder Staubsturm
  - Gewitter
  - Tromben (Tornado oder Wasserhose)
  - Vulkanische Asche

Die Wettererscheinungen sollen in der Zeitspanne seit der letzten routinemäßigen Beobachtung aufgetreten sein, aber zur Beobachtungszeit nicht mehr auftreten. War die Wettererscheinung vor der Beobachtungszeit stärker als die Wettererscheinung zur Beobachtungszeit, soll sie angegeben werden (Beispiel: Ein starker Regenschauer 20 Minuten vor der Beobachtungszeit wird mit der Gruppe REw'w' gemeldet, wenn zur Zeit der Beobachtung nur mäßiger Regen beobachtet wurde).
Die Abkürzung der Wettererscheinung gemäß Code-Tabelle 4678 ist ohne Abstand an RE anzufügen.
Es können bis zu 3 Gruppen angegeben werden.

TREND

<table>
<tr><td colspan="5">Die "TREND"-Vorhersage ist Teil der METAR- oder SPECI-Meldung. Sie gibt Auskunft über die zu erwartenden signifikanten Aenderungen innerhalb der nächsten 2 Stunden nach der Beobachtungszeit.</td></tr>
<tr><td>Gruppen:</td><td>TTTT TTGGgg
dddffGfmfmKMH (KT)
oder
NOSIG</td><td>VVVV
oder
CAVOK</td><td>w'w'
oder
NSW</td><td>NsNsNshshshs
oder VVhshshs
oder SKC</td></tr>
<tr><td colspan="2">TTTTT : Änderungsgruppe:</td><td colspan="3">BECMG (Becoming)
TEMPO (Temporary)</td></tr>
<tr><td colspan="2">TTGGgg :</td><td>TT
GGgg :</td><td colspan="2">FM (From)
TL (Until)
AT (At)
Zeitgruppe</td></tr>
</table>

Änderungsgruppe BECMG

BECMG soll verwendet werden, wenn ein gleichmäßiger oder ungleichmäßiger Übergang zu geänderten meteorologischen Verhältnissen, bei dem bestimmte Schwellenwerte erreicht oder durchschritten werden, erwartet wird.

Liegen Beginn und Ende der erwarteten Änderung ganz innerhalb der TREND-Vorhersageperiode, sind diese mit den Abkürzungen FM und TL (mit Zeitgruppen) anzugeben.

Beispiel: (Beobachtungszeit 0950Z) BECMG FM1030 TL1130

Setzt die erwartete Änderung bereits zu Beginn der TREND-Vorhersageperiode ein und ist vor Ende dieser Periode abgeschlossen, wird nur die Abkürzung TL (mit Zeitgruppe) verwendet.

Beispiel: BECMG TL1100

Beginnt die erwartete Änderung erst im Laufe der Vorhersageperiode, ist aber am Ende dieser Periode abgeschlossen, wird nur die Abkürzung FM (mit Zeitgruppe) verwendet.

Beispiel: BECMG FM1030

Wird die Änderung zu einem bestimmten Zeitpunkt innerhalb der Vorhersageperiode erwartet, wird die Abkürzung AT verwendet.

Beispiel: BECMG AT1030

Treten Änderungen um Mitternacht (UTC) ein, soll die Zeit wie folgt angegeben werden:

0000 mit den Gruppen FM und AT2400 mit der Gruppe TL

Setzt die erwartete Änderung zu Beginn der TREND-Vorhersageperiode ein und ist am Ende dieser Periode abgeschlossen, oder kann die innerhalb der Vorhersageperiode erwartete Änderung zeitlich nicht festgelegt werden, wird nur die Änderungsgruppe BECMG verwendet (FM, TL oder AT und die zugehörigen Zeitgruppen werden weggelassen).

Änderungsgruppe TEMPO

TEMPO soll verwendet werden, wenn zeitweilige Schwankungen, die bestimmte Schwellenwerte erreichen oder durchschreiten und die im einzelnen Fall weniger als eine Stunde und gesamthaft weniger als die Hälfte der Vorhersageperiode andauern, erwartet werden.

Liegen Beginn und Ende des Zeitraumes, während dem zeitweilige Schwankungen erwartet werden, ganz innerhalb der Vorhersageperiode, sind diese mit den Abkürzungen FM und TL (mit Zeitgruppen) anzugeben.

Beispiel: (Beobachtungszeit 0950Z) TEMPO FM1030 TL1130

Beginnt der Zeitraum, während dem zeitweilige Schwankungen erwartet werden, gleichzeitig mit dem Beginn der Vorhersageperiode, endet aber vor Ablauf dieser Periode, wird nur die Abkürzung TL (mit Zeitgruppe) verwendet.

Beispiel: TEMPO TL1130

Beginnt der Zeitraum, während dem zeitweilige Schwankungen erwartet werden, erst im Verlauf der Vorhersageperiode, endet aber gleichzeitig mit dem Ende dieser Periode, wird nur die Abkürzung FM (mit Zeitgruppe) verwendet.

Beispiel: TEMPO FM1030

Fallen Beginn und Ende des Zeitraumes, während dem zeitweilige Schwankungen erwartet werden, mit Beginn und Ende der Vorhersageperiode zusammen, wird nur die Änderungsgruppe TEMPO verwendet (FM, TL und die zugehörigen Zeitgruppen werden weggelassen).

Änderungszusatz PROB

PROB: Wahrscheinlichkeit für das Eintreten der vorgesagten Änderung
- es werden nur die Wahrscheinlichkeiten 30 und 40 angegeben!
- der Ausdruck PROB darf nicht mit BECMG oder FM kombiniert werden.

Wetterelemente

Nach den Änderungsgruppen TTTTT (TTGGgg) sind nur Wetterelemente anzugeben, von denen erwartet wird, dass sie sich signifikant ändern werden. Es sind dies die Wetterelemente

- Bodenwind
- Meteorologische Sicht
- Wetter
- Wolken

Die ändernden Wetterelemente werden in gleicher Form und in gleicher Reihenfolge wie in METAR aufgeführt.

Bemerkungen zu diesen Wetterelementen:

Wetter :

Es sind Beginn, Ende oder Intensitätsänderung folgender Wettererscheinungen anzugeben (unter Verwendung der Abkürzungen gemäß Code-Tabelle 4678) :

- Gefrierender Niederschlag
- Gefrierender Nebel
- Mäßige oder starke Niederschläge (inkl. Schauer)
- Schneefegen, Schneetreiben
- Gewitter (mit oder ohne Niederschlag)
- Böen
- andere Wettererscheinungen (gemäß Code-Tabelle 4678), welche eine signifikante Änderung der Sicht verursachen können
- Das Ende einer signifikanten Wettererscheinung ist mit der Abkürzung **NSW** (nil significant weather) anstelle der Gruppe w'w' anzugeben.

Wolken :

- Bei signifikanter Änderung der Bewölkung sind alle Wolkengruppen anzugeben.
- Der Übergang zu einem wolkenlosen Himmel ist mit der Abkürzung **SKC** (sky clear) anzugeben (anstelle der Gruppen $N_sN_sN_sh_sh_sh_s$ oder $VVh_sh_sh_s$).
- **NSC**: Kann im TREND (aber nicht in METAR!) verwendet werden (wenn keine Wolken unterhalb höchster MSA und kein CB; CAVOK oder SKC nicht anwendbar)

NOSIG

Wird keine signifikante Änderung erwartet, ist als TREND-Vorhersage das Code-Wort NOSIG (no significant change) zu verwenden.

Runway State Message

Am Ende des METAR kann eine achtstellige codierte Ziffernfolge stehen, die Auskunft über den Zustand der Landebahn(en) gibt. Die Codierung ist der folgenden Tabelle zu entnehmen.

Runway State Message (8-stellige Zahl); Beispiel = 26791299

Stelle	1+2	3	4	5+6	7+8
Bedeutung: Kodierung	Runwaybezeichner: Bei rechten Runways wird 50 addiert 88 = Alle Runways	Zustand der Runway: 0 = Runway sauber und trocken 1 = feucht 2 = nass 3 = mit Reif oder Raureif bedeckt 4 = trockener Schnee 5 = nasser Schnee 6 = Matsch 7 = Eis 8 = gepresster/gewalzter Schnee 9 = Schneewehen / = unbekannt, z.B. wegen Pistenräumung	Bedeckungsgrad: 1 = weniger als 10% 2 = 11% bis 25% 5 = 26% bis 50% 9 = 51% bis 100% / = unbekannt, z.B. wegen Pistenräumung	Stärke der Verunreinigung: 00 = weniger als 1 Millimeter 01 = 1 mm 02 = 2 mm 03 = 3 mm ... 90 = 90 mm 92 = 10 cm 93 = 15 cm 94 = 20 cm 95 = 25 cm 96 = 30 cm 97 = 35 cm 98 = mehr als 40cm 99 = kein Wert (wegen nicht benutzbarer Runway oder Räumung) // = nicht messbar	Bremswirkung: 01 to 90 = Koeffizient 0.01 to 0.90 oder 95 = gut 94 = mittel bis gut 93 = mittel 92 = mittel bis schlecht 91 = schlecht 99 = nicht einschätzbar // = unbekannt
Erklärung am Beispiel	26 = RW26 oder RW26L 76 = wäre RW26R	7 = Eis	9 = 51% bis 100% der RW ist bedeckt	12 = 12 mm Stärke	99 = Bremswirkung nicht einschätzbar

Abbildung 174: Decodierung der Runway State Message

Beispiele für Wettercodierungen w'w' in METAR

VCFG VCBLSN VCSH MIFG BCFG FG FZFG (–, ,+)FZDZ (–, ,+)FZRA DRSN (–, ,+)BLSN (–, ,+)SHRA (–, ,+)SHSN Kombinationen möglich, (–, ,+)SHGS z. B. (–, ,+)SHRASN (–, ,+)SHGR (–, ,+)TS (–, ,+)TSRA (–, ,+)TSSN Kombinationen möglich, (–, ,+)TSPE z. B. (–, ,+)TSSNGS (–, ,+)TSGS (–, ,+)TSGR (–, ,+)DZ (–, ,+)RA (–, ,+)SN Kombinationen möglich,	(–, ,+)SG z. B. (–, ,+)SNRA , (–, ,+)RASN (–, ,+)PE (–, ,+)GR (–, ,+)GS IC BR FU HZ SQ (–, ,+)DZ FG (–, ,+)RA FG (–, ,+)RA SQ (–, ,+)SN FG (–, ,+)SN SQ (–, ,+)SN BLSN (–, ,+)SN BLSN SQ (–, ,+)SN DRSN (–, ,+)SN DRSN SQ (–, ,+)SG FG (–, ,+)SG SQ (–, ,+)PE SQ (–, ,+)GR SQ (–, ,+)GS SQ

Beispiele für METAR:

METAR LSZH 261350Z 24008KT 3000 -RA SCT008 OVC018 05/04 Q0996=
METAR LSZH 260620Z VRB04KT 2300 +DZ SCT005 BKN008 OVC015 08/07 Q1006 =
METAR LSZH 260950Z 24018G40KT 200V280 3500 TSRA SCT012 BKN030CB 23/16 Q1017 WS RWY14=
METAR LSZH 261350Z 23008KT 8000 FEW035 22/14 Q1031=
METAR LSGG 261350Z 23010KT CAVOK 24/12 Q1032 =

Beispiel für eine METAR Decodierung:

METAR LSZH 260450Z 00000KT 0150 R14/0275D R16/0325N R28/0250V0450U FG VV000 04/04 Q1027=

METAR	Codierte Meldung ist eine aktuelle Bodenwettermeldung
LSZH	Flughafen Zürich
260450Z	Ausgabezeit am 26. des Monats 04:50 UTC
00000KT	Wind calm
0150	Bodensicht 150 m
R14/0275D	Landebahnsicht RW14 275 m abnehmend
R16/0325N	Landebahnsicht RW16 325 m unverändert
R28/0250V0450U	Landebahnsicht RW28 250 m variiert bis 450 m zunehmend
FG	Dichter Nebel
VV000	Vertikalsicht 0 m
04/04	Temperatur 4 °C/ Taupunkt 4°C
Q1027	QNH 1027 hPa
=	Ende der codierten Meldung

10 03 01 Wettermeldungen für die Luftfahrt: TAF

Definition TAF

TAF steht für *Terminal Aerodrome Forecast* und ist im Unterschied zum METAR, welches das aktuelle Bodenwetter eines Flugplatzes zum Zeitpunkt der Ausgabe angibt, eine Vorhersage des Bodenwetters eines Flugplatzes. Dementsprechend wird beim TAF zusätzlich ein Vorhersage- oder Gültigkeitszeitraum angegeben. Dieser ist entweder 9 Stunden oder 18 Stunden (alternativ 24 h). Man spricht daher auch vom Kurzzeit-TAF (9h) und vom Langzeit-TAF (18h oder 24h).

EDDK *Köln/Köln-Bonn vom 05.04.2008 TAF 9h-Vorhersage*

TAF COR EDDK 050615Z 050716 16007KT 4000 BR SCT008 BKN010 TEMPO 0712 2000 RA BR BKN005 BECMG 0709 22010KT BECMG 1113 30010KT 9999 BKN015 TEMPO 1316 30015G25KT 4000 SHRA PROB30 1315 TSRA SCT008CB BKN012=

EDDK *Köln/Köln-Bonn vom 05.04.2008 TAF 24h-Vorhersage*

TAF EDDK 050400Z 051212 32010KT 9999 BKN025 TEMPO 1216 32015G25KT TEMPO 1222 4000 SHRA PROB30 1216 TSRA BKN012 SCT020CB TEMPO 0208 4000 BR BKN012=

TAF verwendet exakt dieselben Codierungsgruppen wie METAR. Es gibt im Wesentlichen eine einzige weitere Gruppe ‚Gültigkeitszeitraum', die direkt hinter die Gruppe ‚Beobachtungszeit' eingefügt wird.

Hinter der Kennung TAF können bei Bedarf zusätzlich folgende Codewörter eingefügt werden mit den angegebenen Bedeutungen:

AMD	Amended (ergänzt)
CNL	Cancelled (widerrufen)
COR	Corrected (korrigiert)
NIL	nicht verfügbar

Gültigkeitszeitraum

Gruppe: $Y_1Y_1G_1G_1G_2G_2$

$Y_1Y_1G_1G_1G_2G_2$ Der Gültigkeitszeitraum wird angegeben mit Monatstage Y_1Y_1, Stunden G_1G_1 bis Stunden G_2G_2.

Beispiel1: 050716 bedeutet vom 5.4.2008 (das vollständige Datum ist aus dem Zusammenhang der Ausgabe unverwechselbar) von 7 Uhr bis 16 Uhr UTC
Beispiel2: 051212 bedeutet vom 5.4.2008 12 Uhr UTC bis 6.4.2008 12 Uhr UTC

Decodierung des obigen Kurzzeit-TAF-Beispiels:

TAF	Codierte Meldung ist eine Bodenwettervorhersage
COR	korrigierte Meldung
EDDK	Flughafen Köln/Bonn
050615Z	Ausgabezeit 05.4.2008 6:15 UTC
050716	Gültigkeitszeitraum 05.4.2008 von 7 bis 16 Uhr UTC
16007KT	Wind aus 160° true mit 7 Knoten
4000	Bodensicht 4.000 m
BR	feuchter Dunst
SCT008	Wolken scattered 3-4/8 ab 800 ft
BKN010	Wolken broken 5-7/8 ab 1.000 ft
TEMPO 0712	temporäre Änderung zwischen 7 bis 12 Uhr UTC
2000	Bodensicht 2.000 m
RA BR	Regen und feuchter Dunst
BKN005	Wolken broken 5-7/8 ab 500 ft
BECMG 0709	Änderung zwischen 7 bis 9 Uhr UTC
22010KT	Wind aus 220° true mit 10 Knoten
BECMG 1113	Änderung zwischen 11 bis 13 Uhr UTC
30010KT	Wind aus 300° true mit 10 Knoten
9999	Sicht besser als 10 km
BKN015	Wolken broken 5-7/8 ab 1.500 ft
TEMPO 1316	temporäre Änderung zwischen 13 bis 16 Uhr UTC
30015G25KT	Wind aus 300° true mit 15 Knoten und Böen bis 25 Knoten
4000	Sicht 4.000 m
SHRA	Regenschauer
PROB30 1315	Änderung mit einer Wahrscheinlichkeit von 30 % zwischen 13 und 15 Uhr UTC
TSRA	Gewitterschauer
SCT008CB	Wolken scattered 3-4/8 mit Cumulonimbus
BKN012	Wolken broken 5-7/8 ab 1.200 ft
=	Ende der codierten Meldung

10 03 01 Wetterwarnmeldungen für die Luftfahrt: SIGMET, AIRMET

(i) SIGMET steht für *significant meteorological phenomena* und ist ein Wetterwarnsystem für den Luftverkehr. Sigmet-Warnungen werden jeweils von der zuständigen Organisation für einzelne FIR (Flight Information Region) ausgegeben.
Eine der Hauptquellen für SIGMETs sind Special Air Reports der Verkehrsluftfahrt.
Folgende Wetterphänomene werden als SIGMET gemeldet (gemäß ICAO EUR SIGMET GUIDE 2007):

Phenomenon	**Description**	**Meaning**
Thunderstorm (TS)	OBSC[2] TS EMBD[3] TS FRQ[4] TS SQL[5] TS OBSC TSGR EMBD TSGR FRQ TSGR SQL TSGR	Obscured thunderstorm(s) Embedded thunderstorm(s) Frequent thunderstorm(s) Squall line thunderstorm(s) Obscured thunderstorm(s) with hail Embedded thunderstorm(s) with hail Frequent thunderstorm(s) with hail Squall line thunderstorm(s) with hail
Tropical cyclone (TC)	TC (+ TC name)	Tropical cyclone (+ TC name)
Turbulence (TURB)	SEV TURB[6]	Severe turbulence
Icing (ICE)	SEV ICE SEV ICE (FZRA)	Severe icing Severe icing due to freezing rain
Mountain wave (MTW)	SEV MTW[7]	Severe mountain wave
Duststorm (DS)	HVY DS	Heavy duststorm
Sandstorm (SS)	HVY SS	Heavy sandstorm
Volcanic ash cloud (VA)	VA (+ volcano name, if known)	Volcanic ash (+ volcano name)
Radioactive cloud	RDOACT CLD	Radioactive cloud

Für jedes Wetterphänomen wird ein separates SIGMET ausgegeben.

Beispiel für ein SIGMET der FIR Mailand vom 10.4.2008:

```
WS IY31 LIIB 100508
LIMM SIGMET 02 VALID 100530/100930 LIMM-
MILANO FIR SEV TURB FCST ABV FL240 S PART STNR NC=
```

In der ersten Zeile steht der WMO-Header bestehend aus dem Bezeichner (WS = en-route Wetterphänomen, WC = trop. Cyclone, WV = Vulkanasche) gefolgt von einem

Länderkennzeichen der Meldestelle (IY31 LIIB) und die Beobachtungszeit (10.4.2008 5:08 UTC).
Die zweite Zeile gibt den ICAO-Code der ATS Unit für die betroffene FIR an, danach eine laufende Tagesnummer, gefolgt vom Gültigkeitszeitraum, in diesem Fall 10.04.2008 von 5:30 bis 9:30 Uhr UTC.
Die dritte Zeile enthält die eigentliche meteorologische Warnmeldung für die FIR Mailand (MILANO FIR). Die Warnung vor schwerer Turbulenz (SEV TURB) wird vorhergesagt (FCST = Forecast) oberhalb (ABV =above) Flight 240 (FL240) im südlichen Teil (S PART = southern part der FIR) als stationäres Ereignis (STNR= stationary). ‚NC= No Change' bezeichnet die Änderung der Intensität des gemeldeten Wetterphänomens.
Das allgemeine SIGMET-Format der meteorologischen Warnmeldung lautet wie folgt:

1	2	3	4	5	6
Location indicator of the FIR/UIR or CTA	Name of the FIR or UIR or FIR/UIR or CTA	Description of the phenomenon	Observed or forecast	Location	Level
<CCCC>	<name> FIR [UIR, FIR/UIR, CTA]	<Phenomenon>	OBS [AT <GGggZ>] FCST	Geographical location of the phenomenon given by coordinates, or geographical objects, or location indicators	FL<nnn> FL<nnn/nnn> [TOP, ABV, BLW]

7	8
Movement or expected movement	Changes in intensity
MOV <direction, speed> KMH[KT], or STNR	INTSF or WKN or NC

Weitere Details der Nomenklatur sind im ICAO Dokument 014, EUR SIGMET GUIDE, Nov. 2007 in allen Details beschrieben. Das Dokument ist auf der ICAO Website (http://www.icao.int) frei verfügbar.

(ii) AIRMET steht für **Airmen's Meteorological Information**. AIRMET ist eine Zusammenstellung aktueller Wetterrisiken, die vornehmlich Luftfahrzeuge mit eingeschränkter Ausstattung (Fehlen von Druckkabine, Enteisungssystem, Wetterradar usw.) und geringerer Performance (geringere maximale Steigleistung, geringere maximale Flughöhe meist unterhalb FL100 usw.) betreffen bzw. von den Piloten solcher Luftfahrzeuge genutzt werden können.
Gewarnt wird vor großräumigen Wetterereignissen wie Gewitter, großflächig starke Bodenwinde (Sturmwarnung), großflächig schlechte Sicht unter 5.000 m, Vereisung, Turbulenz und Leewellen.

Die Nomenklatur ist dieselbe wie bei SIGMET, erweitert um einige dort nicht verwendete Bezeichner wie z. B. MOD = moderate.

Beispiele:
Turbulenz außerhalb von CU und CB:
FRANKFURT FIR MOD TURB OBS AT 1425 ABV FL080
Vorhersage moderate Vereisung außerhalb von CU und CB:
BREMEN FIR MOD ICE FCST FL050/080 WKN
Gewitter mit Hagel:
FRANKFURT FIR OBS AT 1330 AND FCST ISOL TSGR MOV E WKN

10 03 01 Wettervorhersagen für die Allgemeine Luftfahrt: GAMET, GAFOR

(i) GAMET (GA = General Aviation) ist eine Gebietsvorhersage für Flüge in niedrigen Höhen. Sie sind eine Ergänzung zu GAFOR (siehe weiter unten) und beschreiben Einschränkungen des Flugwetters nach festgelegten Kriterien sowie deren zeitliche und räumliche Entwicklung. GAMETs werden für jedes FIR getrennt ausgegeben. In Deutschland deckt die GAMET-Vorhersage den Bereich vom Boden bis FL 100 ab (im FIR München bis FL 150).

GAMET ist nach ICAO-Standard codiert und besteht aus zwei Abschnitten:

Abschnitt 1: SECN I –
Beschreibung von signifikanten Streckenwetterbedingungen, Detailinformationen werden nur beim Überschreiten festgelegter Kriterien aufgeführt

Abschnitt 2: SECN II –
Allgemeine Wetterinformationen,
ständige Meldung

Beispiel einer GAMET-Vorhersage:

GAMET Bremen FIR West

letzte Aktualisierung: 10.04.2008 08:42 UTC

```
760
FADL41 EDZH 100800
EDWW GAMET VALID 100900/101500 EDZH-
BREMEN FIR W OF E011 BLW FL100
SECN I
MT OBSC : 09/10 ABV 1000 FT AMSL
          10/13 ABV 1500 FT AMSL
          13/15 ABV 2000 FT AMSL
ICE     : 09/13 MOD IN LYRS ABV 2500 FT SE OF LINE
                N5218 E008-N54 E011
          13/15 MOD IN LYRS ABV 2500 FT SE OF LINE
                N5319 E007-N5450 E00945
SIGMET APPLICABLE: AT TIME OF ISSUE NIL
SECN II
PSYS    : 12 L 995 HPA N5235 E01950 MOV NE 20 KT NC
          12 WAVING FRONT LINE N48 E006-N50 E012-N51 E018
             STNR NC
WIND/T  : 2000 FT AMSL VRB/10KT PS02
          FL050        VRB/10KT MS03
          FL100        VRB/10KT MS12
CLD     : FEW ST 800 FT/2000 FT AMSL
          SCT SC 2500 FT/FL080
          BKN AC FL090/XXX
FZLVL   : 2500 FT AMSL SE-PART
          3000 FT AMSL NW-PART
MNM QNH : 09/11 996 HPA
          11/13 997 HPA
          13/15 997 HPA
CHECK GAFOR (VIS AND CLD BASE), AIRMET AND SIGMET-INFORMATION

=
```

(ii) GAFOR steht für General Aviation Forecast und stellt eine grafische Vorhersage der Flugbedingungen im Sichtflug (VFR) dar. Dabei ist das Vorhersagegebiet in einzelne Segmente zerlegt, für die ein GAFOR-Code ermittelt und zugeordnet wird. Der GAFOR-Code gibt eine kombinierte Aussage von Flugsicht und Wolkenuntergrenze (Ceiling) über einer definierten Bezugshöhe für das jeweilige Gebiet.

CHARLIE = C (frei/clear)	Bodensicht 10 km oder mehr und Wolkenuntergrenze 5.000 ft oder mehr über der Bezugshöhe (Codierung nur national in Deutschland verwendet)
OSCAR = O (offen/open)	Bodensicht 8 km oder mehr und Wolkenuntergrenze 2.000 ft oder mehr über der Bezugshöhe
DELTA = D (schwierig/ difficult)	Bodensicht 5 km oder mehr, aber weniger als 8 km und/oder Wolkenuntergrenze 1.000 ft oder mehr aber weniger als 2.000 ft über der Bezugshöhe
MIKE = M (kritisch/ marginal)	Bodensicht 1,5 km oder mehr, aber weniger als 5 km und/oder Wolkenuntergrenze 500 ft oder mehr, aber weniger als 1.000 ft über der Bezugshöhe
X-RAY = X (geschlossen/ closed)	Bodensicht weniger als 1,5 km und/oder Wolkenuntergrenze unter 500 ft über der Bezugshöhe. Flüge nach Sichtflugregeln sind nicht möglich.

Eine Definition der GAFOR-Codes, bei der durch die angehängte Ziffer eine noch genauere Klassifikation erfolgt, lässt sich der folgenden Abbildung entnehmen.

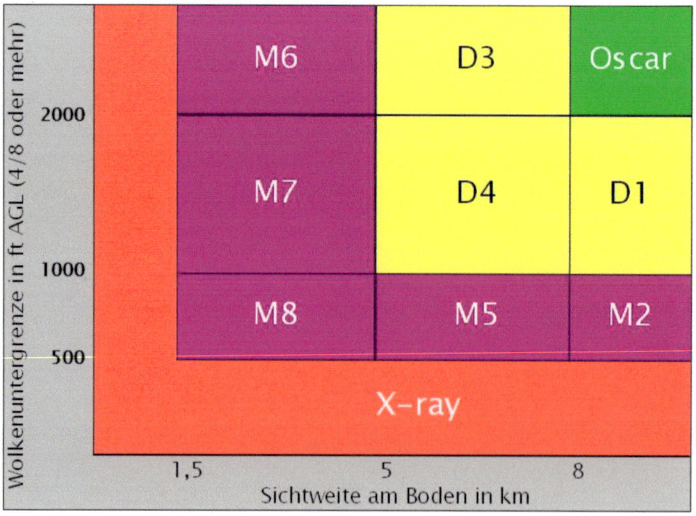

Abbildung 175: Definition der GAFOR-Codes

Die im Internet als Teil des pc_met Internet Service des Deutschen Wetterdienstes verfügbare GAFOR stellt die Vorhersage grafisch dar, wobei die GAFOR-Codes farblich unmittelbar dem Vorhersagegebiet zugeordnet ist.

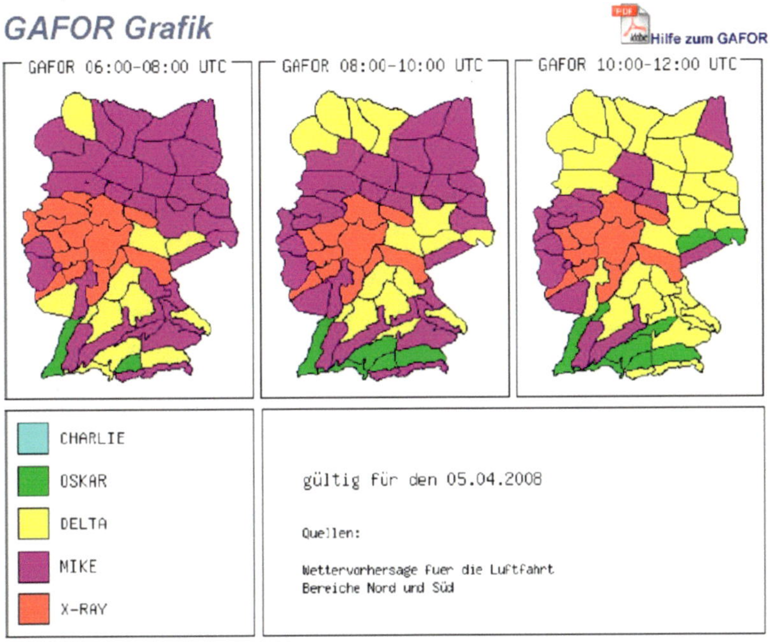

Abbildung 176: GAFOR Deutschland für den 05.04.2008 (Quelle: pc_met, DWD)

Weitere Informationen zur Implementation von GAFOR in Europa sind in ‚Air Navigation Plan European Region Doc 7754' enthalten.

10 03 01 Sonstige Wettermeldungen für die Luftfahrt: Vulkane, Wirbelstürme

Meldungen zu Vulkanaktivitäten (Volcanic Ash)

Es gibt weltweit neun Volcanic Ash Advisories Center (VAAC), deren Aktivitäten durch ICAO koordiniert werden. Das VAAC im französischen Toulouse ist dabei für Europa und Afrika zuständig. Die VAAC liefern kontinuierlich Meldungen in Form so genannter *‚VA Advisories'* über den Ausbruchszustand bekannter, aktiver Vulkane. Im folgenden ist ein Beispiel einer ‚VA Advisory' des NOAA VAAC in Washington zum Tungurahua Vulkan in Ecuador aufgeführt.

```
FVXX20 KNES 101528
VA ADVISORY
DTG: 20080410/1528Z
```

```
VAAC: WASHINGTON
VOLCANO: TUNGURAHUA 1502-08
PSN: S0128 W07826
AREA: ECUADOR
SUMMIT ELEV: 16480 FT (5023 M)
ADVISORY NR: 2008/355
INFO SOURCE: GOES-12. GFS WINDS.

ERUPTION DETAILS: ONGOING EMISSIONS

OBS VA DTG: 10/1445Z
OBS VA CLD: VA NOT IDENTIFIABLE FROM SATELLITE
DATA WINDS FL100/FL160 045/05-15KT FL160/FL200 090/15-20KT
FCST VA CLD +6HR: 10/2100Z NOT AVBL
FCST VA CLD +12HR: 11/0300Z NOT AVBL
FCST VA CLD +18HR: 11/0900Z NOT AVBL

RMK: ASH IS NOT SEEN IN THE CURRENT SATELLITE IMAGERY DUE TO THICK
CLOUDINESS. WINDS DURING OUTLOOK TIME REMAIN THE SAME THRU 12 HRS THEN
BECOME LIGHT AND VARIABLE BY 18 HRS. SEISIMIC ACTIVITY REMAINS SLIGHT-
LY ELEVATED. ...WALTER

NXT ADVISORY: WILL BE ISSUED BY 20080410/2130Z
NNNN
```

Zum Teil werden VA Advisories auch in grafischer Darstellung zur Verfügung gestellt. In der folgenden Abbildung ist eine grafische VA Advisory des Vulkans Colima in Mexico zu sehen.

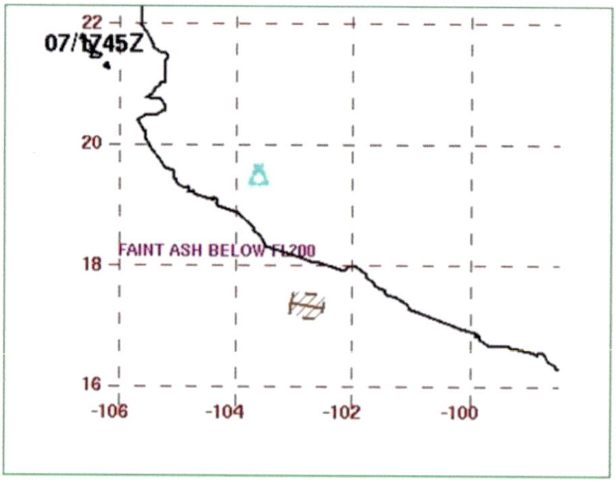

Abbildung 177: VA Advisory vom 07.04.2008 zum Vulkan Colima in Mexiko (Quelle: NOAA VAAC)

Im Falle der Notwendigkeit einer Meldung über eine signifikante Vulkanaktivität wird heutzutage eine jeweilige Warnmeldung in Form von WV SIGMETs (Volcanic Ash SIGMET) ausgegeben. Die Nomenklatur ist wie folgt:

1	2	3			4
			Volcano		
Location indicator of the FIR/UIR or CTA	Name of the FIR or UIR or FIR/UIR or CTA	Phenomenon	Name	Location	Volcanic ash cloud
<CCCC>	<name> FIR [UIR, FIR/UIR, CTA]	VA	[ERUPTION] [MT <name>]	[LOC <location>]	VA CLD OBS AT <GGggZ> VA CLD FCST

5			6
Extent of the cloud			Expected movement
Vertical	Horizontal	Position	
FL <nnn/nnn>	APRX <nnn> BY <nnn> KM	<lat,lon> - <lat,lon> - …	MOV <direction> <speed>

7	
Volcanic ash cloud forecast at the end of the period of validity	
FCST time	Position
FCST <GGggZ>	VA CLD APRX [FL<nnn/nnn>] <lat,lon> - <lat,lon> - …

Alternativ kann ein besonderes NOTAM (Notice to Airmen) zur Meldung einer signifikanten Vulkanaktivität verwendet werden, das so genannte ASHTAM.
Hierbei werden folgende Informationen in codierter oder manchmal auch in uncodierter Form übermittelt.

- Lokation
- Datum und Uhrzeit des Vulkanausbruchs
- und/oder die horizontale und vertikale Ausdehnung von Vulkanasche
- die Richtung der Ausbreitung
- Flight Level und Luftstraßen, die beeinflusst sein könnten

Es gibt internationale Bestrebungen, ASHTAMs in Form von ‚Volcanic Ash SIGMETs' (SIGMET WV) zu vereinheitlichen.

Meldungen über tropische Wirbelstürme

Tropische Wirbelstürme treten zurzeit in insgesamt sieben verschiedenen Regionen über den Weltmeeren auf (siehe Abbildung 178). Mit der Aufgabe der Vorhersage und der Ausgabe von Warnungen sind so genannte Tropical Cyclone Advisory Center (TCAC) betraut, die organisatorisch den Regional Spezialized Meteorological Center

(RSMC) angegliedert sind. Was die Anforderungen seitens der Luftfahrt betrifft, werden diese von der ICAO koordiniert.

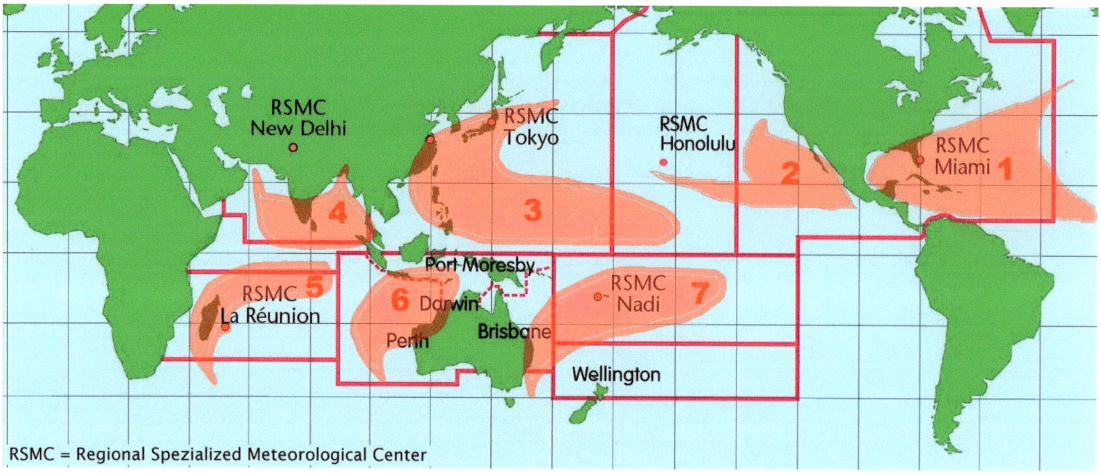

Abbildung 178: Regionen mit tropischen Wirbelstürmen (Quelle: WMO)

Folgende TCAC sind mit entsprechender Zuordnung zur jeweiligen Region operativ:

1. Miami, USA (National Hurricane Center, http://www.nhc.noaa.gov/)
2. Honululu, USA (Central Pacific Hurricane Center, http://www.prh.noaa.gov/cphc)
3. Tokyo, Japan (Regional Specialized Meteorological Center, http://www.jma.go.jp/en/typh/)
4. Nadi, Fiji Inseln (Fiji Tropical Cyclone Warning Center)
5. Darwin, Australien (Darwin Tropical Cyclone Warning Center, http://www.bom.gov.au/weather/nt)
6. La Reunion, Reunion (Regional Tropical Cyclone Advisory Centre - Reunion, http://www.meteo.fr/temps/domtom/La_Reunion/)
7. Neu Delhi, Indien (Regional Specialized Meteorological Center - New Dehli)

Zusätzlich gibt es eine ganze Reihe weiterer nationaler meteorologischer Organisationen, die unter anderem Wirbelsturmwarnungen herausgeben, die an dieser Stelle jedoch nicht weiter aufgeführt werden.
Ähnlich wie bei Volcanic Ash Advisories geben auch die TCAC bei Bedarf ‚TC advisories' heraus, die Details zu einen aktiven Wirbelsturm in textlicher und grafischer Darstellung anbieten. Meist erhält man, wie in Abbildung 179 dargestellt, folgende Information: „There are no tropical cyclones at this time."

Abbildung 179: Aktuelle Information über Wirbelsturmaktivitäten (Quelle: NOAA NHC)

Im Falle der Entstehung eines neuen tropischen Wirbelsturms wird heutzutage eine jeweilige Warnmeldung in Form von TC SIGMETs ausgegeben. Das Format des meteorologischen Teils ist wie folgt:

1	2	3		4
FIR/UIR or CTA	TC name	Observed or forecast		Extent
		Time	Location of TC centre	
<CCCC> <name> FIR [/UIR][CTA]	TC <name>	OBS AT <GGgg>Z [FCST]	<lat,lon>	CB TOP [ABV or BLW] FL<nnn> WI <nnn>KM[NM] OF CENTRE

5	6	7
Expected movement	Intensity change	Forecast of the centre position at the end of the validity period
MOV <direction> <speed>KMH[KT] or STNR	INTSF or WKN or NC	FCST <GGgg>Z TC CENTRE <lat,lon>

Start of the outlook line of the message

8	9		10	
Outlook	Position of the centre		Position of the centre	
	Date/time	Location	Date/time	Location
OTLK	<YYGGgg>Z	TC CENTRE <lat,lon>	<YYGGgg>Z	TC CENTRE <lat,lon>

10 03 02 Meteorologische Broadcasts für die Luftfahrt: ATIS, VOLMET

ATIS steht für *Automatic Terminal Information Service*. ATIS ist eine automatische Informationsansage für den Flugverkehr an Verkehrsflughäfen. ATIS läuft als automatische Ansage in einer Endlosschleife jeweils auf einer dezidierten ATIS-Frequenz und gibt Auskunft über die Wetterverhältnisse an einem Verkehrslandeplatz sowie weitere für ab- und anflugrelevante Informationen. Die ATIS-Ansage wird alle 30 Minuten synchron zum METAR aktualisiert. Bei signifikanten Wetteränderungen (SPECI) kann der Zyklus verkürzt sein. Jede neue Ansage bekommt als „Versionskennung" den jeweils nächsten Buchstaben des Alphabets. Flüge im Instrumentenflug sind angewiesen, zunächst das ATIS abzuhören. Der ATIS-Broadcast erfolgt auf einer eigenen Frequenz im Sprechfunkband, kann aber auch von einem Drehfunkfeuer (VOR) auf dessen Frequenz ausgestrahlt werden. In diesem Fall wird der Name des VOR zur eindeutigen Identifizierung für Navigationszwecke mit angesagt.

Üblicher Aufbau einer ATIS-Meldung:

- Name des Flugplatzes
- aktuelle Besonderheiten/Behinderungen (z. B. Bauarbeiten)
- ATIS-Buchstabe
- Zeit der Beobachtung des Flugplatzwetters
- Aktive Landebahn(en)/ aktive Startbahn(en) ggf. differenziert IFR/VFR
- Transition Level
- Windrichtung und -geschwindigkeit
- Bodensicht/ RVR/ ggf. vertikale Sicht
- besondere Wetterlagen (z. B. Regen)
- Hauptwolkenuntergrenze
- Temperatur und Taupunkt
- QNH
- Änderungstrend

Beispiel für eine einfache ATIS-Meldung:

```
This is Cologne Airport - Information Mike - Time 0750 - expect ILS-approach runway 14L - Runway in use 14L - transition level 60 - wind variable, 3 knots - clouds and visibility OK - temperature 14, dew-point 06 - QNH 1017 - NOSIG (= no significant change) - (Information Mike out).
```

Neben der Möglichkeit ATIS als Ansage über die ATIS-Frequenz abzuhören, gibt es bei neueren Verkehrsflugzeugen, die mit ACARS VHF data link facilities ausgestattet sind, auch die wesentlich komfortablere und fehlersichere Möglichkeit, ATIS direkt als Datenstrom im Cockpit zu empfangen und auf einem Bildschirm darzustellen.
Beispiel für ein D-ATIS des Flugplatzes Hongkong:

/HKGATYA.TI2/VHHH ARR ATIS T
2205Z
HONG KONG ATIS
ARR RWY 07R
RWY 07L CLSD FOR MAINT
SIG WS FCST 07R
WIND 080 DEG 10 KT
VIS 10 KM
CLOUD FEW 3000 ft
TEMP 24 DP 16 QNH 1019
ACK T ON FIRST CONTACT WITH APPROACH

VOLMET ist ein meteorologischer Service für die Luftfahrt, bei dem aktuelle meteorologische Informationen (METAR, TAF, SIGMET..) für den Streckenflug als Ansagedienste zur Verfügung gestellt werden. Das Medium der Übertragung ist dabei nicht explizit spezifiziert. Dementsprechend gibt es VOLMET Dienste im einfachsten Fall als Telefonansagen, wobei meist unter eine Reihe von veröffentlichten Telefonnummern jeweils die METARs einer Liste von bestimmten Flugplätzen abgehört werden können.
VHF-VOLMET kann im Flug genutzt werden, in dem auf bestimmten Flugfunkfrequenzen die VHF-VOLMET Informationen abgehört werden kann. Im Umfeld von Deutschland sind folgende Sender/Frequenzen zur Zeit aktiv, über die jeweils die METARs inkl. TREND der zugeordneten Flugplätze angesagt werden.

Frankfurt I	Frankfurt II	Bremen	Berlin	Zürich	Brüssel	Innsbruck
127.600 MHz	135.775 MHz	127.400 MHz	128.400 MHz	127.200 MHz	127.800 MHz	130.475 MHz
Frankfurt M	Frankfurt M	Hannover	B Schönefeld	Zürich	Brüssel	Innsbruck
Brüssel	Köln-Bonn	Hamburg	B Tempelhof	Genf	Ostende	Salzburg
Amsterdam	Düsseldorf	Bremen	B Tegel	Basel	Luxemburg	München
Zürich	Stuttgart	Köln-Bonn	Dresden	Frankfurt M	Amsterdam	Zürich
Genf	Nürnberg	Frankfurt	Leipzig	München	Köln-Bonn	Hohenems
Basel	München	B Tempelhof	Prag	Stuttgart	Düsseldorf	Zell am See
Wien	Hamburg	B Tegel	Kopenhagen	Milano Malp.	Frankfurt M	Kufstein
Prag	B Tempelhof	Amsterdam	Warschau	Milano Linate	Paris Orly	Bozen
Paris CDG	B Tegel	Kopenhagen	Wien	Lugano	Paris CDG	Landeck

HF-VOLMET verbreitet meteorologische Information für die Luftfahrt über ein weltweites Netzwerk von Kurzwellensendern. Es werden aktuelle METAR, TAF und SIGMET von Verkehrslandeplätzen in Form automatischer Ansagen kontinuierlich gesendet. Diese Ansagen sind hilfreich auf internationalen Strecken, da sich die Crew bereits vorab über das zu erwartende Wetter am Zielflughafen und den wahrscheinlichen Anflug (STAR) informieren kann.

Beim HF-VOLMET Netzwerk ist die Welt in einzelne Regionen gegliedert, wobei die jeweiligen Stationen in einer Region nach festgelegten Zeitschemata fest definierte Informationen senden. Der Zeitplan ist in Fünfminutenabschnitte gegliedert, in dem jeweils ein bestimmtes Programm, d. h. die jeweils aktuelle Information zu einer bestimmten Liste von Flugplätzen, gesendet wird. Das Programm wird stündlich wiederholt.

EUR VOLMET 3.413 5.505 8.957 13.264 MHz					
EIP **SHANNON**					*unassigned*
H + 00	**H + 05**	**H + 10**	**H + 15**	**H + 20**	**H + 25**
BRUSSELS HAMBURG Brussels Hamburg Frankfurt Cologne-Bonn Dusseldorf Munich	LONDON **SHANNON** PRESTWICK London **Shannon** Prestwick London / Gatwick Amsterdam Manchester	Copenhagen Stockholm Gothenburg Bergen Oslo Helsinki Dublin Barcelona	MADRID LISBON PARIS Madrid Lisbon Santa Maria Paris Paris / de Gaulle Lyon	ROME MILAN Rome Milan Zurich Geneva Turin Keflavik	
H + 30	**H + 35**	**H + 40**	**H + 45**	**H + 50**	**H + 55**
FRANKFURT COLOGNE-BONN Brussels Hamburg Frankfurt Cologne-Bonn Dusseldorf Munich	LONDON / GATWICK AMSTERDAM MANCHESTER London **Shannon** Prestwick London / Gatwick Amsterdam Manchester	Copenhagen Stockholm Gothenburg Bergen Oslo Helsinki Dublin Barcelona	SANTA MARIA ATHENS PARIS / DE GAULLE Madrid Lisbon Santa Maria Paris Paris / de Gaulle Lyon	ZURICH GENEVA Rome Milan Zurich Geneva Turin Keflavik	

Abbildung 180: HF_VOLMET Programm des Senders Shannon

Auch beim VOLMET gibt es komfortablere Möglichkeiten. Flugzeuge die mit ACARS VHF data link facilities ausgestattet sind, können VOLMET Sendungen direkt als Datenstrom im Cockpit empfangen und auf einem Bildschirm darstellen. Man spricht in diesem Fall von D-VOLMET.

Beispiel für ein D-VOLMET des Flugplatzes Hongkong:

```
/HKGVOYA.TI2/VHHH ENR ATIS
HONG KONG VOLMET
VHHK SIGMET A2 VAD 090530/090930 VHHHVHHK
HONG KONG CTA EMBD TS FCST S OF N19 E OF E114 TOP FL 350 STNR NC
=
METAR VHHH 090730Z 16011KT 130V190 9999 SCT028 BKN300 33/23 Q1007 NOSIG=
METAR ZGGG 090700Z 13004MPS 9999 FEW040TCU FEW040 34/23 Q1007 NOSIG=
METAR ROAH 090730Z 19013KT 9999 FEW015 32/25 Q1010=
METAR RCTP 090730Z 28012KT 9999 SCT012 FEW020CB BKN022 BKN050 30/27 Q1009
TEMPO 3000 -SHRA=
METAR RCKH 090730Z 18017KT 9999 FEW020 SCT300 33/23 Q1007 NOSIG=
METAR RPLL 090700Z 14008KT 9999 SCT025 SCT100 31/18 Q1008 TCU W=
METAR RPVM 090700Z 24014KT 9999 FEW020 SCT300 31/26 Q1007 A2976=
TAF VHHH 090530Z 090615 18010KT 9999
```

10 03 03 Nutzung meteorologischer Beratung, meteorologisches Briefing

Zusammenfassend wird ein meteorologisches Briefing für einen bevorstehenden Flug mindestens auf folgende aktuelle Wetterdokumentation zurückgreifen:

- METARs und TAFs von Startflughafen, Zielflughafen und Alternate
- Streckenwetter (Bodenwetterkarte, SWC, Höhenwetterkarte mit Abdeckung von Start- und Zielregion, ggf. mehrere Karten notwendig)
- SIGMETS (WS, WV, TC), relevant für die geplante Strecke
- NOTAMs, relevant für die geplante Strecke

Die genannten meteorologischen Informationen lassen sich heutzutage einfach und schnell über das Internet abrufen. Die meisten nationalen meteorologischen Organisationen mit der Aufgabe von Flugwetterservices für den privaten und kommerziellen Luftverkehr gemäß WMO bieten entsprechende, zum Teil kostenpflichtige Dienstleistungen an, hier einige Beispiele:

- Deutschland: Deutscher Wetterdienst (http://www.flugwetter.de/)
- Österreich: Austrocontrol (http://www.austrocontrol.at/)
- Schweiz: Meteo Schweiz (http://www.meteoschweiz.admin.ch/)
- UK: Met Office (http://www.metoffice.gov.uk/aviation/)
- Frankreich: Meteo France (https://www.meteofrance.com/FR/aviation/)
- Spanien: AEMet (http://ama.inm.es/login.jsp)

Zusätzlich zu den bereits beschriebenen Möglichkeiten, aktuelle Wetterinformationen über das Internet oder über automatische Ansagen zu erhalten, besteht für die verantwortliche Crew eines Fluges die Möglichkeit, telefonisch eine persönliche Beratung bei einem Wetterexperten einzuholen. Die verantwortliche Crew kann dies bei besonders schwierigen Wetterlagen nutzen.

Während des Fluges können jederzeit, Empfang der jeweiligen Frequenzen vorausgesetzt, automatische Ansagen wie ATIS oder VOLMET genutzt werden. Bei modernen Flugzeugen ist auch der Empfang von D-ATIS und D-VOLMET als Datastream möglich. Automatisierte Ansagen wurden zum Zweck der Entlastung von ATC ins Leben gerufen. Natürlich ist es trotzdem möglich, im Einzelfall z. B. bei schwierigen Entscheidungen im Hinblick auf Ausweichrouten wegen Vereisung oder Unwetter, ATC nach bestimmten Wetterinformationen zu fragen oder eine Beratung oder Empfehlung eines Wetterexperten anzufordern.

10 03 04 Meteorologische Warnmeldungen an einzelnen Flugplätzen

Sofern Flugzeuge auf dem Vorfeld, Flugplatzeinrichtungen oder die laufenden Dienstleistungen für Fluggäste durch extreme Wetterbedingungen gefährdet sind, gibt das Wetterbüro des Flugplatzes (Airport Meteorological Office = AMO) eine meteorologische Flugplatzwarnung aus. Die Wetterbedingungen für die Ausgabe einer solchen Flugplatzwarnung sind:

- tropischer Wirbelsturm
- Gewitter / Hagel
- extremer Bodenwind (Sturm) mit extremen Böen
- Böenwalze
- Schnee und Frost-Bedingungen
- low-level Windscherungen und Turbulenz

Flugplatzwarnungen werden im Allgemeinen durch ATC an die Crew übermittelt. Beispiel. „Caution. Windshear minus 20 knots and moderate turbulence on departure.“
An einigen Flugplätzen (z. B. HKIA Hongkong Lantau) erfolgt die automatisierte Ergänzung in ATIS/D-ATIS.
Automatisierte Flugplatzwarnmeldungen in D-ATIS beim Flugplatz HKIA:
„SIG WS FCST 07L AND 07R” oder
“MOD TURB FCST AND REP 25L AND 25R”.

10 04 00 Meteorologische Dienstleistungen

10 04 01 Weltweite und nationale Wettervorhersage

Ein *World Area Forecast Centre* (WAFC) ist eine meteorologische Einrichtung, die meteorologische Informationen für die Luftfahrt in Echtzeit zur Verfügung stellt. WAFC wurden nach 1944 eingerichtet, um den Anhang 3 des ICAO Abkommens zu erfüllen und werden daher von der ICAO überprüft und unterstützt.
Es gibt zurzeit nur zwei WAFC weltweit, die unter anderem auch als gegenseitiges Backup füreinander fungieren:

- WAFC London (U.K. Met Office)
- WAFC Washington (NOAA)

Beide WAFC nutzen ihr eigenes satellitenbasiertes Kommunikationssystem für die Übertragung der Wetterdaten zu den Flugplätzen der Welt. WAFC London nutzt dabei SADIS (SAtellite DIstribution System) und WAFC Washington nutzt für den gleichen Zweck ISCS (International Satellite Communications System).
WAFC liefern eine ganze Bandbreite von meteorologischen Informationen, von denen die SWC (mid-level und high-level) für das tägliche Weather-Briefing vor jedem Flug am wichtigsten sind.
Die gesamte Organisationsstruktur lässt sich grob wie folgt beschreiben:

WMO Unit	Abkürz.	Services	Dokumente
World Area Forecast Centres	WAFC	Weltweite Vorhersagen für mittlere und obere Luftwege	SWCs
Meteorological Watch Offices	MWO	Beobachtung und Meldung von Sicherheitsrisiken für die Luftfahrt	SIGMET, AIRMET
Volcanic Ash Advisory Centres	VAAC	Beobachtung und Meldung von Vulkanaktivitäten	VA Advisories, WV SIGMET
Tropical Cyclone Advisory Centres	TCAC	Beobachtung und Meldung tropischer Wirbelstürme	TC Advisories, TC SIGMET
Aeronautical Meteorological Stations	AMS	Beobachtung Flugplatzwetter, Trendermittlung, Erstellung entsprechender MET Reports	METAR, TAF, MET Reports, Bodenwetterkarten
Meteorological Offices	MO	Briefing Informationen für die Luftfahrt	Alle Dokumente der anderen Units

Die Aufgabe, Briefing Informationen inklusive der Beratungsservices für die tägliche Flugplanung zur Verfügung zu stellen, wird durch nationale ‚Meteorological Offices'

geleistet. Die MO stellen also quasi eine Schnittstelle zur fliegenden Community dar. In Deutschland fungiert der Deutsche Wetterdienst in Offenbach (DWD) als nationales ‚Meteorological Office'.
Beim Thema Organisationsstruktur ist natürlich zu beachten, dass die WMO keinerlei nationale Hoheitsrechte besitzt, was dazu führt, dass es im Einzelfall abweichende nationale Interpretationen geben kann. Eine Übersicht über die aktiven Organisationseinheiten aller WMO-Mitgliedsstaaten gibt das Dokument ‚COMPOSITION OF THE WMO, Januar 2008' auf der Website der WMO (http://www.wmo.ch/).

10 04 02 Internationale Organisationen: ICAO, WMO

International Civil Aviation Organisation (ICAO)

Die International Civil Aviation Organization (engl. ICAO, deutsch: Internationale Zivilluftfahrt-Organisation; www.icao.int) ist eine Sonderorganisation der Vereinten Nationen (UNO). Sie wurde am 7. Dezember 1944 durch das Übereinkommen über die internationale Zivilluftfahrt (Chicagoer Abkommen) gegründet und hat ihren Sitz in Montréal (Kanada). Ihr gehören 187 Vertragsstaaten aus 6 Regionen an.
Die ICAO widmet sich der Aufgabe, einheitliche, Regelungen für die Sicherheit, Regelmäßigkeit und Wirtschaftlichkeit des internationalen Luftverkehrs zu erarbeiten und ständig weiterzuentwickeln und zwar zu folgenden Themen:

- Betrieb und Abwicklung des Luftverkehrs
- Nachrichtenübermittlung in der Luftfahrt
- Eintragung und Kennzeichnung von Luftfahrzeugen und Flugplätzen (ICAO Codes)
- Lufttüchtigkeit des Luftfahrtgeräts
- Fluglärmbestimmungen für bestimmte Flugzeugklassen
- Luftsicherheit u. a.

In Artikel 44 ICAO-Abkommen ist festgelegt, dass Grundsätze und Technik der internationalen Luftfahrt kontinuierlich weiterentwickelt sowie Planung und Fortschritt des internationalen Luftverkehrs gefördert werden.

Die von der ICAO beschlossenen Richtlinien (Standards) und Empfehlungen (Recommendations) sind zum überwiegenden Teil in 18 Anhängen zum Abkommen enthalten. Die ICAO selbst hat keine Hoheitsbefugnisse. Die Richtlinien der ICAO gelten daher nicht unmittelbar in den Mitgliedstaaten. Diese müssen vielmehr von den Vertragsstaaten in entsprechende nationale Rechtsvorschriften umgesetzt werden. Nationale

Abweichungen von den Richtlinien sind allerdings nach Artikel 38 ICAO-Abkommen der ICAO anzuzeigen.

Das Thema ist Bestandteil des Themenkomplexes 010 (Luftrecht).

World Meteorological Organisation (WMO)

Die World Meteorological Organization (WMO) mit Sitz in Genf ist eine Unterorganisation der UNO. Ihr gehören 188 Mitgliedsstaaten an. Ihr Ursprung geht auf die im Jahr 1873 gegründete International Meteorological Organization (IMO) zurück, deren Nachfolger sie im Jahr 1950 wurde. Ihr Aufgabengebiet umfasst Meteorologie (Wetter und Klima), Hydrologie und Geophysik.

Abbildung 181: WMO in Genf (Quelle: WMO)

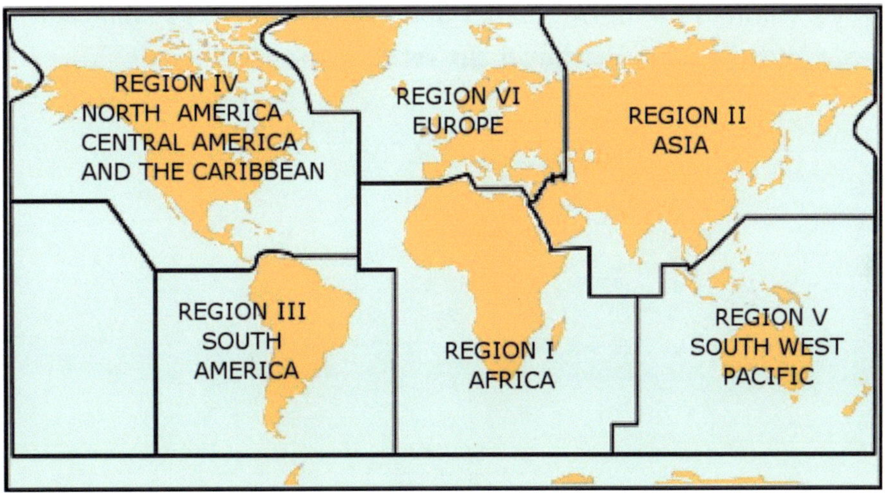

Abbildung 182: WMO Regionen (Quelle: WMO)

Die Aufgabe der WMO als weltweit operierende Organisation ist es, für die Zusammenarbeit der nationalen Institutionen in den benannten Arbeitsbereichen zu sorgen, mit dem Ziel verbesserter Sicherheit und der Erhaltung von Umwelt und Ressourcen zum Vorteil aller Nationen.

Konkret werden bei der WMO folgende Aufgaben verfolgt:

- Unterstützung beim Aufbau und Betrieb weltweiter Netzwerke meteorologischer Beobachtungszentren inklusive hydrologischer und geophysikalischer Zentren, soweit sie meteorologische Relevanz haben.
- Förderung des schnellen internationalen Datenaustauschs in diesem Netzwerk und der damit verbundenen Dienstleistungen wie Wetter-, Klima- und Ressourcenvorhersagen.
- Förderung der Standardisierung bei Datenübermittlung und Datenspeicherung in diesem Feld inklusive einheitlicher Standards bei statistischen Publikationen.
- Unterstützung der Nutzung meteorologischer Dienstleistungen bei Luft- und Schifffahrt, Wasserproblemen, Landwirtschaft und sonstigen Bereichen.
- Förderung von Forschung und Ausbildung im Fachbereich Meteorologie und angrenzenden Wissenschaftsfeldern.

Im Dokument *WMO-No. 306 Manual on Codes* sind unter anderem die internationalen Codierungsvorschriften zu METAR, SPECI und TAF enthalten. Es steht auf der WMO-Website (www.wmo.int) zum Download zur Verfügung.

METEOROLOGY (Syllabus)

Hinweise zum englischen Original-Syllabus

Für dieses Buch wurde der vollständige Lerninhalt des englischen FCL Syllabus in der Fassung von 2014 (LBA-Fassung Sept. 2014 inklusive der ergänzten Spalte EIR/CB-IR) zugrunde gelegt.

Im Folgenden ist der genannte Original-Syllabus abgedruckt, der auch die Basis für Inhalt und Struktur dieses Lehrbuchs darstellt. Das gilt auch für die Nummerierung. Bei der Nummerierung ist im vorderen Buchteil die führende Sequenz ,050' aus Gründen der besseren Übersicht stets weggelassen.
Die Behandlung der einzelnen Learning Objectives in den jeweiligen Unterabschnitten ist aus didaktischen Gründen nicht zwangsweise in derselben Reihenfolge wie im Syllabus ausgeführt. Abweichungen dieser Art sind jedoch gekennzeichnet.

Syllabus reference	Syllabus details and associated Learning Objectives	*Aeroplane*		*Helicopter*			*IR*	*CB-IR*
		ATPL	CPL	ATPL /IR	ATPL	CPL		*EIR*
050 00 00 00	**METEOROLOGY**							
050 01 00 00	**THE ATMOSPHERE**							
050 01 01 00	**Composition, extent, vertical division**							
050 01 01 01	**Structure of the atmosphere**							
LO	Describe the vertical division of the atmosphere, based on the temperature variations with height	x	x	x	x	x	x	
LO	List the different layers and their main qualitative characteristics	x	x	x	x	x	x	
050 01 01 02	**Troposphere**							
LO	Describe the troposphere	x	x	x	x	x	x	
LO	Describe the main characteristics of the tropopause	x	x	x	x	x	x	
LO	Describe the proportions of the most important gases in the air in the troposphere	x	x	x	x	x	x	
LO	Describe the variations of the flight level and temperature of the tropopause from the poles to the equator	x	x	x	x	x	x	
LO	Describe the breaks in the tropopause along the boundaries of the main air masses	x	x	x	x	x	x	
LO	Indicate the variations of the flight level of the tropopause with the seasons and the variations of atmospheric pressure	x		x	x			
050 01 01 03	**Stratosphere**							
LO	Describe the stratosphere	x		x	x			
LO	Describe the main differences of the composition of the air in the stratosphere compared to the troposphere	x		x	x			
LO	Mention the vertical extent of the stratosphere up to the stratopause	x		x	x			
LO	Describe the reason for the temperature increase in the ozone layer	x		x	x			
050 01 02 00	**Air temperature**							

Syllabus reference	Syllabus details and associated Learning Objectives	*Aeroplane*		*Helicopter*			*IR*	*CB-IR*
		ATPL	CPL	ATPL /IR	ATPL	CPL		*EIR*
050 01 02 01	**Definition and units**							
LO	Define air temperature	x	x	x	x	x	x	
LO	List the units of measurement of air temperature used in aviation meteorology (°C, °F, Kelvin) *(Refer to 050 10 01 01)*	x	x	x	x	x	x	
050 01 02 02	**Vertical distribution of temperature**							
LO	Describe the mean vertical distribution of temperature up to 20 km	x	x	x	x	x	x	
LO	Mention general causes of the cooling of the air in the troposphere with increasing altitude	x	x	x	x	x	x	
LO	Calculate the temperature and temperature deviations at specified levels	x	x	x	x	x	x	
050 01 02 03	**Transfer of heat**							
LO	Explain how local cooling or warming processes result in transfer of heat	x	x	x	x	x	x	
LO	Describe radiation	x	x	x	x	x	x	
LO	Describe solar radiation reaching the earth	x	x	x	x	x	x	
LO	Describe the filtering effect of the atmosphere on solar radiation	x	x	x	x	x	x	
LO	Describe terrestrial radiation	x	x	x	x	x	x	
LO	Explain how terrestrial radiation is absorbed by some components of the atmosphere	x	x	x	x	x	x	
LO	Explain the greenhouse effect due to water vapour and some other gases in the atmosphere	x	x	x	x	x	x	
LO	Explain the effect of absorption and radiation in connection with clouds	x	x	x	x	x	x	
LO	Explain the process of conduction	x	x	x	x	x	x	
LO	Explain the role of conduction in the cooling and warming of the atmosphere	x	x	x	x	x	x	
LO	Explain the process of convection	x	x	x	x	x	x	
LO	Name situations in which convection occurs	x	x	x	x	x	x	

Syllabus reference	Syllabus details and associated Learning Objectives	*Aeroplane*		*Helicopter*			*IR*	*CB-IR*
		ATPL	CPL	ATPL /IR	ATPL	CPL		*EIR*
LO	Explain the process of advection	x	x	x	x	x	x	
LO	Name situations in which advection occurs	x	x	x	x	x	x	
LO	Describe transfer of heat by turbulence	x	x	x	x	x	x	
LO	Describe transfer of latent heat	x	x	x	x	x	x	
050 01 02 04	**Lapse rates**							
LO	Describe qualitatively and quantitatively the temperature lapse rates of the troposphere (mean value 0.65°C/100 m or 2°C/1000 ft and actual values)	x	x	x	x	x	x	x
050 01 02 05	**Development of inversions, types of inversions**							
LO	Describe development and types of inversions	x	x	x	x	x	x	x
LO	Explain the characteristics of inversions and of an isothermal layer	x	x	x	x	x	x	x
LO	Explain the reasons for the formation of the following inversions:							
	- ground inversion (nocturnal radiation / advection), subsidence inversion, frontal inversion, inversion above friction layer, valley inversion	x	x	x	x	x	x	x
	- tropopause inversion	x		x	x			
050 01 02 06	**Temperature near the earth's surface, surface effects, diurnal and seasonal variation, effect of clouds, effect of wind**							
LO	Describe how the temperature near the earth's surface is influenced by seasonal variations	x	x	x	x	x	x	x
LO	Explain the cooling and warming of the air on the earth or sea surfaces	x	x	x	x	x	x	x
LO	Sketch the diurnal variation of the temperature of the air in relation to the radiation of the sun and of the earth	x	x	x	x	x	x	x
LO	Describe qualitatively the influence of the clouds on the cooling and warming of the surface and the air near the surface	x	x	x	x	x	x	x
LO	- Distinguish between the influence of low or high clouds, thick or thin clouds	x	x	x	x	x	x	x

Syllabus reference	Syllabus details and associated Learning Objectives	*Aeroplane*		*Helicopter*			*IR*	*CB-IR*
		ATPL	CPL	ATPL /IR	ATPL	CPL		*EIR*
LO	Explain the influence of the wind on the cooling and warming of the air near the surfaces	x	x	x	x	x	x	x
050 01 03 00	**Atmospheric pressure**							
050 01 03 01	**Barometric pressure, isobars**							
LO	Define atmospheric pressure	x	x	x	x	x	x	x
LO	List the units of measurement of the atmospheric pressure used in aviation (hPa, inches) *(Refer to 050 10 01 01)*	x	x	x	x	x	x	x
LO	Describe the principle of the barometers (mercury barometer, aneroid barometer)	x	x	x	x	x	x	
LO	Describe isobars on the surface weather charts	x	x	x	x	x	x	x
LO	Define high, low, trough, ridge, wedge, col	x	x	x	x	x	x	x
050 01 03 02	**Pressure variation with height, contours (isohypses)**							
LO	Explain the pressure variation with height	x	x	x	x	x	x	x
LO	Describe qualitatively the variation of the barometric lapse rate *Note: The average value for the barometric lapse rate near mean sea level is 27 ft (8 m) per 1 hPa, at about 5500 m/AMSL is 50 ft (15 m) per 1 hPa*	x	x	x	x	x	x	x
LO	Describe and interpret contour lines (isohypses) on a constant pressure chart *(Refer to 050 10 02 03)*	x	x	x	x	x	x	x
050 01 03 03	**Reduction of pressure to mean sea level, QFF**							
LO	Define QFF	x	x	x	x	x	x	x
LO	Explain the reduction of measured pressure to mean sea level, QFF	x	x	x	x	x	x	x
LO	Mention the use of QFF for surface weather charts	x	x	x	x	x	x	x
050 01 03 04	**Relationship between surface pressure centres and pressure centres aloft**							
LO	Illustrate with a vertical cross section of isobaric surfaces the relationship between surface pressure systems and upper air pressure systems	x	x	x	x	x	x	x
050 01 04 00	**Air density**							

Syllabus reference	Syllabus details and associated Learning Objectives	*Aeroplane*		*Helicopter*			*IR*	*CB-IR*
		ATPL	CPL	ATPL /IR	ATPL	CPL		*EIR*
050 01 04 01	**Relationship between pressure, temperature and density**							
LO	Describe the relationship between pressure, temperature and density	x	x	x	x	x	x	x
LO	Describe the vertical variation of the air density in the atmosphere	x	x	x	x	x	x	x
LO	Describe the effect of humidity changes on the density of air	x	x	x	x	x	x	x
050 01 05 00	**ICAO Standard Atmosphere (ISA)**							
050 01 05 01	**ICAO Standard Atmosphere**							
LO	Explain the use of standardised values for the atmosphere	x	x	x	x	x	x	x
LO	List the main values of the ISA (mean sea level pressure, mean sea level temperature, the vertical temperature lapse rate up to 20 km, height and temperature of the tropopause)	x	x	x	x	x	x	x
LO	Calculate the standard temperature in degree Celsius for a given flight level	x	x	x	x	x	x	x
LO	Determine a standard temperature deviation by the difference between the given outside air temperature and the standard temperature	x	x	x	x	x	x	x
050 01 06 00	**Altimetry**							
050 01 06 01	**Terminology and definitions**							
LO	Define the following terms and abbreviations and explain how they are related to each other: height, altitude, pressure altitude, flight level, level, true altitude, true height, elevation, QNH, QFE and standard altimeter setting	x	x	x	x	x	x	x
LO	Describe the terms transition altitude, transition level, transition layer, terrain clearance, lowest usable flight level	x	x	x	x	x	x	x
050 01 06 02	**Altimeter settings**							
LO	Name the altimeter settings associated to height, altitude, pressure altitude and flight level	x	x	x	x	x	x	
LO	Describe the altimeter setting procedures	x	x	x	x	x	x	
050 01 06 03	**Calculations**							

Syllabus reference	Syllabus details and associated Learning Objectives	*Aeroplane*		*Helicopter*			*IR*	*CB-IR*
		ATPL	CPL	ATPL /IR	ATPL	CPL		*EIR*
LO	Calculate the different readings on the altimeter when the pilot changes the altimeter setting	x	x	x	x	x	x	x
LO	Illustrate with a numbered example the changes of altimeter setting and the associated changes in reading when the pilot climbs through the transition altitude or descends through the transition level	x	x	x	x	x	x	x
LO	Derive the reading of the altimeter of an aircraft on the ground when the pilot uses the different settings	x	x	x	x	x	x	x
LO	Explain the influence of the air temperature on the distance between the ground and the level read on the altimeter and between two flight levels	x	x	x	x	x	x	x
LO	Explain the influence of pressure areas on the true altitude	x	x	x	x	x	x	x
LO	Determine the true altitude/height for a given altitude/height and a given ISA temperature deviation	x	x	x	x	x	x	x
LO	Calculate the terrain clearance and the lowest usable flight level for given atmospheric temperature and pressure conditions	x	x	x	x	x	x	x
	Note: The following rules shall be considered for altimetry calculations: a. *All calculations are based on rounded pressure values to the nearest lower hPa* b. *The value for the barometric lapse rate near mean sea level is 27 ft (8 m) per 1 hPa* c. *To determine the true altitude/height the following rule of thumb, called the "4%-rule", shall be used: the altitude/height changes by 4% for each 10°C temperature deviation from ISA* d. *If no further information is given, the deviation of outside air temperature from ISA is considered to be constantly the same given value in the whole layer* e. *The elevation of the airport has to be taken into account. The temperature correction has to be considered for the layer between ground and the position of the aircraft*							
050 01 06 04	**Effect of accelerated airflow due to topography**							

Syllabus reference	**Syllabus details and associated Learning Objectives**	*Aeroplane*		*Helicopter*			*IR*	*CB-IR*
		ATPL	CPL	ATPL /IR	ATPL	CPL		*EIR*
LO	Describe qualitatively how the effect of accelerated airflow due to topography (Bernoulli effect) affects altimetry	x	x	x	x	x	x	x
050 02 00 00	**WIND**							
050 02 01 00	**Definition and measurement of wind**							
050 02 01 01	**Definition and measurement**							
LO	Define wind	x	x	x	x	x	x	
LO	State the units of wind direction and speed (kt, m/s, km/h) *(Refer to 050 10 01 01)*	x	x	x	x	x	x	
LO	Explain how wind is measured in meteorology	x	x	x	x	x	x	
050 02 02 00	**Primary cause of wind**							
050 02 02 01	**Primary cause of wind, pressure gradient, coriolis force, gradient wind**							
LO	Define the term horizontal pressure gradient	x	x	x	x	x	x	
LO	Explain how the pressure gradient force acts in relation to the pressure gradient	x	x	x	x	x	x	
LO	Explain how the coriolis force acts in relation to the wind	x	x	x	x	x	x	
LO	Explain the development of the geostrophic wind	x	x	x	x	x	x	
LO	Indicate how the geostrophic wind flows in relation to the isobars/isohypses in the northern and in the southern hemisphere	x	x	x	x	x	x	
LO	Analyse the effect of changing latitude on the geostrophic wind speed	x		x	x			
LO	Explain the gradient wind effect and indicate how the gradient wind differs from the geostrophic wind in cyclonic and anticyclonic circulation	x	x	x	x	x	x	
050 02 02 02	**Variation of wind in the friction layer**							
LO	Describe why and how the wind changes direction and speed with height in the friction layer in the northern and in the southern hemisphere (rule of thumb)	x	x	x	x	x	x	x
LO	State the surface and air mass conditions that influence the wind in the friction layer (diurnal variation)	x	x	x	x	x	x	

Syllabus reference	Syllabus details and associated Learning Objectives	*Aeroplane*		*Helicopter*			*IR*	*CB-IR*
		ATPL	CPL	ATPL /IR	ATPL	CPL		*EIR*
LO	Name the factors that influence the vertical extent of the friction layer	x	x	x	x	x	x	
LO	Explain the relationship between isobars and wind (direction and speed)	x	x	x	x	x	x	x
	Note: Approximate value for variation of wind in the friction layer (values to be used in examinations): *Type of landscape* — *Wind speed in friction layer in % of the geostrophic wind* — *The wind in the friction layer blows across the isobars towards the low pressure. Angle between wind direction and isobars* *over water* — *ca. 70%* — *ca. 10°* *over land* — *ca. 50 %* — *ca. 30°* *WMO-NO. 266*							
050 02 02 03	**Effects of convergence and divergence**							
LO	Describe atmospheric convergence and divergence	x	x	x	x	x	x	x
LO	Explain the effect of convergence and divergence on the following: pressure systems at the surface and aloft; wind speed; vertical motion and cloud formation (relationship between upper air conditions and surface pressure systems)	x	x	x	x	x	x	x
050 02 03 00	**General global circulation**							
050 02 03 01	**General circulation around the globe**							
LO	Describe and explain the general global circulation *(Refer to 050 08 01 01)*	x	x	x	x	x	x	
LO	Name and sketch or indicate on a map the global distribution of the surface pressure and the resulting wind pattern for all latitudes at low level in January and July	x		x	x			
LO	Sketch or indicate on a map the westerly and easterly tropospheric winds at high level in January and July	x		x	x			
050 02 04 00	**Local winds**							
050 02 04 01	**Anabatic and katabatic winds, mountain and valley winds, venturi effects, land and sea breezes**							

Syllabus reference	Syllabus details and associated Learning Objectives	*Aeroplane*		*Helicopter*			*IR*	*CB-IR*
		ATPL	CPL	ATPL /IR	ATPL	CPL		*EIR*
LO	Describe and explain anabatic and katabatic winds	x	x	x	x	x	x	x
LO	Describe and explain mountain and valley winds	x	x	x	x	x	x	x
LO	Describe and explain the venturi effect, convergence in valleys and mountain areas	x	x	x	x	x	x	x
LO	Describe and explain land and sea breezes, sea breeze front	x	x	x	x	x	x	x
050 02 05 00	**Mountain waves (standing waves, lee waves)**							
050 02 05 01	**Origin and characteristics**							
LO	Describe and explain the origin and formation of mountain waves	x	x	x	x	x	x	x
LO	State the conditions necessary for the formation of mountain waves	x	x	x	x	x	x	x
LO	Describe the structure and properties of mountain waves	x	x	x	x	x	x	x
LO	Explain how mountain waves may be identified by their associated meteorological phenomena	x	x	x	x	x	x	x
050 02 06 00	**Turbulence**							
050 02 06 01	**Description and types of turbulence**							
LO	Describe turbulence and gustiness	x	x	x	x	x	x	x
LO	List common types of turbulence (convective, mechanical, orographic, frontal, clear air turbulence)	x	x	x	x	x	x	x
050 02 06 02	**Formation and location of turbulence**							
LO	Explain the formation of convective turbulence, mechanical and orographic turbulence, frontal turbulence, clear air turbulence *(Refer to 050 02 06 03)*	x	x	x	x	x	x	x
LO	State where turbulence will normally be found (rough ground surfaces, relief, inversion layers, CB, TS zones, unstable layers)	x	x	x	x	x	x	x
050 02 06 03	**Clear Air Turbulence (CAT): Description, cause and location**							
LO	Describe the term CAT	x	x	x	x	x	x	
LO	Explain the formation of CAT *(Refer to 050 02 06 02)*	x	x	x	x	x	x	

Syllabus reference	Syllabus details and associated Learning Objectives	*Aeroplane*		*Helicopter*			*IR*	*CB-IR*
		ATPL	CPL	ATPL /IR	ATPL	CPL		*EIR*
LO	State where CAT is found in association with jet streams, in high level troughs and in other disturbed high level air flows *(Refer to 050 09 02 02)*	x		x	x			
050 02 07 00	**Jet streams**							
050 02 07 01	**Description**							
LO	Describe jet streams	x	x	x	x	x	x	
LO	State the defined minimum speed of a jet stream	x	x	x	x	x	x	
LO	State typical figures for the dimensions of jet streams	x	x	x	x	x	x	
050 02 07 02	**Formation and properties of jet streams**							
LO	Explain the formation and state the heights, the speeds, the seasonal variations of speeds, the geographical positions, the seasonal occurrence and the seasonal movements of the arctic (front) jet stream, the polar front jet stream, the subtropical jet stream, and the tropical (easterly/equatorial) jet stream	x		x	x			
050 02 07 03	**Location of jet streams and associated CAT areas**							
LO	Sketch or describe where polar front and arctic jet streams are found in the troposphere in relation to the tropopause and to fronts	x		x	x			
LO	Sketch or describe the isotherms, the isotachs, the pressure surfaces and the movements of air in a cross section of a polar front jet stream	x		x	x			
LO	Describe and indicate the areas of worst wind shear and CAT	x		x	x			
050 02 07 04	**Jet stream recognition**							
LO	State how jet streams may be recognized from their associated meteorological phenomena	x		x	x			
050 03 00 00	**THERMODYNAMICS**							
050 03 01 00	**Humidity**							
050 03 01 01	**Water vapour in the atmosphere**							
LO	Describe humid air	x	x	x	x	x	x	x

Syllabus reference	Syllabus details and associated Learning Objectives	*Aeroplane*		*Helicopter*			*IR*	*CB-IR*
		ATPL	CPL	ATPL /IR	ATPL	CPL		*EIR*
LO	Describe the significance for meteorology of water vapour in the atmosphere	x	x	x	x	x	x	x
LO	Indicate the sources of atmospheric humidity	x	x	x	x	x	x	x
050 03 01 02	**Mixing ratio**							
LO	Define mixing ratio, saturation mixing ratio	x	x	x	x	x	x	
LO	Name the unit used in meteorology to express the mixing ratio (g/kg)	x	x	x	x	x	x	
LO	Explain the factors influencing the mixing ratio	x	x	x	x	x	x	
LO	Recognise the lines of equal mixing ratio on a simplified diagram (T,P)	x	x	x	x	x	x	
LO	Define saturation of air by water vapour	x	x	x	x	x	x	
LO	Illustrate with a diagram (T, mixing ratio) the influence of the temperature on the saturation mixing ratio, at constant pressure	x	x	x	x	x	x	
LO	Explain the influence of the pressure on the saturation mixing ratio	x	x	x	x	x	x	
	Note: A simplified diagram (T,P) contains *- on the x-axis temperature (T)* *- on the y-axis height corresponding to pressure (P)* *The degree of saturation/mixing ratio, stability/instability are shown as functions of temperature change with height (as lines or curves in the diagram)*							
050 03 01 03	**Temperature/dew point, relative humidity**							
LO	Define dew point	x	x	x	x	x	x	x
LO	Recognise the dew point curve on a simplified diagram (T,P)	x	x	x	x	x	x	x
LO	Define relative humidity	x	x	x	x	x	x	x
LO	Explain the factors influencing the relative humidity at constant pressure	x	x	x	x	x	x	x
LO	Explain the diurnal variation of the relative humidity	x	x	x	x	x	x	x
LO	Describe the relationship between relative humidity, the amount of water vapour and the temperature	x	x	x	x	x	x	x

Syllabus reference	Syllabus details and associated Learning Objectives	Aeroplane		Helicopter			IR	CB-IR
		ATPL	CPL	ATPL /IR	ATPL	CPL		EIR
LO	Describe the relationship between temperature and dew point	x	x	x	x	x	x	x
LO	Estimate the relative humidity of the air from the difference between dew point and temperature	x	x	x	x	x	x	x
050 03 02 00	**Change of state of aggregation**							
050 03 02 01	**Condensation, evaporation, sublimation, freezing and melting, latent heat**							
LO	Define condensation, evaporation, sublimation, freezing, melting and latent heat	x	x	x	x	x	x	
LO	List the conditions for condensation / evaporation	x	x	x	x	x	x	
LO	Explain the condensation process	x	x	x	x	x	x	
LO	Explain the nature of and the need for condensation nuclei	x	x	x	x	x	x	
LO	Explain the effects of condensation on the weather	x	x	x	x	x	x	
LO	List the conditions for freezing / melting	x	x	x	x	x	x	
LO	Explain the process of freezing	x	x	x	x	x	x	
LO	Explain the nature of and the need for freezing nuclei	x	x	x	x	x	x	
LO	Define supercooled water *(Refer to 050 09 01 01)*	x	x	x	x	x	x	
LO	List the conditions for sublimation	x	x	x	x	x	x	
LO	Explain the sublimation process	x	x	x	x	x	x	
LO	Explain the nature of and the need for sublimation nuclei	x	x	x	x	x	x	
LO	Describe the absorption or release of latent heat in each change of state of aggregation	x	x	x	x	x	x	
LO	Explain the influence of atmospheric pressure, the temperature of the air and of the water or ice on the changes of state of aggregation	x	x	x	x	x	x	
LO	Illustrate all the changes of state of aggregation with practical examples	x	x	x	x	x	x	
050 03 03 00	**Adiabatic processes**							
050 03 03 01	**Adiabatic processes, stability of the atmosphere**							

Syllabus reference	**Syllabus details and associated Learning Objectives**	*Aeroplane*		*Helicopter*			*IR*	*CB-IR*
		ATPL	CPL	ATPL /IR	ATPL	CPL		*EIR*
LO	Describe the adiabatic processes	x	x	x	x	x	x	
LO	Describe the adiabatic process in an unsaturated rising or descending air particle	x	x	x	x	x	x	
LO	- Explain the variation of temperature with changing altitude	x	x	x	x	x	x	
LO	- Explain the changes which take place in mixing ratio with changing altitude	x	x	x	x	x	x	
LO	- Explain the changes which take place in relative humidity with changing altitude	x	x	x	x	x	x	
LO	- Use the dry adiabatic and mixing ratio lines on a simplified diagram (T,P) for a climbing or descending air particle	x	x	x	x	x	x	
LO	Describe the adiabatic process in a saturated rising or descending air particle	x	x	x	x	x	x	
LO	- Explain the variation of temperature with changing altitude	x	x	x	x	x	x	
LO	- Explain the difference in temperature lapse rate between saturated and unsaturated air	x	x	x	x	x	x	
LO	- Explain the influence of different air temperatures on the temperature lapse rate in saturated air	x	x	x	x	x	x	
LO	- Use the saturated adiabatic lines on a simplified diagram (T,P) for a climbing or descending air particle	x	x	x	x	x	x	
LO	- Find the condensation level, or base of the clouds on a simplified diagram (T,P)	x	x	x	x	x	x	
LO	Explain the static stability of the atmosphere with reference to the adiabatic lapse rates	x	x	x	x	x	x	
LO	Define qualitatively and quantitatively the terms stability, conditional instability, instability and indifferent (neutral)	x	x	x	x	x	x	
LO	Explain with a sketch on a simplified diagram (T,P) the different possibilities of atmospheric stability: absolute stability, absolute instability, conditional instability and indifferent	x	x	x	x	x	x	
LO	Illustrate with a sketch of the adiabatic lapse rates and the vertical temperature profile of the atmosphere the effect of an inversion on the vertical motion of air	x	x	x	x	x	x	
LO	Illustrate with a schematic sketch of the saturated adiabatic lapse rate and the vertical temperature profile the instability inside a cumuliform cloud	x	x	x	x	x	x	

Syllabus reference	Syllabus details and associated Learning Objectives	*Aeroplane*		*Helicopter*			*IR*	*CB-IR*
		ATPL	CPL	ATPL /IR	ATPL	CPL		*E/R*
LO	Illustrate with a schematic sketch the formation of the subsidence inversion	x	x	x	x	x	x	
LO	Illustrate with a schematic sketch the formation of Foehn	x	x	x	x	x	x	
LO	Explain the effect on the stability of the air caused by advection of air (warm or cold)	x	x	x	x	x	x	
	Note: Dry adiabatic lapse rate = 1°C/100 m or 3°C/1000 ft; average value at lower levels for saturated adiabatic lapse rate = 0.6°C/100 m or 1.8°C/1000 ft (values to be used in examinations)							
050 04 00 00	**CLOUDS AND FOG**							
050 04 01 00	**Cloud formation and description**							
050 04 01 01	**Cloud formation**							
LO	Explain cloud formation by adiabatic cooling, conduction, advection and radiation	x	x	x	x	x	x	x
LO	Describe the cloud formation based on the following lifting processes: unorganised lifting in thin layers and turbulent mixing; forced lifting at fronts or over mountains; free convection	x	x	x	x	x	x	x
LO	Determine the cloud base and top in a simplified diagram (temperature, pressure, humidity)	x	x	x	x	x	x	x
LO	Explain the influence of relative humidity on the height of the cloud base	x	x	x	x	x	x	x
LO	Illustrate in a thermodynamic diagram the meaning of convective temperature (temperature at which formation of cumulus starts)	x	x	x	x	x	x	x
LO	List cloud types typical for stable and unstable air conditions	x	x	x	x	x	x	x
LO	Summarise the conditions for the dissipation of clouds	x	x	x	x	x	x	x
050 04 01 02	**Cloud types and cloud classification**							
LO	Describe cloud types and cloud classification	x	x	x	x	x	x	x
LO	Identify by shape cirriform, cumuliform and stratiform clouds	x	x	x	x	x	x	x
LO	Identify by shape and typical level the ten cloud types (genera)	x	x	x	x	x	x	x

Syllabus reference	Syllabus details and associated Learning Objectives	*Aeroplane*		*Helicopter*			*IR*	*CB-IR*
		ATPL	CPL	ATPL /IR	ATPL	CPL		*EIR*
LO	Describe and identify by shape the following species and supplementary feature: castellanus, lenticularis, fractus, humilis, mediocris, congestus, calvus, capillatus and virga	x	x	x	x	x	x	x
LO	Distinguish between low, medium and high level clouds according to the WMO cloud étage (including heights)							x
	- for mid-latitudes	x	x	x	x	x	x	
	- for all latitudes	x		x	x			
LO	Distinguish between ice clouds, mixed clouds and pure water clouds	x	x	x	x	x	x	x
050 04 01 03	**Influence of inversions on cloud development**							
LO	Explain the influence of inversions on vertical movements in the atmosphere	x	x	x	x	x	x	x
LO	Explain the influence of an inversion on the formation of stratus clouds	x	x	x	x	x	x	x
LO	Explain the influence of ground inversion on the formation of fog	x	x	x	x	x	x	x
LO	Determine the top of a cumulus cloud caused by an inversion on a simplified diagram	x	x	x	x	x	x	x
LO	Describe the role of the tropopause inversion with regard to the formation of clouds	x		x	x			
050 04 01 04	**Flying conditions in each cloud type**							
LO	Assess the ten cloud types for icing and turbulence	x	x	x	x	x	x	x
050 04 02 00	**Fog, mist, haze**							
050 04 02 01	**General aspects**							
LO	Define fog, mist and haze with reference to WMO standards of visibility range	x	x	x	x	x	x	x
LO	Explain the formation of fog, mist and haze in general	x	x	x	x	x	x	x
LO	Name the factors contributing in general to the formation of fog and mist	x	x	x	x	x	x	x
LO	Name the factors contributing to the formation of haze	x	x	x	x	x	x	x
LO	Describe freezing fog and ice fog	x	x	x	x	x	x	x

Syllabus reference	Syllabus details and associated Learning Objectives	*Aeroplane*		*Helicopter*			*IR*	*CB-IR*
		ATPL	CPL	ATPL /IR	ATPL	CPL		*EIR*
050 04 02 02	**Radiation fog**							
LO	Explain the formation of radiation fog	x	x	x	x	x	x	x
LO	Explain the conditions for the development of radiation fog	x	x	x	x	x	x	x
LO	Describe the significant characteristics of radiation fog, and its vertical extent	x	x	x	x	x	x	x
LO	Summarise the conditions for the dissipation of radiation fog	x	x	x	x	x	x	x
050 04 02 03	**Advection fog**							
LO	Explain the formation of advection fog	x	x	x	x	x	x	x
LO	Explain the conditions for the development of advection fog	x	x	x	x	x	x	x
LO	Describe the different possibilities of advection fog formation (over land, sea and coastal regions)	x	x	x	x	x	x	x
LO	Describe significant characteristics of advection fog	x	x	x	x	x	x	x
LO	Summarise the conditions for the dissipation of advection fog	x	x	x	x	x	x	x
050 04 02 04	**Steam fog**							
LO	Explain the formation of steam fog	x	x	x	x	x	x	x
LO	Explain the conditions for the development of steam fog	x	x	x	x	x	x	x
LO	Describe significant characteristics of steam fog	x	x	x	x	x	x	x
LO	Summarise the conditions for the dissipation of steam fog	x	x	x	x	x	x	x
050 04 02 05	**Frontal fog**							
LO	Explain the formation of frontal fog	x	x	x	x	x	x	x
LO	Explain the conditions for the development of frontal fog	x	x	x	x	x	x	x
LO	Describe significant characteristics of frontal fog	x	x	x	x	x	x	x
LO	Summarise the conditions for the dissipation of frontal fog	x	x	x	x	x	x	x

Syllabus reference	Syllabus details and associated Learning Objectives	*Aeroplane*		*Helicopter*			*IR*	*CB-IR*
		ATPL	CPL	ATPL /IR	ATPL	CPL		*EIR*
050 04 02 06	**Orographic fog (hill fog)**							
LO	Summarise the features of orographic fog	x	x	x	x	x	x	x
LO	Explain the conditions for the development of orographic fog	x	x	x	x	x	x	x
LO	Describe significant characteristics of orographic fog	x	x	x	x	x	x	x
LO	Summarise the conditions for the dissipation of orographic fog	x	x	x	x	x	x	x
050 05 00 00	**PRECIPITATION**							
050 05 01 00	**Development of precipitation**							
050 05 01 01	**Process of development of precipitation**							
LO	Distinguish between the two following processes by which precipitation is formed	x	x	x	x	x	x	x
LO	- Summarise the outlines of the ice crystal process (Bergeron-Findeisen)	x	x	x	x	x	x	x
LO	- Summarise the outlines of the coalescence process	x	x	x	x	x	x	x
LO	Describe the atmospheric conditions that favour either process	x	x	x	x	x	x	x
LO	Explain the development of snow, rain, drizzle and hail	x	x	x	x	x	x	x
050 05 02 00	**Types of precipitation**							
050 05 02 01	**Types of precipitation, relationship with cloud types**							
LO	List and describe the types of precipitation given in the TAF and METAR codes (drizzle, rain, snow, snow grains, ice pellets, hail, small hail, snow pellets, ice crystals, freezing drizzle, freezing rain)	x	x	x	x	x	x	x
LO	State ICAO/WMO approximate diameters for cloud, drizzle and rain drops	x	x	x	x	x	x	x
LO	State approximate weights and diameters for hailstones	x	x	x	x	x	x	x
LO	Explain the mechanism for the formation of freezing precipitation	x	x	x	x	x	x	x
LO	Describe the weather conditions that give rise to freezing precipitation	x	x	x	x	x	x	x

Syllabus reference	Syllabus details and associated Learning Objectives	*Aeroplane*		*Helicopter*			*IR*	*CB-IR*
		ATPL	CPL	ATPL /IR	ATPL	CPL		*EIR*
LO	Distinguish between the types of precipitation generated in convective and stratiform cloud	x	x	x	x	x	x	x
LO	Assign typical precipitation types and intensities to different clouds	x	x	x	x	x	x	x
050 06 00 00	**AIR MASSES AND FRONTS**							
050 06 01 00	**Air masses**							
050 06 01 01	**Description, classification and source regions of air masses**							
LO	Define the term air mass	x	x	x	x	x	x	x
LO	Describe the properties of the source regions	x	x	x	x	x	x	x
LO	Summarise the classification of air masses by source regions	x	x	x	x	x	x	x
LO	State the classifications of air masses by temperature and humidity at source	x	x	x	x	x	x	x
LO	State the characteristic weather in each of the air masses	x	x	x	x	x	x	x
LO	Name the three main air masses that affect Europe	x	x	x	x	x	x	x
LO	Classify air masses on a surface weather chart	x	x	x	x	x	x	x
	Note: Names and abbreviations of air masses used in examinations: *- first letter: humidity continental (c), maritime (m)* *- second letter: type of air mass Arctic (A), Polar (P), Tropical (T), Equatorial (E)* *- third letter: temperature cold (c), warm (w)*							
050 06 01 02	**Modifications of air masses**							
LO	List the environmental factors that affect the final properties of an air mass	x	x	x	x	x	x	x
LO	Explain how maritime and continental tracks modify air masses	x	x	x	x	x	x	x
LO	Explain the effect of passage over cold or warm surfaces	x	x	x	x	x	x	x
LO	Explain how air mass weather is affected by the season, the air mass track and by orographic and thermal effects over land	x	x	x	x	x	x	x

Syllabus reference	Syllabus details and associated Learning Objectives	Aeroplane		Helicopter			IR	CB-IR
		ATPL	CPL	ATPL /IR	ATPL	CPL		EIR
LO	Assess the tendencies of the stability for an air mass and describe the typical resulting air mass weather including the hazards for aviation	x	x	x	x	x	x	x
050 06 02 00	**Fronts**							
050 06 02 01	**General aspects**							
LO	Describe the boundaries between air masses (fronts)	x	x	x	x	x	x	x
LO	Define front and frontal surface (frontal zone)	x	x	x	x	x	x	x
LO	Name the global frontal systems (polar front, arctic front)	x	x	x	x	x	x	
LO	State the approximate seasonal latitudes and geographic positions of the polar front and the arctic front	x	x	x	x	x	x	
050 06 02 02	**Warm front, associated clouds and weather**							
LO	Define a warm front	x	x	x	x	x	x	x
LO	Describe the cloud, weather, ground visibility and aviation hazards at a warm front depending on the stability of the warm air	x	x	x	x	x	x	x
LO	Explain the seasonal differences in the weather at warm fronts	x	x	x	x	x	x	x
LO	Describe the structure, slope and dimensions of a warm front	x	x	x	x	x	x	x
LO	Sketch a cross-section of a warm front, showing weather, cloud and aviation hazards	x	x	x	x	x	x	x
050 06 02 03	**Cold front, associated clouds and weather**							
LO	Define a cold front	x	x	x	x	x	x	x
LO	Describe the cloud, weather, ground visibility and aviation hazards at a cold front depending on the stability of the warm air	x	x	x	x	x	x	x
LO	Explain the seasonal differences in the weather at cold fronts	x	x	x	x	x	x	x
LO	Describe the structure, slope and dimensions of a cold front	x	x	x	x	x	x	x
LO	Sketch a cross-section of a cold front, showing weather, cloud and aviation hazards	x	x	x	x	x	x	x
050 06 02 04	**Warm sector, associated clouds and weather**							

Syllabus reference	Syllabus details and associated Learning Objectives	*Aeroplane*		*Helicopter*			*IR*	*CB-IR*
		ATPL	CPL	ATPL /IR	ATPL	CPL		*EIR*
LO	Define fronts and air masses associated with the warm sector	x	x	x	x	x	x	x
LO	Describe the cloud, weather, ground visibility and aviation hazards in a warm sector	x	x	x	x	x	x	x
LO	Explain the seasonal differences in the weather in the warm sector	x	x	x	x	x	x	x
LO	Sketch a cross-section of a warm sector, showing weather, cloud and aviation hazards	x	x	x	x	x	x	x
050 06 02 05	**Weather behind the cold front**							
LO	Describe the cloud, weather, ground visibility and aviation hazards behind the cold front	x	x	x	x	x	x	x
LO	Explain the seasonal differences in the weather behind the cold front	x	x	x	x	x	x	x
050 06 02 06	**Occlusions, associated clouds and weather**							
LO	Define the term occlusion	x	x	x	x	x	x	x
LO	Define a cold occlusion	x	x	x	x	x	x	x
LO	Define a warm occlusion	x	x	x	x	x	x	x
LO	Describe the cloud, weather, ground visibility and aviation hazards in a cold occlusion	x	x	x	x	x	x	x
LO	Describe the cloud, weather, ground visibility and aviation hazards in a warm occlusion	x	x	x	x	x	x	x
LO	Explain the seasonal differences in the weather at occlusions	x	x	x	x	x	x	x
LO	Sketch a cross-section of cold and warm occlusions, showing weather, cloud and aviation hazards	x	x	x	x	x	x	x
LO	In a sketch plan illustrate the development of an occlusion and the movement of the occlusion point	x	x	x	x	x	x	x
050 06 02 07	**Stationary front, associated clouds and weather**							
LO	Define a stationary or quasi-stationary front	x	x	x	x	x	x	x
LO	Describe the cloud, weather, ground visibility and aviation hazards in a stationary or quasi-stationary front	x	x	x	x	x	x	x
050 06 02 08	**Movement of fronts and pressure systems, life cycle**							

Syllabus reference	Syllabus details and associated Learning Objectives	Aeroplane		Helicopter			IR	CB-IR
		ATPL	CPL	ATPL /IR	ATPL	CPL		EIR
LO	Describe the movements of fronts and pressure systems and the life cycle of a mid-latitude depression	x	x	x	x	x	x	x
LO	State the rules for predicting the direction and the speed of movement of fronts	x	x	x	x	x	x	x
LO	Explain the difference between the speed of movement of cold and warm fronts	x	x	x	x	x	x	x
LO	State the rules for predicting the direction and the speed of movement of frontal depressions	x	x	x	x	x	x	x
LO	Describe, with a sketch if required, the genesis, development and life cycle of a frontal depression with associated cloud and rain belts	x	x	x	x	x	x	x
050 06 02 09	**Changes of meteorological elements at a frontal wave**							
LO	Sketch a plan and a cross-section of a frontal wave (warm front, warm sector and cold front) and illustrate the changes of pressure, temperature, surface wind and wind in the vertical axis	x	x	x	x	x	x	x
050 07 00 00	**PRESSURE SYSTEMS**							
050 07 01 00	**The principal pressure areas**							
050 07 01 01	**Location of the principal pressure areas**							
LO	Identify or indicate on a map the principal global high pressure and low pressure areas in January and July	x		x	x			
LO	Explain how these pressure areas are formed	x		x	x			
LO	Explain how the pressure areas move with the seasons	x		x	x			
050 07 02 00	**Anticyclone**							
050 07 02 01	**Anticyclones, types, general properties, cold and warm anticyclones, ridges and wedges, subsidence**							
LO	List the different types of anticyclones	x	x	x	x	x	x	x
LO	Describe the effect of high level convergence in producing areas of high pressure at ground level	x	x	x	x	x	x	x

Syllabus reference	Syllabus details and associated Learning Objectives	Aeroplane		Helicopter			IR	CB-IR
		ATPL	CPL	ATPL /IR	ATPL	CPL		EIR
LO	Describe air mass subsidence, its effect on the environmental lapse rate, and the associated weather	x	x	x	x	x	x	x
LO	Describe the formation of warm and cold anticyclones	x	x	x	x	x	x	x
LO	Describe the formation of ridges and wedges *(Refer to 050 08 03 02)*	x	x	x	x	x	x	x
LO	Describe the properties of and the weather associated with warm and cold anticyclones	x	x	x	x	x	x	x
LO	Describe the properties of and the weather associated with ridges and wedges	x	x	x	x	x	x	x
LO	Describe the blocking anticyclone and its effects	x	x	x	x	x	x	
050 07 03 00	**Non frontal depressions**							
050 07 03 01	**Thermal-, orographic-, polar- and secondary depressions, troughs**							
LO	Describe the effect of high level divergence in producing areas of low pressure at ground level	x	x	x	x	x	x	x
LO	Describe the formation and properties of thermal-, orographic- (lee lows), polar- and secondary depressions	x	x	x	x	x	x	x
LO	Describe the formation, the properties and the associated weather of troughs	x	x	x	x	x	x	x
050 07 04 00	**Tropical revolving storms**							
050 07 04 01	**Characteristics of tropical revolving storms**							
LO	State the conditions necessary for the formation of tropical revolving storms	x		x	x			
LO	Explain how a tropical revolving storm moves during its life cycle	x		x	x			
LO	Name the stages of the development of tropical revolving storms (tropical disturbance, tropical depression, tropical storm, severe tropical storm, tropical revolving storm)	x		x	x			
LO	Describe the meteorological conditions in and near a tropical revolving storm	x		x	x			
LO	State the approximate dimensions of a tropical revolving storm	x		x	x			
050 07 04 02	**Origin and local names, location and period of occurrence**							

Syllabus reference	Syllabus details and associated Learning Objectives	*Aeroplane*		*Helicopter*			*IR*	*CB-IR*
		ATPL	CPL	ATPL /IR	ATPL	CPL		*EIR*
LO	List the areas of origin and occurrence of tropical revolving storms, and their specified names (hurricane, typhoon, tropical cyclone)	x		x	x			
LO	State the expected times of occurrence of tropical revolving storms in each of the source areas, and their approximate frequency	x		x	x			
050 08 00 00	**CLIMATOLOGY**							
050 08 01 00	**Climatic zones**							
050 08 01 01	**General circulation in the troposphere and lower stratosphere**							
LO	Describe the general tropospheric and low stratospheric circulation *(Refer to 050 02 03 01)*	x		x	x			
050 08 01 02	**Climatic classification**							
LO	Name the world climate groups according to Koeppen's classification	x		x	x			
LO	Describe the characteristics of the tropical rain climate, the dry climate, the mid-latitude climate (warm temperate rain climate), the subarctic climate (cold snow-forest climate) and the snow climate (polar climate)	x		x	x			
LO	Explain how the seasonal movement of the sun generates the transitional climate zones	x		x	x			
LO	Describe the typical weather in the tropical transitional climate (Savannah climate) and in the temperate transitional climate (Mediterranean climate)	x		x	x			
LO	State the typical locations of each major climatic zone	x		x	x			
050 08 02 00	**Tropical climatology**							
050 08 02 01	**Cause and development of tropical showers and thunderstorms: humidity, temperature, tropopause**							
LO	State the conditions necessary for the formation of tropical rain showers and thunderstorms (mesoscale convective complex, cloud clusters)	x		x	x			
LO	Describe the characteristics of tropical squall lines	x		x	x			

Syllabus reference	Syllabus details and associated Learning Objectives	*Aeroplane*		*Helicopter*			*IR*	*CB-IR*
		ATPL	CPL	ATPL /IR	ATPL	CPL		*EIR*
LO	Explain the formation of convective cloud structures caused by convergence at the boundary of the NE and SE trade winds (ITCZ)	x		x	x			
LO	State typical figures for tropical surface air temperatures and humidities, and heights of the zero degree isotherm	x		x	x			
050 08 02 02	**Seasonal variations of weather and wind, typical synoptic situations**							
LO	Describe the seasonal variations of weather and winds and describe typical synoptic situations	x		x	x			
LO	Indicate on a map the trade winds (tropical easterlies) and describe the associated weather	x		x	x			
LO	Indicate on a map the doldrums and describe the associated weather	x		x	x			
LO	Indicate on a sketch the latitudes of subtropical high (horse latitudes) and describe the associated weather	x		x	x			
LO	Indicate on a map the major monsoon winds *(Refer to 050 08 02 04 for a description of the weather)*	x		x	x			
050 08 02 03	**Intertropical Convergence Zone (ITCZ), weather in the ITCZ, general seasonal movement**							
LO	Identify or indicate on a map the positions of the ITCZ in January and July	x		x	x			
LO	Explain the seasonal movement of the ITCZ	x		x	x			
LO	Describe the weather and winds at the ITCZ	x		x	x			
LO	Explain the variations in weather that are found at the ITCZ	x		x	x			
LO	Explain the flight hazards associated with the ITCZ	x		x	x			
050 08 02 04	**Monsoon, sandstorms, cold air outbreaks**							
LO	Define in general the term monsoon	x		x	x			
LO	Describe the major monsoon conditions *(Refer to 050 08 02 02)*	x		x	x			

Syllabus reference	Syllabus details and associated Learning Objectives	*Aeroplane*		*Helicopter*			*IR*	*CB-IR*
		ATPL	CPL	ATPL /IR	ATPL	CPL		*EIR*
LO	Explain how the trade winds change character after a long track and become monsoon winds	x		x	x			
LO	Explain the formation of the SW/NE monsoon over West Africa and describe the weather, stressing the seasonal differences	x		x	x			
LO	Explain the formation of the SW/NE monsoon over India and describe the weather, stressing the seasonal differences	x		x	x			
LO	Explain the formation of the monsoon over the Far East and northern Australia and describe the weather, stressing the seasonal differences	x		x	x			
LO	Describe the formation and properties of sandstorms	x		x	x			
LO	Indicate when and where outbreaks of cold polar air can enter subtropical weather systems	x		x	x			
LO	Name well known examples of polar air outbreaks (Blizzard, Pampero)	x		x	x			
050 08 02 05	**Easterly waves**							
LO	Describe and explain the formation of easterly waves, the associated weather and the duration of the weather activity	x		x	x			
LO	Describe and explain the global distribution of easterly waves	x		x	x			
LO	Explain the effect of easterly waves on the tropical weather systems	x		x	x			
050 08 03 00	**Typical weather situations in the mid-latitudes**							
050 08 03 01	**Westerly situation (westerlies)**							
LO	Identify on a weather chart the typical westerly situation with travelling polar front waves	x	x	x	x	x	x	x
LO	Describe the typical weather in the region of the travelling polar front waves including the seasonal variations	x	x	x	x	x	x	x
LO	State the differences between the northern and the southern hemisphere (roaring forties)	x		x	x			
050 08 03 02	**High pressure area**							

Syllabus reference	Syllabus details and associated Learning Objectives	*Aeroplane*		*Helicopter*			*IR*	*CB-IR*
		ATPL	CPL	ATPL /IR	ATPL	CPL		*EIR*
LO	Describe the high pressure zones with the associated weather	x	x	x	x	x	x	x
LO	Identify on a weather chart high pressure regions	x	x	x	x	x	x	x
LO	Describe the weather associated with wedges in the polar air *(Refer to 050 07 02 01)*	x	x	x	x	x	x	x
050 08 03 03	**Flat pressure pattern**							
LO	Identify on a surface weather chart the typical flat pressure pattern	x	x	x	x	x	x	x
LO	Describe the weather associated with a flat pressure pattern	x	x	x	x	x	x	x
050 08 03 04	**Cold air pool (cold air drop)**							
LO	Define cold air pool	x	x	x	x	x	x	
LO	Describe the formation of a cold air pool	x	x	x	x	x	x	
LO	Describe the characteristics of a cold air pool with regard to dimensions, duration of life, geographical position, seasons, movements, weather activities and dissipation	x	x	x	x	x	x	
LO	Identify cold air pools on weather charts	x	x	x	x	x	x	
LO	Explain the problems and dangers for aviation	x	x	x	x	x	x	
050 08 04 00	**Local winds and associated weather**							
050 08 04 01	**Foehn, Mistral, Bora, Scirocco, Ghibli and Khamsin**							
LO	Describe the classical mechanism for the development of Foehn winds (including Chinook)	x	x	x	x	x	x	
LO	Describe the weather associated with Foehn winds	x	x	x	x	x	x	
LO	Describe the formation of, the characteristics of, and the weather associated with the Mistral, the Bora, the Scirocco, the Ghibli and the Khamsin	x	x	x	x	x	x	
050 08 04 02	**Harmattan**							
LO	Describe the Harmattan wind and associated visibility problems	x		x	x			
050 09 00 00	**FLIGHT HAZARDS**							

Syllabus reference	Syllabus details and associated Learning Objectives	*Aeroplane*		*Helicopter*			*IR*	*CB-IR*
		ATPL	CPL	ATPL /IR	ATPL	CPL		*EIR*
050 09 01 00	**Icing**							
050 09 01 01	**Conditions for ice accretion**							
LO	Summarise the general conditions under which ice accretion occurs on aircraft (temperatures of outside air; temperature of the airframe; presence of supercooled water in clouds, fog, rain and drizzle; possibility of sublimation)	x	x	x	x	x	x	x
LO	Indicate the general weather conditions under which ice accretion in venturi carburettor occurs	x	x	x	x	x	x	x
LO	Explain the general weather conditions under which ice accretion on airframe occurs	x	x	x	x	x	x	x
LO	Explain the formation of supercooled water in clouds, rain and drizzle *(Refer to 050 03 02 01)*	x	x	x	x	x	x	x
LO	Explain qualitatively the relationship between the air temperature and the amount of supercooled water	x	x	x	x	x	x	x
LO	Explain qualitatively the relationship between the type of cloud and the size and number of the droplets, in cumuliform and stratiform clouds	x	x	x	x	x	x	x
LO	Indicate in which circumstances ice can form on an aircraft on the ground: air temperature, humidity, precipitation	x	x	x	x	x	x	x
LO	Explain in which circumstances ice can form on an aircraft in flight: inside clouds, in precipitation, outside clouds and precipitation	x	x	x	x	x	x	x
LO	Describe the different factors influencing the intensity of icing: air temperature, amount of supercooled water in a cloud or in precipitation, amount of ice crystals in the air, speed of the aircraft, shape (thickness) of the airframe parts (wings, antennas, a.s.o.)	x	x	x	x	x	x	x
LO	Explain the effects of topography on icing	x	x	x	x	x	x	x
LO	Explain the higher concentration of water drops in stratiform orographic clouds	x	x	x	x	x	x	x
050 09 01 02	**Types of ice accretion**							
LO	Define clear ice	x	x	x	x	x	x	x
LO	Describe the conditions for the formation of clear ice	x	x	x	x	x	x	x

Syllabus reference	Syllabus details and associated Learning Objectives	*Aeroplane*		*Helicopter*			*IR*	*CB-IR*
		ATPL	CPL	ATPL /IR	ATPL	CPL		*EIR*
LO	Explain the formation of the structure of clear ice with the release of latent heat during the freezing process	x	x	x	x	x	x	x
LO	Describe the aspect of clear ice: appearance, weight, solidity	x	x	x	x	x	x	x
LO	Define rime ice	x	x	x	x	x	x	x
LO	Describe the conditions for the formation of rime ice	x	x	x	x	x	x	x
LO	Describe the aspect of rime ice: appearance, weight, solidity	x	x	x	x	x	x	x
LO	Define mixed ice	x	x	x	x	x	x	x
LO	Describe the conditions for the formation of mixed ice	x	x	x	x	x	x	x
LO	Describe the aspect of mixed ice: appearance, weight, solidity	x	x	x	x	x	x	x
LO	Describe the possible process of ice formation in snow conditions	x	x	x	x	x	x	x
LO	Define hoar frost	x	x	x	x	x	x	x
LO	Describe the conditions for the formation of hoar frost	x	x	x	x	x	x	x
LO	Describe the aspect of hoar frost: appearance, solidity	x	x	x	x	x	x	x
050 09 01 03	**Hazards of ice accretion, avoidance**							
LO	State the ICAO qualifying terms for the intensity of icing *(See ICAO ATM Doc 4444)*	x	x	x	x	x	x	x
LO	Describe, in general, the hazards of icing	x	x	x	x	x	x	x
LO	Assess the dangers of the different types of ice accretion	x	x	x	x	x	x	x
LO	Describe the position of the dangerous zones of icing in fronts, in stratiform and cumuliform clouds and in the different precipitation types	x	x	x	x	x	x	x
LO	Indicate the possibilities of avoidance - in the flight planning: weather briefing, choice of track and altitude - during flight: recognition of the dangereous zones, choice of appropriate track and altitude	x	x	x	x	x	x	x
050 09 02 00	**Turbulence**							

Syllabus reference	Syllabus details and associated Learning Objectives	*Aeroplane*		*Helicopter*			*IR*	*CB-IR*
		ATPL	CPL	ATPL /IR	ATPL	CPL		*EIR*
050 09 02 01	**Effects on flight, avoidance**							
LO	State the ICAO qualifying terms for the intensity of turbulence *(See ICAO ATM Doc 4444)*	x	x	x	x	x	x	x
LO	Describe the effects of turbulence on an aircraft in flight	x	x	x	x	x	x	x
LO	Indicate the possibilities of avoidance - in the flight planning: weather briefing, choice of track and altitude - during flight: choice of appropriate track and altitude	x	x	x	x	x	x	x
050 09 02 02	**CAT: effects on flight, avoidance**							
LO	Describe the effects on flight caused by CAT *(Refer to 050 02 06 03)*	x		x	x			
LO	Indicate the possibilities of avoidance - in the flight planning: weather briefing, choice of track and altitude - during flight: choice of appropriate track and altitude	x		x	x			
050 09 03 00	**Wind shear**							
050 09 03 01	**Definition of wind shear**							
LO	Define wind shear (vertical and horizontal)	x	x	x	x	x	x	x
LO	Define low level wind shear	x	x	x	x	x	x	x
050 09 03 02	**Weather conditions for wind shear**							
LO	Describe conditions where and how wind shear can form (e.g. thunderstorms, squall lines, fronts, inversions, land and sea breeze, friction layer, relief)	x	x	x	x	x	x	x
050 09 03 03	**Effects on flight, avoidance**							
LO	Describe the effects on flight caused by wind shear	x	x	x	x	x	x	x
LO	Indicate the possibilities of avoidance - in the flight planning - during flight	x	x	x	x	x	x	x

Syllabus reference	Syllabus details and associated Learning Objectives	*Aeroplane*		*Helicopter*			*IR*	*CB-IR*
		ATPL	CPL	ATPL /IR	ATPL	CPL		*EIR*
050 09 04 00	**Thunderstorms**							
050 09 04 01	**Conditions for and process of development, forecast, location, type specification**							
LO	Name the cloud types which indicate the development of thunderstorms	x	x	x	x	x	x	x
LO	Describe the different types of thunderstorms, their location, the conditions for and the process of development and list their properties (air mass thunderstorms, frontal thunderstorms, squall lines, supercell storms, orographic thunderstorms)	x	x	x	x	x	x	x
050 09 04 02	**Structure of thunderstorms, life history**							
LO	Describe and sketch the stages of the life history of a thunderstorm: initial, mature and dissipating stage	x	x	x	x	x	x	x
LO	Assess the average duration of thunderstorms and their different stages	x	x	x	x	x	x	x
LO	Describe supercell storm: initial, supercell, tornado and dissipating stage	x	x	x	x	x	x	x
LO	Summarise the flight hazards of a fully developed thunderstorm	x	x	x	x	x	x	x
LO	Indicate on a sketch the most dangerous zones in and around a thunderstorm	x	x	x	x	x	x	x
050 09 04 03	**Electrical discharges**							
LO	Describe the basic outline of the electric field in the atmosphere	x	x	x	x	x	x	x
LO	Describe the electrical potential differences in and around a thunderstorm	x	x	x	x	x	x	x
LO	Describe and asses “St. Elmo’s fire”	x	x	x	x	x	x	x
LO	Describe the development of lightning discharges	x	x	x	x	x	x	x
LO	Describe the effect of lightning strike on aircraft and flight execution	x	x	x	x	x	x	x
050 09 04 04	**Development and effects of downbursts**							
LO	Define the term downburst	x	x	x	x	x	x	x
LO	Distinguish between macroburst and microburst	x	x	x	x	x	x	x
LO	State the weather situations leading to the formation of downbursts	x	x	x	x	x	x	x

Syllabus reference	Syllabus details and associated Learning Objectives	*Aeroplane*		*Helicopter*			*IR*	*CB-IR*
		ATPL	CPL	ATPL /IR	ATPL	CPL		*EIR*
LO	Describe the process of development of a downburst	x	x	x	x	x	x	x
LO	Give the typical duration of a downburst	x	x	x	x	x	x	x
LO	Describe the effects of downbursts	x	x	x	x	x	x	x
050 09 04 05	**Thunderstorm avoidance**							
LO	Explain how the pilot can anticipate each type of thunderstorms: pre-flight weather briefing, observation in flight, use of specific meteorological information, use of information given by ground weather radar and by airborne weather radar *(Refer to 050 10 01 04)*, use of the stormscope (lightning detector)	x	x	x	x	x	x	x
LO	Describe practical examples of flight techniques used to avoid the hazards of thunderstorms	x	x	x	x	x	x	x
050 09 05 00	**Tornadoes**							
050 09 05 01	**Properties and occurrence**							
LO	Define the tornado	x	x	x	x	x	x	x
LO	Describe the formation of a tornado	x		x	x			
LO	Describe the typical features of a tornado, such as appearance, season, time of day, stage of development, speed of movement and wind speed (including Fujita-scale)	x		x	x			
LO	Compare the occurrence of tornadoes in Europe with the occurrence in other locations, especially in the United States of America	x		x	x			
LO	Compare dimensions and properties of tornadoes and dust devils	x		x	x			
050 09 06 00	**Inversions**							
050 09 06 01	**Influence on aircraft performance**							
LO	Explain the influence of inversions on the aircraft performance	x	x	x	x	x	x	x
LO	Compare the flight hazards during take-off and approach associated to a strong inversion alone and to a strong inversion combined with marked wind shear	x	x	x	x	x	x	x
050 09 07 00	**Stratospheric conditions**							

Syllabus reference	Syllabus details and associated Learning Objectives	*Aeroplane*		*Helicopter*			*IR*	*CB-IR*
		ATPL	CPL	ATPL /IR	ATPL	CPL		*EIR*
050 09 07 01	**Tropopause influence on aircraft performance**							
LO	Describe the tropopause influence on aircraft performance	x		x	x			
LO	Summarise the advantage of stratospheric flights	x		x	x			
LO	List the influences of the phenomena associated with the tropopause (wind, temperature, air density, turbulence)	x		x	x			
050 09 08 00	**Hazards in mountainous areas**							
050 09 08 01	**Influence of terrain on clouds and precipitation, frontal passage**							
LO	Describe the influence of a mountainous terrain on cloud and precipitation	x	x	x	x	x	x	x
LO	Describe the effects of the Foehn	x	x	x	x	x	x	x
LO	Describe the influence of a mountainous area on a frontal passage	x	x	x	x	x	x	x
050 09 08 02	**Vertical movements, mountain waves, wind shear, turbulence, ice accretion**							
LO	Describe the vertical movements, wind shear and turbulence typical of mountain areas	x	x	x	x	x	x	x
LO	Indicate in a sketch of a chain of mountains the turbulent zones (mountain waves, rotors)	x	x	x	x	x	x	x
LO	Explain the influence of relief on ice accretion	x	x	x	x	x	x	x
050 09 08 03	**Development and effect of valley inversions**							
LO	Describe the formation of valley inversion due to the katabatic winds	x	x	x	x	x	x	x
LO	Describe the valley inversion formed by warm winds aloft	x	x	x	x	x	x	x
LO	Describe the effects of a valley inversion for an aircraft in flight	x	x	x	x	x	x	x
050 09 09 00	**Visibility reducing phenomena**							
050 09 09 01	**Reduction of visibility caused by precipitation and obscurations**							
LO	Describe the reduction of visibility caused by precipitation: drizzle, rain, snow	x	x	x	x	x	x	x

Syllabus reference	Syllabus details and associated Learning Objectives	Aeroplane		Helicopter			IR	CB-IR
		ATPL	CPL	ATPL /IR	ATPL	CPL		EIR
LO	Describe the reduction of visibility caused by obscurations:							
	- fog, mist, haze, smoke, volcanic ash	x	x	x	x	x	x	x
	- sand (SA), dust (DU)	x		x	x			
LO	Describe the differences between the ground visibility, flight visibility, slant visibility and vertical visibility when an aircraft is above or within a layer of haze or fog	x	x	x	x	x	x	x
050 09 09 02	**Reduction of visibility caused by other phenomena**							
LO	Describe the reduction of visibility caused by							
	- low drifting and blowing snow	x	x	x	x	x	x	x
	- low drifting and blowing dust and sand	x		x	x			
	- duststorm (DS) and sandstorm (SS)	x		x	x			
	- icing (windshield)	x	x	x	x	x	x	x
	- the position of the sun relative to the visual direction	x	x	x	x	x	x	x
	- the reflection of sun's rays from the top of layers of haze, fog and clouds	x	x	x	x	x	x	x
050 10 00 00	**METEOROLOGICAL INFORMATION**							
050 10 01 00	**Observation**							
050 10 01 01	**Surface observations**							
LO	Define surface wind	x	x	x	x	x	x	
LO	Describe the meteorological measurement of surface wind	x	x	x	x	x	x	
LO	List the ICAO units for the wind direction and speed used in the METARs (kt, m/s, km/h) *(Refer to 050 02 01 01)*	x	x	x	x	x	x	
LO	Define gusts, as given in the METARs	x	x	x	x	x	x	
LO	Distinguish wind given in METARs and wind given by the control tower for take-off and landing	x	x	x	x	x	x	
LO	Define visibility	x	x	x	x	x	x	x

Syllabus reference	**Syllabus details and associated Learning Objectives**	*Aeroplane*		*Helicopter*			*IR*	*CB-IR*
		ATPL	CPL	ATPL /IR	ATPL	CPL		*EIR*
LO	Describe the mereorological measurement of visibility	x	x	x	x	x	x	x
LO	Define prevailing visibility	x	x	x	x	x	x	x
LO	Define ground visibility	x	x	x	x	x	x	x
LO	List the units used for visibility (m, km)	x	x	x	x	x	x	x
LO	Define runway visual range	x	x	x	x	x	x	x
LO	Describe the meteorological measurement of runway visual range	x	x	x	x	x	x	x
LO	Indicate where the transmissometers / forward-scatter meters are placed on the airport	x	x	x	x	x	x	x
LO	List the units used for runway visual range (m)	x	x	x	x	x	x	x
LO	List the different possibilities to transmit information about runway visual range to pilots	x	x	x	x	x	x	x
LO	Compare visibility and runway visual range	x	x	x	x	x	x	x
LO	Indicate the means of observation of present weather	x	x	x	x	x	x	
LO	Indicate the means of observing clouds: type, amount, height of base (ceilometers) and top	x	x	x	x	x	x	
LO	List the clouds considered in meteorological reports, and how they are indicated in METARs (TCU, CB)	x	x	x	x	x	x	x
LO	Define oktas	x	x	x	x	x	x	x
LO	Define cloud base	x	x	x	x	x	x	x
LO	Define ceiling	x	x	x	x	x	x	x
LO	Name the unit and the reference level used for information about cloud base (ft)	x	x	x	x	x	x	x
LO	Define vertical visibility	x	x	x	x	x	x	x
LO	Explain briefly how and when the vertical visibility is measured	x	x	x	x	x	x	x
LO	Name the unit used for vertical visibility (ft)	x	x	x	x	x	x	x
LO	Indicate the means of observation of air temperature (thermometer)	x	x	x	x	x	x	

Syllabus reference	Syllabus details and associated Learning Objectives	*Aeroplane*		*Helicopter*			*IR*	*CB-IR*
		ATPL	CPL	ATPL /IR	ATPL	CPL		*EIR*
LO	List the units used for air temperature (°C, °F, Kelvin) *(Refer to 050 01 02 01)*	x	x	x	x	x	x	
LO	Indicate the means of observation of relative humidity (hygrometer and psychrometer) and dew point temperature (calculation)	x	x	x	x	x	x	
LO	Name the units of relative humidity (%) and dew point temperature (°C, °F)	x	x	x	x	x	x	
LO	Indicate the means of observation of atmospheric pressure (mercury and aneroid barometer)	x	x	x	x	x	x	
LO	List the units of atmospheric pressure (hPa, inches) *(Refer to 050 01 03 01)*	x	x	x	x	x	x	
050 10 01 02	**Radiosonde observations**							
LO	Describe the principle of radiosondes	x	x	x	x	x	x	
LO	Describe and interpret the sounding by radiosonde given on a simplified T,P diagram	x	x	x	x	x	x	
050 10 01 03	**Satellite observations**							
LO	Describe the basic outlines of satellite observations	x	x	x	x	x	x	
LO	Name the main uses of satellite pictures in aviation meteorology	x	x	x	x	x	x	
LO	Describe the different types of satellite imagery	x	x	x	x	x	x	
LO	Interpret qualitatively the satellite pictures in order to get useful information for the flights:							
	- location of clouds (distinguish between stratiform and cumuliform clouds)	x	x	x	x	x	x	
	- location of fronts	x	x	x	x	x	x	
	- location of jet streams	x		x	x			
050 10 01 04	**Weather radar observations** ***(Refer to 050 09 04 05)***							
LO	Describe the basic principle and the type of information given by ground weather radar	x	x	x	x	x	x	
LO	Interpret ground weather radar images	x	x	x	x	x	x	x
LO	Describe the basic principle and the type of information given by airborne weather radar	x	x	x	x	x	x	x

Syllabus reference	Syllabus details and associated Learning Objectives	*Aeroplane*		*Helicopter*			*IR*	*CB-IR*
		ATPL	CPL	ATPL /IR	ATPL	CPL		*EIR*
LO	Describe the limits and the errors of airborne weather radar information	x	x	x	x	x	x	x
LO	Interpret typical airborne weather radar images	x	x	x	x	x	x	x
050 10 01 05	**Aircraft observations and reporting**							
LO	Describe routine air-report and special air-report	x	x	x	x	x	x	
LO	State the obligation of a pilot to make air-reports	x	x	x	x	x	x	
LO	Name weather phenomena to be stated in a special air-report	x	x	x	x	x	x	
050 10 02 00	**Weather charts**							
050 10 02 01	**Significant weather charts**							
LO	Decode and interpret significant weather charts (low, medium and high level)	x	x	x	x	x	x	x
LO	Describe from a significant weather chart the flight conditions at designated locations and/or along a defined flight route at a given flight level	x	x	x	x	x	x	x
050 10 02 02	**Surface charts**							
LO	Recognize the following weather systems on a surface weather chart (analysed and forecast): ridges, cols and troughs; fronts; frontal side, warm sector and rear side of mid-latitude frontal lows; high and low pressure areas	x	x	x	x	x	x	x
LO	Determine from surface weather charts the wind direction and speed	x	x	x	x	x	x	
050 10 02 03	**Upper air charts**							
LO	Define constant pressure chart	x	x	x	x	x	x	
LO	Define isohypse (contour line) *(Refer to 050 01 03 02)*	x	x	x	x	x	x	
LO	Define isotherm	x	x	x	x	x	x	
LO	Define isotach	x	x	x	x	x	x	
LO	Describe forecast upper wind and temperature charts	x	x	x	x	x	x	

Syllabus reference	Syllabus details and associated Learning Objectives	*Aeroplane*		*Helicopter*			*IR*	*CB-IR*
		ATPL	CPL	ATPL /IR	ATPL	CPL		*EIR*
LO	For designated locations and/or routes determine from forecast upper wind and temperature charts, if necessary by interpolation, the spot/average values for outside air temperature, temperature deviation from ISA, wind direction and wind speed	x	x	x	x	x	x	
LO	Name the most common flight levels corresponding to the constant pressure charts	x	x	x	x	x	x	
050 10 03 00	**Information for flight planning**							
050 10 03 01	**Aviation weather messages**							
LO	Describe, decode and interpret the following aviation weather messages (given in written and/or graphical format): METAR, SPECI, TREND, TAF, SIGMET, AIRMET, GAMET, special air-report, volcanic ash advisory information	x	x	x	x	x	x	x
LO	Describe, decode and interpret the tropical cyclone advisory information in written and graphical form	x		x	x			
LO	Describe the general meaning of MET REPORT and SPECIAL	x	x	x	x	x	x	x
LO	List, in general, the cases when a SIGMET and an AIRMET are issued	x	x	x	x	x	x	x
LO	Describe, decode (by using a code table) and interpret the following messages: Runway State Message (as written in a METAR), GAFOR	x	x	x	x	x	x	x
	Note: For Runway State Message and GAFOR refer to Air Navigation Plan European Region Doc 7754							
050 10 03 02	**Meteorological broadcasts for aviation**							
LO	Describe the meteorological content of broadcasts for aviation:							
	- VOLMET, ATIS	x	x	x	x	x	x	x
	- HF-VOLMET	x		x	x			
050 10 03 03	**Use of meteorological documents**							
LO	Describe meteorological briefing and advice	x	x	x	x	x	x	x
LO	List the information that a flight crew can receive from meteorological services for pre-flight planning and apply the content of these information on a designated flight route	x	x	x	x	x	x	x

Syllabus reference	**Syllabus details and associated Learning Objectives**	*Aeroplane*		*Helicopter*			*IR*	*CB-IR*
		ATPL	CPL	ATPL /IR	ATPL	CPL		*EIR*
LO	List the meteorological information that a flight crew can receive from services during flight and apply the content of these information for the continuation of the flight	x	x	x	x	x	x	x
050 10 03 04	**Meteorological warnings**							
LO	Describe and interpret aerodrome warnings and wind shear warnings and alerts	x	x	x	x	x	x	x
050 10 04 00	**Meteorological services**							
050 10 04 01	**World area forecast system and meteorological offices**							
LO	Name the main objectives of the world area forecast system	x	x	x	x	x	x	
	- World area forecast centres (upper air forecasts)	x	x	x	x	x	x	
	- Meteorological offices (aerodrome forecasts, briefing documents)	x	x	x	x	x	x	
	- Meteorological watch offices (SIGMET, AIRMET)	x	x	x	x	x	x	
	- Aeronautical meteorological stations (METAR, MET reports)	x	x	x	x	x	x	
	- Volcanic ash advisory centres	x	x	x	x	x	x	
	- Tropical cyclone advisory centres	x		x	x			
050 10 04 02	**International organisations**							
LO	Describe briefly the following organisations and their chief activities: - International Civil Aviation Organisation (ICAO) *(Refer to subject 010)* - World Meteorological Organisation (WMO)	x	x	x	x	x	x	

END

AMC1 ARA.FCL.300(b) Examination procedures

THEORETICAL KNOWLEDGE EXAMINATIONS FOR PROFESSIONAL LICENCES AND INSTRUMENT RATINGS

Subject: 050 - METEOROLOGY						
Theoretical knowledge examination						
Exam length, total questions and distribution of questions						
	ATPL(A)	CPL(A)	ATPL(H)/IR	ATPL(H)	CPL(H)	IR(A) & (H)
Time allowed (hours)	2:00	1:30	2:00	2:00	1:30	1:30
Distribution of questions with regard to the topics of the syllabus						
050 01	11	09	11	11	09	09
050 02	11	06	11	11	06	06
050 03	04	04	04	04	04	04
050 04	07	06	07	07	06	06
050 05	03	03	03	03	03	03
050 06	07	07	07	07	07	07
050 07	06	02	06	06	02	02
050 08	08	03	08	08	03	03
050 09	11	09	11	11	09	09
050 10	16	14	16	16	14	14
Total questions	84	63	84	84	63	63

Fachbearbeitungszeiten für Prüfungen (Time frame for examination)

		ATPL(A) MPL(A)	CPL(A)	ATPL(H)/IR	ATPL(H)	CPL(H)	IR(A IR(H)	EIR CB-IR
010	Luftrecht (Air Law)	1:00	0:45	1:00	0:45	0:45	0:45	0:30
021	Allgemeine Luftfahrzeugkenntnisse -Zelle/Systeme /Triebwerk (Airframe/Systems /Power plant)	2:00	1:30	2:00	2:00	1:30	-	-
022	Allgemeine Luftfahrzeugkenntnisse -Instrumentierung (Instrumentation)	1:30	1:00	1:30	1:30	1:00	0:30	0:20
031	Masse und Schwerpunktlage (Mass and Balance)	1:00	1:00	1:00	1:00	1:00	-	-
032	Flugleistung (Flugzeuge) (Performance A)	1:00	0:45	-	-	-	-	-
033	Flugplanung und Überwachung des Flugverlaufes (Flight Planning)	2:00	1:30	2:00	1:30	1:30	1:30	0:40
034	Flugleistung (Hubschrauber) (Performance H)	-	-	1:00	1:00	0:45	-	-
040	Menschliches Leistungsvermögen (Human Performance)	1:00	0:45	1:00	1:00	0:45	0:45	0:20
050	Meteorologie (Meteorology)	2:00	1:30	2:00	2:00	1:30	1:30	0:50
061	Allgemeine Navigation (General Navigation)	2:00	1:30	2:00	2:00	1:30	-	-
062	Funknavigation (Radio Navigation)	1:30	0:30	1:30	1:00	0:30	1:00	0:40
070	Betriebliche Verfahren (Operational Procedures)	1:15	0:45	1:00	1:00	0:45	-	-
081	Aerodynamik (Flugzeuge) (Principles of Flight A)	1:00	0:45	-	-	-	-	-
082	Aerodynamik (Hubschrauber) (Principles of Flight H)	-	-	1:00	1:00	1:00	-	-
091	VFR-Sprechfunkverkehr (Communications VFR)	0:30	0:30	0:30	0:30	0:30	-	-
092	IFR-Sprechfunkverkehr (Communications IFR)	0:30	-	0:30	-	-	0:30	0:30
	Gesamt:	**18:15**	**13:15**	**18:00**	**16:15**	**13:30**	**7:00**	**3:50**

Anhang

0615 UTC Wed 09 Apr 2008
IR Satellite
http://aviationweather.gov
50N
40N
30N
20N
10N
10S
20S
30S
40S
10W
0
10E
20E
30E
40E

Symbole und Kodierung des Stationsmodells

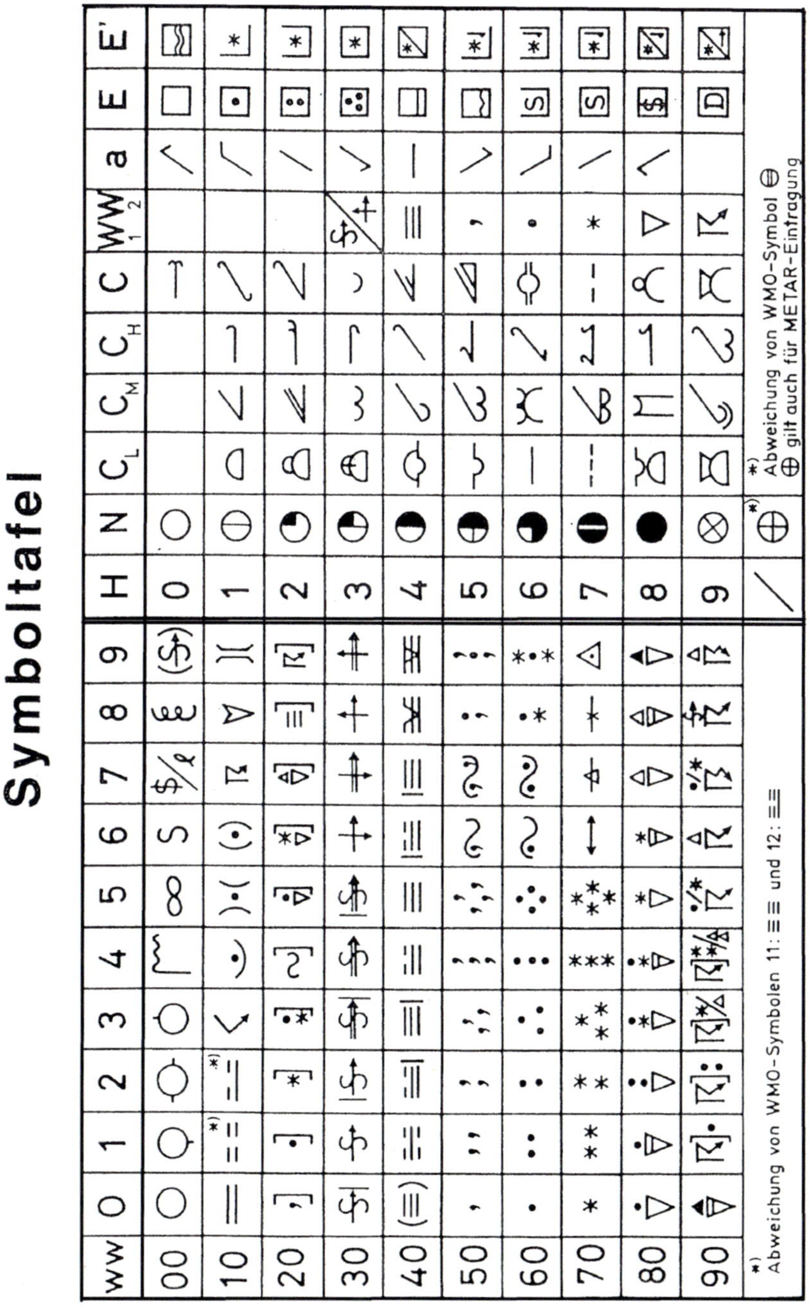

Abbildung 183: Symbole des WMO-Stationsmodells in der Übersicht

Code	Symbol	ICAO	Tabelle ww: Erklärung	englisch
0			Bewölkungsentwicklung nicht beobachtet	
1			Bewölkung abnehmend	
2	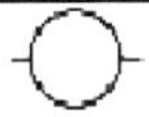		Bewölkung unverändert	
3	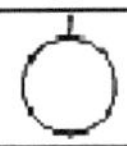		Bewölkung zunehmend	
4		FU	Sicht durch Rauch oder Asche vermindert	Smoke or volcanic ash
5		HZ	trockener Dunst (rel. Feuchte < 80 %)	Haze
6		HZ	verbreiteter Schwebestaub, nicht vom Wind herangeführt	Dust in suspension
7		SA	Staub oder Sand bzw. Gischt, vom wind herangeführt	Dust or sand raised by wind
8		PO	gut entwickelte Staub- oder Sandwirbel	Well developed dust or sand whirl
9	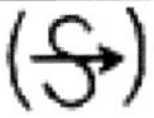		Staub- oder Sandsturm im Gesichtskreis, aber nicht an der Station	Adjacent or recent dust/sand storm
10		BR	feuchter Dunst (rel. Feuchte >= 80 %)	Mist
11		MIFG	Schwaden von Bodennebel	Shallow fog (fog patches)
12		MIFG	durchgehender Bodennebel	Shallow fog (fog patches)
13			Wetterleuchten sichtbar, kein Donner gehört	Lightning seen, no thunder
14			Niederschlag im Gesichtskreis, nicht den Boden erreichend	Precipitation not reaching ground

Code	Symbol	ICAO	Tabelle ww: Erklärung	englisch
15			Niederschlag in der Ferne (>= 5km), aber nicht an der Station	Distant precipitation
16			Niederschlag in der Nähe (< 5km), aber nicht an der Station	Adjacent precipitation
17		TS	Gewitter (Donner hörbar), aber kein Niederschlag an der Station	Thunder heard, no precipitation
18		SQ	Markante Böen im Gesichtskreis, aber kein Niederschlag an der Station	Squall
19		FC	Tromben (trichterförmige Wolkenschläuche) im Gesichtskreis	Funnel cloud (tornado, waterspout)
20		REDZ	Vor kurzer Zeit Sprühregen oder Schneegriesel	Recent drizzle or snow grains
21		RERA	Vor kurzer Zeit Regen	Recent rain
22		RESN	Vor kurzer Zeit Schneefall	Recent snow
23		RERASN	Vor kurzer Zeit Schneeregen oder Eiskörner	Recent rain and snow mixed
24		REFZRA	Vor kurzer Zeit gefrierendem Regen	Recent freezing drizzle or rain
25		RESHRA	Vor kurzer Zeit Regenschauer	Recent rain shower
26		RESHSN	Vor kurzer Zeit Schneeschauer oder Schneeregen	Recent snow or rain and snow shower
27		RESHGR	Vor kurzer Zeit Graupel- oder Hagelschauer	Recent hail shower
28		REFG	Vor kurzer Zeit Nebel	Recent fog

Code	Symbol	ICAO	Tabelle ww: Erklärung	englisch
29		RETS	Vor kurzer Zeit Gewitter	Recent thunder-storm
30	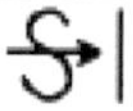	SS	leichter oder mäßiger Sandsturm, an Intensität abnehmend	Dust / sand storm, slight or moderate
31	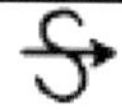	SS	leichter oder mäßiger Sandsturm, unveränderte Intensität	Dust / sand storm, slight or moderate
32	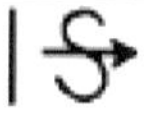	SS	leichter oder mäßiger Sandsturm, an Intensität zunehmend	Dust / sand storm, slight or moderate, intensifying
33	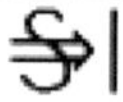	+SS	schwerer Sandsturm, an Intensität abnehmend	Dust / sand storm severe, weakening
34		+SS	schwerer Sandsturm, unveränderte Intensität	Dust / sand storm severe
35	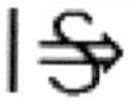	+SS	schwerer Sandsturm, an Intensität zunehmend	Dust / sand storm severe, intensifying
36		DRSN	leichtes oder mäßiges Schneefegen, unter Augenhöhe	Drifting snow, slight or moderate
37		DRSN	starkes Schneefegen, unter Augenhöhe	Drifting snow, heavy
38		BLSN	leichtes oder mäßiges Schneetreiben, über Augenhöhe	Blowing snow, slight or moderate
39		BLSN	starkes Schneetreiben, über Augenhöhe	Blowing snow, heavy
40		VCFG	Nebel in einiger Entfernung	Fog in vicinity
41	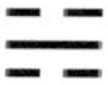	BCFG	Nebel in Schwaden oder Bänken	Fog patches

Code	Symbol	ICAO	Tabelle ww: Erklärung	englisch
42		FG	Nebel, Himmel erkennbar, dünner werdend	Fog, sky discern-ible, thinning
43		FG	Nebel, Himmel nicht erkennbar, dünner wer-dend	Fog, sky ob-scured, thinning
44		FG	Nebel, Himmel erkennbar, unverändert	Fog, sky discern-ible, not chang-ing
45		FG	Nebel, Himmel nicht erkennbar, unverändert	Fog, sky ob-scured, not changing
46		FG	Nebel, Himmel erkennbar, dichter werdend	Fog, sky discern-ible, thickening
47		FG	Nebel, Himmel nicht erkennbar, dichter werdend	Fog, sky ob-scured, thicken-ing
48		FZFG	Nebel mit Reifansatz, Himmel erkennbar	Freezing fog, sky discernible
49		FZFG	Nebel mit Reifansatz, Himmel nicht erkennbar	Freezing fog, sky obscured
50		-DZ	unterbrochener leichter Sprühregen	Drizzle, intermit-tent, slight
51		-DZ	durchgehend leichter Sprühregen	Drizzle, continu-ous, slight
52		DZ	unterbrochener mäßiger Sprühregen	Drizzle, intermit-tent, moderate
53		DZ	durchgehend mäßiger Sprühregen	Drizzle, conti-nuous, moderate
54		+DZ	unterbrochener starker Sprühregen	Drizzle, intermit-tent, heavy

Code	Symbol	ICAO	Tabelle ww: Erklärung	englisch
55		+DZ	durchgehend starker Sprühregen	Drizzle, continuous, heavy
56		-FZDZ	leichter gefrierender Sprühregen	Freezing drizzle, slight
57		(+)FZDZ	mäßiger oder starker gefrierender Sprühregen	Freezing drizzle, moderate or heavy
58		-RA	leichter Sprühregen mit Regen	Drizzle and rain, slight
59		(+)RA	mäßiger oder starker Sprühregen mit Regen	Drizzle and rain, moderate or heavy
60		-RA	unterbrochener leichter Regen oder einzelne Regentropfen	Rain, intermittent, slight
61		-RA	durchgehend leichter Regen	Rain, continuous, slight
62		RA	unterbrochener mäßiger Regen	Rain, intermittent, moderate
63	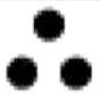	RA	durchgehend mäßiger Regen	Rain, continuous, moderate
64		+RA	unterbrochener starker Regen	Rain, intermittent, heavy
65	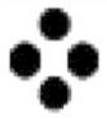	+RA	durchgehend starker Regen	Rain, continuous, heavy
66		-FZRA	leichter gefrierender Regen	Freezing rain, slight
67		(+)FZRA	mäßiger oder starker gefrierender Regen	Freezing rain, moderate or heavy
68		-RASN	leichter Schneeregen	Rain or drizzle and snow, slight

Code	Symbol	ICAO	Tabelle ww: Erklärung	englisch
69		(+)RASN	mäßiger oder starker Schneeregen	Rain or drizzle and snow, moderate or heavy
70		-SN	unterbrochener leichter Schneefall oder einzelne Schneeflocken	Snow, intermittent, slight
71		-SN	durchgehend leichter Schneefall	Snow, continuous, slight
72		SN	unterbrochener mäßiger Schneefall	Snow, intermittent, moderate
73	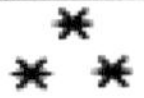	SN	duchgehend mäßiger Schneefall	Snow, continuous, moderate
74		+SN	unterbrochener starker Schneefall	Snow, intermittent, heavy
75	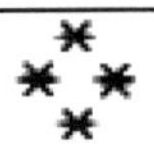	+SN	durchgehend starker Schneefall	Snow, continuous, heavy
76		IC	Eisnadeln (Polarschnee)	Ice chrystals
77		SG	Schneegriesel	Snow grains
78			Vereinzelte Schneekristalle	Snow crystals
79		PE	Eiskörner (gefrorene Regentropfen)	Ice pellets
80		-SHRA	leichter Regenschauer	Shower of rain, slight
81		(+)SHRA	mäßiger oder starker Regenschauer	Shower of rain, moderate or heavy
82		+SHRA	äußerst heftiger Regenschauer	Shower of rain violent

Code	Symbol	ICAO	Tabelle ww: Erklärung	englisch
83		RASN	leichter Schneeregenschauer	Shower of rain and snow, slight
84		(+)RASN	mäßiger oder starker Schneeregenschauer	Shower of rain and snow, moderate or heavy
85		-SHSN	leichter Schneeschauer	Shower of snow, slight
86		(+)SHSN	mäßiger oder starker Schneeschauer	Shower of snow, moderate or heavy
87		-GR	leichter Graupelschauer	Small hail or snow pellets, slight
88		(+)GR	mäßiger oder starker Graupelschauer	Small hail or snow pellets, moderate or heavy
89		-GR	leichter Hagelschauer	Shower of hail, slight
90		(+)GR	mäßiger oder starker Hagelschauer	Shower of hail, moderate or heavy
91	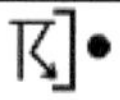	RA	Gewitter in der letzten Stunde, zurzeit leichter Regen	Rain, slight; recent thunder
92	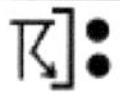	+RA	Gewitter in der letzten Stunde, zurzeit mäßiger oder starker Regen	Rain, moderate or heavy; recent thunder
93	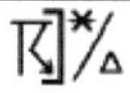	SNRA(GR)	Gewitter in der letzten Stunde, zurzeit leichter Schneefall/Schneeregen/(Graupel/Hagel)	Snow or hail, slight; recent thunder
94	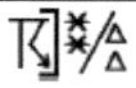	+SNRA(GR)	Gewitter in der letzten Stunde, zurzeit mäßiger oder starker Schneefall/Schneeregen/(Graupel/Hagel)	Snow or hail; moderate or heavy; recent thunder

Code	Symbol	ICAO	Tabelle ww: Erklärung	englisch
95	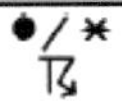	TS	leichtes oder mäßiges Gewitter mit Regen oder Schnee	Thunderstorm with rain and/or snow
96		TSGR	leichtes oder mäßiges Gewitter mit Graupel oder Hagel	Thunderstorm with hail
97	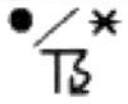	+TSRA(SN)	starkes Gewitter mit Regen (oder Schnee)	Thunderstorm with rain and/or snow, heavy
98		TSSS	starkes Gewitter mit Sandsturm	Thunderstorm with dust/sand storm
99		+TSGR	starkes Gewitter mit Graupel oder Hagel	Thunderstorm with hail, heavy

Tabelle CH : Hohe Wolken Cirrus (Ci) - Cirrocumulus (Cc) - Cirrostratus (Cs)		
Code	Symbol	Erläuterung
1		Ci in Fäden oder Haken, mehr als sonstiger Ci
2		Dichter Ci und Ci mit Türmchen und Cirrus in Flocken, mehr als sonstiger Cirrus
3		Dichter Cirrus, aus Cb entstanden
4		Ci, den Himmel überziehend
5		Cs unter 45°
6		Cs über 45°
7		Cs, den ganzen Himmel bedeckend
8		Cs, nicht den Himmel überziehend
9		Cc allein, oder Cc mehr als Ci und Cs

Tabelle CM : Mittelhohe Wolken Altocumulus (Ac) - Altostratus (As) - Nimbostratus (Ns)		
Schlüssel	Symbol	Erläuterung
1		Halbdurchscheinender As
2		Dichter As oder Ns
3		Halbdurchscheinender Ac vorherrschend
4		Ac in fortwährender Veränderung
5		Ac den Himmel überziehend
6		Ac, durch Ausbreitung von Cu oder Cb entstanden
7		Ac unter As oder Ns oder dichter Ac vorherrschend
8		Ac mit Türmchen oder in Flocken
9		Chaotischer Himmel

Tabelle CL : Tiefe Wolken Stratocumulus (Sc) - Stratus (St) - Cumulus (Cu) - Cumulonimbus (Cb)		
Code	Symbol	Erläuterung
1		Cu von geringer vertikaler Ausdehnung oder zerfetzt, Cu (aber keine Schlechtwetterwolken) oder beide
2		Cu von mäßiger bis großer vertikaler Ausdehnung
3		Cb ohne deutlich faseriges oder streifiges Oberteil
4		Sc, durch Ausbreitung von Cu entstanden
5		Sc, nicht durch Ausbreitung von Cu entstanden
6		St oder zerfetzter St (aber keine Schlechtwetterwolken) oder beide
7		St-Fetzen oder Cu-Fetzen bei Schlechtwetter oder beide
8		Cu und Sc mit Untergrenzen in verschiedenen Höhen
9		Cb mit deutlich faserigem oder streifigem Oberteil

Tabelle C : Wolkengattungen		
Code	Symbol	Beschreibung
0		Cirrus (Ci)
1		Cirrocumulus (Cc)
2		Cirrostratus (Cs)
3		Altocumulus (Ac)
4		Altostratus (As)
5		Nimbostratus (Ns)
6		Stratocumulus (Sc)
7		Stratus (St)
8		Cumulus (Cu)
9		Cumulonimbus (Cb)

Tabelle N : Bedeckungsgrad						
Code	Symbol	Beschreibung				
0		SKC	Sky clear	wolkenlos	0 octas	0 Achtel
1		FEW	Few	wenig bewölkt	1 octas or less	1 Achtel od. weniger, heiter
2					2 octas	2 Achtel, heiter
3		SCT	Scattered	aufgelockert bewölkt	3 octas	3 Achtel, leicht bewölkt
4					4 octas	4 Achtel, wolkig
5		BKN	Broken	durchbrochene Wolkendecke	5 octas	5 Achtel, wolkig
6					6 octas	6 Achtel, wolkig
7					7 octas	7 Achtel, stark bewölkt
8		OVC	Overcast	geschlossene Wolkendecke	8 octas	8 Achtel, bedeckt
9		X	Obscured	Himmel getrübt	Sky obscured by fog, mist, sandstorm..	Himmel getrübt durch Nebel, Dunst, Sandsturm..
		LYR	Layered	Wolken in Schichten	Layered clouds in different altitudes	Wolkenschichten in versch. Höhen

Tabelle H: Höhenkodierung	
Code	Beschreibung
0	0 - 50 m
1	50 - 100 m
2	100 - 200 m
3	200 - 300 m
4	300 - 600 m
5	600 - 1000 m
6	1000 - 1500 m
7	1500 - 2000 m
8	2000 - 2500 m
9	2500 m oder höher oder wolkenlos
/	Wolkenuntergrenze nicht bekannt oder Wolken vorhanden, deren Untergrenze unterhalb und deren Obergrenze oberhalb der Station liegen

Tabelle a : Luftdrucktendenz		
Code	Symbol	Beschreibung
0	/	Steigend
1	/\	Steigend, dann fallend
2	/‾	Steigend, dann stabil
3	^\	Steigend oder stabil, dann fallend
4	✓	Fallend oder stabil, dann steigend
5	—	Stabil
6	\	Fallend
7	\/	Fallend, dann steigend
8	_	Fallend, dann stabil

Verschlüsselung der Sichtweiten (VV)			
bei Landstationen		bei Seestationen	
Code	Sichtweite (km)	Schlüsselzahl	Sichtweite (km)
0	unter 0,1	90	unter 0,05
1	0,1	91	0,05
usw. bis		92	0,2
50	5	93	0,5
51 bis 55	wird nicht benutzt	94	1
56	6	95	2
57	7	96	4
usw. bis		97	10
80	30	98	20
81	35	99	50 und mehr
usw. bis			
88	70		
89	über 70		

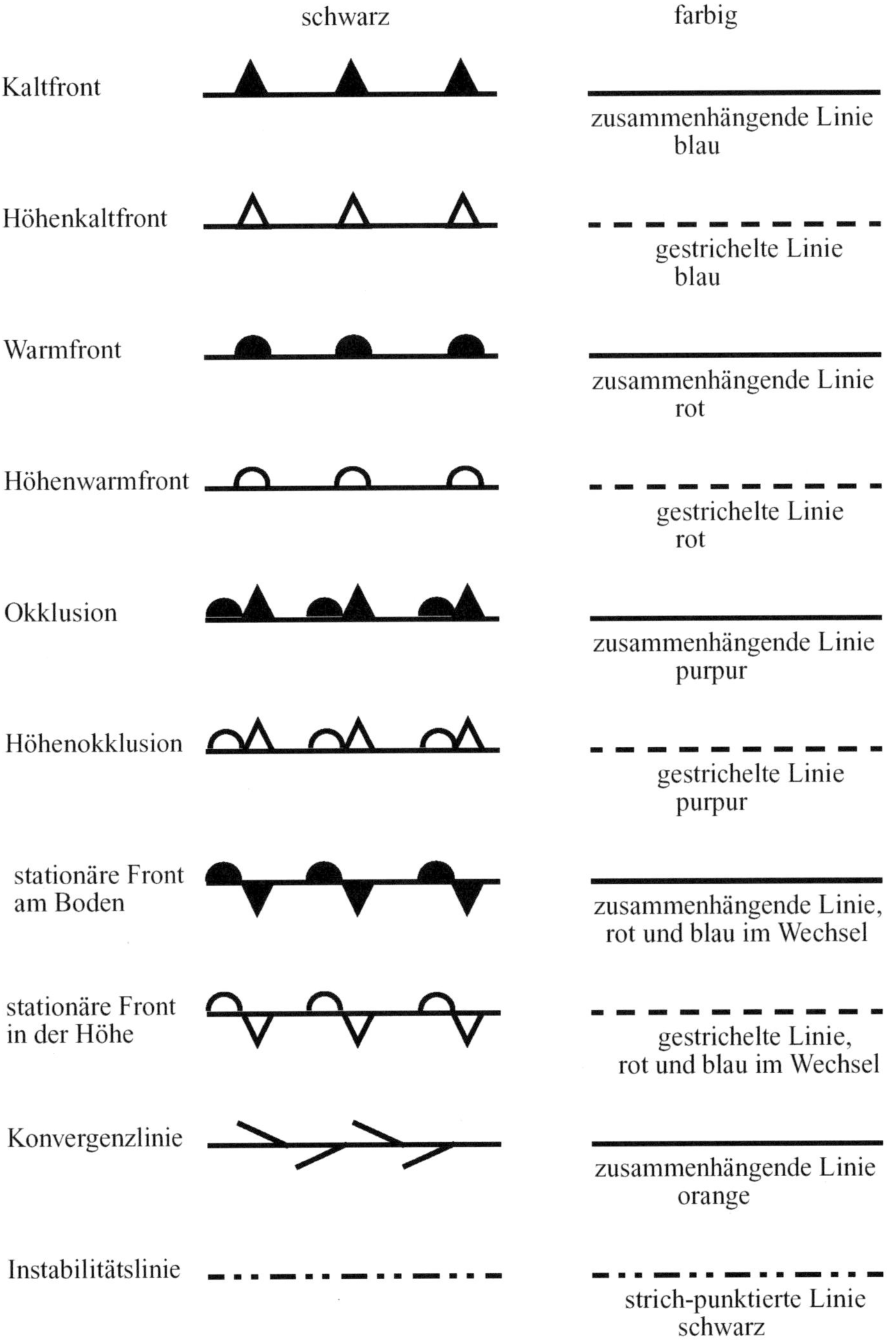

Abbildung 184: Darstellung von Fronten, Konvergenz- und Instabilitätslinien
(Quelle: Universität Köln)

Autoren dieses Bandes

Autor *Dipl.-Mathematiker Klaus L. Schulte* lebt in Köln. Nach dem Studium der Mathematik und Physik war er bei verschiedenen namhaften Unternehmen in der Softwarebranche tätig, als Systemprogrammierer, Projektleiter, Marketing und Produkt Manager, zwei Jahre arbeitete er in San Francisco, USA. Als Privatpilot ist er Autor weiterer Bücher zu Themen der Allgemeinen Luftfahrt und hat ferner über einhundert Fachbeiträge in Luftfahrtmagazinen veröffentlicht.

Autor *Dr. Volker Ermert* ist nach dem Studium der Meteorologie als wissenschaftlicher Mitarbeiter am Institut für Geophysik und Meteorologie der Universität zu Köln tätig, wo er über ein Spezialthema zum Klimawandel promovierte. Er ist Experte für synoptische Meteorologie und hat darüber hinaus Spezialkenntnisse in der Meteorologie der Tropen, welche die Monsunzirkulation, Squall Lines und weitere atmosphärische Phänomene umfasst. Er ist ferner Fachmann in der Verarbeitung, Analyse und Visualisierung meteorologischer Daten.

Bildnachweis

Der Verlag hat sich bemüht, sämtliche Rechteinhaber zu allen in diesem Buch verwendeten Fremdabbildungen (Fotos und Grafiken) ausfindig zu machen. Die jeweiligen Credits sind unmittelbar unter der jeweiligen Abbildung zu finden. In einigen Fällen ist die Zuordnung zum Rechteinhaber nicht gelungen. Solche Abbildungen sind mit ‚Quelle unbekannt' gekennzeichnet (insgesamt zwei Abb.). Die Wolkenfotos (Abb. 36, 37 und alle Wolkenfotos in Kapitel 4) sind die bis dato in den Prüfungen des Luftfahrtbundesamtes verwendeten Fotos, vom Verlag für den Druck in SW-Darstellung umgewandelt. Auch für diese Fotos sind dem Verlag die Quellen leider nicht bekannt. Die genannten Abbildungen aus unbekannten Quellen wurden mangels besserer Information zugunsten der Verfügbarkeit für Studenten der Kategorie ‚Public Domain' zugeordnet. Hinweise zu diesen Abbildungen werden dankend entgegen genommen.

Übersicht der ATPL-Lehrbuchreihe nach PART-FCL

Die Lehrbuchreihe für Verkehrs- und Berufspiloten (ATPL, CPL) sowie Privatpiloten (PPL/IR, EIR, CB-IR) streng nach dem englischen FCL Syllabus (2009/2014) und in deutscher Sprache.

Luftrecht

010 Air Law
478 Seiten, Format 18,9 x 24,6 cm
mit 176 Abbildungen u. 32 Tabellen
ISBN 978-3-942095-06-8 (Budgetversion, SW)
ISBN 978-3-942095-07-5 (Farbdruckversion)
ISBN 978-3-942095-54-9 (PC-PDF e-Book)

Flugzeugkunde

021.1 Aircraft General Knowledge
404 Seiten, Format 18,9 x 24,6 cm
mit 267 Abbildungen u. Tabellen
ISBN 978-3-942095-04-4 (Budgetversion, SW)
ISBN 978-3-942095-05-1 (Farbdruckversion)
ISBN 978-3-942095-53-2 (PC-PDF e-Book)

Triebwerkkunde

021.2 Aircraft General Knowledge - Powerplant
308 Seiten, Format 18,9 x 24,6 cm
mit 215 Abbildungen u. Tabellen
ISBN 978-3-9811404-8-4 (Budgetversion, SW)
ISBN 978-3-942095-03-7 (Farbdruckversion)
ISBN 978-3-942095-51-8 (PC-PDF e-Book)

Instrumentenkunde

022 Aircraft General Knowledge -Instrumentation
366 Seiten, Format 18,9 x 24,6 cm
mit 218 Abbildungen u. 8 Tabellen
ISBN 978-3-942095-16-7 (Budgetversion, SW)
ISBN 978-3-942095-17-4 (Farbdruckversion)
ISBN 978-3-942095-59-4 (PC-PDF e-Book)

Masse + Schwerpunktlage

031 Mass and Balance
196 Seiten, Format 18,9 x 24,6 cm
mit 87 Abbildungen. u. 10 Tabellen
ISBN 978-3-942095-08-2 (Budgetversion, SW)
ISBN 978-3-942095-09-9 (Farbdruckversion)
ISBN 978-3-942095-55-6 (PC-PDF e-Book)

Flugleistung von Flugzeugen

032 Performance of Aeroplanes
340 Seiten, Format 18,9 x 24,6 cm
mit 117 Fotos, Abb. u. 12 Tabellen
ISBN 978-3-942095-10-5 (Budgetversion, SW)
ISBN 978-3-942095-11-2 (Farbdruckversion)
ISBN 978-3-942095-56-3 (PC-PDF e-Book)

Flugplanung und Monitoring

033 Flight Planning and Monitoring
300 Seiten, Format 18,9 x 24,6 cm
mit 117 Abbildungen und Tabellen
ISBN 978-3-942095-12-9 (Budgetversion, SW)
ISBN 978-3-942095-13-6 (Farbdruckversion)
ISBN 978-3-942095-57-0 (PC-PDF e-Book)

Menschliches Leistungsvermögen

040 Human Performance
368 Seiten, Format 18,9 x 24,6 cm
mit 133 Abbildungen u. Tabellen
ISBN 978-3-942095-00-6 (Budgetversion, SW)
ISBN 978-3-942095-01-3 (Farbdruckversion)
ISBN 978-3-942095-52-5 (PC-PDF e-Book)

Meteorologie

050 Meteorology
374 Seiten, Format 18,9 x 24,6 cm
mit 220 Abbildungen u. Tabellen
ISBN 978-3-9811404-9-1 (Budgetversion, SW)
ISBN 978-3-942095-02-0 (Farbdruckversion)
ISBN 978-3-942095-50-1 (PC-PDF e-Book)

Allgemeine Navigation

061 General Navigation
270 Seiten, Format 18,9 x 24,6 cm
mit 115 Abbildungen und Fotos
ISBN 978-3-942095-18-1 (Budgetversion, SW)
ISBN 978-3-942095-19-8 (Farbdruckversion)
ISBN 978-3-942095-60-0 (PC-PDF e-Book)

Funknavigation

062 Radio Navigation
360 Seiten, Format 18,9 x 24,6 cm
mit 162 Fotos, Abb. und 31 Tabellen
ISBN 978-3-942095-20-4 (Budgetversion, SW)
ISBN 978-3-942095-21-1 (Farbdruckversion)
ISBN 978-3-942095-61-7 (PC-PDF e-Book)

Kommerzieller Flugbetrieb

070 Operational Procedures (OPS)
430 Seiten, Format 18,9 x 24,6 cm
mit 77 Abbildungen, Fotos u. 39 Tabellen
ISBN 978-3-942095-14-3 (Budgetversion, SW)
ISBN 978-3-942095-15-0 (Farbdruckversion)
ISBN 978-3-942095-58-7 (PC-PDF e-Book)

Grundlagen des Fluges

081 Principles of Flight
442 Seiten, Format 18,9 x 24,6 cm
mit 247 Abbildungen, Fotos u. 8 Tabellen
ISBN 978-3-942095-22-8 (Budgetversion, SW)
ISBN 978-3-942095-23-5 (Farbdruckversion)
ISBN 978-3-942095-62-4 (PC-PDF e-Book)

Weitere Detailinformationen zu einzelnen Bänden sowie weiterer Bücher des Verlags sind unter http://klspublishing.de/ zu finden.

Made in the USA
Las Vegas, NV
03 November 2026

57421910R00221